装修材料与
施工工艺

筑美设计 主编

江苏凤凰科学技术出版社 · 南京

图书在版编目（CIP）数据

装修材料与施工工艺 / 筑美设计主编. -- 南京：
江苏凤凰科学技术出版社, 2024.12. -- ISBN 978-7
-5713-4680-5

Ⅰ. TU56; TU767

中国国家版本馆CIP数据核字第2024XW5426号

装修材料与施工工艺

主　　　编	筑美设计	
项目策划	杜玉华	
责任编辑	赵　研	
责任设计编辑	蒋佳佳	
特约编辑	杜玉华	

出版发行	江苏凤凰科学技术出版社	
出版社地址	南京市湖南路1号A楼，邮编：210009	
出版社网址	http：//www.pspress.cn	
总经销	天津凤凰空间文化传媒有限公司	
总经销网址	http：//www.ifengspace.cn	
印　　　刷	北京博海升彩色印刷有限公司	

开　　　本	889 mm×1 194 mm　1／16	
印　　　张	26	
插　　　页	4	
字　　　数	600 000	
版　　　次	2024年12月第1版	
印　　　次	2024年12月第1次印刷	

标准书号	ISBN 978-7-5713-4680-5	
定　　　价	288.00元（精）	

图书如有印装质量问题，可随时向销售部调换（电话：022-87893668）。

前言

现代室内设计又被称为室内环境设计，由于人们长时间生活在室内空间环境中，因此可以说室内设计是环境设计中与人们关系最为密切的环节之一。室内设计从设计构思、施工工艺、装饰材料到内部设施，都与当前社会的物质生活水平、精神文化水平紧密联系在一起。每项设计最终实施的成果，与该项工程的施工技术、用材质量、设施配置等情况有密切关联。

在学习室内装修材料与施工工艺时，要从整体上把握设计对象，主要依据以下三种因素：

（1）使用性质。了解建筑物和室内空间的主要用途。

（2）所在环境。了解建筑物和室内空间的周围环境状况。

（3）经济投入。了解工程项目的总投资和造价标准。

室内设计是一种建筑美学，在设计构思时，需要运用物质技术手段，遵循建筑美学原理，在绘画、雕塑等艺术之间寻求共同的美学原则。更需要综合考虑使用功能、结构施工、材料设备、造价标准等多种因素。

现代室内设计需要满足人们的生理、心理等需求，所以要综合处理人与环境、人与人等多项关系，需要在为人服务的前提下，满足使用功能、经济效益、舒适美观、环境氛围等多种要求。在装修实施过程中还会涉及材料、设备、定额、法规、与施工管理的协调等诸多问题。因此，可以认为室内设计是一项综合性极强的系统工程。

装修材料与施工工艺在不断更新变化，早些年流行的胶合板和木芯板逐渐被纤维板或颗粒板代替，钉结合工艺逐渐转变为成品连接件，在表现现代设计风格的同时，还能提高操作效率。新的材料产品还得用新型设备来加工，手工锯、铁锤等手工工具也逐渐让位于切割机、射钉枪等电气工具。要在理论学习中了解这些不断变化的知识体系，非常不易。本书针对这种现状，全面概括了装修材料与施工工艺手法，将实践经验直观地奉献给广大读者。

本书分为上下两篇，共17章，总结了近20年来完成的53项大型公共空间室内工程与200多项住宅室内工程，搜集了各类装饰材料样本1 600余件。本书汇集了一线室内装修施工经验，献予读者，望继续推动室内设计行业发展。本书内容若有错漏，欢迎大家批评指正，电子信箱：designviz@163.com，微信：whcdgr。

筑美设计

2024年5月

刮开此码，本书恕不退换

扫码下载装修材料及
施工工艺讲解视频

目录

下篇 施工工艺

上篇

装修材料

第 **1** 章
基础构造材料

核心概念： 砖、水泥、混凝土、胶凝材料。

章节导读： 基础材料与胶凝材料发展历史悠久，是室内施工的必备材料。砖与水泥用来砌筑隔墙和其他构造，混凝土用于强化建筑结构，胶凝材料用于填充材料与构造之间的缝隙，能起到密封、防尘、防水的作用。

室内砌筑墙体

室内砌筑墙体结实稳固，是板材与轻钢龙骨隔墙所不能比拟的。虽然室内砌筑墙体厚度最小为120 mm，相对于板材隔墙最小厚度80 mm而言，占用空间略多，但其隔声效果较好，后期在墙面安装各种装饰构件也比较方便，能轻松钻孔、钉接。在门窗洞口上方，需要放置预制的C20混凝土板条，用于支撑门洞上方的砖块重量。

1.1 基础材料

1.1.1 轻质砖

1）定义

广义的轻质砖品种繁多，主要有煤矸石砖、黏土砖、页岩砖、混凝土普通砖，这些品种普遍成品规格较小，密度相对较轻。狭义的轻质砖仅指粉煤灰砖，比广义的轻质砖更轻。正常室内隔墙都是用这种砖，采用火力发电厂燃烧残渣压制成型，边角轮廓清晰，有明显压痕，不会增加楼面负重，隔声效果也不错，是目前主流砌筑用砖。

砌筑墙体需要选择承压能力较强的材料，但大多数承压能力较强的材料隔热功能一般都比较差，而隔热功能比较好的建筑材料基本是气体含量较高的轻质材料。

煤矸石砖　　　　　　　　黏土砖

左图：煤矸石砖是以采煤与洗煤过程中产生的固体废物为主要原料制作的砖，生产成本较普通黏土砖低，既节约土地，又能消耗大量矿山废料，是一种环保、低碳材料。但是煤矸石砖原料受到地域限制，要根据产出地区选用。

右图：黏土砖以黏土为主要原料，经泥料处理、成型、干燥、焙烧而成，又称为烧结砖。黏土砖原料就地取材，价格便宜，经久耐用，还有防火、隔热、隔声、吸潮等优点，废碎砖块还可以用于制作混凝土。普通黏土砖的砖块小、自重大、耗土多。

页岩砖　　　　　　　　混凝土普通砖

左图：页岩是一种沉积岩，经过开采粉碎等处理后成为理想的制砖原料，其物理性能优于黏土原料。但是其原料较少，要根据地区产出量选用。

右图：混凝土普通砖是以水泥为胶凝材料，添加砂、石等骨料，加水搅拌，振动成型，经养护制成的具有一定孔隙的砌筑材料。有各种空心混凝土砖被用于非承重隔墙。整体造价要比常规天然石材、地砖低很多。但是其密度较大，对室内砌筑场地有承重要求。

左图：粉煤灰砖表面为浅灰色，整体形态平整，质地粗糙，不能有裂纹，边角不能有明显残缺。其中有大小不一的孔洞，进行了加气处理，具有一定的抗压强度。

粉煤灰砖

2）特性

（1）经济性：空心轻质砖比实心砖实惠，同时还能减小框架的截面，节约钢筋混凝土，综合造价可降低5%以上。

砌筑墙体

上图：用于砌筑墙体的砂浆一定要饱满，砖体之间要横平竖直，水平灰缝厚度要控制在8～12 mm，垂直度的偏差也应小于10 mm。门洞上方应搁置实木板条或混凝土板条，用来承载上方轻质砖砌筑构造的重量。

（2）实用性：轻质砖在制造过程中，内部形成了微小的气孔，这些气孔在材料中形成空气层，可以大大增强保温隔热效果。使用轻质砖的建筑即使是在炎热的夏天，室内温度也比采用实心黏土砖的要低2～3 ℃，因此能减少空调的使用，降低电能消耗。轻质砖由于块大、质轻，可以很好地降低劳动强度，提高施工效率，缩短建造工期。轻质砖重量很轻，规格大小多样，用它砌筑的墙体便于钉、钻、砍、锯、刨等施工，在墙面上还可以使用膨胀管，可以直接固定吊柜、空调、抽油烟机等，也方便安装水电管道。

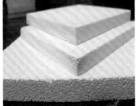

大块轻质砖　　　　　　轻质砖气孔

左图：大块的轻质砖能减少工程造价，降低施工难度，当前在室内工程中会被更多地使用到。

右图：轻质砖独特的气孔造就了其良好的保温性能，轻质砖的保温效果是黏土砖的5倍，是普通混凝土的10倍。

（3）物理性：轻质砖的气孔结构使其密度仅为500～700 kg/m³，用其砌筑墙体能减轻建筑物的自重。使用轻质砖建造而成的建筑可以长期稳定地存在，对试件大气暴露一年后进行测试，其强度提高了25％，即使十年后也可以保持稳定。轻质砖的多孔结构使其具备了良好的吸声和隔声性能，使用轻质砖可以创造出高气密性的室内空间，有利于营造安静舒适的生活环境。由于采用了优质河砂和粉煤，轻质砖的收缩值仅为0.1～0.5 mm/m，能确保墙体不会开裂。轻质砖的耐火度为700 ℃，为一级耐火材料，100 mm厚的砌块耐火性能达225 min，200 mm厚的砌块耐火性能达480 min。

3）规格与价格

轻质砖的规格有600 mm×300 mm×100 mm、600 mm×300 mm×120 mm、600 mm×300 mm×150 mm以及600 mm×300 mm×200 mm，一般600 mm×300 mm×150 mm的使用频率较高。由于轻质砖的规格较多，其价格多按立方米计算，价格为200～250元/ m³。

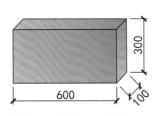
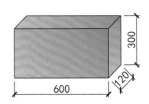

600 mm×300 mm×100 mm
轻质砖

600 mm×300 mm×120 mm
轻质砖

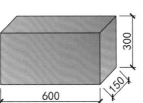

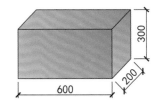

600 mm×300 mm×150 mm
轻质砖

600 mm×300 mm×200 mm
轻质砖

4）轻质砖的鉴别

（1）查看外观。最简单的方法就是查看轻质砖的外观、色泽是否统一，边角处是否有缺角，砖体表面是否有裂缝等。

（2）检查尺寸。用卷尺测量轻质砖的尺寸，看同类型的两块轻质砖尺寸是否一致，相对应的两边尺寸是否一致等。

（3）看质量。轻质砖一般重量都比较轻，可以用手掂量一下两块砖的重量是否一致，以此来判断轻质砖的质量如何。

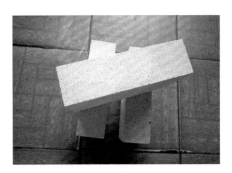

轻质砖外观

上图：可搬起上面的轻质砖再放下去，质量好的砖声音尖脆，还可用大拇指指甲用力按压轻质砖的表面，如果指甲能按压下去表明太松软，则质量不好。

1.1.2 普通水泥

1）定义

普通水泥是由硅酸盐水泥熟料、适量的石膏及5%～20%的混合材料磨细制成的水硬性胶凝材料，又被称为普通硅酸盐水泥。

2）特性

普通水泥具有较好的抗冻性与耐磨性，早期强度及后期强度高，但这种材料的耐热性比较差，耐腐蚀性与抗渗性也比较差，比较适用于墙体构造砌筑、墙地砖铺装等基础工程。

普通水泥

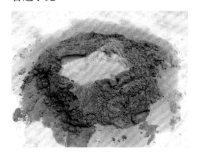

普通水泥砂浆调和

上图：普通水泥中含有的硅酸盐水泥熟料是以石灰石与黏土为主要原料，经破碎、配料、磨细制成生料，最后置入水泥窑中煅烧制成熟料。

下图：普通水泥砂浆进行调和时，水泥、水、砂的配合比要协调好，通常水泥凝固需12 h，凝固后还需浇水养护，以防开裂。

3）规格与价格

普通硅酸盐水泥的用量很大，多采用编织袋或牛皮纸袋包装，包装规格为25 kg/袋，强度等级为32.5级的水泥的价格为20～25元/袋。

4）普通水泥的鉴别与选购

（1）了解当地知名品牌，避免选购假冒伪劣产品。在购买水泥时，可以通过查看包装从外观上识别产品质量，查看水泥是否采用了防潮性好、不易破损的编织袋，查看标识是否清楚、齐全。

（2）打开包装观察水泥。水泥的正常颜色应该呈蓝灰色，颜色过深或有变化则有可能是杂质过多。

（3）查看出厂时间。水泥超过出厂日期30天后强度就会下降，储存3个月后的水泥强度会下降15%～25%，1年后水泥强度会降低30%以上。储存超过1年的水泥不建议购买。

揉搓普通水泥粉末　　　　　查看普通水泥存储环境

左图：取适量普通水泥粉末，用手揉搓，优质品手感冰凉，且粉末较重，比较细腻。

右图：存放于干燥环境中，且摆放整齐的普通水泥潮气会比较小，整体质量相对会比较好。

水泥砂浆的配合比

通常砌筑砖墙可以选用配合比为1∶2.5～1∶3的水泥砂浆（体积比），即水泥为1，砂为2.5～3；墙面抹灰可以选用配合比为1∶2～1∶2.5的水泥砂浆；墙面瓷砖铺装可以选用配合比为1∶1的水泥砂浆或素水泥浆。

1.1.3　白水泥

1）定义

白水泥的全称是白色硅酸盐水泥，这种材料是将适当成分的水泥生料烧至部分熔融，然后加入以硅酸钙为主要成分且铁质含量少的熟料，并掺入适量的石膏，磨细制成的白色水硬性胶凝材料。

白水泥

左图：白水泥具有比较好的装饰性，制造工艺也比普通水泥要好，主要用于勾勒白瓷片的缝隙，通常不用于墙面。

2）特性

白水泥拥有比较高的白度，色泽比较明亮，无任何杂质、颗粒，多呈干燥粉末状，粉状颗粒细腻，无结块现象。部分厂商生产的水泥虽在颜色深浅上有一定的差异，但不影响使用，需注意的是颜色偏灰的白水泥会影响最终的装饰效果。白水泥多用于各种建筑材料制作或作为装饰水泥使用。

白水泥存放

左图：在存放白水泥时应隔绝空气通道，防止水汽入侵，可以在其表面搭上一层遮雨布，还可以在白水泥底部放两层木板。

3）规格与价格

白水泥在建材市场或装饰材料商店都有售卖，传统包装规格为50 kg/袋，现代装修用量不大，多为2.5~10 kg/袋，白水泥价格为2~3元/kg，掺有特殊添加剂的白水泥价格会达到5元/kg。

4）白水泥的鉴别与选购

（1）看包装。最好选购1个月内生产的新鲜小包装产品，需特别注意包装的密封性，并注意查看白水泥包装上的名称、强度等级、白度等级、生产时间等信息是否齐全。

（2）查看是否受潮。注意查看白水泥贮存的周边环境，确保白水泥不会受潮或混入杂物，能正常使用且质量上等的白水泥应当没有受潮结块现象。

白水泥包装　　　白水泥粉末

左图：优质白水泥外包装上应标有各种信息，且字迹清晰，劣质品则言语含糊。

右图：取适量白水泥，正常白度并不是太高，优质品比较干燥、细腻，劣质品则比较粗糙，水泥细度比较粗。

1.1.4 自流平水泥

1）定义

自流平水泥是由多种活性成分组合而成的干混型粉状材料，是绿色、环保产品，其主要用于工业厂房、展厅、体育馆、医院、办公室、各种开放空间、住宅空间等场所的地面基层处理。

2）特性

自流平水泥为粉状，常见颜色有水泥原色灰色、绿色、红色等，该材料硬化速度比较快，通常24 h后可允许人在上面行走，4~5 h即可进行面层施工工作，如铺装木地板等。自流平水泥安全、无污染，且能快速施工，施工方式也比较简单，现场兑水即可使用。

自流平水泥　　　自流平水泥施工

左图：自流平水泥对施工面层的保护性比较强，且具有较好的抗返潮性，粉料质量均匀稳定，适用性比较强，施工工期短且能有效提高施工效率。

右图：自流平水泥施工水、料配合比为5 L水兑25 kg粉料，兑水后形成自由流体浆料，然后使用刮刀将其均匀展开，最后用滚筒再滚压一次即可获得比较平整的基面。

3）规格与价格

自流平水泥在建材市场或装饰材料商店都有售卖，包装规格为25 kg/袋，价格为30~40元/袋。

4）自流平水泥的鉴别与选购

（1）看包装。可以通过查看包装，从外观上识别产品质量，查看自流平水泥是否采用了防潮性能好、不易破损的包装袋，查看产品名称、强度等级、生产时间等基本信息是否齐全。

（2）看施工效果。可根据产品说明调和适量的自流平水泥，边调和边搅拌，然后将其倒至平滑的玻璃样板表面，观察摊铺面积大小，优质品自流性较强，摊铺范围多在1 500 mm×1 500 mm以上。

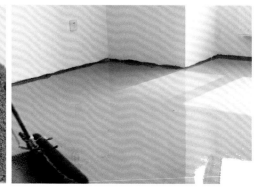

自流平水泥包装　　　　自流平水泥粉末质地　　　　　　　自流平水泥施工效果

左图：优质自流平水泥外包装上应标有注册商标、产地、生产许可证编号、执行标准、包装日期、袋装净重、出厂编号等基本信息，且包装袋防水性良好，在其表面洒水，水珠不会渗透进包装袋内。

中图：优质自流平水泥粉末颜色为中性灰色，其中有细小的石英砂和黄沙颗粒，颜色不偏黑或偏白。

右图：根据自流平水泥包装袋上的配比说明调配适量的砂浆，将其倒至地面上，待4 h后，用刮板赶压，优质的自流平水泥地面较硬，反光清晰。

1.1.5　砂

1）定义

天然砂是指在湖、海、河等天然水域中堆积形成的岩石碎屑，如河砂、海砂、湖砂、山砂等。砂的粗细程度是指不同粒径的砂粒混合在一起的平均粗细程度，通常有粗砂、中砂、细砂、特细砂等几种。用于装修的多为中砂，粒径小于4.7 mm的岩石碎屑都可以用于建筑装修，这里主要讲解常见的河砂。

河砂　　　　　　　　　　　河砂过网

左图：河砂是指在河水中的自然石经自然力的作用，通过河水的冲击、侵蚀而形成的有一定质量标准的建筑材料，常被用于制备混凝土。

右图：河砂色泽偏黄，颗粒棱角丰富，其中含有淤泥，使用时要用滤网筛选。

2）特性

河砂质量稳定，多用于建筑混凝土、胶凝材料、筑路材料、人造大理石、水泥物理性能检验材料（即水泥标准砂）等材料中，河砂中通常含有少量泥土，水泥砂浆、混凝土中的砂用量占30%～60%，河砂的密度为2 500 kg/m³。

3）规格与价格

运输成本是影响河砂价格的唯一因素，在大中城市中，河砂的价格为200元/t左右，也有经销商将河砂过筛后装袋出售的，每袋约20 kg，价格为5～8元/袋。

4）河砂的鉴别与选购

（1）观察外表色彩。在选购河砂时，注意观察砂的外观色彩，表面呈现土黄色的为河砂，呈现土灰色的为海砂。

左图：在光线充足处，仔细观察河砂表面色泽，色泽纯正、偏向于土黄色的为优质品。

看河砂表面色彩

（2）查看含有物。河砂中含有少量泥块，而海砂中则有各种海洋生物，如小贝壳、小海螺等。

左图：取适量河砂，用力在手中攥紧，松开手掌，如果手掌边缘残留更多的是砂子，则为优质品。

看河砂含土量

1.1.6 混凝土

1）定义

混凝土是由胶凝材料（如水泥）、水、骨料等按适当配合比配制，经混合搅拌、硬化成型的一种人工石材。

（1）普通混凝土：是指用水泥作主要胶凝材料，砂、石作骨料，与水、外加剂等按一定的配合比配合，经均匀搅拌、密实成型、养护硬化而成的人造石材。普通混凝土主要用于浇筑装修空间中增加的地面、楼板、梁柱、楼梯等，也可以用于成品墙板或粗糙墙面找平，在户外用于浇筑各种景观小品等物件。

左图：普通混凝土具有原料丰富、价格低廉、抗压强度高、耐久性好、强度范围广、生产工艺简单等特点，使用量较大。

普通混凝土

左图：用混凝土浇筑楼梯要先振实底板混凝土，达到踏步位置时再一起浇捣踏步混凝土，应自下而上浇筑，并不断连续向上推进，注意随时用木抹子将踏步上表面抹平。

普通混凝土浇筑楼梯

（2）装饰混凝土：是通过使用特种水泥、颜料或选择有颜色的骨料，在一定工艺条件下制成的混凝土。这种材料能在原本普通的新旧混凝土表层，对图案与颜色进行有机组合，创造出各种天然大理石、花岗岩、砖、瓦、木地板等天然石材铺设效果，具有美观自然、色彩真实、质地坚固等特点。装饰混凝土多用于庭院地面、水池底等界面装饰。

装饰混凝土模具　　　　装饰混凝土着色剂

左图：装饰混凝土模具有各种造型，主要用于户外需要有特色图案装饰的地面区域。模具采用聚氯乙烯制作，纹理丰富。

右图：着色剂可以使装饰混凝土具备各种色彩，也能更好地丰富装饰效果。注意地面压制成型后要及时着色。

2）规格与价格

（1）普通混凝土规格：用于住宅装修的混凝土强度等级通常有C15、C20、C25、C30等，数据越大混凝土的强度越高。普通混凝土的施工成本较高，以室内浇筑架空楼板为例，配合钢筋、模板等施工费用，价格多为1 000～1 200元／m²。

（2）装饰混凝土规格：强度等级为42.5级，采用装饰混凝土制作的地面，常具有不同的图形，产品外形美观、色泽鲜艳、成本低廉、施工方便，价格多为200～250元／m²。

3）混凝土保养

混凝土配置搅拌后要及时浇筑使用。浇筑梁、柱、板时，初凝时间为8～12 h，大体积混凝土的初凝时间为12～15 h。混凝土浇筑后要注意养护，创造适当的温、湿度条件，保证或加速混凝土的正常硬化。我国的标准养护条件是温度为20 ℃，湿度大于95%。

1.2 胶凝材料

1.2.1 瓷砖胶

1）定义

瓷砖胶又称陶瓷砖胶黏剂，是以水泥为基材，采用聚合物材料等混合而成的一种白色或灰色粉末胶黏剂，可以取代传统水泥砂浆粘贴各种石材与陶瓷墙、地砖，广泛用于室内墙面、地面陶瓷砖材铺装。

2）特性

瓷砖胶在使用时只需加水即能获得黏稠的胶浆，它具有耐水、耐用、耐冻融、耐老化、操作方便、价格低廉等特点。由于瓷砖胶采用单组分包装，黏结强度不及AB干挂胶，因而适用于粘贴自重不大的块材，如中等密度陶瓷砖或厚度小于或等于15 mm的天然石材，粘贴高度应小于3 m。

瓷砖胶　　　　　　　瓷砖铺装

左图：瓷砖胶黏结强度高，整体综合性能较好，适用于浴室、厨房等区域的墙面、地面瓷砖的铺装。

右图：使用瓷砖胶粘贴墙砖，在砖材固定5 min内仍能旋转90°，且不会影响最后的黏结强度。

3）规格与价格

瓷砖胶的包装规格为20 kg/袋，价格为60～80元/袋，每袋粘贴面积为4～5 m²。

4）瓷砖胶的鉴别

（1）辨别瓷砖胶粉料是否均匀。优质瓷砖胶产品由先进设备科学配比，且经过充分搅拌，能保障粉料的均匀性。

（2）看搅拌后的黏稠度。若瓷砖胶黏度过大，则涂层过厚，干燥速度会因此减慢，瓷砖胶的黏合强度会有所下降；若黏度过小，则涂层过薄，干燥速度会因此变快，很有可能出现黏合不良的状况。使用时需按照产品要求配比，充分搅拌后观察瓷砖胶的黏稠度。

（3）看保水性。若瓷砖胶中的水分流失太快，则会造成瓷砖胶的强度不够，因此好的瓷砖胶要有优异的保水性。

搅拌瓷砖胶　　　　　　看瓷砖胶黏稠度

左图：根据瓷砖胶配比说明，在容器中倒入适量的水、瓷砖胶粉料，沿着一个方向搅拌，优质瓷砖胶搅拌完成后不会出现结块、气泡。看瓷砖胶搅拌后的状态，优质品中含有各种功能性添加剂，能强化瓷砖胶黏结力，因此充分搅拌后的瓷砖胶呈均匀稠浆状。

右图：将一定量的搅拌好的瓷砖胶刮涂在墙面上，优质品能形成良好的吸附力，成型效果好，不会坍塌流挂。

1.2.2　AB干挂胶

1）定义

AB干挂胶的基料为环氧树脂，主要通过配以固化剂，组成AB双组分胶黏剂，其配比为A：B=1：1。市场上常用的干挂胶在常温下（18～25 ℃）适用期在30 min左右，初干时间在2 h左右，完全固化时间则需要24～72 h。

2）特性

AB干挂胶具有耐水、耐气候、耐多种化学物质侵蚀等特点，黏结强度高，价格也高，在使用时多采用点胶的方式铺装石材、瓷砖，即在铺装材料的背后与铺装界面上局部点涂AB干挂胶，需注意砖材与地面基层之间因为存在缝隙，所以受到压力时容易破裂，因而点胶的铺装方式不适合地面铺装。

AB干挂胶　　　　　　　AB干挂胶胶体

左图：AB干挂胶的强度较高，可在混凝土、钢材、玻璃、木材等材料表面粘贴石材或瓷砖。

右图：施工时要将A型、B型两种胶黏剂预先调和均匀，然后装在打胶器上，最后将胶黏剂涂到需要粘贴的部位。

3）规格与价格

AB干挂胶适用于在潮湿墙面上铺装石材、砖材，尤其在家具、构造上局部铺装石材、瓷砖，铺装效率要比瓷砖胶高，一名熟练施工员可铺装25 m²／天，AB干挂胶的包装规格为2桶，A型、B型胶黏型各1桶，5 kg／桶，价格为100～200元／组，每组粘贴面积为4～5 m²。

4）AB干挂胶的鉴别

（1）闻气味。优质的AB干挂胶含的甲醛等有害物质较少，通常气味比较淡，不会有刺激或难闻的气味。

（2）看黏结强度。优质的AB干挂胶能够有效黏结各种石材与瓷砖，且黏结后不会轻易出现脱胶或黏结不牢等现象。

AB干挂胶质地　　　　　　AB干挂胶颜色　　　　　　调和搅拌　　　　　　粘贴试用

左图：打开包装后，看质地、闻气味，优质干挂胶无强烈气味，若气味浓烈且带有臭味，则该产品为劣质品。

左中图：选择与石材颜色一致或接近的干挂胶，其中米黄色的粘贴能力最强，透明度最弱，黑色与白色的粘贴能力适中。

右中图：取适量AB干挂胶，抹至塑料样板的背面，然后黏结另一块塑料样板，待其固化后，拉扯两块塑料板，优质品很难徒手将其剥离。

右图：在正式施工前，应预先试用，确定其能达到安装强度要求后再大规模使用。

1.2.3　云石胶

1）定义

云石胶的基料是不饱和树脂，可用于各类石材间的黏结，也可用于修补石材表面的裂缝与断痕。

2）特性

云石胶的硬度高，且其韧性、抛光性、耐候性、耐腐蚀性、耐水煮性均较好，能快速固化，且不变黄。云石胶固化24 h后，用水浸泡10 h，然后沸水蒸煮5 h，仍然能保持强劲的黏结力。

左图：云石胶不可用于大面积粘贴石材，这种材料的施工温度既不可低于−10 ℃，也不可高于40 ℃。

右图：云石胶应置于阴凉处保存，且需密闭桶盖，可在云石胶底部垫上木板，以避免其受潮。

云石胶　　　　　　云石胶存储

3）规格与价格

云石胶常用包装为每桶0.5 kg、1 kg、4 kg、5 kg、8 kg、18 kg、22 kg等，其中18 kg包装产品价格为150～200元／桶。

4）云石胶的鉴别

（1）看粉体质量。优质云石胶所含树脂质量好、含量足，粉体结构细腻均匀，黏结性与可调色性也十分不错。

（2）看抛光性。优质云石胶应具有良好的可抛光性，使用云石胶补胶、研磨、结晶抛光后，云石胶的颜色与石材颜色应基本一致。

 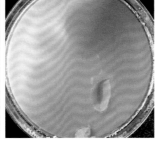 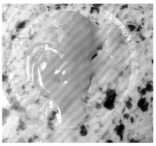 

云石胶包装　　　　　　选择颜色　　　　　　粘贴试用　　　　　　调和搅拌

左图：主体包装为双组分，主罐是云石胶，小包装为固化剂，根据需要搭配使用。

左中图：黄色胶体质地与黄油相当，色泽接近石材自然色泽，表面平整度与光滑度较高。

右中图：取适量云石胶，按照使用说明进行调制，优质品调和过程应无阻碍，且调和后胶体色泽均匀一致，并无结块。

右图：透明云石胶犹如果冻，但是黏稠度较高。

1.2.4　白乳胶

1）定义

白乳胶又称聚醋酸乙烯胶黏剂，是一种水溶性胶黏剂，是由醋酸与乙烯合成醋酸乙烯，添加钛白粉（低档的就加轻钙、滑石粉等粉料），再经乳液聚合而成的乳白色稠厚状液体。

2）特性

白乳胶可常温固化，黏结层具有较好的韧性与耐久性且不易老化。由于具有成膜性好、初黏性好、黏结强度高、固化速度快、耐热性强、抗压强度高、操作性佳、耐稀酸稀碱性好、使用方便、价格便宜、不含有机溶剂等特点，白乳胶被广泛应用于木材、家具、装修、印刷、纺织、皮革、造纸等行业。

白乳胶 　　　　　　　　白乳胶质地

左图：白乳胶既可用于竹、木质材料黏结，也可用于墙面腻子调和，同时还可用作水泥增强剂、防水涂料等。

右图：白乳胶呈乳白色稠状，色泽亮丽，质地细腻，无毒无味、无腐蚀性、无污染，可直接抹至需黏结部位。

3）规格与价格

白乳胶常用包装为每桶0.5 kg、1 kg、4 kg、8 kg、18 kg等，其中18 kg/桶的包装产品价格为150～200元／桶。

4）白乳胶的鉴别

（1）闻味道。优质的白乳胶是不含甲醛的，闻起来通常有一股清香的味道。

（2）看固含量。选购白乳胶时要看白乳胶的固含量，通常宜购买固含量在30%～35%的白乳胶，固含量在20%～25%的比较适用于较普通的木材粘贴。

（3）看乳液黏稠度。优质白乳胶能够将木质或竹质材料牢牢地黏结在一起，且黏结后不会轻易出现脱胶或黏结不牢等现象。

1.2.5　环氧树脂胶

1）定义

环氧树脂胶是双组分的胶黏剂，即分为A、B两种包装，使用时将两者混合使用，混合配合比为胶黏剂：硬化剂＝1：1，混合后应在1 h内（15～25 ℃环境下）用完。

2）特性

环氧树脂胶黏结强度高、耐酸碱、耐水与有机溶剂，耐震动与冲击，可在常温下硬化，无须特别加热及加压，硬化后树脂无味、无毒，便于使用，适用于各种塑料、橡胶等多种材料的黏结。

环氧树脂胶包装 　　　　　环氧树脂胶质地

左图：环氧树脂胶可用于各种塑料地板、地胶铺装，也可以将塑料材料黏结在金属、玻璃、陶瓷、塑料、橡胶等材料的表面。

右图：透明质地的为主胶，有色质地的为固化剂，使用时可根据包装说明搭配使用。

3）规格与价格

环氧树脂胶的包装规格为2罐（A、B各1罐），1～20 kg/罐，其中1 kg包装产品价格为20～30元/组，也有一些小包装产品用于日常维修保养，使用方便，价格低廉，为3～5元/件。

4）环氧树脂胶的鉴别

（1）闻气味。优质的环氧树脂胶是绿色环保产品，通常不含有甲醛等有害物质，且气味比较淡，不会有刺激或难闻的气味。

（2）看黏结强度。优质的环氧树脂胶黏结塑料或橡胶材料后不会轻易出现脱胶或黏结不牢等现象，且胶体固化速度比较适中。

左图：经过调和的环氧树脂胶要在2 h内使用完毕，其随着时间推移会固化，具有很强的黏结力。

环氧树脂胶测试

1.2.6 氯丁胶

1）定义

氯丁胶俗称万能胶，为单组分产品包装，应用范围广。目前应用较广的氯丁胶用聚氯丁二烯合成，是一种不含三苯（苯、甲苯、二甲苯）的高质量活性树脂及以有机溶剂为主要成分的胶黏剂。

2）特性

氯丁胶使用方便，价格低廉。多数氯丁胶为室温固化接触型产品，涂胶于表面，经适当晾置，合拢接触后，能瞬时结晶，初始黏结力大。但氯丁胶耐热性、耐寒性较差，稍有毒性，储存稳定性差，容易分层、凝胶、沉淀。

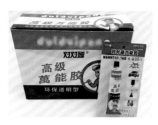 

氯丁胶外包装　　　　　　　　氯丁胶质地

左图：氯丁胶适用于防火板、铝塑板、PVC板、胶合板、纤维板、有机玻璃板等多种材料的黏结，尤其常用于各种塑料板材之间的黏结。

右图：氯丁胶呈浅黄色液态，其结构比较规整，在室温下有较好的黏结性能与较大的内聚强度。

3）规格与价格

氯丁胶常用包装规格为每罐1 kg、2 kg、5 kg、10 kg、15 kg等，其中1 kg包装产品价格为20～30元/罐。

4）氯丁胶的鉴别

（1）闻气味。质量越好的氯丁胶，刺鼻气味越淡。在施工固化过程中，优质氯丁胶的气味会很快消散，不会一直残存于空气中。

（2）看胶膜质感。优质氯丁胶施工后的胶膜质地细腻、手感光滑且表面光泽度也十分高，劣质品胶膜质感一般。

氯丁胶质地　　　　　　　　氯丁胶试用

左图：在合适距离内，用手扇动空气，轻轻嗅闻氯丁胶的味道，气味十分浓烈且经久不散的为劣质品。

右图：取适量氯丁胶，将其抹至纤维板样板表面，待其完全固化后，观察胶膜表面色泽，可用手触摸感受质感，优质品触摸不会有粗糙感。

1.2.7 硬质PVC管道胶

1）定义

硬质PVC管道胶种类很多，如816型硬质PVC胶黏剂、901型硬质PVC胶黏剂等，其中901型硬质PVC胶黏剂主要由氯乙烯树脂、干性油、改性醇酸树脂、增韧剂、稳定剂组成，经研磨加有机溶剂配制而成。

2）特性

硬质PVC管道胶具有黏结强度高，耐湿热性、抗冻性、耐介质性好，干燥速度快，施工方便，价格便宜等特点，防霉、防潮性能较好，适用于黏结各种硬质塑料管材、板材。

硬质PVC管道胶

硬质PVC管道胶涂刷

左图：硬质PVC管道胶应贮存于阴暗通风处，必须与所有易燃原料保持距离，并放置在儿童拿不到的地方。

右图：硬质PVC管道胶既可用于PVC穿线管与PVC排水管接头构造的黏结，也可用于PVC板、ABS板等塑料板材的黏结。

3）规格与价格

硬质PVC管道胶常用包装有每罐120 g、250 g、500 g、1000 g等，其中500 g包装的产品价格为10～15元/罐。

4）硬质PVC管道胶的鉴别

（1）闻味道。优质的硬质PVC管道胶所含甲醛量较少，味道闻起来通常比较淡，施工固化后味道会逐渐消失。

左图：在合适距离内，用手扇动空气，嗅闻硬质PVC管道胶的味道，有酸味或者刺鼻、难闻气味的为劣质品，不宜选购。

闻气味

（2）看固含量。选购硬质PVC管道胶时要看产品的固含量，通常宜购买固含量在30%～35%的硬质PVC管道胶。

（3）看乳液黏稠度。优质硬质PVC管道胶能够将PVC板材、ABS板材牢牢地黏结在一起，且黏结后不会轻易出现脱胶或黏结不牢等现象。

左图：取适量硬质PVC管道胶抹于纸板上，优质产品对纸板无任何黏结力，伪劣产品中含有胶粉，能黏结非PVC材料。

看黏稠度

1.2.8 玻璃胶

1）定义

玻璃胶的主要成分为硅酸钠、醋酸、有机硅酮等。玻璃胶是专用于玻璃、陶瓷、抛光金属等表面光洁材料的胶黏剂，由于应用较多，也是一种家居常备胶黏剂。

2）特性

（1）玻璃胶使用方便，黏结性较好，不仅能有效减少设备磨损度，提高产品表面光滑度，还能很好地提高阻燃性，主要用于干净的金属、玻璃、抛光木材、加硫硅橡胶、陶瓷、天然及合成纤维、油漆塑料等材料表面的黏结，也可以用于光洁的木线条、踢脚线背面、厨卫洁具与墙面的缝隙等部位。

（2）玻璃胶主要分为硅酮玻璃胶与聚氨酯玻璃胶两大类，其中硅酮玻璃胶是目前的主流产品。从产品包装上可分为单组分与双组分两类，单组分硅酮玻璃胶的固化是靠接触空气中的水分发生物理硬化，双组分则是指将硅酮玻璃胶分成A、B两组分别包装，任何一组单独存在都不能形成固化，但两组胶浆一旦混合就会发生固化。市场上常见的是单组分硅酮玻璃胶，按其酸碱性又分为酸性胶与中性胶两种。

酸性玻璃胶　　　　　　　　中性玻璃胶

左图：酸性玻璃胶主要用于玻璃与其他材料之间的一般性黏结，对玻璃、铝材、不含油质的木材等具有优异的黏结性，但是不能用于黏结陶瓷、大理石等。

右图：中性玻璃胶有石材密封胶、防霉密封胶、防火密封胶、管道密封胶等几种，它克服了酸性胶易腐蚀金属材料、易与碱性材料发生反应的缺点，可用于黏结陶瓷洁具、石材等。

3）规格与价格

常用硅酮玻璃胶颜色有黑、瓷白、透明、银灰、灰、古铜6种，玻璃胶包装规格有每支250 mL、300 mL、500 mL等，中性硅酮玻璃胶500 mL规格的产品的价格为10~20元／支。

4）玻璃胶的鉴别

（1）看外包装。优质玻璃胶外包装无破损，产品规格、产地、颜色、用途、使用说明、注意事项、净含量等基本信息均清楚地标识在外包装上。

（2）看黏结强度。玻璃胶固化后抗拉强度的高低与其质量优劣有着很大的关系，优质玻璃胶的抗拉强度与抗剥离强度比较高，产品黏结不会轻易出现脱落现象。

（3）看玻璃胶固化效果。优质玻璃胶固化后表面光泽细腻，不会存在冒油、浮粉等问题。

玻璃胶挤出成型效果　　　　玻璃胶搅拌后质地

左图：在光线充足的地方，仔细观察玻璃胶质地，优质品成型完整，具有一定的光泽。

右图：搅拌玻璃胶后，玻璃胶能轻微自流融合，黏稠度适中，仍然具有光泽。

小 贴 士

玻璃胶使用注意事项

（1）玻璃胶在施工时应使用配套打胶器并用抹刀或木片修整表面。

（2）硅酮玻璃胶的固化过程是由表面向里发展的，不同特性的玻璃胶表干时间与固化时间都不尽相同，若要修补表面，则必须在玻璃胶黏剂表干前进行。

（3）酸性胶、中性透明胶的固化时间为5~10 min，中性杂色胶的固化时间应在30 min内。

（4）玻璃胶的固化时间是随着黏结厚度的增加而增加的，例如抹12 mm厚的酸性玻璃胶，可能需3~4天才能完全凝固，但约24 h就会有3 mm的外层固化。

（5）玻璃胶黏剂固化前可用布条或纸巾擦掉，固化后则需用美工刀刮去或使用二甲苯、丙酮等溶剂进行擦洗。

1.2.9　免钉胶

1）定义

免钉胶是一种黏合力极强的多功能建筑结构强力胶，国外普遍称其为液体钉，国内叫免钉胶。

2）特性

免钉胶是一种不含甲醛、无异味、不伤皮肤，永远不会变黑、发霉，由树脂原料合成的绿色、环保产品。免胶钉固化后，比铁钉的固定力度大，可以与任何材料黏结。

免钉胶外包装

免钉胶施工

左图：免钉胶固化后可以打磨上油漆，这种材料比玻璃胶的成本要高出很多，因而价格相应也会高出很多。

右图：在使用免钉胶前应将基层表面清洁干净，同时需确保其中一面是吸收性材料，且材质坚实，以保证粘贴效果。

3）规格与价格

免钉胶常见规格为每罐50～500 g，价格为10～15元／罐。

4）免钉胶的鉴别

（1）看外包装。优质免钉胶外包装应无破损，产品规格、产地、用途、使用说明、注意事项、净含量等基本信息均应清楚地标识在外包装上。

（2）看免钉胶胶膜。胶膜一方面能体现出施工质量的好坏，另一方面能体现出产品本身质量的优劣，优质免钉胶固化后表面光泽细腻且不存在冒油、浮粉等问题。

免钉胶质地

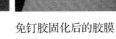

免钉胶固化后的胶膜

左图：在光线充足的地方，观察免钉胶质地，优质品遇到空气后会形成表膜，黏合度高，表面无气泡且平整光滑。

右图：取适量免钉胶，拉伸后弹力十足，具有一定的拉伸阻力。

1.2.10 结构胶

1）定义

结构胶是指强度高，能承受较大荷载且耐老化、耐疲劳、耐腐蚀，在预期寿命内性能稳定，适用于承受强力的结构件黏结的胶黏剂。要求其抗压强度应大于60 MPa，钢材正拉黏结强度大于30 MPa，抗剪强度大于18 MPa。目前使用较多的结构胶分为硅酮结构胶和聚氨酯结构胶，都有单组分和双组分产品，使用最多的还是硅酮结构胶。

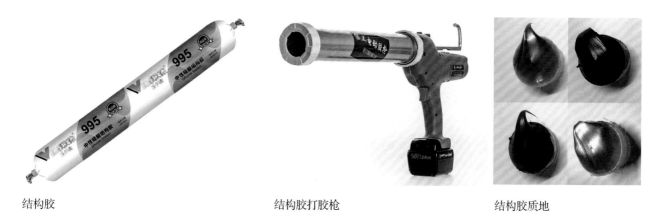

结构胶　　　　　　　　　　结构胶打胶枪　　　　　　　　　结构胶质地

左图：多数结构胶的包装为软质包装，经济节约，适合大批量使用。

中图：将结构胶安装到打胶枪中，按下按钮，即可挤出胶体，使用电动打胶枪更方便快捷。

右图：结构胶的颜色种类不多，质地黏稠、厚重，具有很强的弹性和粘连性。

2）特性

结构胶强度高、抗剥离、耐冲击、施工工艺简便。可用于金属、陶瓷、塑料、橡胶、木材等同种材料或不同种材料之间的粘贴，可部分代替焊接、铆接、螺栓连接等传统连接方式。在结合面中结构胶应分布均匀，其对零件无任何影响且不会引起变形。

聚氨酯结构胶应用　　　　　　硅酮结构胶应用

左图：聚氨酯结构胶用来粘贴水泥、混凝土等粗糙界面。

右图：硅酮结构胶适用于光洁材料粘贴与缝隙填充，多用于铝塑板粘贴与填缝。

3）规格与价格

结构胶用量大，包装大多为软质材料，单组分硅酮结构胶包装容量为600 mL／支，中性能产品价格为8～10元／支，高性能产品价格为15～20元／支。

4）结构胶的鉴别

（1）看外包装。优质结构胶外包装饱满，有很强的弹性，内压较大，无破损，产品信息标识清晰。

（2）看质地。胶体黏稠度适中，质地均匀，硅酮结构胶是有刺激性气味的，聚氨酯结构胶气味较小。胶体暴露在空气中挥发缓慢、易干燥，干燥后弹性强，吸附力好。

结构胶挤出后的成型效果　　结构胶搅拌后质地

左图：优质结构胶挤出后形态饱满，成型效果好，有弹性。

右图：结构胶搅拌后有丝绸状黏稠感，黏稠度高，拉伸质感强烈。

1.2.11　建筑胶

1）定义

建筑胶是以聚乙烯醇、水为主要原料，加入尿素、甲醛、盐酸、氢氧化钠等添加剂制成的。901建筑胶含甲醛较少，基本在国家规定的范围内，是目前家居装修中墙面施工基层处理的主要材料。

2）特性

建筑胶主要用于配制涂料腻子，也可以添加到水泥砂浆或混凝土中，以增强水泥砂浆或混凝土的黏结强度，起到建筑基层与涂料之间的黏合过渡作用。

901建筑胶在生产工艺上有了进一步提高，传统801建筑胶的固含量为6%，而901建筑胶的固含量为4%，在储存、施工过程中，脲醛不会再轻易被还原成甲醛与尿素而污染环境。

901建筑胶　　　　　　　建筑胶与腻子调和

左图：901建筑胶是由多种高分子聚合物辅以功能助剂配制而成的。用901建筑胶水粉制成的建筑胶无毒、无污染、无气味、无放射性、无碱性、能速溶于冷水，不含玉米淀粉、烧碱，具有成膜快、黏度高、悬浮保湿、抗酶耐老化、用量小、保存时间长的特点。其性能稳定，用它配制的涂料，施工方便，流平性好、不卷皮，是107建筑胶、801建筑胶的理想替代的产品。

右图：建筑胶与腻子调和时要根据产品说明与实际施工所需来进行调配，不宜过多，配制品不宜长时间存放，以免浪费。

3）规格与价格

901建筑胶的常用包装规格为每桶3 kg、10 kg、18 kg等，常见的18 kg/桶的产品价格为60～80元/桶，知名品牌产品的价格为120～150元/桶。

4）建筑胶的鉴别

（1）看外包装。优质建筑胶外包装无破损，产品规格、产地、用途、使用说明、注意事项、净含量等基本信息均清楚地标识在外包装上。

（2）看胶体质量。开桶查看建筑胶的质量，优质品的胶体不会出现分层、沉淀、霉变等现象。

（3）看胶液流动情况。优质建筑胶可自由流动，使用工具可轻易取出。

建筑胶胶体　　　　　　　　建筑胶测试

左图：优质建筑胶多为浓缩质地，需要加水调和使用，无任何异味，搅拌时黏稠度适中，质地均匀且呈乳白色或半透明状。

右图：将适量建筑胶与腻子粉调和后，待腻子粉完全干燥后具有较强的黏合性。

1.2.12　聚氨酯泡沫填充剂

1）定义

聚氨酯泡沫填充剂全称为单组分聚氨酯泡沫填充剂，又称为发泡剂、发泡胶、PU填缝剂，它是一种将聚氨酯预聚物、发泡剂、催化剂等组分装填于耐压气雾罐中的特殊聚氨酯产品。

2）特性

聚氨酯泡沫填充剂具有施工方便、现场损耗小、使用安全、性能稳定、阻燃性好等优势，可黏附在混凝土、涂层、墙体、木材及塑料表面，比较适用于密封堵漏、填空补缝、固定黏结、保温隔声，尤其适用于成品门窗与墙体之间的密封堵漏及防水。

聚氨酯泡沫填充剂　　　　　门窗泡沫发泡膨胀

左图：聚氨酯泡沫填充剂固化后的泡沫具有填缝、黏结、密封、隔热、吸声等多种效果，是一种环保节能、使用方便的装修填充材料。

右图：聚氨酯泡沫填充剂罐禁止刺穿、燃烧料罐及空罐，施工时应远离火源与热源，罐体温度不得超过45 ℃，不可倒置。

3）规格与价格

聚氨酯泡沫填充剂的常用包装为500 mL/罐、750 mL/罐，其中750 mL/罐的产品价格为15～25元/罐。

4）聚氨酯泡沫填充剂的鉴别

（1）看泡沫表面。优质聚氨酯泡沫填充剂的泡沫表面呈沟状，光滑但光泽度不是很高，劣质品的泡沫表面平整且有褶皱。

（2）感受泡沫质地。可用手按压泡沫，优质聚氨酯泡沫填充剂的泡沫富有弹性，泡沫的黏结力也比较强。

看发泡率　　　　　　　　　看填塞密实度

左图：观察聚氨酯泡沫填充剂发泡的大小，优质品的泡沫发泡饱满浑圆，劣质品的泡沫发泡小且呈现坍塌状。

右图：使用后观察填塞的密实度，优质产品应当充分发泡，能填塞缝隙，可以切开泡沫，泡孔均匀细密。

第**2**章

水电管线

核心概念： 外径、截面、接触、内芯材质、绝缘。

章节导读： 在室内装饰施工中，水电管线覆盖面积较大，水电材料要保证使用安全。由于不能随意拆卸埋设在墙体中的水电管线设备，且一旦损坏会造成严重的后果，维修起来会很困难，所以水电材料要特别注意质量，除选用正规品牌产品外，还要选择优质辅材，配合精湛的施工工艺，这样才能更好地保证使用安全。

PP-R给水管

给水管的材质不断发展更新，目前比较流行的管材为PP-R管，其适用范围很广，价格低廉、加工便捷，但是长时间使用管道内壁会滋生藻类微生物而影响水质。

2.1 水路材料

2.1.1 PP-R管

1）定义

PP-R管又称为三丙聚丙烯管或无规共聚聚丙烯管，采用无规共聚聚丙烯经挤出成为管材，注塑成为管件。

2）特性

（1）安全性能高。PP-R管的原料分子只有碳、氢元素，没有有毒有害元素存在，卫生可靠，不仅是厨房、卫生间冷热水给水管的首选，还能用作全套空间的中央空调、小型锅炉地暖的给水管以及直接饮用的纯净水的供水管。

（2）保温节能。PP-R管的导热率仅为钢管的5%，具有较好的耐热性。PP-R管的维卡软化点为131.5℃，可以满足生活中的各种给水使用要求。同时PP-R管使用寿命长，在70℃工作环境、工作压力1.0 MPa条件下使用寿命可以达到50年以上（前提是管材规格必须是S3.2和S2.5系列以上），在常温（20℃）工作压力1.0 MPa的环境下，使用寿命可以达到100年以上。

（3）施工便捷。PP-R管在施工中安装方便，连接可靠，具有良好的热熔焊接性能，各种管件与管材之间可以采用热熔与电熔连接，其连接部位的强度应大于管材本身的强度。

（4）可循环利用。PP-R管的废料经清洁、破碎后能够回收再利用于管材、管件的生产，且在回收料用量不超过总量10%的情况下不影响产品质量。

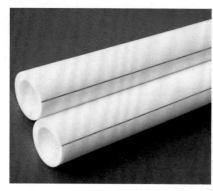

PP-R管　　　　　　　　　双层PP-R管　　　　　　　　PP-R管与配套管件

左图：PP-R热水管一般用于暖气连接器、热水器的热水管路；PP-R冷水管则只用作阳台、庭院的洗涤和灌溉用给水管。

中图：双层PP-R管可用作热水管，由内绿、外白两层构成，大多数内层能对水源进行杀菌、抑菌，管内壁光滑，阻力小，能减少水流震动与噪声，送水迅速。

右图：PP-R管的配件要与PP-R管相匹配，螺口大小要与PP-R管的管径一致，配套管件也要选择高品质的。

3）规格与价格

PP-R管的规格表示分为外径（DN）与壁厚（EN），单位为毫米。PP-R管的外径主要有20 mm（4分管）、25 mm（6分管）、32 mm（1寸管）、40 mm（1.2寸管）、50 mm（1.5寸管）、63 mm（2寸管）、75 mm（2.5寸管）等多种，并有S5、S4、S3.2、S2.5、S2五种不同的抗压级别。

以 ϕ25 mm的S5型PP-R管为例，外部直径为25 mm，管壁厚2.3 mm，长度为3 m或4 m，价格为8~12元／m也可以根据需要定制。

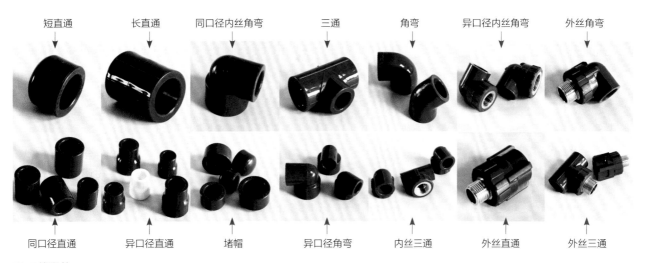

PP-R管配件

上图：PP-R管的配件主要包括同口径直通、异口径直通、弯头、同口径三通、异口径三通、内外丝直通、内外丝角弯、内外丝活接、球阀、截止阀等多种，需注意与PP-R管的匹配性。

PP-R管管径规格一览表（单位：mm）

公称外径	平均外径		公称壁厚				
	最小	最大	S5	S4	S3.2	S2.5	S2
16	16.0	16.3	—	2.0	2.2	2.7	3.3
20	20.0	20.3	2.0	2.3	2.8	3.4	4.1
25	25.0	25.3	2.3	2.8	3.5	4.2	5.1
32	32.0	32.3	2.9	3.6	4.4	5.4	6.5
40	40.0	40.4	3.7	4.5	5.5	6.7	8.1
50	50.0	50.5	4.6	5.6	6.9	8.3	10.1
63	63.0	63.6	5.8	7.1	8.6	10.5	12.7
75	75.0	75.7	6.8	8.4	10.3	12.5	15.1
90	90.0	90.9	8.2	10.1	12.3	15.0	18.1
110	110.0	111.0	10.0	12.3	15.1	18.3	22.1
125	125.0	126.2	11.4	14.0	17.7	20.8	25.1
140	140.0	141.3	12.7	15.7	19.2	23.3	28.1
160	160.0	161.5	14.6	17.9	21.9	26.6	32.1

注：公称外径是指管材作为商品销售的通用标称数据，又称为商品尺寸。

平均外径是指厂家生产时容许的误差值范围。

公称壁厚中的S是指级别，S5为轻型级别（抗压能力一般），S2为重型级别（抗压能力很强），可根据需要选择。

4）PP-R管的鉴别与选购

（1）检查管材外部包装。仔细查看PP-R管的外部包装，优质品牌产品的管材两端应该有塑料盖封闭，以防灰尘、污垢污染管壁内侧。

（2）观察管材配件外观。管材与各种配件多为本白、瓷白、灰、绿、黄、蓝等颜色，所有管材与配件的颜色应基本一致，内外表面应光滑、平整，无凹凸、气泡与表面缺陷现象。

（3）测量管件外径与壁厚。用游标卡尺测量管材、管件的外径与壁厚，看是否达到标识的数据，尤其要注意管壁厚度是否均匀，这会影响管材的抗压性能。如果经济条件允许，建议选用S3.2级与S2.5级的产品。

（4）观察配套的接头配件。仔细观察PP-R管配套的接头配件，尤其是带有金属内螺纹的接头，优质PP-R管的内螺纹应该是不锈钢或铜材质地。

（5）检查PP-R管材质量。如果对管材的质量有所怀疑，可以先购买1根让施工员安装后打压检验或用打火机燃烧管壁辨别气味。

测量PP-R管管径尺寸　　　测量PP-R管管壁尺寸　　　触摸PP-R管配件接缝　　　火烧PP-R管样品

左图：使用游标卡尺钳住PP-R管，使其外管完全与游标卡尺的卡钳贴合，游标卡尺上的尺寸即为PP-R管管径大小。

左中图：将游标卡尺的卡钳深入PP-R管中，夹紧至无缝隙，并得出相应尺寸，人工读取数据，精确度较高。

右中图：用手触摸PP-R管的金属配件，金属与外围管壁的接触应当紧密、均匀，不应存在任何细微的裂缝或歪斜。

右图：用打火机点燃PP-R管的外管壁，观察管壁是否有掉渣现象或产生刺激性的气味，如果没有则说明PP-R管质量较好。

2.1.2　PVC管

1）定义

PVC管即聚氯乙烯管，是由聚氯乙烯树脂与稳定剂、润滑剂等混合后，采用热压法挤压成型的塑料管材。PVC管可以分为软PVC管与硬PVC管，其中硬PVC管约占市场的70%，软PVC管则占30%。

2）特性

（1）PVC管具有良好的水密性。PVC管材的安装无论采用黏结还是橡胶圈螺旋连接，均具有良好的水密性。该管材抗腐蚀能力强，耐酸、耐碱、易于黏结、价格低、质地坚硬，不受潮湿空气、水分、土壤酸碱度的影响，适用于输送温度不高于45℃的排水管道。

（2）PVC管还具有较好的抗拉、抗压强度，且管壁非常光滑，因此对水流的阻力很小。

（3）PVC管不是营养源，因此不会受到啮齿类动物的破坏，如老鼠等。这类管材主要用于生活用水的排放管道，常被安装在厨房、卫生间、阳台、庭院的地面下，由地面向上垂直预留100～300 mm，待后期洁具安装完毕后再根据需要裁切。

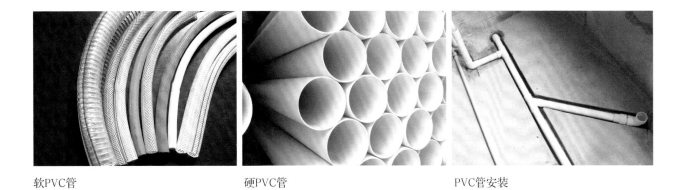

软PVC管　　　　　　　　　　硬PVC管　　　　　　　　　　PVC管安装

左图：软PVC管具有良好的电绝缘性能、柔软性能与着色性能，多被用于地板、顶棚、皮革的表层或被用于制作软PVC管材，或被用于局部补充以及被用作临时排水管等。

中图：硬PVC管又被称为UPVC管或PVC-U管，其抗老化性能好，内壁光滑，阻力小，不结垢，无毒、无污染，不含增塑剂，容易成型，物理性能佳，开发应用价值较大。

右图：PVC管安装于装修空间的下部，多采用黏结的方式施工，黏结时需将插口处倒小圆角以形成坡度，注意断口平整且垂直轴线，这样才能黏结牢固，以免漏水。

3）规格与价格

PVC管的规格有ϕ40～ϕ200 mm等多种，管壁厚1.5～5 mm，管壁较厚的还被加工成空心状，如此隔声效果较好。ϕ40～ϕ90 mm的PVC管主要被用于连接洗手台、浴缸等设备的排水系统，ϕ110～ϕ130 mm的PVC管主要被用于坐便器、蹲便器等设备的排水系统，ϕ160 mm以上的PVC管主要用作横向、竖向主排水管。PVC管的价格与规格有关，以ϕ75 mm的PVC管为例，外部直径为75 mm，管壁厚2.3 mm，长度为4 m，价格为8～10元／m。

直接　　　异口径直接　　　异口径三通　　　管卡　　　堵帽

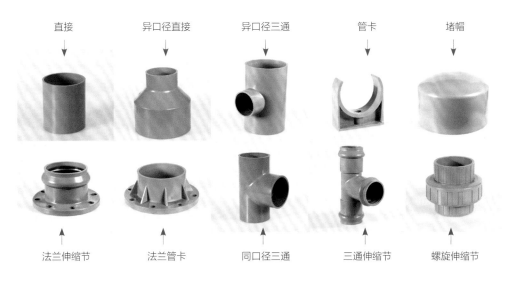

左图：PVC管有各种规格、样式的接头配件，价格相对较高，也是一套复杂的产品体系，其管件与PP-R管的管件类似，配件的尺寸同样要控制好。

法兰伸缩节　　　法兰管卡　　　同口径三通　　　三通伸缩节　　　螺旋伸缩节

PVC管配件

PVC管管径规格一览表（单位：mm）

公称内径	外径	管壁厚
10	16±0.2	—
15	20±0.3	2±0.4
20	25±0.3	3±0.5
25	32±0.3	4±0.6
32	40±0.3	4.6±0.7
40	50±0.3	5.3±0.8
50	63±0.3	6±0.9
65	75±0.3	6.6±1
80	90±0.3	7.3±1.1
100	110±0.4	8±1.2
125	140±0.4	9.3±1.4
150	160±0.5	10±1.5
200	225±0.7	12±1.8
250	250±0.8	12.6±1.9
300	315	14±2.1

注：公称内径是指管材作为商品销售的通用标称数据，又称为商品尺寸。

小 贴 士

如何避免PVC管漏水

（1）选择合适的尺寸。当选购的硬PVC管尺寸大于所需要的尺寸时，涂刷胶黏剂后，间隙太小，只能插入一部分，这将导致硬PVC管试压时脱节漏水；当硬PVC管尺寸小于所需要的尺寸时，间隙会过大，如果仅依靠胶黏剂去填补缝隙的话，则PVC管会黏结不紧密，也会导致脱节漏水。

（2）规范堆放。堆放硬PVC管必须按技术规程操作，如果堆放不规范或者长期堆放过高，会造成PVC管承口部位变成椭圆形，这可能会导致连接不紧密或者局部间隙过大，PVC管黏结后，剪切强度也会有所降低，从而导致硬PVC管漏水。

（3）选择符合要求的胶黏剂。胶黏剂是由过氯乙烯树脂与其他有机溶剂按一定配合比制成的，使用不符合要求的胶黏剂也会导致PVC管漏水。

（4）预留合适的固化时间。根据胶黏剂的特性及相关规定，安装硬PVC管时，要使用胶黏剂黏结，黏结后需要预留48 h让PVC管充分固化养护，等PVC管完全固化后再用螺栓固定继续施工。

测量PVC管尺寸　　　　切割PVC管　　　　打磨PVC管　　　　PVC管涂胶

左图：使用卷尺测量PVC管的尺寸，确保所选的PVC管尺寸符合要求。

左中图：使用切割机对PVC管进行缓慢切割，速度过快容易导致PVC管碎裂。

右中图：选用合适的砂纸打磨刚刚切割过的PVC管，直至表面光滑且用手触碰时无明显的刺痛感。

右图：先清理PVC管表面，再用小刷子蘸取适量的胶黏剂涂刷PVC管口四周，注意涂刷要均匀。

4）硬PVC管的鉴别与选购

（1）查看表面颜色。优质硬PVC管多为白色，管材的白度高但不刺眼，这一点要注意观察，市场上出现的浅绿色、浅蓝色等有色产品多为回收材料制作，强度与韧性均不如白色PVC管好。

（2）测量管径与管壁。仔细测量管径与管壁尺寸并与包装袋上的参数进行对比，看是否与标准数据一致。

（3）检测硬度。用手或脚挤压硬PVC管管材，优质的产品不会发生任何变形。

（4）观察横截面。可以用美工刀削切硬PVC管的管壁，优质产品的截面质地都很均匀，削切过程中也不会产生任何不均匀的阻力。

（5）暴晒。根据需要购买一段管材，放在高温日光下暴晒3～5天，如果PVC管材表面没有任何变形、变色，则说明质量较好。

（6）检查配件接头部位。优质硬PVC管管材配套的配件，接头部位应当紧密、均匀，不会有任何细微的裂缝、歪斜等现象，管材与接头配件也均用塑料袋密封包装。

左图：测量管径时要注意游标卡尺的松紧度，太紧会导致硬PVC管变形，影响最终的测量结果。

右图：测量管壁时要先确认该硬PVC管的规格，再将测量出的管壁尺寸与之进行对比。

测量硬PVC管管径尺寸　　　　测量硬PVC管管壁尺寸

左图：取一小段硬PVC管样品，在光线充足的情况下用脚轻轻踩压PVC硬管，注意控制好下脚的力度，不会轻易开裂的为优质品。

右图：取一小段硬PVC管样品，用美工刀横切管材，仔细观察横截面，并感受裁切的难易程度，优质品横截面平滑，且切削阻力均匀。

脚踩硬PVC管　　　　　　　　用美工刀削切硬PVC管

5）软PVC管的鉴别与选购

（1）看白度与光泽度。如果软PVC管在生产过程中杂料、回收料添加过多，制成的管材就会发黑、发黄，影响软PVC管的品质。

（2）观察厚度与抗摔性。根据管径规格，查看软PVC管管壁厚度是否均匀一致。如果对产品质量要求较高，可以用力摔打软PVC管，查看软PVC管的韧性，容易摔碎的软PVC管多为高钙产品。

（3）检测耐候性。将软PVC管拿到高温、高光的地方放置几天，观察其表面的变化，表面变化越小的软PVC管耐候性越强。

观察软PVC管外观　　　　　　测量软PVC管厚度　　　　　　看透光性

左图：在光线充足处仔细观察软PVC管的表面色泽，优质品表面光泽细腻，不会有黑点或划痕。

中图：使用游标卡尺测量管壁尺寸，厚度越大的产品质量越好。

右图：观察软PVC管内壁，透光性弱的产品壁厚较大，材质较好，更耐用。

小 贴 士

CPVC管

CPVC树脂由聚氯乙烯（PVC）树脂氯化改性制得，该产品呈白色或淡黄色，为无味、无臭、无毒的疏松颗粒或粉末。CPVC管是一种新型工程塑料管材，是一种比较健康的管材。

CPVC管重量轻，隔热性能好，无须保温，可输送冷、热水与腐蚀性介质，在不超过100 ℃时可以保持足够的强度，且在较高的内压下可以长期使用，但加工性较差，加工过程中必须加入大量重金属铅盐稳定剂，因而卫生性能欠佳。

2.1.3　铝塑复合管

1）定义

铝塑复合管又称为铝塑管，是一种中间层为铝质，内外层为聚乙烯或交联聚乙烯，层间采用热熔胶黏合而成的多层管。

2）特性

铝塑复合管具有聚乙烯塑料管耐腐蚀与金属管耐高压的双重优点，是最早替代铸铁管的给水管，具有稳定的化学性质，这种管材无毒、无污染，表面及内壁光洁平整，不结垢、重量轻，能自由弯曲，在工作温度不大于60 ℃、工作压力不大于0.4 MPa的条件下，它的使用寿命可达50年。

铝塑复合给水管

铝塑复合地暖管安装

铝塑复合燃气管

左图：铝塑复合给水管为白色，有L标识，适用于输送生活用水、冷凝水、氧气、压缩空气等，这种管材环保性能较好，同时管壁较厚，不会轻易断裂。

中图：铝塑复合地暖管安装时地面需铺装热反射膜，这是为了更好地节能、保温，管道间距宜保持在250～300 mm之间。

右图：铝塑复合燃气管为黄色，有Q标识，适用于输送天然气、液化气、煤气，这种管材具备良好的防燃性能，安全系数较高，管材也无任何异味与毒素。

3）规格与价格

铝塑复合管的常用规格有1216型与1620型两种。其中，1216型管材的内径为12 mm，外径为16 mm；1620型管材的内径为16 mm，外径为20 mm。长度有50m、100m、200m三种。1216型铝塑复合管价格为3元／m，1620型铝塑复合管价格为4元／m。

铝塑复合管管径规格一览表（单位：mm）

标称规格	公称外径	公称内径	圆度		壁厚		内层塑料最小壁厚	外层塑料最小壁厚	铝管最小壁厚
			管盘	直管	最小	公差			
0812	12	8.3	≤0.8	≤0.4	1.6		0.7		0.18
1216	16	12.1	≤1	≤0.5	1.7		0.9		
1620	20	15.7	≤1.2	≤0.6	1.9	+0.5	1		0.23
2025	25	19.9	≤1.5	≤0.8	2.3		1.1		
2632	32	25.7	≤2	≤1	2.9		1.2		0.28
3240	40	31.6	≤2.4	≤1.2	3.9	+0.6	1.7	0.4	0.33
4150	50	40.5	≤3	≤1.5	4.4	+0.7	1.7		0.47
5163	63	50.5	≤3.8	≤1.9	5.8	+0.9	2.1		0.57
6075	75	59.3	≤4.5	≤2.3	7.3	+1.1	2.8		0.67

4）铝塑复合管的鉴别与选购

（1）观察外观。优质铝塑复合管表面色泽与喷码均匀，无色差，中间铝层接口严密，无明显划痕、凹陷、气泡、汇流线等痕迹。

（2）裁切管件。根据实际条件，垂直裁切一段铝塑复合管，将手指伸进管内，优质管材的管口应当光滑，没有任何纹理或凹凸。

（3）敲击管件。用铁锤等较为坚硬的器物敲击管材，管材表面出现弯曲甚至破裂的，为劣质产品。

（4）观察配套接头配件。优质铝塑复合管的各种规格接头与管壁的接触应当紧密、均匀，不能有任何细微的裂缝、歪斜等现象。

（5）观察铝层。在铝塑复合管中，铝层位于中间层，可选取一小段铝塑复合管样品，仔细观察铝塑复合管的铝层，为了保证实际的使用效果，优质的铝塑复合管在铝层的搭接处会有焊接，而劣质品则没有焊接。

观察铝塑复合管外观　　　裁切铝塑复合管

左图：在光线充足处仔细观察，优质铝塑复合管表面光滑，且管面信息包括规格、适用温度、商标、生产编号等均十分全面，字迹清晰。

右图：取一小段铝塑复合管样品，用美工刀进行裁切，优品裁切没有阻力，且用手触摸裁切面时不会有刺痛的感觉，裁切管口处也没有毛边。

左图：取一小段铝塑复合管样品，用铁锤或其他尖锐物体敲击管件，优质品敲击后会迅速恢复原形，劣质品则不能立刻恢复，且还会有轻微的凹陷。

敲击铝塑复合管

2.1.4　铜塑复合管

1）定义

铜塑复合管又称为铜塑管，是将铜水管与PP-R管采用热熔挤制胶合而成的一种给水管，内层为无缝纯紫铜管，水与紫铜管完全接触。

2）特性

铜塑复合管具备一定的抑菌能力，同时导热性能也十分优异，相比铜水管，铜塑复合管还具有价格与安装上的优势。

相比PP-R管，铜塑复合管更加节能环保。优质铜塑复合管的内衬为纯紫铜管，很少会出现铜锈，时间长了只会在表面形成一层氧化膜。因此，铜塑复合管具有很强的安全性，适合用作各种冷、热水给水管。

铜塑复合管　　　　　　铜塑复合管与配套管件

3）规格与价格

铜塑复合管的外径主要有20 mm（4分管）、25 mm（6分管）、32 mm（1寸管）、40 mm（1.2寸管）等多种，不同厂商的产品管壁厚度均不同，但是管材的抗压性能比PP-R管要强很多。以 ϕ 25 mm的铜塑复合管为例，管壁厚4.2 mm，其中铜管内壁厚1.1 mm，长度为3 m，价格为30元／m。

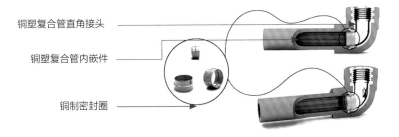

铜塑复合管直角接头

铜塑复合管内嵌件

铜制密封圈

铜塑复合管构造示意图

铜塑复合管管径规格一览表　（单位：mm）

标称规格	内衬塑料层		法兰面覆塑层		外覆塑料层最小厚度
	厚度	公差	厚度	公差	
15					0.5
20					0.6
25					0.7
32	1.5	±0.2	1	+不限 −0.5	0.8
40					1
50					1.1
65					1.1
80	2		1.5		1.2
100					1.3

4）铜塑复合管的鉴别与选购

（1）观察外观。铜塑复合管与配件的颜色应该基本一致，内外表面应该光滑平整，无凹凸、气泡与其他影响性能的表面缺陷。

（2）嗅闻。铜塑复合管是否带有刺激性气味，从另一方面反映了该管材的制作水平与含胶量是否达标。

（3）观察外部包装。观察铜塑复合管的外部包装，优质品牌产品的管材两端应该有塑料盖封闭，以防灰尘、污垢污染管壁内侧。

（4）测量管径、壁厚。测量管材、管件的外径与壁厚，并对照管材表面印刷的参数，看是否一致，尤其要注意管材的壁厚是否均匀，这直接影响管材的抗压性能。

（5）检查配件。观察铜塑复合管配套的接头配件，接头配件应当为优质紫铜，每个接头配件均有塑料袋密封包装。

（6）裁切管件。根据实际条件，垂直裁切一段铜塑复合管，把手指伸进管内，优质管材的管口应当光滑且没有任何纹理或凹凸。

观察铜塑复合管内芯材质

上图：于光线充足处观察铜塑复合管内芯，优质品表面色泽亮丽、纯正且不含有任何可见的杂质。

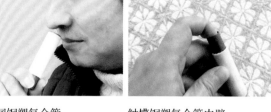

嗅闻铜塑复合管　　　　　　触摸铜塑复合管内壁

左图：可以裁切一小段铜塑复合管，用鼻子对着管口闻一下，优质的铜塑复合管不会有任何气味。

右图：把手指伸进管内，优质铜塑复合管的裁切平面应光滑、没有任何纹路，裁切管口无毛边。

2.1.5　不锈钢管

1）定义

不锈钢管是采用不锈钢制作的管材，是目前最高档的给水管，这种管材可直接用于饮用水输送，也可用于各种冷水、热水、饮用水、空气、燃气等管道系统。

2）特性

不锈钢管多采取压接工艺安装，该管材的表面拥有薄而致密的富铬氧化膜，这种薄膜能使不锈钢管内的水质具有良好的耐腐蚀性。实地腐蚀试验数据表明，不锈钢管的使用寿命可达100年，且不会轻易被细菌污染，更能杜绝自来水的二次污染，它的保温性也是铜管的24倍。

不锈钢管　　　　　　　　　不锈钢管管件　　　　　　　　　不锈钢管剪钳

左图：不锈钢管与铜管相比，内壁更为光滑，通水性更好，在流速高的情况下不腐蚀，长期使用不会积垢。

中图：不锈钢管内径尺寸不同，其尺寸选择也会有所不同，在安装时一定要注意辨别。

右图：不锈钢管剪钳可以快速地获取所需尺寸的不锈钢管，这不仅有效地提高了施工效率，同时也使得施工更简单。

3）规格与价格

不锈钢管的规格表示为外径（DN）与壁厚（EN），单位为毫米。不锈钢管的外径主要有20 mm（4分管）、25 mm（6分管）、32 mm（1寸管）、40 mm（1.2寸管）、50 mm（1.5寸管）、63 mm（2寸管）等几种，其每种规格管材的内壁厚度也有多种规格。

以 ϕ25 mm（6分管）的不锈钢管为例，长度为6 m，内壁厚度有0.8 mm、1 mm等多种，其中壁厚1 mm的产品抗压性能可以达到3 MPa，价格为30~40元/m。

不锈钢管管径规格一览表 （单位：mm）

公称内径	外径	壁厚	公称内径	外径	壁厚
15	16.6	0.8	80	84	2.0
20	22.0	1.0	100	104	
25	27.0		125	130	2.5
32	34.4	1.2	150	155	
40	42.4		200	206	3.0
50	52.4		250	258	4.0
65	69.0	2.0	300	308	

4）不锈钢管的鉴别与选购

（1）观察管件外观。优质不锈钢管与其配件的颜色基本一致，内外表面光滑、平整，无气泡与其他影响性能的表面缺陷。

（2）测量外径与壁厚。测量不锈钢管的外径与壁厚，实际测量数据应与管材表面标识参数一致，尤其要注意不锈钢管的壁厚是否均匀。

（3）观察配套管件。仔细观察配套接头配件，优质不锈钢管的接头配件为固定配套产品，且同等型号的不锈钢，每个接头配件均有塑料袋密封包装。

（4）观察外部包装。优质不锈钢管的管材两端应该有塑料盖封闭，以防灰尘、污垢污染管壁内侧。

观察不锈钢管外观　　　　　　　测量不锈钢管的管径、壁厚　　　　　观察不锈钢管配件外观

左图：在光线充足处仔细观察，优质不锈钢管表面光滑，不存在凹凸现象，表面不含有任何可见杂质。

中图：取一小段不锈钢管样品，用游标卡尺测量其管径与壁厚，优质品的管径与管壁尺寸都要符合标准。

右图：在光线充足处观察不锈钢管配件外观，优质品管口色泽细腻、光洁，富有金属质感且光亮不刺眼。

2.1.6 编织软管

1）定义

编织软管是在不锈钢软管或胶管外围包裹不锈钢丝或其他合金丝的成品给水管。编织软管两端预制加工成螺口，可以直接安装在各种水龙头、用水设备、管道接口上，使用比较方便。

2）特性

编织软管具有良好的耐腐蚀性能与抛光性能，不会轻易出现锈斑，耐热性能也十分不错，该管材主要由内管、外层、螺母及内芯、连接套、密封垫片等组成。

3）规格与价格

编织软管的规格主要以长度来判断，长度为400～1 200 mm，每间隔100 mm为一种规格，其外径为18 mm左右，具体测量数据因产品质量不同而存在一定的偏差。常用长度600 mm编织软管价格为10～15元／支。

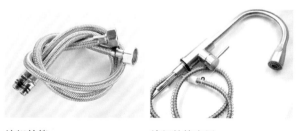

编织软管　　　　　　　编织软管应用

左图：编织软管质地较软，可任意弯曲，抗压性能较强，结构简单，价格适中，但容易老化。

右图：编织软管按照功能可分为单头管、编织管与淋浴管，单头管主要用于水龙头、洗菜盆等厨卫五金。

4）编织软管的鉴别与选购

（1）观察管身表面的编织效果。优质编织软管具有不跳丝、不断丝、不叠丝等特点，编织样式交织的密度越高越好。

（2）观察螺帽、内芯。仔细观察编织软管的螺帽、内芯是否为纯铜配件，铜螺帽的工艺是否经过抛光镀铬，表面是否有毛刺，其冲压效果是否粗糙等。

（3）嗅闻。可以通过气味来判断编织软管的含胶量，以此来确定其内管质量的优劣，含胶量越高的内管质量越好，抗拉力、防爆破等性能也更强。

（4）观察弯曲性能。优质编织软管弯曲时存在一定的阻力，但不会影响施工，弯曲后能迅速还原，管材自身也不会产生任何变形、收缩、断裂等现象。

观察编织软管的编织效果　　　观察编织软管的螺帽、内芯

左图：区分编织密度的高低，只需要观察编织层股与股之间的空隙孔径，孔径越小则密度越高，反之则越低。

右图：可以仔细观察编织软管的管口，优质编织软管的螺帽、内芯为纯铜配件，铜螺帽表面光泽亮丽，无任何毛刺。

嗅闻管口气味　　　　　　扭曲管身

左图：用鼻子嗅闻编织软管的两端是否有刺鼻的气体，内管含胶量越高，则刺鼻性气味越小，编织软管的质量就越好。

右图：用手将编织软管弯曲，观察其是否能在一定的时间内迅速还原。

2.1.7　不锈钢波纹管

1）定义

不锈钢波纹管又称不锈钢软管，它是将不锈钢冲压成凹凸不平的波纹形态，利用其自身的转折角进行弯曲，并将其安装于给水管末端接头与用水设备之间，以改善固定给水管长度不足或位置不符的问题。

2）特性

不锈钢波纹管具有良好的柔软性、耐蚀性、耐高温性、耐磨损性、抗拉性，并具有优良的电磁屏蔽性能。这种管材能自由弯曲成各种角度与曲率半径，在各个方向上均有同样的柔软性与耐久性。

不锈钢波纹管　　　　　　　　　不锈钢波纹管管件　　　　　　　　包塑不锈钢波纹管

左图：不锈钢波纹管柔性好，质量轻，耐腐蚀，抗疲劳，能够有效地减震、消声，同时也耐高温和低温，不同口径的不锈钢波纹管所适用的场合不同，最常用的为内径为16 mm的产品。

中图：不锈钢波纹管件弯折角度多不大于90°，管件上的凹凸节距比较灵活，有较好的伸缩性，无阻塞与僵硬现象，管材弯曲后其形体不会自动还原。

右图：包塑不锈钢波纹管是在常规不锈钢波纹管表面包裹一层阻燃聚氯乙烯材料，颜色通常为白色、灰色、黑色、黄色等，可防水、防油、防腐蚀，密封性能也较好。

3）规格与价格

不锈钢波纹管的规格多以长度来判断，多度为200～1 000 mm，每间隔100 mm为一种规格，其外径为18 mm左右。通常不锈钢牌号越高，抗腐蚀能力越强，如304型的不锈钢属于中高档产品。常用长500 mm的不锈钢波纹管价格为15～30元／支。

4）不锈钢波纹管的鉴别与选购

（1）观察管身表面的波纹形态。优质不锈钢波纹管具有波纹均匀、整齐、光亮等特点，波纹节距的间距相等。

（2）观察不锈钢波纹管其他配件。可以用手掂量材料的质量，也可以通过肉眼观察螺帽、内芯的材质和工艺是否已经达到了标准。

（3）嗅闻气味。和编织软管一样，不锈钢波纹管也可以通过确定内管的胶含量来判断材料质量的优劣，含胶量越高的管材，质量就越好，密封性能也较强。

（4）观察弯曲性能。优质的不锈钢波纹管弯曲时有一定的阻力，但是不影响施工，弯曲后能定型且不会还原，波纹节距过渡自然。

观察表面波纹 观察螺帽、内芯 嗅闻管口气味 扭曲管身

左图：用手触摸不锈钢波纹管的管口与管身部位，感受其波纹是否顺畅无偏差，管口内侧纹路是否均匀等，优质品触感良好。

左中图：打开不锈钢软管的螺盖，观察螺帽是否已经抛光处理过，表面是否光滑，触感是否粗糙等，优质品触感光滑。

右中图：用鼻子嗅闻不锈钢波纹管的进水口处是否会有刺鼻性气味，垫片与垫圈的含胶量越高刺鼻性就越小，反之则越高。

右图：用手将不锈钢波纹管弯曲，感受弯曲时产品给予手的阻力，不锈钢软管弯曲时管材自身不会产生任何变形、收缩、断裂等现象。

2.1.8 地暖管材

1）定义

地暖是以整个地面为散热器，利用地板辐射层中的热媒，实现地面的均匀加热。根据传热介质的不同，地暖分为水地暖与电地暖两种，前者主要由锅炉、分集水器、地面盘管、干式地暖模块、地面辅材、温控器、部分弯头等配件构成，后者主要由发热电缆、温控器、地面辅材、干式电地暖模块等构成。

2）特性

地暖具有较好的隔声性与美观性，散热均匀，节能环保，能有效促进人体足部血液循环。其具有使用寿命长、耐酸碱盐腐蚀、耐高压、耐高温、耐穿透、不生锈、不产生管结垢、管内光滑、摩擦力小、保持良好水质等特点，是无毒环保型产品。

水地暖 电地暖

左图：水地暖是以温度不高于60 ℃的热水为热媒，在埋置于地面以下填充层中的管道内循环流动，从而实现整个地板的加热。这种供暖方式发热平稳，使用寿命长，无辐射，但地面盘管需每隔两年清洗一次，锅炉也需定期保养。

右图：电地暖是将外表面允许工作温度上限为65 ℃的发热电缆埋设在地板中，以发热电缆为热源加热地板。这种供暖方式不用维护、清洗，但有轻微辐射，部分损坏则需全部更换，且不能提供生活热水。

3）规格与价格

通常水地暖加热水管的长度、电地暖加热电缆所用的长度，均需根据房间实际面积与布线设计图确定。水地暖施工价格多为150~200元／m²，电地暖施工价格为130~150元／m²。

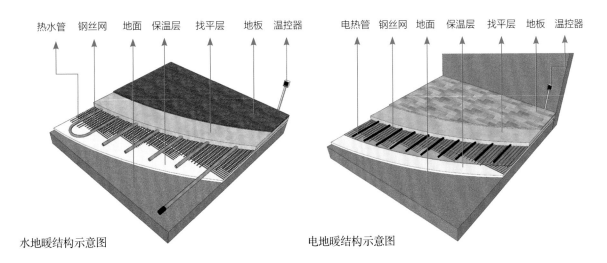

热水管　钢丝网　地面　保温层　找平层　地板　温控器　　　　电热管　钢丝网　地面　保温层　找平层　地板　温控器

水地暖结构示意图　　　　　　　　　　　　　　　　　电地暖结构示意图

4）地暖常用管材的鉴别与选购

地暖常用管材有PE-RT聚乙烯管、PB聚丁烯管等，这类管材具有较好的韧性，能有效抵抗低温冲击，耐水压性能也较好。通常PE-RT聚乙烯管适合60℃以下的任何采暖系统使用，在选购地暖管材时应考虑其保温、隔热效果与其承重能力，可通过观察管材外观，感受手感，比较管材柔韧度与厚度等来选购合适的管材。

观察地暖管材外观

触摸地暖管材

查看标识

测量管壁厚度

左上图：在光线充足处仔细观察，优质地暖管材外表面没有气泡、凹凸、色差、杂质等缺陷。

右上图：取一小段地暖管材样品，用手触摸管材表面，优质地暖管材触感光滑、细腻。

左下图：管材上印字十分清晰且不会轻易脱落。

右下图：用游标卡尺测量管壁厚度，一般厚度大的管材抗压性能好。

2.2 水路辅料配件

2.2.1 生料带

1）定义

生料带是液体管道安装中常用的一种辅助用品，用于管件连接处，可增强管道连接处的密闭性，是一种新颖理想的密封材料。

2）特性

生料带是一种无毒、无味，具备优良密封性、耐腐性的环保材料，具有较好的绝缘性，介质损耗小，击穿电压高；耐高低温性能好，温域范围广，可使用温度在−190～260 ℃之间；自带润滑性与不燃性，具有塑料中最小的摩擦系数，是理想的无油润滑材料；具有耐辐照性能与较低的渗透性，即使长期暴露于大气中，表面性能等也能保持不变，且已知的固体材料都不能黏附在其表面上。

条状生料带 　　　　　　液态生料带

左图：条状生料带在管道上的缠绕标准数量为25圈左右，该产品具有极强的化学稳定性，被广泛应用于机械、化工、电力等工业领域。

右图：液态生料带是化学品，使用时应避免直接与身体接触，主要用于管道连接处，注意在管道上涂抹时应尽量均匀。

3）规格与价格

条状生料带多以卷的形式售卖，常用规格有8 g／卷、12 g／卷、12 g／卷（燃气管专用）、14 g／卷、16 g／卷、18 g／卷、22 g／卷（加厚）、34 g／卷（特厚）等多种，价格多为10～20元／卷，具体价格还会因为品牌的不同而有所改变。

液体生料带主要规格有50 mL／支、250 mL／支等几种，常见液体色彩有乳白色、黄色、红色、紫色、米白色等几种，通常一小箱有10支，一大箱有60支，价格多为5～15元／支，具体价格会因为品牌的不同而有所改变。

4）条状生料带的鉴别与选购

（1）眼观。拉出条状生料带用眼观察，优质的生料带质地一定是非常均匀的，颜色纯净，表面平整无纹理，无杂质掺和。

（2）手触。手指指腹触摸生料带表面，感觉平整光滑，具有很强的丝滑感且没有黏结性的为优质生料带。

（3）手拉。将生料带轻轻纵向拉伸，带面不易变形、断裂的为优质品，通常只有用力去扯它才会断裂。

观察条状生料带质地 　　拉扯条状生料带

左图：拉出适量的条状生料带，在光线充足处仔细观察，优质品带面上没有黑点、污渍，也没有色差。

右图：取一小节条状生料带，拉扯后具有弹性且不断裂的为优质产品。

缠绕生料带

左图：在带有螺纹的金属管件上缠绕生料带25圈，优质品按压时具有一定的弹性。

5）液态生料带的鉴别与选购

（1）查看外包装。购买液态生料带时要注意查看包装上是否有生产厂家、厂址、电话、生产日期等产品信息，往往不合格产品不会具备这些产品信息，购买时要特别注意。

（2）查看包装瓶。观察包装瓶的颜色，包装瓶颜色发暗、透光性不好的是用劣质的回收材料生产的，这类常是劣质生料带。

（3）嗅闻气味。由于液态生料带属于化学品，闻起来会有刺激性气味，气味越大说明里面含有的杂质越多，质量越差。

（4）看液体流动速度。液体生料带流动速度过快或过慢，均说明该产品质地不纯，这会影响产品的施工效果。

（5）查看液态生料带的颜色。优质液体生料带为淡黄色，没有色差，无杂质，在阳光下耀眼但不刺眼。

涂抹液体生料带　　　　　　拧紧管件

左图：打开液态生料带，抹在管件接口处，在合适距离内，扇动空气，轻轻嗅闻生料带的味道，优质品不会有太重的化学性气味。

右图：将涂有液体生料带的管件拧紧，能感受到在紧固过程中受力均匀。

2.2.2　三角阀

1）定义

三角阀又称为角阀、折角水阀等，是水路必不可少的配件材料。三角阀多安装在固定给水管的末端，起到转接给水软管或用水设备的作用，根据使用冷热水的不同，又有冷、热水阀之分。

2）特性

三角阀根据阀芯不同可以分为球形阀芯、陶瓷阀芯、合金阀芯等几种。球形阀芯不会减少水压，操作便捷；陶瓷阀芯使用寿命长，触感顺滑，但造价较高；合金阀芯硬度高，比较耐磨，但表面易被氧化。目前多选用陶瓷阀芯的三角阀。

三角阀　　　　　　　　　坐便器三角阀安装

左图：三角阀通常被用于连接水温小于90 ℃的冷热水管，质量较好的产品可以使用5年以上。

右图：三角阀多安装在台盆、水槽、蹲便器、坐便器、浴缸、热水器等用水设备的给水处，这样能随时切断水源进行维修。

3）规格与价格

三角阀常用外径规格有16 mm（3分管）、20 mm（4分管）、25mm（6分管）等几种，外径16mm（3分管）的适用于连接进水龙头上的16 mm（3分管）硬管；外径20 mm（4分管）的适用于连接台面出水的龙头及坐便器、热水器的4分进出水管和按摩浴缸等；外径为25 mm（6分管）的则适合接入户的外径为25 mm（6分管）总水管，这种规格的水管在住宅空间中使用不多。三角阀的价格通常为20～30元／件，少数高档品牌的产品价格高达100元／件以上。

4）三角阀的鉴别与选购

（1）看材质。铜材质的三角阀质量会更好，它的重量比较大，可以大幅延长三角阀的使用寿命，而市场上的锌合金三角阀虽然便宜，但容易断裂。

（2）看阀芯。阀芯是三角阀的心脏，阀芯的质量关乎着水管连接是否牢固以及三角阀能使用多少年等。

（3）看电镀光泽。注意查看三角阀的光泽度，查看其表面是否起泡、是否有划伤。优质的三角阀表面是光洁锃亮的，手触摸上去也是顺滑无瑕疵的。

看三角阀材质　　　　　　　　看三角阀阀芯　　　　　　　　开关测试

左图：宜选择内芯为铜质的三角阀，这种材质色泽均匀，质地坚硬，耐用、耐摩擦等性能均十分不错。

中图：阀芯开关挡板以尼龙材质为佳，抗拉强度较好，不易变形，耐高温、耐低温、耐磨损等性能也都十分不错。

右图：旋钮三角阀，以阻力均匀且无生涩感的产品为佳。

水路材料辅料配件一览表

品种	图示	性能特点	用途	规格价格
条状生料带		无毒，无味，密封性、绝缘性、耐腐性、耐高温性、耐低温性好，自带润滑性与不燃性	管件之间金属螺纹处连接	常用规格有8g／卷、12g／卷、12g／卷（燃气管专用）、14g／卷、16g／卷、18g／卷、22g／卷（加厚）、34g／卷（特厚）等，价格为10~20元／卷
液体生料带				常用规格有50 mL／支、250 mL／支等，5～15元／支
三角阀		球形阀芯不会减少水压，操作便捷；陶瓷阀芯使用寿命长，触感顺滑，但造价较高；合金阀芯硬度高，比较耐磨，但表面易氧化	转接给水软管或用水设备	价格通常为20～30元／件；高档品牌，100元／件以上

2.3 电路材料

2.3.1 单股电线

1）定义

单股电线即单根电线，普通单股电线只有导体与绝缘层，护套电线会增加保护层，而信号线根据不同功能带有屏蔽层。

2）规格

单股电线的粗细规格通常会根据铜芯的截面面积来划分，普通照明用线选用1.5 mm²的，插座用线选用2.5 mm²的，大功率电器设备的用线选用4 mm²的，超大功率电器可选用6 mm²以上的电线。

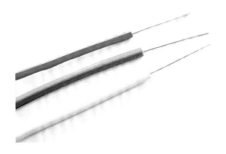

单股电线

上图：单股电线的PVC绝缘套有多种颜色，如红、绿、黄、蓝、紫、黑、白与绿黄双色等，单股线的阻燃PVC线管表面应光滑，铜芯应光洁、均匀。

单股电线卷

上图：单股电线以卷为计量单位，每卷线材的长度标准为50m或100m，且不同截面面积的单股电线，价格也会有所不同，电线卷包装严实，表面会贴有合格证与相关产品参数。

3）价格

截面积为1.5 mm²的单股单芯线价格为100～150元／卷，截面积为2.5 mm²价格为200～250元／卷，截面积为4 mm²价格为300～350元／卷，截面积为6 mm²价格为450～500元／卷，截面积为10 mm²价格为900～1200元／卷，每卷线长均为100 m。

4）单股电线的鉴别与选购

（1）查看证书。查看产品说明书：有无质量体系认证证书，合格证是否规范，是否印有规格、执行尺度、额定电压、长度、日期、厂名、厂址等完整信息。

（2）查看外观。在选购时要注意，单股线外表面应该光滑，不起泡，外皮应有弹性，每卷长度不应小于98m，优质电线剥开后铜芯有明亮的光泽，软硬适中，不易被折断。

（3）检查电线重量。质量好的电线重量都在规定的范围内，例如常用的截面积为1.5 mm²的塑料绝缘单股铜芯线，每100 m重量为1.8～1.9 kg。

（4）感受柔韧度。取一根电线头用手反复弯曲，优质品手感柔软、抗疲劳强度好。

（5）查看表面绝缘胶皮。伪劣电线绝缘层虽然看上去好像很厚实，但实际上大多是用再生塑料制成的，只要稍用力挤压，挤压处就会变成白色，并有粉末掉落。

弯曲单股电线

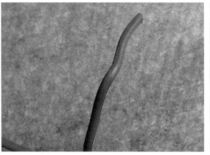
还原弯压的单股电线

铜芯在白纸上磨划

左图：取一根单股电线，反复弯曲，优质品电线绝缘层表面不会出现裂痕。

中图：经过弯压的单股电线还原后，弯压部位不会发白，表明绝缘层仍完好。

右图：将铜芯剥离出来，在白纸上反复来回磨划，优质品不会在纸上留下划痕。

2.3.2　护套电线

1）定义

护套电线是在单股电线的基础上增加了1根同规格的单股电线，即成为1个独立回路，这2根单股电线即为1根火线（相线）与1根零线。部分护套电线还包含1根地线，外部包裹有PVC绝缘套统一保护。

2）外观特色

护套电线外部都标有字母，分别代表不同意义，如ZR（阻燃）、NH（耐火）、WDZ（低烟无卤）、TH（湿热地区用）等；又如BVVR表示铜芯电线（B），以及聚氯乙烯绝缘（V）、聚氯乙烯护套（V）、软质（R）等。

护套电线

护套电线卷

左图：护套电线内芯绝缘层较柔软，PVC绝缘套多为白色或黑色，内部电线为红色与彩色，安装时可直接埋设到墙内，使用较方便。

右图：护套电线与单股电线一样，都以卷为计量单位，并在其表面贴有产品参数，多放置于干燥环境中。

3）规格

护套电线都以卷为计量单位，每卷线材的长度标准为100m。护套线的粗细规格通常会根据铜芯的截面面积进行划分：普通照明用线选用截面面积为1.5 mm²的护套线，插座用线选用2.5 mm²的，热水器等大功率电器设备的用线选用4 mm²的，中央空调等超大功率电器可以选用6 mm²以上的电线。

4）价格

截面面积为1.5 mm²的护套电线价格为300～350元／卷，截面面积为2.5 mm²的价格为450～500元／卷，截面面积为4 mm²的价格为800～900元／卷，截面面积为6 mm²的价格为1000～1200元／卷，每卷均为100 m。

5）护套电线的鉴别与选购

（1）识别印刷信息。无论是哪一种电线，都应该到正规的商店进行购买，必须认准中国电工产品安全认证标记（长城图案）。此外，电线上印刷的商标、规格、电压等信息必须齐全，相关的生产说明也必须经过核验。

（2）观察铜芯质地。优质的铜芯颜色应该是紫红色，有光泽，手感软；伪劣产品的铜芯颜色为紫黑色、偏黄或偏白，杂质较多，机械强度差，韧性不佳，稍用力或多次弯折即会折断且电线内常有断线现象。

（3）燃烧试验。优质护套电线绝缘层不会轻易燃烧起来，可通过观察燃烧速度来判断护套电线质量优劣。

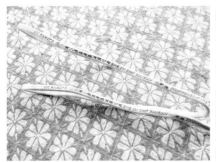

查看护套电线　　　　　　　　　　刀削护套线　　　　　　　　　　　燃烧护套电线绝缘层

左图：优质护套电线上印字清晰，产品的型号、规格、长度、生产厂商等信息都十分齐全，并带有中国电工产品认证委员会认证的CCC认证标志。

中图：优质护套线从最外层的护套层到中间的绝缘层，厚度均匀，可用美工刀将电线一端剥开长约10 mm的一截，仔细观察铜芯，刀切开电线绝缘层时阻力应均匀。

右图：取一小段护套电线，然后用打火机点燃电线绝缘层，优质产品不容易燃烧起来，离开火焰后会自动熄灭且无异味。

2.3.3　网线

1）定义

网线是指连接计算机局域网的数据传输线。在局域网中常见的网线主要为双绞线，双绞线采用一对互相绝缘的金属导线互相绞合在一起，用以抵御外界电磁波干扰，每根导线在传输中辐射的电波会被另一根线所发出的电波抵消，有效降低信号干扰，典型的双绞线有4对。

2）分类

双绞线可分为屏蔽双绞线与非屏蔽双绞线。屏蔽双绞线电缆的外层由铝箔包裹，可减小辐射，但并不能完全消除辐射，价格相对较高；非屏蔽双绞线直径小，能节省所占用的空间，其重量轻、易弯曲、易安装、阻燃性好，能将近端串扰减至最小或消除。

网线包装　　　　　　　网线接头　　　　　　　　屏蔽双绞线　　　　　　　非屏蔽双绞线

左图：网线较软，纸箱包装能有效保护线材不受破坏，多储存于干燥处。

左中图：网线接头为一次性产品，安装后无法拆解，若需拆解需要剪断后重新安装。

右中图：屏蔽双绞线主要是采用一对彼此绝缘的金属导线互相绞合来抵御外界电磁波干扰。

右图：非屏蔽双绞线多为较短的成品网线，接头制作精美，需要专用工具加工制作。

3）规格与价格

目前运用最多的网线是超五类线与六类线。超五类线衰减小，串扰少，性能较五类线有很大提高，主要被用于千兆位以太网（1000Mbps）；六类线电缆的传输频率为1～250 MHz，它能提供2倍于超五类线的带宽，六类线的传输性能远高于超五类线标准，最适用于传输速率大于1 Gbps的应用。目前常用的六类线价格为300～400元／卷。

4）网线的鉴别与选购

（1）辨别正确的标识。超五类线的标识为CAT5e，带宽155 M，是目前的主流产品；六类线的标识为CAT6，带宽250 M，用于架设千兆网。

（2）用手触摸网线。为了适应不同的网络环境，网线一般采用铜材作为导线芯，质地较软，可用手触摸感受其软硬度。

（3）切割观察绕线密度。可以用美工刀削掉部分外层表皮，使其露出4对芯线，通常优质品的绕线密度适中，呈逆时针方向缠绕，伪劣产品的绕线密度很小，方向也很凌乱。

网线

上图：优质产品外层表皮上的印刷文字清晰、圆滑，没有锯齿状；伪劣产品外层表皮上印刷文字质量较差，字体不清晰，或呈严重锯齿状。伪劣产品在铜材中添加了其他金属元素，导线较硬，不易被弯曲，使用中容易产生断线。

2.3.4　电视线

1）定义

电视线又称为视频信号传输线，是用于传输视频与音频信号的线材，多为同轴线。

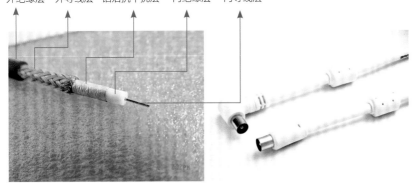

外绝缘层　外导线层　铝箔抗干扰层　内绝缘层　内导线层

电视线　　　　　　　　　　　电视线接头

左图：电视线的质量优劣直接影响电视机的收看效果，外导线层为编织网状，网中的铝丝数量，直接决定了传送信号的强弱与分辨度。

右图：在选购电视机时有配套的电视线接头，电视线接头要求传导性比较强，这样才能更好地传送信号。

2）规格与价格

电视线的一般型号为SYV75-X，其中S表示同轴射频，Y表示聚乙烯，V表示聚氯乙烯，75表示特征阻抗，X表示其绝缘外径，如3 mm、5 mm，数字越大线径越粗，其传输距离就越远。例如，SYV75-3能正常工作的传输距离为100 m，SYV75-5为300 m，SYV75-7为500~800 m，SYV75-9为1000~1500 m。目前，常用的型号是SYV75-5，128编的价格为350~400元／卷，每卷100 m。

3）电视线的鉴别与选购

（1）看编织层。最好选择4层屏蔽电视线，选择电视线最重要的是看电视线的编织层是否紧密，越紧密说明屏蔽功能越好，电视信号也就越好。

（2）看内芯。可以用美工刀将电视线划开，观察铜丝的粗细，铜丝越粗，说明其防磁、防信号干扰性越好。

电视线

左图：取一小段电视线，用美工刀切开外皮，观察电线的编制层，优质品缠绕方向统一，缠绕密度也十分紧密。

2.3.5　音箱线

1）定义

音箱线是用来传送功率信号的电线，多由高纯度铜或银作为导体制成，主要由电线与连接头两部分组成，常被用于功放、主音箱以及环绕音箱之间的连接。

音箱线接头

300芯的音箱线

音箱线屏蔽层

左图：音箱线连接头常见的有RCA即莲花头、XLR即卡农头及TRS JACKS即插笔头等。

中图：300芯的音箱线适用于对音响效果要求很高的工程。

右图：音箱线在工作时要防止外界的电磁干扰，需要增加锡与铜线网作为屏蔽层，屏蔽层的厚度通常为1～1.3 mm。

2）规格与价格

常见的音箱线由大量铜芯线组成，有100芯、150芯、200芯、250芯、300芯、350芯等多种，其中200芯就能满足基本需要；如果对音响效果要求很高，如要求声音异常逼真等，那么可以选用300芯音箱线。常用的200芯纯铜音箱线价格为5～8元／m。

3）音箱线的鉴别与选购

（1）看音箱线是否对称。两个声道音箱线不能有长有短，线材的长度应与音频信号线相同，音箱线可通过不同的长度来调和整套组合的声音还原效果。

（2）看制作音箱线选用的导线。专业音箱线通常采用无氧铜来作为导线，还可选择镀锡铜或镀银铜，镀锡铜的物理稳定性最好，镀银铜的导电性更好，不建议选择铜包铝，铜包铝的内阻比纯无氧铜要大4倍左右，会造成压降增大甚至发热，从而危害音响系统。

左图：取一小段音箱线，用美工刀切开外皮，观察芯线质量，优质品的铜纯度高，表面色泽亮丽，铜色标准，无杂色。

音箱线

2.3.6 电话线

1）定义

电话线是指电信工程的入户信号传输线，主要用于电话通信线路连接。

4芯电话线

电话线接头

左图：电话线的内导体为退火裸铜丝，常见的有2芯与4芯两种产品。2芯电话线用于普通电话机，现在已经很少使用，4芯电话线则可用于视频电话机。

右图：电话线接头多为水晶接头，水晶接头上有塑料弹簧片的那一面是向下的，使用时对准线槽插入即可。

2）规格与价格

电话线表面绝缘层的颜色有白色、黑色、灰色等，外部绝缘材料采用高密度聚乙烯或聚丙烯，内部导线规格为线径0.4 mm与0.5 mm，部分地区为线径0.8 mm与1 mm。电话线的包装规格为100m／卷或200m／卷，其中4芯全铜的电话线的价格为150～200元／卷。

电话线

上图：取一小段电话线，用美工刀切开外皮，观察芯线质量，优质品的铜纯度高，表面色泽亮丽，铜色比较标准且无杂色。

3）电话线的鉴别与选购

（1）看导线材料。要关注导线材料，导线应该采用高纯度无氧铜，其传输衰减小，信号损耗小，音质清晰无噪声，通话无距离感。

（2）看护套材料。优质产品多采用透明护套，耐酸、碱腐蚀、防老化且使用寿命长，透明护套中的铅、镉等重金属与重金属化合物的含量极低，具有较好的环保性。

2.4 电路辅料配件

2.4.1 PVC穿线管

1）定义

PVC穿线管是采用聚氯乙烯（PVC）材料制作的硬质管材，它具有优异的电气绝缘性能，安装方便，适用于装修工程中各种电线的保护套管，使用率达90%以上。根据连接形式不同还可将PVC穿线管分为波纹穿线管与非波纹穿线管，其中波纹穿线管较为常用。

PVC穿线管

PVC波纹穿线管　　　　弯管器

左图：为了在施工中有所区分，PVC穿线管有红、蓝、绿、黄、白等多种颜色，根据需要选用即可。

中图：PVC波纹穿线管具有很好的阻燃性，使用灵活，可选用同等规格的波纹管用于转角处。

右图：如果穿线管的转角部位很宽松，还可以使用弯管器对穿线管进行直接加工，这样能有效提高施工效率。

2）规格与价格

PVC穿线管的规格有φ16 mm、φ20 mm、φ25 mm、φ32 mm等多种，内壁厚度通常大于1 mm，长度为3 m或4 m，其中φ20 mm的中型PVC穿线管价格为1.5～2元／m，为了配合转角处施工，还有PVC波纹穿线管等配套产品，价格低廉，价格为0.5～1元／m。

3）PVC穿线管的鉴别

（1）看外观。可通过观察PVC穿线管表面颜色的鲜艳度与光泽度，来判断其质量优劣，通常色泽暗淡的多用废料或回收材料制作而成。

（2）感受管内质感。优质PVC穿线管内触感光滑，管径与管壁厚度与产品说明上标注的一致。

（3）燃烧试验。优质PVC穿线管具有较好的阻燃性，可燃烧样品，检测其是否阻燃，是否离火即熄灭。

软PVC穿线管

看PVC穿线管标识

弯曲PVC穿线管

左图：软PVC穿线管具有弹性，能弯曲保护导线，弯曲幅度大，强度高。

中图：仔细查看PVC管材表面标识信息，该信息应与管材规格一致，有色管色彩应清晰。

右图：取一小段PVC穿线管，在其中插入弹簧后将其弯曲成90°，这时穿线管应无断裂和破损。

2.4.2　电工胶带

1）定义

电工胶带又称为电工绝缘胶带、绝缘胶带、PVC电气胶带等，适用于电线接驳、电子零件的绝缘固定。

2）特性

电工胶带具有良好的绝缘、耐燃、耐电压、耐寒等特性，且其价格低廉。

电工胶带

电工胶带粘贴

左图：电工胶带具有比较好的黏结性与阻燃性，胶带颜色应当对应电线的颜色。

右图：电工胶带粘贴时将胶布缠绕电线5圈左右即可，缠绕过厚不仅不利于散热，也占空间，注意电线交接处要连接紧密。

3）规格与价格

电工胶带有红、黄、蓝、白、绿、黑、透明等不同颜色，宽度15 mm，价格为1~2元／卷，少数品牌产品为3~5元／卷，厚度较大。

4）电工胶带的鉴别与选购

（1）检查黏度值。注意电工胶带的黏度，如果黏度太大，则涂层较厚、耗胶量大、干燥耗时长，会直接影响到黏结强度；如果黏度太小，则涂层较薄、干燥过快，易出现黏合不良等问题。

（2）检验抗拉强度。用力平直拉伸电工胶布，优质品不应轻易断裂，需使用刀具才能割断。

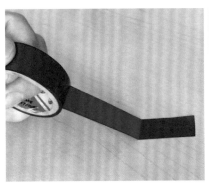

检验电工胶带黏合强度　　　　　　拉扯电工胶带

左图：将电工胶带粘在比较光滑的材料上再揭开，以阻力均衡为佳，以此来判断电工胶带的黏度值是否达标。

右图：取一小段电工胶带样品，两手拉扯胶带，使其处于平直状态，感受胶带的韧性，容易拉断的为劣质电工胶带。

2.4.3　接线暗盒

1）定义

接线暗盒在建筑工程或各类装修施工中都是必需的电工辅助工具。接线暗盒有聚氯乙烯（PVC）、金属等多种材质，由于现代电路布设都采取暗铺装的方式，所以接线暗盒通常都需要进行预埋安装。

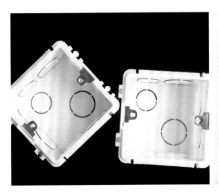

PVC接线暗盒　　　　　　金属接线暗盒

左图：接线暗盒主要起到连接电线、各种电器线路过渡以及保护线路安全的作用，PVC材质的暗盒绝缘性能更好，使用面更广。

右图：不同材质的接线暗盒不宜混合使用，金属材质的暗盒主要用于接地型插座，这类暗盒的防火、抗压性能良好。

2）规格与价格

常用的接线暗盒有86型、118型、120型以及一些具有其他特殊功能的暗盒，施工时应根据不同环境选用不同材质的暗盒。86型接线暗盒可相互连接卡扣，单个边长为80 mm；118型接线暗盒分为1~2孔位、3孔位、4孔位三类，1~2孔位宽度为105 mm，3孔位宽度为145 mm，4孔位宽度为188 mm，高度均为68 mm；120型接线暗盒边长为105 mm。常用的86型PVC接线暗盒价格为1~2元／个，具体价格因质量不同而不同。

86型接线暗盒

118型接线暗盒

120型接线暗盒

3）接线暗盒的鉴别与选购

（1）看外观。质量好的接线暗盒为白色、米色，质地光滑、厚实，有一定的弹性但不变形。

（2）燃烧试验。可用打火机点燃接线暗盒，检测其阻燃性能，优质品不会轻易燃烧，燃烧后无刺鼻气味，离开火焰后会自动熄灭。

（3）看材质。优质接线暗盒的螺钉口为螺纹铜芯外包绝缘材料，能保证多次使用不滑扣，可通过对接线暗盒表面施加压力来检测其抗压性与耐用性。

拉扯接线暗盒

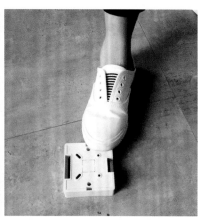

脚踩接线暗盒

左图：伪劣材料制作的暗盒质地较粗糙，边角部位毛刺较多，用力拉扯暗盒侧壁容易变形或断裂。

右图：将暗盒放在地上，用脚踩压时不变形，也不会出现断裂的为优质品。

2.4.4 开关

1）空气开关

（1）定义：空气开关又称为空气断路器，是指开关触头在空气中能断开和闭合的断路器，其绝缘介质为空气。空气开关目前被广泛用于500V以下的交、直流电路中，主要起到接通、分断、承载额定工作电流与故障电流的作用。

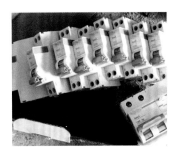

空气开关

左图：劣质空气开关的外壳质地较粗糙，且边角部位毛刺较多；优质空气开关接缝处紧密、均匀、自然，且边角平整、光滑。选购空气开关时应仔细查看产品说明，包括额定电流、分断能力、用途等，应选择与空间大小相匹配的空气开关。

 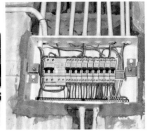

空气开关内部　　　　空气开关安装

左图：当电路内过负荷、短路、电压降低或消失时，空气开关能自动切断电路，保护用电设备。

右图：空气开关应当控制不同的电路，安装时应小心谨慎，避免出现漏电事故，安装后还需进行通电试验。

（2）规格与价格：空气开关的规格与标识比较复杂，目前常用的空气开关有C10、C16、C20、C25、C32等规格，通常截面积为1.5 mm²的电线配C10空气开关，截面积为2.5 mm²的电线配C16或C20空气开关，截面积为4 mm²的电线配C25空气开关，截面积为6 mm²的电线配C32空气开关。如果常规电线太细，那么应给大功率电器配专用线。常用的小型空气开关，如DZ47C25空气开关价格为10～20元／个。

（3）鉴别与选购：优质空气开关的外壳应坚硬、牢固、棱角锐利。用手开启或关闭开关，阻力较大，声音干脆且浑厚，无任何松动感。空气开关背后的接线卡口为纯铜材料，质地厚实，仔细闻空气开关的各部位，优质产品无任何刺鼻气味。

2）红外感应开关

红外感应开关是当有人从红外感应探测区域经过时能够自动开启、关闭的开关，这类开关拥有超低功耗的设计，起控照度可自由调节，光照延时时间也可自由调节，使用比较方便，但被动红外线穿透能力比较差，当环境温度与人体温度基本相当时，该开关的灵敏度会有所降低，此时会影响使用。

3）声音感应开关

声音感应开关又称为声控开关，这类开关是利用声响效果激发拾音器进行声电转换，从而控制用电设备自动开启、关闭。这类开关是比较绿色环保的照明开关，拥有低能耗设计，能够有效延长灯泡的使用寿命，日常使用也十分方便。

红外感应开关　　　　声音感应开关

左图：红外感应开关可用于面积较小且功能单一的空间，主要被用于控制照明、换气等常规电器设备，使用便捷，安全节能。

右图：当人在附近发出声响，如跺脚、喊叫等时，声音感应开关可以立即开启灯光或电器设备。

4）触摸感应开关

触摸感应开关又称为轻触开关，是依靠人的手指、皮肤轻触即可控制照明或电器设备开启、关闭的智能开关，这类开关具有较高的灵敏度、稳定性、可靠性、防水性与强抗干扰能力，应用比较广泛，整体性价比较高。

5）遥控开关

遥控开关是采用无线遥控技术来控制照明与电器设备开启、关闭的开关，通过遥控器操作，按下遥控器上的按键0.5s左右，即可控制开关。

触摸感应开关　　　　　遥控开关

左图：触摸感应开关接收到人体指令后便可开启照明设备，使用方便，适用于入户玄关处，近几年使用频率有所增多。

右图：遥控开关在使用中，可能受到环境影响而不能正常使用，如发射功率、距离、阻挡物等。

2.4.5　插座

开关插座面板是控制电路开启、关闭的重要构造，是电路材料的重点。开关插座面板价格相差很大，品牌繁多，从产品外观上看并没有多大区别，但是内部质量相差却很大。

1）普通插座

普通插座应用的最多，包括2孔、3孔、5孔等多种，由于多功能插座的孔比较大，为了使用安全，都设有保护门，里面的金属部件被塑料片遮挡，能起到安全保护的作用。

普通插座

左图：普通插座背后都有接线端子，常见的有传统螺钉端子与速接端子两种，前者是用螺钉固定电线，后者用弹簧夹住电线。

2）地面插座

地面插座是专用于地面安装的插座，属于多功能插座，多安装在空间面积较大的地面上，如客厅茶几下部，商场柜台下部等，以方便各种电器设备随时用电。地面插座盒内安装有多个插座的面板，可多路接线，功能多、用途广、接线方便，通常地面插座的面板固定在基座盖套里，其总体高度可自由调节。

左图：地面插座常用插座模块为120型，可安装各种常规电源插座、电视插座、网线插座、音箱插座、电话插座等。

3）规格与价格

在现代装修中大多采用暗盒安装开关插座面板，普通开关插座面板的规格为86型、120型，其中86型是国际标准，即面板尺寸约为86 mm×86 mm，120型面板都采用模块化安装，即面板尺寸约120 mm×60 mm或120 mm×120 mm。地面插座的规格为120 mm×120 mm，地面暗盒的规格为100 mm×100 mm×55 mm，大多采用金属暗盒。可以任意选配不同的开关、插座组合。

开关的价格差距很大，常规86型单联单控开关价格为10～20元／个；红外感应开关、声音感应开关、触摸感应开关的价格为20～30元／个；集成多种照明、电器，甚至带有遥控功能的品牌开关价格较高，为100～200元／个；常用的5孔电源地面插座价格为60～100元／个。

4）开关插座的鉴别与选购

（1）查看产品包装。仔细查看产品包装是否完整，外包装上是否有详细的制造厂家或供应商的地址、电话，包装内是否有该产品的使用说明书与合格证以及其上是否注明3C认证及额定电流、额定电压等技术参数。

（2）观察外观。优质开关插座的面板多采用高档塑料，表面看起来材质均匀，光洁且有质感。面板的材料主要有PC（聚碳酸酯）与ABS（丙烯腈−丁二烯−苯乙烯共聚物）两种，PC材料的颜色为象牙白，ABS材料的颜色为苍白；劣质产品多采用普通塑料，颜色较灰暗，低档产品多以ABS材料居多，而中高档的产品基本上都采用PC材料。

（3）关注手感。优质产品为了保证触点连接可靠，降低接触电阻，选用的弹簧通常较硬，在开关时有比较强的阻力感；普通产品则较软，经常发生开关手柄停在中间位置的现象，容易造成安全隐患。拆下面板的边框，用手握捏，如果边框虽然会变形，但是不会断裂，就说明它是采用PC材料的产品。

（4）观察金属材料。开关插座面板中的金属材料主要为铜质插片与接线端子，伪劣产品多采用镀铜铁片（的鉴别是否为镀铜铁片的方法很简单，能被磁铁吸住的就是铁片），采用镀铜铁片的产品极易生锈变黑，具有安全隐患。此外，还要关注螺钉，铜螺钉质量最好，镀铜螺钉次之，铁螺钉最次，因为容易生锈。

（5）识别绝缘材料。绝缘材料的质量，对开关插座面板的安全来说非常重要，但是它的优劣却很难判断。从外观上来看，优质产品的绝缘材料通常质地比较坚硬，很难划伤，结构严密，手感较重。

（6）观察开关触点。优质产品的开关触点采用纯银制作，能够达到国家规定的40 000次的开关标准。银的导电性非常好，但是由于纯银的熔点低，在使用中容易发生高温熔化或反复使用后产生变形等问题，因此有些厂商采用银铜合金，这既保证了银的良好导电性，又有效地提高了它的熔点与硬度。

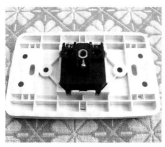
观察背部

触摸表面

插入插头

观察拨片

左图：仔细察看面板的背部与内部，优质品各配件连接紧密，螺钉紧固，且面板背部的功能件上铸有产品电气性能参数。

左中图：取开关插座样品，触摸其表面，表面光滑，无划痕、毛刺，正面外观平整的为优质品。

右中图：取开关插座样品，感受插头与插座的连接度，以及拔出插头时的难易程度。

右图：优质产品的内部插片或拨片应为紫铜，颜色偏红，质地厚重，若材质黄中泛白，则表明含铜量较低，甚至有可能是以铁充铜。

第**3**章

基层涂料

核心概念：工具、设备、填料、腻子、打磨、结膜、滚涂。

章节导读：涂料能牢固地覆盖在装修材料表面，能形成有黏附能力且具有一定强度与连续性的固态薄膜，能对装修材料起保护、装饰、标识作用。这些装饰涂料无论在什么位置使用，色彩及功能的合理运用都是最重要的，因为只有这样才能够将这些装饰涂料自身的装饰效果及性能真正展示出来。在室内装饰工程中，现代涂料多被用于内部构造，如为木龙骨涂刷防火涂料，为铁艺栏杆基层涂刷防锈涂料，为卫生间墙、地面基层涂刷防水涂料。在其他饰面材料丰富的前提下，应当尽量减少饰面涂料的使用，因为大多数涂料都含有苯，会对人体造成危害。

彩色乳胶漆喷涂与刷涂相结合

彩色乳胶漆经常被用于室内空间墙面、顶面。这里采用腻子制作墙裙仿砖块砌筑，用彩色乳胶漆刷涂砖墙饰面，再对非砖墙饰面进行喷涂，调色细腻精准，对乳胶漆的运用十分熟练。

3.1 涂饰工具设备

3.1.1 基层清理工具

基层清理工具用来清理涂料施工前的基层表面，如地、墙、顶、家具、构造表面的软质疙瘩等，为正式涂饰施工打好基础。常见的基层清理工具有墙面铲、尖镘铲、钢丝刷、掸灰刷等。

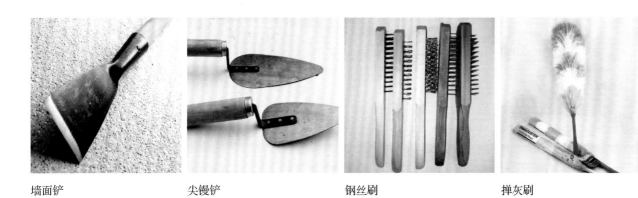

| 墙面铲 | 尖镘铲 | 钢丝刷 | 掸灰刷 |

左图：墙面铲类似铲刀，刀片薄而宽，刀口平整。清理墙面上的水泥砂浆块或金属面上较硬的疙瘩时，握紧刀把，大拇指紧压刀把顶端，铲刀的刀口呈倾斜状，用力刮除。调配腻子时，用除食指外的四指握住手把，食指紧压刀片，正反两面交替调拌，直至腻子均匀。

左中图：尖镘铲的刀片宽度有125 mm与150 mm两种。尖镘铲可用来清除基层松散黏结物与墙面旧抹灰层，也可用来修补大的裂缝与孔穴。

右中图：使用钢丝刷时需针对不同用途选用不同型号或直径的钢丝刷子。钢丝刷的钢丝有直丝与波纹丝两种，丝的粗细可根据需要来选择。钢丝刷的产品类别与形状多样，主要用来清除铁锈、污渍与松散的沉淀物等。

右图：掸灰刷的规格多样，有单股或多股的标准刷型，主要用来清扫涂饰面上的浮尘。

3.1.2 调腻子、刮腻子工具

在正式涂料施工前，要对基础界面进行找平，大多找平的方式是用腻子对基础界面进行刮涂，这时会用到调腻子、刮腻子工具，如腻子刀、腻子托板、刮刀等。

刮腻子大多使用刮刀施工。根据材质不同，刮刀可分为钢片刮刀、塑胶刮刀、牛角刮刀、橡胶刮刀等，其中较为常见的是带有手柄的薄钢刀片刮刀，这种刮刀既可用于腻子批刮，又可用于基层清理。

左图：腻子刀由木柄与薄钢片组合而成，刀板薄而有弹性，不易弯曲变形，是调配腻子、刮涂腻子或清理腻子疤、砂灰等的常用工具。

右图：腻子托板大多由厚塑料板制成，主要用来调和、承托腻子等各种填充料，在填补大缝隙与孔穴时也会用来盛砂浆。

腻子刀   腻子托板

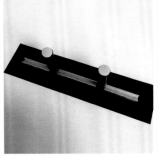

钢片刮刀   塑胶刮刀   牛角刮刀   橡胶刮刀

左图：钢片刮刀是用钢板为原材料进行加工制作的工具，它的宽度在50～120 mm之间，长度在80～100 mm之间。

左中图：塑胶刮刀是用树脂材料制作的，它的大小、磨口的薄度与钢片刮刀类似，常被用于大面积腻子刮涂工程中，刮涂效果很不错。

右中图：牛角刮刀是用牛角做成的，刮刀下端微斜且宽薄，而越向上越窄厚，在填补坑洼、缝隙时，只需来回刮两下，上下各一下，就能快速修补平整。

右图：橡胶刮刀是以橡胶与溶剂混合生产而成的，上端呈弧形，下端则是薄口，有一定的弹性，适用于造型复杂或弧形的基面。

3.1.3 打磨工具

1）砂纸

砂纸是一种传统的打磨工具，常被用于打磨金属、木材等表面，以使其光洁平滑，通常在原纸上胶着各种研磨砂粒而成。砂纸纸质强韧，耐磨耐折，具有良好的耐水性。

使用砂纸时要根据实际需要选用适合的砂纸，例如，实木白坯打磨选用180号～240号砂纸；夹板或一道底漆的打磨选用220号～240号砂纸；平整底漆的打磨选用320号～400号砂纸；最后一道底漆或面漆的打磨选用600号～800号砂纸；面漆抛光打磨选用1 500号～2 000号砂纸；打磨圆滑的东西，则可以选择海绵砂纸。

2）打磨块

打磨块面宽约为70 mm，长约100 mm，它主要用来固定砂纸，使砂纸保持平整，便于摩擦，可用于基层清理或打磨腻子等。

干磨砂纸

海绵砂纸

普通打磨砂纸架

可伸缩打磨砂纸架

左图：干磨砂纸适用于打磨墙面腻子，打磨木质、石膏构造表面时，会产生大量粉尘，需要做好防护。

左中图：海绵砂纸适用于打磨涂料施工完毕后的漆膜表面，能磨掉涂料表面所沾染的灰尘、颗粒。

右中图：将砂纸夹在打磨砂纸架上，方便手持使用，需要对砂纸裁切后夹装使用。

右图：可伸缩打磨砂纸架是在普通打磨砂纸架的基础上接上延长杆，这样就能轻松打磨室内顶部构造界面了。

3.1.4　涂刷工具

涂刷工具主要有刷子、滚筒、喷枪三种，与之相对应的涂饰方法则为刷涂、滚涂、喷涂，通常的涂刷顺序是先从顶面开始，然后是墙壁、门窗，最后是踢脚线、门窗套等构造。

1）刷涂工具

（1）排笔：排笔是由羊毛与细竹管制成毛笔后，再用竹梢把毛笔并列排在一起制成的，长短适中，弹性好，不脱毛，有笔锋。排笔的鬃毛柔软，适用于涂刷黏度较低的涂料，如乳胶漆、丙烯酸涂料等。

（2）油刷：由猪鬃、马鬃、人造纤维等制成刷毛，以镀镍铁皮与胶黏剂将其与刷柄连接在一起，是手工涂刷的主要工具。油刷刷毛的弹性与强度比排笔大，常被用于涂刷黏度较大的涂料，如酚醛漆、醇酸漆、酯胶漆、清油、调和漆、厚漆等油性涂料。

2）滚涂工具

手动滚涂工具是指滚筒刷，常用于大面积的涂刷工作，对涂料没有限制，这种滚涂工具的常见规格为直径40～50 mm，滚筒长180～240 mm。

排笔

滚筒刷

左图：涂刷过的排笔，必须用水或溶剂彻底洗净，将笔毛捋直保管，以保持其弹性，不要将其久立于涂料桶内，否则笔毛易弯曲、松散，失去弹性。

右图：120 mm长的短滚筒可用于滚涂小面积与阴阳角，涂高处时可加上接长杆，以扩大滚涂高度与范围；50～80 mm长的窄滚筒可用于涂刷门框、窗棂等细木构件。

喷涂机

左图：喷涂机的核心是增压泵，将电能转化为气能，带动涂料喷射，形成均匀的雾状涂料质地，但是在施工中没有喷涂至界面上的涂料会落在地面或其他界面上，造成一定的浪费。

刷子

刷子的品种繁多，主要区别为宽度与毛质不同。较宽的刷子适用于面积较大的墙面，较窄的刷子适用于狭窄的局部区域。毛质较硬的适用于粘稠的涂料，毛质较软的适用于稀释的涂料，通常在使用同一种涂料时，要准备宽、中、窄等三种不同规格的刷子，具体规格根据涂刷面积来确定，如大面积墙面可用宽度120mm以上的刷子，门窗边框可用宽度30～50mm的刷子。

平刷   清洗刷   修饰刷

左图：平刷也称为清漆刷，主要是用纯鬃或合成纤维制作而成，刷毛宽度有多种规格，多用于门窗表面与边框涂刷，可在大面积涂饰界面上涂刷水性涂料或胶黏剂。

中图：清洗刷是由混合刷毛或天然纤维制作而成的，并用铜丝捆扎成束状，多用于清洗或涂刷碱性涂料。

右图：修饰刷的刷毛采用软质天然纤维制作而成，宽度较窄，毛质柔顺。主要用于查缺补漏，修饰边角构造。

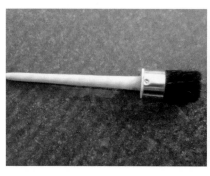  

漏花刷   画线刷   弯头刷

左图：漏花刷的刷毛为短而硬的黑色鬃毛，多用于在雕刻的镂花印版上涂刷涂料，以达到一定的装饰效果或印字效果。

中图：画线刷是用金属箍将鬃毛固定成扁平状，并将刷头切成一定的斜角，宽度有6 mm、12 mm、18 mm、25 mm、31 mm、37 mm等多种，可与直尺配合用于画线。

右图：弯头刷是用镀镍铁皮将刷毛固定成圆形或扁形，刷柄弯成一定的角度，可用它涂刷不易涂刷到的部位。扁形宽度为9 mm、12 mm、15 mm多种，圆形直径为18～31 mm。

3.1.5 美工工具

1）弹线定位工具

弹线定位工具主要包括钢卷尺、线坠、墨斗、丁字尺等。

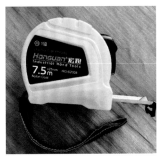   

钢卷尺　　　　　　　磁力线坠　　　　　　手卷式墨斗　　　　　丁字尺

左图：钢卷尺是建筑与装修中常用的工具，主要由外壳、尺条、制动、尺钩、提带、尺簧、防摔保护套、贴标8个部件构成。

左中图：线坠又称铅锤，是指一种由金属（如铁、钢、铜等)铸成的圆锥形物体，主要用于测量涂刷界面的垂直度。

右中图：墨斗由墨仓、线轮、墨线（包括线锥）、墨签四部分构成，多用于测量、房屋建造定位等，将染墨的墨线一端固定，拉出墨线牵直拉紧，再提起中段黑线弹下即可。

右图：丁字尺又称T形尺，多采用铝合金、有机玻璃制成，有600 mm、900 mm、1200 mm等多种规格，可直接用于画平行线或绘制各种角度的直线。

2）裁切工具

常用的裁切工具主要有裁纸刀与剪刀两种，使用时根据需要选择即可。

左图：裁纸刀的刀片由优质钢制成，分节，用钝后可截去一节，可在握柄中伸缩，使用安全方便，是使用率最高的裁切工具。

右图：剪刀是剪切布、纸、钢板、绳、圆钢等片状或线状物体的双刃工具，两刃交错，开合使用。

裁纸刀　　　　　　　剪刀

3）裱糊工具

裱糊工具主要包括滚筒刷、刮板、海绵等，使用时根据需要选择即可。

滚筒刷的使用　　　　　　　　　刮板的使用　　　　　　　　　海绵的使用

左图：使用短毛滚筒刷在壁纸背面刷胶时，胶水不宜过稀，也不宜过浓，涂刷时应朝同一个方向轻轻滚刷，力度均匀一致。

中图：刮板是由硬质塑料制成的，呈梯形，用于普通壁纸定位后的压实、驱赶气泡等工作，但它不能用于发泡壁纸与脆薄型壁纸的粘贴。

右图：海绵质地较软，有一定的摩擦力度，使用时应将海绵与接缝处压在一起，并检查壁纸表面，擦去渗出的胶液。

3.1.6　电动工具

涂饰施工常用的电动工具主要包括激光水平仪、搅拌机、弹涂机、喷涂机等，使用时根据需要选择即可。

激光水平仪　　　　　　搅拌机　　　　　　　　弹涂机　　　　　　　　喷涂机

左图：激光水平仪能快速定位墙、顶面的水平和垂直标识线，注意使用时应用卷尺辅助校正标高线，保证水平线位于整数位置。

左中图：搅拌机属于建筑工程机械，可用于搅拌水泥、砂石、各类干粉砂浆等建筑材料，使之成为一种混合物或适宜稠度的涂料。

右中图：弹涂机主要是用弹拨机件将微量涂料滴弹射并黏附在建筑物表面，以进行装饰的机具。弹涂时机口与墙面距离应保持一致，以使弹点大小应始终保持一致。

右图：喷涂机主要是对吸入的涂料增压，被增压的涂料在无气喷嘴处释放液压，瞬时雾化后喷向被涂物表面，从而形成涂膜层。

3.2 基础填料

3.2.1 石膏粉

1）定义

石膏粉的原料主要是天然二水石膏，又称为生石膏。石膏粉中加入了增稠剂、促凝剂，这样石膏粉与基层墙体、构造结合得更完美。石膏粉主要被用于修补石膏板吊顶、隔墙填缝，刮平墙面上的线槽，刮平未批刮过石灰的水泥墙面、墙面裂缝等。

2）特性

石膏粉凝结速度快，硬化时体积略有膨胀，孔隙率较大，防火性能较好，具有调节温度、湿度的特点。同时其还具备保湿、隔热、吸声、耐水、抗渗、抗冻等功能，从而使基层表面具有防开裂、固化快、硬度高、易施工等特点。

3）规格与价格

品牌石膏粉的包装规格为每袋5～50 kg不等，可以根据实际用量来选购，其中包装为20 kg的品牌石膏粉价格为50～60元/袋，散装普通生石膏粉价格为2～3元/kg。

4）石膏粉的鉴别与选购

（1）看包装袋。观察石膏粉的包装袋，劣质石膏粉的外包装塑料编织袋做工粗糙、编织稀疏，内部没有防潮塑料袋，且石膏粉的颜色发灰。

（2）看外观。白度高的石膏粉质量好，价格相对较高，而发灰、发黑、里面有黑色杂质的石膏粉质量较差。

（3）看手感。用拇指和食指搓捻石膏粉，手感粗糙的石膏粉细度糙，质量较差且价格较低；而手感细腻的石膏粉细度细，质量较好，但价格也会较高。

石膏粉包装袋　　　　　　石膏粉末

左图：石膏粉标识包括石膏粉的产地、商家、质量、级别等信息。观察石膏粉外包装，优质品的包装袋做工精致、编织经纬密集、内部有防潮塑料袋、封口严密、外观印刷清晰、标识齐全。

右图：石膏粉多呈现白色粉末状，有的会因为含有杂质而呈现出灰色、浅黄色、浅褐色等。

石膏粉搅拌

上图：取适量石膏粉，用双手揉搓，优质品粉末质感细腻，揉搓时掌心不会有刺痛感，且有一定的干燥度，不会有黏黏的感觉。使用时取适量石膏粉添水搅拌，搅拌时要沿着同一个方向搅拌，搅拌过后，用刮板挑取适量均匀抹于墙面。

3.2.2 腻子粉

1）定义

腻子粉是在涂料施工之前，对施工界面进行预处理的一种表面填充材料，主要用来填充施工界面的孔隙并矫正施工面的平整度，为获得均匀、平滑的施工界面打好基础。将腻子粉加清水搅拌调和，即可得到能立即用于施工的成品腻子，这类腻子粉也被称为水性腻子。

2）特性

腻子粉在施工现场兑水即用，操作方便，工艺简单。一般型腻子用于不要求耐水的场所，由双飞粉（碳酸钙）、淀粉胶、纤维素组成，其中淀粉胶是一种遇水溶化，不耐水的胶，适用于北方干燥地区；耐水型腻子则主要用于要求耐水、高黏结强度的场所，由双飞粉（碳酸钙）、灰钙粉、水泥、有机胶粉、保水剂等组成，具有较强的耐水性、耐碱性与黏结强度。

3）规格与价格

腻子粉的品种十分丰富，知名品牌腻子粉的包装规格为20 kg／袋，价格为50～60元／袋；其他产品的包装规格为5～25 kg／袋不等，可以根据实际用量来选购，其中包装为15 kg的腻子粉价格为15～30元／袋。

4）腻子粉的鉴别与选购

（1）看外包装。正规的产品包装上都注有产品的执行标准、质量、生产日期、存放注意事项等，且有IOS认证标志。

（2）闻气味。打开包装仔细闻一下腻子粉的气味：优质产品无任何气味，伪劣产品多有异味。

（3）感受触感。用手搓捻一些腻子粉，感受其干燥程度，优质产品细腻、干燥。

（4）看使用说明。仔细阅读腻子粉包装上的使用说明，优质产品只需加清水搅拌即可使用。

彩色腻子粉　　　　　　　成品腻子

左图：彩色腻子粉是在腻子粉中加入矿物颜料，如铁红、炭黑、铬黄等，使其具有不同的色彩，可用于彩色墙面的涂刷。

右图：成品腻子多为粉绿色，且环保、无毒、无味，不含甲醛、苯、二甲苯与有挥发性的有害物质。

看外观　　　　　　　　看外包装袋

左图：嗅闻腻子粉的气味，若有刺鼻的气味，则该产品为劣质品。优质产品为浅米黄色，放在手心揉搓有轻微的灼热感，冰凉的腻子粉则大多是受潮的。

右图：优质品包装袋上贴有防伪标志或贴有数码防伪贴纸，刮开涂层扫码或拨打电话即可辨别其真伪。若产品包装说明上要求加入901建筑胶或白乳胶，则该产品为伪劣品。

左图：成品腻子粉在施工现场兑水时应当控制好水与腻子粉的配合比，加水后应沿着同一方向搅拌，以确保搅拌均匀。

腻子粉兑水搅拌

3.2.3　原子灰

1）定义

原子灰是一种高分子材料，由主体灰（基灰）和固化剂两部分组成，主体灰的成分多是不饱和聚酯树脂和填料，固化剂的成分一般是引发剂和增塑剂，起到引发聚合、增强性能的作用。

原子灰作用与腻子粉一致，只不过腻子粉主要用于墙、顶面乳胶漆和壁纸的基层施工，而原子灰主要用于金属、木材表面刮涂，或与各种底漆、面漆配套使用，是各种厚漆、清漆、硝基漆涂刷的基层材料。

2）特性

原子灰具有易刮涂、常温快干、易打磨、附着力强、耐高温、配套性好等优点，是填充各种板材表面的理想材料。

原子灰应用　　　　　　　原子灰刮涂

左图：原子灰自生产之日起，有效贮存期为6个月，特殊品为3年；使用过的原子灰严禁装入原容器，在使用、运输、存储过程中，应佩戴护目镜、口罩与手套。

右图：原子灰主要用于对底材凹坑、针缩孔、裂纹、小焊缝等缺陷的填平与修饰，以达到涂刷面漆前底材表面平整、光滑的目的。

3）规格与价格

原子灰的品种十分丰富，知名品牌原子灰的包装规格为3～5 kg／罐，价格为20～50元／罐，可以根据实际用量来选购。

原子灰与其固化剂　　　不同颜色的原子灰

4）原子灰的鉴别与选购

（1）看外包装。正规的产品外包装上都注有产品的执行标准、质量、生产日期、存放注意事项等。

（2）看外观。打开包装仔细观察原子灰，优质品多为淡黄色。

（3）测试强度。优质原子灰施工后具有较好的耐摩擦能力，且表面平滑，不会存在凹凸不平的状况。

看原子灰质地　　　　　测试原子灰强度

左图：优质品的原子灰色泽纯正，不含杂质，且加固化剂调和后不会立即呈现僵硬或瘫软状态。

右图：取适量原子灰，将其填补至板材缝隙中，待原子灰完全干燥后，用钥匙或其他尖锐物划其表面，优质品无任何变化。

3.3 普通涂料

3.3.1 醇酸漆

1) 定义

醇酸漆又称为醇酸树脂漆或醇酸树脂涂料，主要由醇酸树脂组成，可用于涂饰木器、家具等，也可涂于油性色漆上作罩光用。

2) 特性

醇酸漆施工简单，对施工环境要求一般，具有良好的光泽、耐候性、耐久性，色彩丰富，施工性好，可以刷、喷、烘，附着力强，且能经受气候的剧烈变化。

左图：水性醇酸树脂是水溶性醇酸树脂涂料的重要组成部分，这种涂料具有低污染、节能、环保等特点。

右图：醇酸漆涂饰施工后干燥速度较慢，且涂膜硬度一般，不太适用于对装饰性要求较高的场所，多用于一般木器、家具、金属等表面的涂装。

水性醇酸树脂　　　　　　醇酸漆应用

3) 规格与价格

醇酸漆常用包装规格为0.5～10 kg／桶，其中2.5 kg／桶的产品价格为55～60元／桶，需要另外购置稀释剂调和使用。可选择套装产品，1组包装内包括漆2 kg、固化剂1kg、稀释剂2 kg，价格为240～300元／组，每组可涂刷15～25 m²。

> **小贴士**
>
> 醇酸漆漆面清洁与保养
>
> （1）涂面清洁：漆面上的普通灰尘用干抹布擦拭干净即可；浅污渍可选用稍稍湿润的纯棉布擦拭干净；深污渍则应选用专用清洁剂进行擦拭。
>
> （2）涂面保养：应当经常清除漆面的灰尘，并应避免尖锐物体划伤漆面、长时间被水浸泡、被太阳暴晒或高温烘烤等。

4）醇酸漆产品

由醇酸漆衍生而来的产品主要有醇酸调合漆、醇酸防锈漆、醇酸绝缘漆、醇酸抗弧漆等多种，可根据应用范围选择。

醇酸调合漆

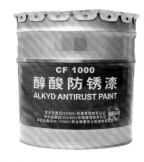
醇酸防锈漆

醇酸绝缘漆

醇酸耐弧漆

左图：醇酸调合漆由醇酸树脂、溶剂、助剂、颜料等研磨制成，附着力与柔韧性较好，一般用于金属与木制品表面的涂装工作。

左中图：醇酸防锈漆由醇酸树脂、溶剂、助剂、防锈颜料等研磨制成，附着力与防锈性较好，可作为金属结构表面的打底防锈漆。

右中图：醇酸绝缘漆由改性醇酸树脂、催干剂、溶剂等调制而成，耐油性与绝缘性较好，可作为覆盖漆或浸渍漆使用。

右图：醇酸耐弧漆由醇酸树脂、氨基树脂、颜料等经研磨后，再使用二甲苯调制而成，耐油性与绝缘性较好，漆膜平滑，可作为覆盖漆使用。

5）醇酸漆的鉴别与选购

（1）看光泽。选购醇酸漆时，要注意看样品刷出的效果，其在灯光照射下是否反光柔和、不刺目。

（2）闻味道。优质醇酸漆没有特别刺鼻的气味，有难闻气味的则甲醛含量较高，对人体伤害较大。

（3）测附着力。在醇酸漆涂刷后的样板上洒点毛发，如果毛发粘在上面，则说明该涂料的附着力较强。

观察醇酸漆质地

左图：打开醇酸漆外包装，仔细观察漆液表面色泽与黏稠度，优质品漆液色泽纯正，质地柔滑，且黏稠度也比较合适。

3.3.2 硝基漆

1）定义

硝基漆是由醇酸树脂、硝化棉、增塑剂、有机溶剂、颜料等调制而成的，主要用于木器、家具、金属、水泥等界面的涂装工作，漆液以透明、白色为主。

2）特性

硝基漆装饰效果较好，不易氧化发黄，尤其是白色硝基漆质地细腻、平整，干燥迅速，对涂装环境要求不高，具有较好的硬度与亮度，修补容易。

硝基漆色板　　　　　　　硝基漆喷涂

左图：硝基漆色彩丰富，商店所提供的色板上罗列有常用的色彩，消费者可自行选择自己喜欢的色彩。

右图：硝基漆主要以喷涂为主，在施工前应将被涂物表面彻底清理干净。

3）规格与价格

硝基漆常用包装规格为0.5～10 kg/桶，其中3 kg/桶的产品价格为70～80元/桶，需要额外购置稀释剂调和使用。

4）分类

根据用途的不同可将硝基漆分为外用清漆、内用清漆、木器清漆、彩色磁漆等几种，可根据需要选择。

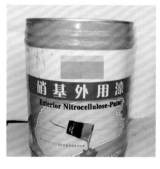 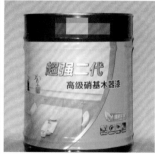 

硝基外用清漆　　　　　硝基内用清漆　　　　　硝基木器清漆　　　　　硝基彩色磁漆

左图：硝基外用清漆由硝化棉、醇酸树脂、柔韧剂及部分酯、醇、苯类溶剂组成，涂膜光泽性、耐久性好，只能用于室外金属与木质表面涂装。

左中图：硝基内用清漆由低黏度硝化棉、甘油松香酯、不干性油醇酸树脂、柔韧剂与少量的酯、醇、苯类有机溶剂组成，涂膜光亮、干燥快，户外耐候性差，可用于金属与木质表面涂装。

右中图：硝基木器清漆由硝化棉、醇酸树脂、改性松香、柔韧剂与适量酯、醇、苯类有机挥发物配制而成，涂膜坚硬、光亮，可打磨，但耐候性差，只能用于木质表面涂装。

右图：硝基彩色磁漆由硝化棉、季戊四醇酸树脂、颜料、柔韧剂与适量溶剂配制而成，涂膜平整光滑、干燥快、耐候性好，但耐磨性差，适用于室外金属与木质表面的涂装。

5）硝基漆的鉴别与选购

（1）看固含量。优质硝基漆的固含量大多都大于40%，气味温和；而劣质产品的固含量则仅在20%左右，且气味刺鼻。

（2）看干燥速度。通常优质硝基漆干燥迅速，喷涂施工后4h内，漆膜应当完全干燥。

左图：打开硝基漆，用木杆搅动，观察其完全干燥的时间，优质品漆膜干燥后应当平整、光滑，且没有色差。

观察硝基漆质地

3.3.3 聚酯漆

1）定义

聚酯漆又称为不饱和漆，是一种多组分漆，是将聚酯树脂作为主要成膜物制成的一种漆膜丰满、层厚面硬的厚质漆。

2）特性

聚酯漆具有色彩丰富、透明度好、光泽度高等特点，漆膜综合性能优异，硬度高，耐磨，耐湿热、干热与多种化学药品，且漆膜厚度大，喷涂两三遍即可，并能完全覆盖基层材料，可用于木材表面涂饰，也可作金属面罩光。但聚酯漆的漆膜柔韧性差，受力时容易脆裂，一旦受损不易恢复。

左图：聚酯漆修补性能比较差，损伤的漆膜修补后仍有印痕。调配比较麻烦，且调配配合比要求严格，配漆后活化期短，需要随配随用，使用时需注意这一点。

聚酯漆

聚酯漆涂刷效果

上图：聚酯漆具有比较好的色泽，保光、保色性能好，保护性与装饰性较好，用于涂刷木质构造表面时，能封闭木质纤维孔隙，避免受外部环境污染。

3）规格与价格

聚酯漆常见规格为0.5～10 kg / 桶，其中2.5 kg / 桶的价格为55～60元 / 桶，需要额外购置稀释剂调和使用；也可选择套装产品，1组包装内包括漆2 kg、固化剂1 kg、稀释剂2 kg，价格为240～300元 / 组，每组可涂刷15～25 m²。

4）聚酯漆的鉴别与选购

（1）看产品标识。应仔细查看聚酯漆的产品标识，查看其各项指标是否达标。

（2）看固含量。优质聚酯漆的固含量大多都大于40%。

（3）看综合性能。可仔细查看聚酯漆的透明程度、耐黄变性程度以及施工性等。

左图：打开聚酯漆包装，查看其透明度，优质品透明度较好；然后取适量聚酯漆，涂刷至样板上，优质品涂刷性较好。

观察聚酯漆质地

3.3.4　氟碳漆

1）定义

氟碳漆是指以氟树脂为主要成膜物质的涂料，又称为氟涂料、氟树脂涂料等。在各种涂料之中，由于氟碳漆引入的氟元素电负性大，碳氟键能强，所以各项性能特别优越，被广泛应用于建筑业、化学工业、电器电子工业、机械工业、航空航天工业、家庭用品等各个领域。

2）特性

氟碳漆具有较好的防腐蚀性，漆膜坚韧，表面硬度高、耐冲击、抗屈曲、耐磨性好，耐酸、碱、盐等化学物质与多种化学溶剂，能为基材提供保护屏障；耐候性也比较好，同时还具有超强的稳定性，不粉化、不褪色，使用寿命长达20年。

左图：氟碳漆具有超耐候性与持久性等优异性能，柔韧性良好，耐黄变性十分不错，可用于多种涂层与基材的罩面保护。

氟碳漆

氟碳漆应用

上图：氟碳漆在外墙应用时，对施工条件与配套材料的要求较高，施工时要控制好涂层的均匀度，避免出现开裂、脱皮等现象。

3）规格与价格

氟碳漆常用的规格为0.5～10 kg／桶，其中2.5 kg／桶的产品价格为55～60元／桶，需要额外购置稀释剂调和使用；可选择套装产品，1组包装内包括漆2 kg、固化剂1 kg、稀释剂2 kg，价格为240～300元／组，每组可涂刷15～25 m²。

4）氟碳漆的鉴别与选购

（1）认准环境标志产品。环境标志产品对挥发性有机物（VOC）有明确的限量规定，优质产品的VOC含量低，不仅可以减少环境污染，还能避免施工中对人体造成伤害，同时因其VOC含量低，所以固含量相对高，涂布率也较高。

（2）水性污染测试。优质氟碳涂层具有极好的疏水性与斥油性，摩擦系数较小，涂层表面不会粘尘结垢，易清洁，且在金属、塑料、水泥、复合材料等表面都具有比较优良的附着力。

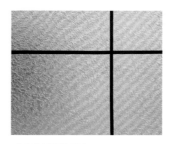

左图：观察涂刷有氟碳漆的样板，用优质产品涂刷的表面应当无缝隙和裂纹，整体平整度高。

观察氟碳漆质地

3.3.5　水性木器漆

1）定义

水性木器漆是以水作为稀释剂的漆，它包含水溶性漆、水稀释性漆、水分散性漆三种，主要用于各种木质家具、构造的表面涂装。

2）特性

水性木器漆具有无毒、环保、无气味、可挥发物极少、不燃不爆、高安全性、不黄变、漆膜效果好等优点，但单组分水性漆的硬度、耐高温等性能与双组分油性漆还存在一定的差距。

观察涂刷质地　　　　　　　洒水测试

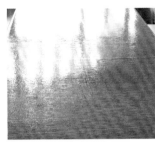

水性木器漆涂装界面　　　水性木器漆应用

左图：水性木器漆含有流平剂与润湿剂，这使得用水性木器漆涂装后能形成光洁、平整的涂层，漆膜对底材的附着力也更强。

右图：水性木器漆多用于不太重要的装饰构造上，如家具的侧部板材，不适用于台面或桌面等容易受到磨损的部位的涂刷。

3）规格与价格

水性木器漆常见规格为0.5～10 kg／桶，其中2.5 kg／桶的产品价格为200～400元／桶，在施工中可以加清水稀释，但是加水量不能超过漆的20%。

4）水性木器漆的鉴别与选购

（1）闻气味。优质水性木器漆无论是主剂还是固化剂，在开罐后都基本闻不出气味，或是只有非常轻微的气味。

（2）稀释方法。真正的双组分水性木器漆是用清洁的自来水稀释的，如果经销商或包装说明上指出需要专用稀释剂或酒精类物质稀释的，则为伪劣品。

（3）看环保指数。查看水性木器漆的产品说明书，查看其是否含有苯、重金属与高含量的挥发性有机物（VOC）等有毒物质。

左图：打开水性木器漆，将其涂刷至样板上，在合适距离内嗅闻，优质品几乎没有味道，也不会有不明结块。

右图：在木质材料表面涂刷完毕后，待完全干燥，在木质材料表面洒水，水珠不会渗透到木质纤维中去的为优质品。

小 贴 士

水性木器漆分类

（1）丙烯酸水性木器漆。其主要特点是附着力好，不会加深木器的颜色，价格便宜，但耐磨及抗化学性较差，漆膜硬度较软，丰满度较差，综合性能一般，施工易产生缺陷。

（2）聚氨酯水性木器漆。其综合性能优越，丰满度高，漆膜硬度强，耐磨性甚至超过油性漆，在使用寿命、色彩调配等方面都有明显的优势，为水性漆中的高级产品。

（3）丙烯酸与聚氨酯的合成物水性木器漆。除了秉承丙烯酸水性木器漆的特点外，又增加了耐磨及抗化学性强的特点，漆膜硬度较好，丰满度较好，综合性能接近油性木器漆。

3.4 装饰涂料

3.4.1 乳胶漆

1）定义

乳胶漆又称为合成树脂乳液涂料，是有机涂料的一种，它是以合成树脂乳液为基料，加入颜料、填料及各种助剂配制的水性涂料。

2）特性

乳胶漆干燥速度快，在25℃时，30min内表面即可干燥，120min左右就可以完全干燥。这种涂料色彩柔和，漆膜坚硬，表面平整、无光，观感舒适，颜色附着力强，调制方便，易于施工，可以用清水稀释，能刷涂、滚涂、喷涂。

乳胶漆水性色浆

左图：乳胶漆可调制成各种色彩的，调色前应先研究样色，确定好所需的色浆种类、配合比、使用量等，然后再按照色系调色，调色时，使用色浆的种类越少越好。

乳胶漆应用

上图：乳胶漆耐碱性较好，涂于碱性墙面、顶面、混凝土表面时，不返粘，不易变色，且能确保墙体干净整洁，具有一定的耐刷洗性与遮盖力，装饰效果也十分不错。

3）规格与价格

乳胶漆常见规格为3~18kg/桶，其中18kg/桶的价格为150~400元/桶。知名品牌产品还有组合套装，即配置固底漆与罩面漆，价格为800~1200元/套。乳胶漆的用量大多为12~18m²/L，需涂装两遍。

小 贴 士

乳胶漆的分类

（1）亚光漆。无毒、无味，遮盖力强、耐刷洗性好、附着力强、耐碱性好、安全环保、施工方便、流平性好。

（2）丝光漆。涂膜平整光滑、质感细腻，具有丝绸光泽、遮盖力强、附着力强、抗菌防霉、耐水耐碱。

（3）有光漆。色泽纯正、光泽柔和、漆膜坚韧、附着力强、干燥快、防霉耐水，耐候性好、遮盖力强，适用于大面积空间。

（4）高光漆。具有超强遮盖力，坚固美观，光亮如瓷，同时还具有很高的附着力，防霉、抗菌等性能。

乳胶漆的两种配套产品

（1）固底漆。能有效封固墙面，涂膜耐碱、防霉，附着力极强，能有效防止面漆咬底、龟裂，适用于墙体基层。

（2）罩面漆。涂膜光亮如镜，耐老化，极耐污染，内外墙均可使用，污点一洗即净，适用于潮湿空间。

4）乳胶漆的鉴别

（1）看重量。可以掂量包装，1桶5 L包装的乳胶漆约重8 kg，1桶18 L包装的乳胶漆约重25 kg。

（2）感受黏稠度。用手触摸乳胶漆，优质品比较黏稠，呈乳白色，无硬块，搅拌后呈均匀状态。

（3）闻气味。闻一下乳胶漆，优质品有淡淡的清香；而伪劣品具有泥土味，甚至带有刺鼻气味。

 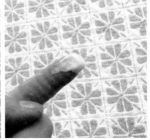

观察乳胶漆漆液　　　　　　感受黏稠度并嗅闻气味

左图：打开乳胶漆，用木棍挑起乳胶漆，优质品的漆液自然垂落，且能形成均匀的扇面，不会断续或滴落。

右图：手轻蘸适量乳胶漆，嗅闻无异味，漆液能在手指上均匀涂开，在2min内能干燥结膜，且结膜有一定延展性的为优质品。

3.4.2　硅藻涂料

1）定义

硅藻是最早出现在地球上的一种单细胞的水生浮游类生物，古代硅藻及其他浮游生物的遗骸沉积水底后经过亿万年的积累与地质变迁成为硅藻泥，而硅藻涂料则是以硅藻泥为主要原材料，添加多种助剂制作而成的装饰涂料，是一种天然环保的内墙装饰材料，可以用来替代壁纸或乳胶漆，主要用于室内空间的墙面涂装，适用于各种背景墙，具有良好的装饰效果。

2）特性

硅藻泥本身无任何的污染，不含任何有害物质及有害添加剂，为绿色环保产品，且具有独特的吸附性能，可以有效净化空气，有效去除空气中游离的甲醛、苯、氨等有害物质或因宠物、吸烟、垃圾所产生的异味。硅藻泥由无机材料组成，因此不燃烧，即使发生火灾，当温度上升至1300 ℃时，硅藻泥也只是出现熔融状态，不产生有害气体等烟雾。硅藻泥还具有很强的降噪功能，其功效是同等厚度的水泥砂浆的2倍以上。硅藻泥还不易产生静电，因而墙面表面不易落尘。

硅藻涂料　　　　　　　　硅藻涂料调和　　　　　　　　硅藻涂料涂饰效果

左图：硅藻涂料是一种新型的环保涂料，具有消除甲醛、释放负氧离子等功能，被称为"会呼吸的功能性环保壁材"。

中图：硅藻涂料加水调和后完全干燥需48h，48h后可用喷壶在其施工界面喷洒少许清水，以保证施工界面的湿润度。

右图：用硅藻涂料涂饰时，能选择的花纹较丰富，涂刷后可以使墙面拥有更丰富的自然质感。

3）规格与价格

硅藻涂料有桶装与袋装两种包装，桶装规格为5～18 kg／桶，5 kg／桶包装的产品价格为100～150元／桶；袋装的价格较低，袋装的规格通常为20kg／袋，价格为200～300元／袋，用量约为1kg／m²。

4）硅藻涂料的鉴别

（1）看手感。优质硅藻涂料的质感细腻，涂刷后的肌理不仅在视觉上十分美观，用手触摸也十分松软。

（2）看涂刷效果。优质硅藻涂料具有较好的吸声、消光的功能。由于硅藻泥为多孔质地，肉眼观察其涂刷界面表层，多呈现为不会反光的细小磨砂状态。

（3）看吸附效果。可以在容量为600 mL的塑料瓶内放入300 mL的硅藻泥粉末，然后将香烟烟雾吹入其中后封闭瓶盖，并不断摇晃瓶身，约10min后打开瓶盖仔细闻一下，基本没有烟味的为优质品。

观察硅藻涂料粉末

上图：优质品的手感特别干燥，但又不失柔和感，色彩纯正，肌理清晰，也不会反光。

3.4.3 真石漆

1）定义

真石漆又称为石质漆，主要由高分子聚合物、天然彩色砂石及相关助剂制成。其干结固化后坚硬如石，有天然花岗岩、大理石的质感。真石漆主要用于各种室内的背景墙或户外庭院的墙面、构造等表面的涂装。

2）特性

真石漆具有防火、防水、耐酸碱、耐污染、无毒、无味、黏结性强、永不褪色、易干省时、施工方便等特点，能有效阻止外界环境对墙面的侵蚀。由于真石漆具备良好的附着力与耐冻融性能，特别适合在寒冷地区使用。

彩色石砂　　　　　　　**真石漆样本**

左图：用于制作真石漆的彩色石砂成品具有丰富的色彩与自然的质感，且含有的有害物质较少，不易褪色。

右图：真石漆样本囊括了各种色彩与纹理，在涂料商店均有售卖，消费者可根据需要选择合适色彩的真石漆。

真石漆

上图：真石漆主要采用各种颜色的天然石粉配制而成。用于建筑外墙时有仿石材的效果，因此又被称为液态石。

3）规格与价格

真石漆主要用于室内外各种界面的涂装，真石漆常见的桶装规格为5~25kg／桶，其中25kg／桶的产品价格为100~150元／桶，每桶可涂装15~20m²。

4）真石漆的鉴别

（1）看水润度。打开真石漆包装桶看真石漆的水润度，视觉上比较干的属于劣质品，因为其乳液含量不够高。

（2）看黏度。优质真石漆吸附能力较强，黏度较高，可以戴上手套抓一把真石漆放在手里片刻，等漆液风干后再去洗，好的漆液风干后会形成一层保护膜，必须用开水烫或清洁球之类才能洗干净。

（3）看是否掉色。天然真石漆都是用自然中的彩色石粉碎后制成的，所以不应该有掉色的现象。

真石漆掉色检验

上图：取适量真石漆于净水中浸泡，上层水液呈乳白色为正常，若呈现黄色或其他色泽，则初步断定真石漆不合格或乳液中添加了染色成分。

小 贴 士

真石漆涂层的构成

真石漆涂层主要由封底漆层、真石漆层、罩面漆层3部分组成。

（1）封底漆层：在溶剂或水挥发后，封底漆中的聚合物及颜料会渗入至真石漆基层的孔隙中，从而阻塞基层表面的毛细孔，这消除了基层因水分迁移而引起的泛碱、发花等问题，也增加了真石漆主层与基层的附着力，避免其出现剥落、松脱等现象。

（2）真石漆层：由天然石材经过粉碎、清洗、筛选等多道工序加工而成，具有很好的耐候性，相互搭配可调整颜色深浅，使涂层的色调富有层次感。

（3）罩面漆层：不仅可有效增强真石漆涂层的防水性、耐污性、耐紫外线照射等性能，也可方便日后清洗。

小 贴 士

传统天然真石漆升级换代产品——岩片漆

岩片漆又称为仿花岗石漆、花岗岩石漆，是一种不含任何溶剂的砂壁状建筑涂料。岩片漆拥有比较强的附着力，涂料本身不含有任何色浆，即使是长时间被雨淋、日晒，涂层表面也不会轻易褪色、泛白、泛黄。

岩片漆还具有极高的安全系数，不仅能减轻荷载，有效保护建筑物安全，还能极大地减轻工人的劳动强度，且施工简易、成本低，可广泛用于高档公共建筑、别墅、酒店、写字楼与政府大楼等建筑墙面的装饰。

3.4.4 裂纹漆

1）定义

裂纹漆是由硝化棉、颜料、体质颜料、有机溶剂、辅助剂等研磨调制而成的有多种颜色可供选择、肌理独特的油漆产品，它是在硝基漆的基础上发展而来的新产品，又称为硝基裂纹漆。

2）特性

裂纹漆具有硝基漆的基本特性，属挥发性自干油漆，无须加固化剂，干燥速度快，喷涂后能产生较高的拉扯强度，形成良好的、均匀的裂纹图案，并能有效增强涂层表面的美观性、装饰性。

裂纹漆　　　　　　　　　裂纹漆涂装后的效果

左图：裂纹漆可用于家具、构造的局部涂装，或用于各种背景墙的局部涂装。

右图：裂纹漆涂装后能产生特别的装饰效果，并能增强室内空间的艺术氛围感。

3）规格与价格

裂纹漆的规格为5 kg／组，包括底漆、裂纹面漆等组合产品，价格为200～300元／组。也有底漆与裂纹面漆分开包装单独销售的产品。

4）裂纹漆的鉴别

（1）看包装。裂纹漆多组分包装的产品中主漆包装最大，其次是稀释剂和分裂剂；单一组分包装的产品质量稳定性不佳。

（2）看质地。优质裂纹漆与硝基漆黏度相当，但是更加丝滑，可以用手指感触，触感与日常用的洗发水相当。

观察裂纹漆质地

左图：优质裂纹漆搅拌后能看出丝滑纹理，没有经过调和的裂纹漆并不均匀，但不会沉淀，黏稠度较好，无刺鼻气味。

3.4.5 仿瓷涂料

1）定义

仿瓷涂料又称为瓷釉涂料，是一种装饰效果类似于瓷釉饰面的建筑涂料，依据组成仿瓷涂料主要成膜物的不同，可分为溶剂型与水溶型两种。

溶剂型仿瓷涂料是在溶剂型树脂中加入颜料、溶剂、助剂配制而成的，具有多种颜色，且带有瓷釉光泽。其主要成膜物是溶剂型树脂。

水溶型仿瓷涂料则是在水溶性聚乙烯醇中加入增稠剂、保湿助剂、细填料、增硬剂等配制而成的涂料。其主要成膜物为水溶性聚乙烯醇。

2）特性

仿瓷涂料采用刮涂方式施工，涂膜坚硬致密，与基层有一定的黏结力，通常不会起鼓、起泡。如果在该涂料涂层表面再涂饰适当的罩光剂，则这种涂料的耐污染性将得到有效提高；但是这种涂料的施工较复杂，因而限制了该产品的使用范围。

 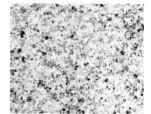

仿瓷涂料　　　　　　　　仿瓷涂料装饰效果

左图：仿瓷涂料主要用于室内墙面，涂膜较厚，不耐水，安全性能较差。

右图：仿瓷涂料饰面外观类似瓷釉，用手触摸有平滑感，多以白色涂料为主。

3）规格与价格

仿瓷涂料常用规格为5～25kg/桶，其中15kg/桶的产品价格为60～80元/桶。

4）仿瓷涂料的鉴别

（1）看产品的包装。优质仿瓷涂料包装上应当注明产品生产日期、保质期、产地、产品执行标准号等信息。

（2）嗅闻、触摸。优质仿瓷涂料应无味、无毒，且涂料被挑起往下流时，流动状态比较顺滑，液体的质感也十分光滑、细腻。

（3）看成膜效果。优质仿瓷涂料涂饰后与基层的黏结力较强，不会轻易出现掉色或掉粉现象。

左图：优质仿瓷涂料无异味，漆液能在手指上均匀涂开，质地厚实、有韧性，表面不会轻易被划伤。

观察仿瓷涂料的质地

3.4.6　发光涂料

1）定义

发光涂料又称为夜光涂料，是能发射荧光的涂料，能起到夜间指示作用，主要原料为成膜物质、填充剂、荧光颜料等。

2）特性

发光涂料具有耐候性、耐光性、耐温性、耐化学稳定性、耐久性均较好且附着力强的特点，可用于各种基材表面的涂装。

发光涂料　　　　　　　　　发光涂料的应用

左图：发光涂料根据发光亮度可以分为高、中、低3种，发光颜色为黄绿色、蓝绿色、鲜红色、橙红色、黄色、蓝色、绿色、紫色等几种。

右图：发光涂料常用于KTV、酒吧等光线较弱的娱乐空间，装饰效果非常不错。

3）规格与价格

发光涂料常见的规格为0.1～1kg/罐，其中1kg/罐的产品价格为80～120元/罐。

4）发光涂料的鉴别

（1）看重量。可以掂量包装，5L/罐的发光涂料重约8kg。

（2）感受黏稠度。用手触摸发光涂料，优质品比较黏稠，无硬块，搅拌后状态均匀。

（3）闻气味。闻一下发光涂料，优质品有淡淡的清香，而伪劣品带有刺鼻气味。

左图：优质品包装上所标注的重量与称重一致，配方合理。用木杆挑起涂料，优质涂料不会断开。

观察发光涂料的质地

发光涂料分类

（1）蓄光性发光涂料。这种涂料由成膜物质、填充剂、荧光颜料等组成，当荧光颜料（硫化锌）的分子受光照射后被激发、释放能量，夜间或白昼都能发光，明显可见。

（2）自发性发光涂料。这种涂料加有少量放射性元素，当荧光颜料的蓄光消失后，因放射物质放出射线，涂料会继续发光。这类涂料对人体有害，市场上已经非常少见。

3.4.7 肌理涂料

1）定义

肌理涂料又称为肌理漆、马来漆、艺术涂料，肌理是指物体表面的组织纹理结构，是呈现物象质感、塑造并渲染形态的重要视觉要素，其装饰效果源于人们对油画肌理的追求。

2）特性

肌理涂料可用于餐厅、专卖店、酒吧、舞厅等商业娱乐空间的装饰，肌理涂料所形成的视觉肌理与触觉肌理效果独特，可逼真表现布、皮革、纤维、陶瓷砖面、木质表面、金属表面等装饰材料的肌理效果，但这种涂料施工后比较难清洁，且对空气的湿度要求比较高。

3）规格与价格

肌理涂料的常见规格为5～20kg／桶，其中5kg／桶的价格为100～150元／桶，可涂装20～25m²，高档产品成组包装，附带有光泽剂、压花滚筒、模板等工具。

4）肌理涂料的鉴别

（1）触摸。优质肌理涂料的手感细腻，且有一定的黏性；劣质肌理涂料的手感则比较粗糙。

（2）看施工效果。优质肌理涂料施工后色泽亮丽，纹理也十分清晰；劣质肌理涂料施工后则色泽暗淡，纹理质感比较差。

（3）看粒子度。观察肌理涂料的悬浮物，优质肌理涂料没有多余的漂浮物，粒子大小也十分均匀。

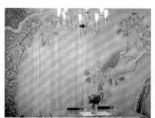 

肌理涂料的应用　　　　　　肌理涂料的纹理

左图：肌理涂料立体效果明显，能表现出各种纵横交错、高低不平、粗糙平滑的纹理变化，再配以不同的罩面漆会有更丰富的表现力。

右图：肌理涂料有很好的吸声功能，可用于电视背景墙、沙发背景墙、床头背景墙、餐厅背景墙、玄关背景墙、吊顶与灯槽内部顶面等。

 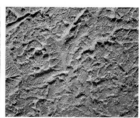

观察肌理涂料的质地　　　　观察肌理涂料的施工效果

左图：肌理涂料粉末的形态松散、无结块或粉团的为优质品。

右图：取适量肌理涂料，将其涂刷于样板上，待干后观察涂层色泽与纹理，优质品拥有较好的施工效果。

绒面涂料

（1）定义：绒面涂料又称为仿绒涂料，该涂料具有耐水洗、耐酸碱、施工方便，装饰效果好等特点。

（2）规格、价格与应用：绒面涂料可用于室内墙面、顶面、家具表面的涂装，也可用于木材、混凝土、石膏板、石材、墙纸、灰泥墙壁等不同材质表面的施工。常见的规格为1~2.5 kg／桶，其中1 kg／桶的产品价格为60~100元／桶，可涂装3~4m²。

绒面涂料　　　　　　　　　绒面涂料的纹理

左图：绒面涂料污染小，成本低，大多用塑料、木质或镀锌铁皮桶包装。

右图：绒面涂料涂装之后能给人一种柔和、滑润、华贵、优雅的感觉，装饰效果很不错。

3.5　特种涂料

3.5.1　防火涂料

1）定义

防火涂料是由基料（成膜物质）、颜料、普通涂料助剂、防火助剂、分散介质等原料组成，是用来提高被涂材料耐火极限的特种涂料。其中非膨胀型防火涂料主要用于木材、纤维板等板材的防火，可涂饰于木结构屋架、顶棚、门窗等表面；膨胀型防火涂料主要用于保护电缆、聚乙烯管道、绝缘板，可用于建筑物、电力、电缆等的防火。

2）特性

防火涂料适用于可燃性装饰材料、构造表面，能降低被涂界面的可燃性，阻滞火灾的蔓延，并能很好地提高被涂材料的耐火极限。除了普通涂料所具有的防锈、防水、防腐、耐磨、涂层坚韧、易着色、粘附性强、易干、有一定的光泽等特点，防火涂料自身应是不燃或难燃的，不起任何助燃作用。

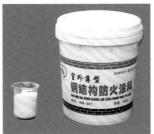 

防火涂料　　　　　　　　　用防火涂料涂刷过的龙骨

左图：防火涂料的涂膜层能使底材与火隔离，从而延长热量侵入装饰材料的时间，以实现延迟、抑制火焰蔓延的目的。

右图：龙骨涂刷防火涂料后将具有更强的防火、阻燃性，从而提高建筑的安全性。

左图：电缆一旦出现事故很容易起火，因此涂刷防火涂料后的电缆安全系数更高，使用电更安全。

用防火涂料涂刷过的电缆

3）规格与价格

防火涂料常见规格为5～20 kg/桶，其中20 kg/桶的产品价格为200～300元/桶，其用量为1 m²/kg。防火涂料应购买知名品牌产品，可以到大型建材超市或专卖店购买。

4）防火涂料的鉴别与选购

（1）查看合格证书与选择品牌。市场上出售的防火涂料应具有国家消防产品型式认可证书和型式检验合格报告，购买时可货比三家选择最好的。

（2）查验防火涂料防火性。采购时请求查验涂料的阻火性，避免涂料以次充好，达不到防火维护作用。

（3）观察桶身。观察防火涂料铁桶的接缝处是否有锈蚀、渗漏现象，看标识是否齐全，以免买到仿冒的防火涂料。

（4）看泡层厚度。正常的情况下，一级防火涂料的泡层厚度为20 mm以上，二级防火涂料的泡层厚度为10 mm以上，泡层应均匀致密。

观察防火涂料质地　　　防火涂料喷涂后质地

左图：观察涂料中的泡层是否无杂色，质地是否均匀、细密。

右图：涂刷后表面质地颗粒感强烈，有立体效果，漆膜厚度均匀。

小 贴 士

防火涂料施工方法

防火涂料施工方法简单，施工温度为5℃以上，施工前应将基材表面上的尘土、油污清除干净。涂料充分搅拌均匀后方可投入使用，若涂料黏度太大，可加少量的清水稀释，刷涂、滚涂均可，涂刷3～4遍即可，注意对木质龙骨、板材进行涂刷时，可在构造安装前涂刷2遍，构造成型后再涂刷1～2遍。

3.5.2　防锈涂料

1）定义

防锈涂料是指保护金属表面免受大气、海水等物质腐蚀的涂料，可分为物理性防锈漆与化学性防锈漆。前者靠颜料与漆料的适当配合，形成致密的漆膜以阻止腐蚀性物质的侵入，如铁红、铝粉、石墨防锈漆等；后者靠防锈涂料的化学抑锈作用阻止腐蚀性物质的侵入，如红丹、锌黄防锈漆等。

2）特性

防锈涂料能够最大化地延长金属的使用期限，具有良好的耐硬水性，并能保护未涂层或难以触及的表面，热稳定性好，在高温状态时仍具有良好的防锈功能。防锈涂料对环境无污染，使用安全，主要用于金属材料的底层涂装，如各种型钢、隔墙、楼板等构件，涂装后表面可再作其他装饰。

常见的防锈涂料有醇酸防锈漆、环氧防锈底漆，根据颜色不同划分还有铁红防锈漆、灰色防锈漆、红丹防锈漆、锌黄防锈漆等多种。防锈漆适用于室外有遮盖及室内条件下金属的防锈。

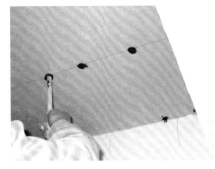

顶部涂刷防锈涂料　　　　　金属窗沿涂刷防锈涂料　　　　防锈涂料贮存

左图：顶部涂刷防锈涂料时应当重点注意顶部接缝处，以及顶部与墙面接缝处。

中图：金属窗沿涂刷防锈涂料时要注意垂直接缝处的细节处理，确保接缝处已充分涂刷。

右图：未使用的防锈涂料应当存放于内部干燥、光滑的桶中，并把桶依次整齐地排列于室内。

3）规格与价格

传统防锈涂料为醇酸漆，价格低廉，常见的规格为0.5～10 kg/桶，其中3 kg/桶规格的产品价格为50～60元/桶，需要额外购置稀释剂调和使用。现代防锈涂料多用套装产品，1组包装内包括漆2 kg、固化剂1 kg、稀释剂2 kg，价格为200～300元/组，每组可涂刷12～20 m²。

4）防锈涂料的鉴别与选购

（1）看产品标识。要仔细查看防锈涂料的产品标识，包括涂料的生产日期、保质期、防伪标签等基本信息。

（2）闻气味。质量出色、安全环保的防锈涂料应是水性且无毒无味的，有刺激性气味或工业香精味的通常质量较差，不能选择。

（3）查看漆液。购买时需要仔细查看容器内的漆液，观察漆液是否透明，色泽是否均匀、无杂质，是否具有良好的流动性等。

观察防锈涂料质地

上图：在合适距离内嗅闻防锈涂料的味道，优质品甲醛含量较低，无气味或气味较淡；劣质品则有辛辣气味。将防锈漆放置一段时间后，质量好的防锈漆会在表面形成一层较厚且不容易开裂、具有弹性的氧化膜。

小 贴 士

防锈涂料分类

（1）油性金属防锈涂料。使用方便，价格低廉，但因含有亚硝酸盐、铬酸盐等有毒物质，对操作人员危害较大，国家已对其限制使用，且此类产品性能单一，不能满足磁性合金材料的防锈要求。

（2）水性金属防锈涂料。它是一种很环保、安全的防锈漆，这种涂料以水为稀释剂，不含有机溶剂，通过控制加水的剂量来调配出各种浓度，且在稀释过程中，不会产生任何污染环境的气体或物质，对不同材质的表面都有着不错的保护性。

3.5.3　防霉涂料

1）定义

防霉涂料是在制造过程中加入了一定量的霉菌抑制剂或抑制霉菌的无机纳米粉体的涂料，分为有机防霉涂料和无机防霉涂料。常规的有机防霉涂料是含有生物毒性药物的；无机防霉涂料则不含有生物毒性药物，它主要是由防霉剂、颜色填料和各种添加剂等组成。

2）特性

防霉涂料是在普通涂料中添加了抑制霉菌生长的物质，且基料固化后漆膜完全致密，不吸附空气中的水分与营养物，表面干燥迅速，具有较强的杀菌防霉作用与防水性。防霉涂料涂覆表面后，无论潮湿还是干燥，涂膜都不会发生脱落现象，因此有良好的防霉抑菌效果。

防霉涂料

顶部水泥界面涂刷防霉涂料

左图：现代防霉涂料具有装饰与防霉的双重作用，它与普通装饰涂料的根本区别在于不仅防霉剂具备防霉功能，且颜色填料与各种助剂也对霉菌有抑制功效。

右图：在家居装修中，防霉涂料可用于通风以及采光不佳的卫生间、厨房、地下室等空间的潮湿界面的涂装，也可用于木质材料、水泥墙壁等各种界面的防霉。

3）规格与价格

防霉涂料的常见规格为5～20 L/桶，其中20 L/桶规格的产品价格为200～300元/桶。

4）防霉涂料的鉴别与选购

（1）看产品标识。查看防霉涂料的外包装与环保检测报告，应选择外包装无破损，挥发性有机物（VOC）含量较低的产品。

（2）闻气味。质量出色、安全环保的防霉涂料应是水性且无毒无味的，有刺激性气味的质量较差，不能选择。

（3）查看胶结情况。购买时可摇晃防霉涂料，检查其是否有胶结情况，优质品漆液质地均匀、无结块。

查看防霉涂料质地

左图：在合适距离内嗅闻防霉涂料气味，优质品的甲醛含量较低，无气味或气味较淡；劣质品则有辛辣气味。防霉涂料如果出现分层现象，则说明质量差；用木棍搅拌涂料，优质品在木棍上停留的时间较长。

3.5.4　墙固涂料

1）定义

墙固涂料即指墙面固化胶，是用于砖混墙面抹灰或批刮腻子前基层密实处理的一种绿色、环保材料，可以替代108胶、界面剂。

2）特性

墙固涂料具有优异的渗透性，能充分浸润墙体基层材料表面，使基层更密实，并能有效提高界面附着力，提高灰浆或腻子与墙体表面的黏结强度，可有效防止空鼓现象的产生。

墙固涂料

黄色墙固涂料涂刷

左图：使用墙固涂料前要将基层表面处理干净，确保基层表面坚实、无浮灰与油渍。

右图：墙固涂料有多种色彩可选，使用时要注意涂刷均匀，以便后期涂刷乳胶漆。

3）规格与价格

墙固涂料常见的规格为5~20 kg/桶，其中20 kg/桶规格的价格为100~300元/桶。

4）墙固涂料的鉴别与选购

（1）查看固含量。通常高固含量的墙固涂料更适合应用于墙面水泥造毛，凝固后的水泥毛面会更坚实，更有利于瓷砖的铺装。

（2）查看黏稠度。墙固涂料不是越黏稠越好，因为太过黏稠的可能掺杂了增稠剂，会导致黏结力与渗透性较差。

查看墙固涂料涂刷质地

上图：墙固涂料涂刷后有一定的遮盖力，形成的结膜具有防水性，表面无任何分层且比较粗糙。

小贴士

墙固涂料使用注意事项

（1）用法与用量：待墙固涂料干透或造毛养护干燥后即可开始抹灰或批刮腻子，在1∶1水泥砂浆中加入水泥胶浆，将其抹在瓷砖背面找平压实，并随时用靠尺检查平整度。黏结墙布与壁纸时若觉黏度高，可加少量水稀释，但用墙固涂料造毛时则不得加水使用。理论上，1 kg墙固涂料可涂布10 m²一遍，实际用量则受施工中多种因素的影响。

（2）贮存和运输：墙固涂料应贮存在5~40℃阴凉通风处，严禁曝晒、受冻，保质期12个月，产品无毒、不燃，贮存运输可按非危险品规则处理。施工温度在5℃以上，未用完的墙固涂料要注意密封保存。

3.5.5　地固涂料

1）定义

地固涂料是一种专门用于水泥地面的涂料，主要由基料、填料、助剂等配制而成。其基料为高分子胶原剂、着色粒子，填料为聚合物微粉，助剂为润湿分散剂、流平剂等。这种涂料常用于水泥地面封闭处理。

2）特性

地固涂料拥有丰富的色彩，如绿色、蓝色等，它的色彩不仅分布均匀，遮盖力也比较强。地固涂料还具有较好的耐水性与防潮性，可有效防止跑沙现象，并能牢牢封锁住水泥地面的松散颗粒，可有效防止地面铺装地砖时出现空鼓现象。

生态地固涂料　　　　　涂刷地固涂料

左图：生态地固涂料具有很好的环保性，同时其防潮、防霉等性能也十分不错，很适合室内使用。

右图：地固涂料施工干燥后不会轻易掉粉、掉色，是地面基层处理不可缺少的绿色环保涂料。

3）规格与价格

地固涂料的常见规格为5～20 kg/桶，其中20 kg/桶规格的产品价格为100～300元/桶。

4）地固涂料的鉴别与选购

（1）查看环保指数。优质的地固涂料具有良好的环保性，可通过查看产品外包装上的说明来确定所选产品是否为绿色环保产品。

（2）看色泽。地固涂料拥有多种颜色，要查看其颜色是否纯净、是否有掺杂其他色彩等。

查看地固涂料涂刷后质地

左图：取出适量地固涂料，观察涂料色泽，优质品色泽纯正，色度均匀，涂刷地固涂料的表面粗糙且有防水性。

3.5.6 环氧地坪漆

1）定义

环氧地坪漆的主要成分是环氧树脂与固化剂，其成膜基料是环氧树脂，而环氧树脂本身具有热塑性，需要与固化剂或脂肪酸进行反应，并从本身的热塑性变为热固性，从而显示出各种优良的性能。

2）特性

环氧地坪漆具有较好的耐碱性、耐水性、耐候性、韧性，能常温成膜，比较适用于混凝土、水泥砂浆地面的涂装，可起到保护地面、防止地面粉化的作用。该涂料的防潮、防水、隔声功能也比较好。

环氧地坪漆还具有优良的附着力，固化时的体积收缩率仅有2%左右，基面能与底材良好地吸附在一起，该涂料中所含有的树脂为其提供了良好的碱性，同时其良好的附着力也使得环氧地坪漆可被用作防腐蚀底漆；作为水下施工涂料时，它能排挤物体表面的水，可用于水下结构的抢修与水下结构的防腐蚀施工。

环氧地坪漆　　　　　　环氧地坪漆涂装

左图：环氧地坪漆具有耐强酸、耐强碱、耐磨、耐压、耐冲击、防霉、防水、防尘、防滑、防静电、防电磁波等特性，且其颜色亮丽多样、易清洁。

右图：环氧地坪漆涂装前基面要求平整、清洁、干燥、牢固，新做水泥地面或用水泥修补的地面至少要养护30天，可能返潮的地面还应预先做断水与防水处理。

3）规格与价格

环氧地坪漆常见的包装规格为5～20 kg／桶，使用时还需另购5 kg包装的固化剂调和使用，其中20 kg＋5 kg规格的产品价格为500～600元／套，可涂刷80～100 m²的地面。

4）分类

（1）溶剂型环氧地坪漆。即普通型环氧树脂地坪漆，虽然在生产、施工与固化过程中会排放一定量的挥发性有机物(VOC)，但其成本较低。该涂料拥有丰富的色彩，能有效美化工作环境，施工后的界面平整光滑，整体无缝，易清洗，无毒，不集聚灰尘与细菌，且具有一定的防滑性。

（2）无溶剂型环氧地坪漆。它与基层的黏结强度高，硬化时不易开裂，施工后的界面整体无缝，易清洗，耐磨损，经久耐用，能长时间经受铲车、推车与其他车的碾压，且抗渗透性、耐化学药品的腐蚀性也很强，对油类有较好的容忍力，施工毒性小，符合环保与卫生的要求。

溶剂型环氧地坪漆施工　　　无溶剂型环氧地坪漆施工

左图：溶剂型环氧地坪漆适用于要求耐磨、耐腐蚀、耐油污、耐重压、表面光洁且容易清洗的场所，如停车场，汽车制造、机械制造、纺织等行业生产车间的高标准地面。

右图：无溶剂环氧树脂地坪漆可以满足较高的洁净度要求，多用于自流平的施工中，适用于医药、食品、电子、精密仪器、汽车制造等对地面有极高要求的行业。

5）环氧地坪漆的鉴别与选购

（1）查看包装。不同的环氧地坪漆包装规格各不相同，质量也各不相同，优质环氧地坪漆规格与包装说明上所标识的一致。

（2）听声音。可将小罐环氧地坪漆拿出来摇一摇，若摇起来有"哗哗"声响，表明其分量不足或有所挥发。

左图：优质环氧地坪漆手感细腻、光泽均匀、色彩统一、黏度适宜。

观察环氧地坪漆色彩与手感

小 贴 士

环氧地坪漆施工现场要求

（1）结构混凝土的强度等级不应低于C20，表面平整无起砂现象，浇筑后养护期达到28天，表面平整度不大于2 mm，靠尺测量不大于3 mm；混凝土地坪含水率低于8%，空气湿度小于80%，施工温度在20～25℃最合适，低于5℃时不可施工。

（2）施工材料应摆放在阴凉密闭处，摆放区域应设明显标志，严禁近距离明火操作，材料摆放区需配备灭火安全设施，材料设专人负责保管，工地现场设安全监督员，负责监督工作；所施工区域应密闭并禁止无关人员进入，严禁交叉施工，空气洁净度要符合一般洁净要求。

3.6 防水涂料

3.6.1 堵漏王

1）定义

堵漏王是指一种高性能，集无机、无碱、防水、防潮、抗裂、抗渗、堵漏于一体的最新高科技产品。它能够迅速凝固且密度与强度都极高，适用于防水、带水带压、立刻止漏等工程。

2）特性

堵漏王具有带水快速堵漏功能，初凝时间仅2min，终凝时间15min；迎水、背水面均可施工，它能与基层结合成不老化的整体，有极强的耐水性；凝固时间可根据用户需求任意调节；防水、黏结一次完成，黏结力强，且对钢筋无腐蚀，本品无毒无味、环保不燃，可用于饮用水工程。

堵漏王

用堵漏王对墙角与缝隙涂装

左图：堵漏王施工操作简单，只要加水调和即可使用。

右图：堵漏王对于厨卫间、地下室、屋面等非伸缩性混凝土或砂浆结构处，各种穿墙管、套管周边缺陷，阴角位修补有良好效果。

3）规格与价格

堵漏王常见规格为1kg／袋，价格为5～8元／袋，根据品牌与规格的变化，价格也会随之有所改变。

4）堵漏王的鉴别与选购

（1）查看外包装。优质的堵漏王外部包装颜色鲜明、字迹清晰，且规范标出产品的生产日期、使用年限、名称、产地等。

（2）看发热时间与干燥快慢。优质堵漏王发热速度比较快，凝固时间比较短，适用于做防水堵漏工程。

（3）看干燥后的强度。优质堵漏王干燥后硬度比较强，不会有多余的粉末残留，不会轻易破裂，防水效果较好。

察看堵漏王质地

测试堵漏王干燥速度和强度

左图：优质品粉末质地细腻、无结块或粉团，颜色为深棕灰色。

右图：加水搅拌调和后的堵漏王，等待3～5min，抹到施工部位，干燥速度均匀，不会产生开裂、掉粉现象。

3.6.2 JS防水涂料

1）定义

JS防水涂料是指聚合物水泥防水涂料，又称JS复合防水涂料，是一种以聚丙烯酸酯乳液、乙烯－醋酸乙烯酯共聚乳液等聚合物乳液与水泥、石英砂、轻重质碳酸钙等无机填料及各种添加剂所组成的无机粉料，通过合理配比、复合制成的一种双组分水性建筑防水涂料。

2）特性

JS防水涂料不污染环境、性能稳定使用、寿命长，使用安全、施工方便、简单，刷涂、滚涂、刮抹施工均可，可在无明水的潮湿基面直接施工；材料弹性好、延伸率可达200%；抗裂性、抗冻性、低温柔性优良，黏结力强；不起泡，成膜效果好、固化快，适用于大多数材料。JS防水涂料加入颜料还可做成彩色装饰层，无毒、无味，适用于卫生间、厨房防水，有饰面材料的外墙、斜屋面的防水，防潮工程的防水等。

JS-Ⅰ型防水涂料　　　　JS-Ⅱ型防水涂料

左图：JS-Ⅰ型防水涂料可用于变形较大的部位，如屋面、地下室等，可直接在混凝土表面施工并黏结牢固。基层含水率不受限制，但基层表面不可有积水；凝结时间短，施工2h后方可进行下道施工工序。

右图：JS-Ⅱ型防水涂料可用于变形较小的部位，该涂料是采用先进工艺聚合而成的，适用于卫生间、浴室、厨房、楼台面、阳台、水池及墙面、木地板防潮等防水工程。

3）规格与价格

JS防水涂料主要规格为20 kg／套（5.3 kg液料、14.7 kg粉料），价格为180～250元／套。

4）JS防水涂料的鉴别与选购

（1）看弹性。优质JS防水涂料拥有较好的弹性，涂膜干燥后能拉长至3倍以上的长度，且不会轻易断裂。

（2）闻气味。优质JS防水涂料气味较淡，伪劣产品则含有高挥发性有机物（VOC），并伴有刺鼻或难闻的气味，甲醛等有害物质的含量也较高。

（3）看分散力。优质JS防水涂料摇晃后无严重沉淀，且在加入水泥后能够轻松地搅拌在一起，不会有结块现象。

搅拌JS防水涂料与水泥

上图：取适量JS防水涂料与水泥，搅拌均匀后，JS防水涂料能与水泥均匀地融合在一起，水泥也无结粒现象。优质品无气味或气味较淡，挥发性有机物（VOC）含量与甲醛含量较低；劣质品则有刺激性气味。

3.6.3　K11防水涂料

1）定义

K11防水涂料是目前最常用的防水涂料，是由活跃的高分子聚合物粉剂与合成橡胶、合成苯烯酯等材料组成的乳液共混体，是加入基料与适量化学助剂和填充料，经塑炼、混炼等工序加工而成的一种高分子防水材料。

2）特性

K11防水涂料为双组分包装，打开外部包装后，主要材料分为乳液与粉料两个独立包装，其中乳液为白色黏稠液体，粉料为有色粉末，多为绿色、蓝色、灰色、白色等。这两种材料混合后搅拌均匀使其充分融合，混合物能够覆盖宽度达5 mm的裂缝，能抵御轻微振荡；可在潮湿基面上施工，表面无须覆盖砂浆保护层即可直接进行铺装瓷砖等后续施工。

K11防水涂料适用于普通卫生间墙、地面的防水，防水层应涂刷两遍，每遍涂刷厚度约1 mm。K11防水涂料主要产品分为通用型与柔韧型两种，通用型K11防水浆料涂刷用量为2.0 kg/m²，适用于地面与墙角；柔韧型K11防水涂料涂刷用量为1.6 kg/m²，适用于墙面。

K11防水涂料的抗渗、抗压强度较高，经过搅拌后的涂料能在水中凝固，且无毒、无害，可直接用于饮水池与鱼池的防水工作，涂层还具有抑制霉菌生长的作用，能有效防止潮气对饰面的污染。

K11防水涂料

左图：K11防水涂料应存放于阴凉干燥处，严禁暴晒、雨淋，在正常存放条件下保质期为12个月。K11防水涂料适宜在5~40℃的环境下使用，应避免在高温、低温环境与室外阴雨天气条件下使用。

K11防水涂料应用

左图：K11防水涂料具体施工顺序：基层清理→增强层施工→接点密封→基面润湿→均匀涂刷第一遍→待干养护→均匀涂刷第二遍→待干养护→保护层施工。

3）规格与价格

K11防水涂料常见规格为20 kg/桶，价格为150~200元/桶，随品牌与规格的变化，价格也会有所改变。

4）K11防水涂料的鉴别与选购

（1）查看外包装。优质的K11防水涂料外包装颜色鲜明、字迹清晰，且产品生产日期、使用年限、名称、产地等信息也十分齐全。

（2）闻气味。优质的K11防水涂料中的液料气味很淡，而劣质的K11防水涂料则会有一股很浓烈且刺鼻的气味。

（3）检查防水效果。优质K11防水涂料胶膜具有较强的硬度，膜层不会轻易被划破，膜层厚薄均匀，防水效果较好。

观察K11防水涂料乳液质地

上图：K11防水涂料乳液在倾倒过程中不断开，也不会有水花溅出。

5）K11防水涂料使用方法

K11防水涂料施工简便，无须培训即可操作，材料搅拌调和、涂刷手法都能即学即会。

倒入乳液

倒入粉料

左图：拿起液料包，摇晃均匀，让液料混合均匀，没沉淀。打开包装后倒入干净的包装桶中，每次只倒入1袋，不同品牌的不能混用。

右图：迅速将粉料包装打开，倒入装有液料的桶中，倒入时要均匀、快速，避免粉料与液料结合后干结，不便于搅拌。

搅拌均匀

润湿界面

第一遍滚涂

左图：用电动搅拌转机插上搅拌杆件，在桶中搅拌。搅拌速度中等偏慢，以不溅到桶外为原则，搅拌5～10min，中途停2min。搅拌完成后静置5min，让其充分融合熟化。在使用前再作1min短暂搅拌，防止有沉淀，搅拌的标准以不产生粉团、不出现沉淀为佳。

中图：在等待静置防水涂料的时间里，可以清理基层界面，将基层上的浮尘清扫干净，对即将要涂刷防水涂料的墙面、地面洒水，充分润湿各基层界面。洒水润湿的目的是防止防水涂料涂刷上墙后，防水涂料中的水分迅速被水泥砂浆界面吸收，导致防水涂料吸附力下降，从而造成干裂甚至脱落。

右图：将静置后的防水涂料滚涂至墙面，从上至下施工。一般涂刷两遍，第一遍竖向滚涂。一次搅拌调配的防水涂料应在1h内用完，边滚涂边搅拌，且不宜在中途掺水。

  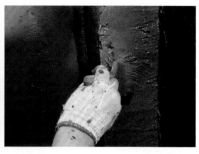

第二遍滚涂   墙地面交界处   墙角滚涂

左图：待第一遍施工完毕界面完全干燥后，才能进行第二遍施工，两遍施工的间隔时间根据季节气候来确定。一般间隔12h，第二遍横向滚涂，填补第一遍施工造成的纵向缝隙。

中图：在墙地面交接处，滚涂时要适当增加滚涂层的厚度，最好让防水涂料淋在墙角处，形成自流灌溉的效果。

右图：第二遍施工时，使用4寸鬃毛刷对墙角边缘进行涂刷，在滚筒无法触及的部位进行反复涂刷、揉刷，鬃毛刷每次蘸料量不大，应当勤蘸、勤刷。

修补缺口   地面滚涂   完成

左图：对于管口周边或墙面不平整处，可以在第一遍施工完毕干燥后，再填补慢干堵漏王，徒手填补效果最佳。使用堵漏王施工后，需待完全干燥后再进行第二遍防水施工。

中图：地面施工比较简单，可以将搅拌均匀的防水涂料逐步倒在地面上，采用滚筒滚涂、赶涂。对地面有坡度的卫生间、阳台，要特别注意滚涂的方向，不要让防水涂料自流到低洼处，而应随时用滚筒滚涂均匀。

右图：全部施工完毕后需要通风干燥48h。将所有排水孔封闭堵塞，再放水浸泡48h，浸泡的高度一般不低于200 mm，门口用沙袋与防雨布围合，墙面作淋水试验，48h后到楼下观察是否有漏水、渗水现象。

分色纸胶带

涂刷涂料时通常会使用分色纸胶带，并以此来分开两种颜色，分色纸胶带大多贴在踢脚线上，涂刷结束后，将纸胶带撕掉，起到保护的作用。根据工程实际情况选择合适长度、宽度的分色纸胶带。选购时可揭开分色纸胶带，看一下它的涂胶方式，再用手指感受一下黏度。由于涂料刷完后，分色纸胶带是要被撕掉的，因此纸胶带的黏度不用太高，以防在界面上留下残胶；纸胶带的切面应平整光滑，这样使用分色纸胶带后的分界面才会更明显。

分色纸胶带

上图：分色纸胶带黏性比较小，通常是贴在涂料容易刷出边框的部位，等到油漆或涂料完全干掉之后便可揭下胶带，注意将边缘弄整齐干净，这样边缘的漆也会刷得比较均匀。

3.6.4　聚氨酯防水涂料

1）定义

聚氨酯防水涂料为反应固化（湿气固化）型涂料，是由异氰酸酯、聚醚等经加成聚合反应而生成的含异氰酸酯基的预聚体，配以催化剂、无水助剂、无水填充剂、溶剂等，经混合等工序加工制成的单组分聚氨酯防水涂料。

2）特性

聚氨酯防水涂料具有强度高、延伸率大、耐水性好等特点，对基层变形的适应能力强，绿色环保，无毒、无味、无污染，对人体无伤害，它与空气中的湿气接触后固化，在基层表面能形成一层坚韧的无接缝整体防膜。

聚氨酯防水涂料可以在潮湿或干燥的各种基面上直接施工，它与基面的黏结力较强，其防水涂膜拥有良好的柔韧性，对基层伸缩或开裂的适应性强，抗拉强度高。

单组分聚氨酯防水涂料

聚氨酯防水涂料涂膜

左图：单组分聚氨酯防水涂料具有高强度、高延伸率、高固含量、黏结力强等特点，它可以自然流平，延伸性好，能克服基层开裂造成的渗漏，且可常温施工，操作简便。

右图：聚氨酯防水涂料的涂膜密实，防水层完整，没有裂缝、针孔、气泡，既具有防水功能又有隔气功能，高温下不流淌、低温下不龟裂，能耐油、耐磨、耐臭氧、耐酸碱侵蚀。

3）规格与价格

聚氨酯防水涂料的常见规格为10 kg／桶，价格为50～80元／桶，随品牌与规格的变化，价格也会随之改变。

4）聚氨酯防水涂料的鉴别与选购

（1）查看外包装。优质的聚氨酯防水涂料外包装颜色鲜明、字迹清晰，且产品的生产日期、使用年限、名称、产地等信息也十分齐全。

（2）闻气味。优质的聚氨酯防水涂料中的液料气味很淡，劣质的聚氨酯防水涂料则会有一股很浓烈且刺鼻的气味。

（3）看弹性。优质聚氨酯防水涂料拥有较好的弹性，涂膜干燥后延伸率可达500%～1000%，且不会轻易断裂。

观察聚氨酯防水涂料质地

上图：仔细查看涂料稀稠度，优质品的黏稠度高，气味较淡，挥发性有机物（VOC）含量与甲醛含量较低，劣质品则有比较难闻的气味。

小 贴 士

防水工程注意事项

（1）不同区域材料的选择不同。刚性防水材料有着抹简单、安全方便的特点，价格比柔性防水材料低，但效果没有柔性材料好。所以室外区域大多采用刚性防水材料，其他地方都是"刚柔结合"，综合优势，既能控制成本又能得到好的效果。

（2）抹材料之前要做好清理工作，即使楼面上只有一些浮土、碎石，抹后表面都有可能起鼓、脱落，从而影响楼面防水的整体效果。第一次抹后要等基层干燥后再进行二次抹，以加强防水效果，否则会使得防水效果大打折扣。

（3）防水试验是楼面防水的最后一步，也是最重要的一步。防水作业结束后，需封闭下水口与门的间隙，在室内蓄水到一定的高度，停留一定的时间后，测量水面高度，如果没有变化，则证明防水工程合格。

第4章
顶面、地面、墙面板材

核心概念：木质、金属、复合、质地、纤维。

章节导读：成品板材与辅料配件是室内装饰材料的主体，用量最大，使用面最广，如在家具制造、建筑业、加工业等都会用到成品板材。成品板材最大的优势是便于运输、加工。对尺寸较大的室内设计构造而言，则需要进行拼接或定制生产才能满足应用。如今越来越多的新式板材正被引进到室内设计施工中，许多材料厂商也开始尝试将各种新的原材料制成板材，这也需要我们在设计工作中不断学习。

成品板材制作的书柜

用于成品家具制作的板材，外部平整且富有光泽，经过切割后的板材边缘，还会进行封边修饰，并安装配套拉手。目前这种处理手法已经形成了一种模式，适用于除家具以外的墙面、顶面、地面等所有部位应用板材的表面或边缘处理。

4.1 金属板材

4.1.1 轻型钢板

1）定义

轻型钢板属于冷轧钢板，又称为白铁板，表面具有保护钢板的特殊镀层，质地较轻且硬度较高，具有很高的应用价值。由于普通钢板受潮会产生氧化锈蚀，因此要在其表面加上防腐保护层，防腐镀层为镀锌或镀铝锌。

2）特性

（1）镀锌钢板：用于装修的镀锌钢板多为较薄的冷轧钢板，常见的有热浸镀锌钢板与电镀锌钢板两种，热浸镀锌钢板是将薄钢板浸入熔化的锌槽中，使其表面黏附锌；电镀锌钢板则是采用电镀法，使镀锌钢板具有良好的加工性，但其镀锌层较薄，耐腐蚀性不如热浸法镀锌板。镀锌钢板具有一定的耐蚀性、成形性、上漆性与点焊性。

（2）镀铝锌钢板：该板材表面的镀层由55%的铝锌合金、43%的锌、2%的硅组成，正常使用寿命可达25年以上，耐热性很好，可用于300℃的高温环境，镀层与漆膜的附着力好，具有良好的加工性能。

在阳光下观察轻型钢板

上图：在阳光下仔细观察轻型钢板，表面有黑斑或污斑的为劣质品。因为为了增强镀锌钢板的防腐蚀能力，会对板材进行铬化处理，当铬酸过多时，镀锌钢板表面便会出现淡黄色带或污斑。

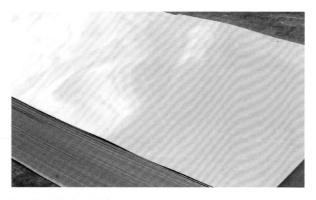

轻型钢板的表面光泽

上图：优质钢板应具有比较光亮的金属光泽，且表面无划痕。当板材表面镀锌层厚薄不均时，便可能会导致板面出现小颗粒，当板材的生产设备质量不佳时，可能会导致板材出现毛刺、刮伤等情况。

压花镀锌钢板　　　　　　镀铝锌钢板表面

左图：镀锌钢板的镀锌工艺较多，其中压花镀锌钢板经专业机器压制成型，硬度高，表面覆盖有大小一致的花纹，目前使用频率较高。

右图：镀铝锌钢板表面会呈现出特有的银白色星花，特殊的镀层结构使其具有了优良的耐腐蚀性。该板材在装修中常用来制作隔热构造，如暖气或空调的管道围合、户外烟囱管、灯罩等构造。

3）规格与价格

（1）镀锌钢板：规格为2 500 mm×1 250 mm，厚度为0.5～3 mm不等，其中1.2 mm厚的产品比较硬朗，使用频率较高，价格为150～200元/张。

（2）镀铝锌钢板：规格为2 500 mm×1 250 mm，厚度为0.5～3 mm不等，其中1.2 mm厚的产品比较硬实，使用频率较高，价格为200～250元/张。

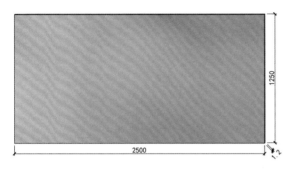

2 500 mm×1 250 mm×1.2 mm镀锌钢板

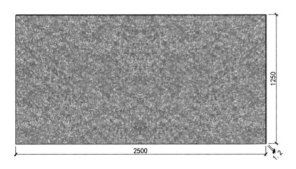

2 500 mm×1 250 mm×1.2 mm镀铝锌钢板

4）轻型钢板的鉴别

通过查看轻型钢板的表面光泽是否正常、表面镀锌层是否均匀、板面是否有划伤痕迹等来判断它的优劣，通常优质品表面不会出现黑斑、折痕、凹坑、波浪边等痕迹。

4.1.2 铝合金扣板

1）定义

铝合金扣板，简称铝扣板，是指将较单薄的铝合金板材裁切、冲压成型，是目前最流行的装修吊顶材料。铝合金扣板安装时需要有配套的龙骨，还要考虑搭配尺寸相当的电器、灯具、设备等，因此，现代铝合金扣板吊顶逐渐演变成集成吊顶。

2）特性

铝合金扣板重量轻，强度高，且安全、无毒，该板材拥有丰富的色彩，具有装饰性、耐候性、适温性、隔声性、隔热性、防火性、可加工性，主要用于厨房、卫生间、餐厅、走道、封闭阳台等空间的吊顶，也可根据设计要求用于特殊部位，如户外屋檐下。市场上销售的铝合金扣板的板材质量由高到低依次为铝镁合金、铝锰合金、普通铝合金、铝锭等。

铝合金方形扣板　　　　铝合金扣板配套龙骨

左图：铝合金方形扣板颜色多，装饰效果好，且该板材具备良好的耐候性，适合大众选用。

右图：铝合金扣板配套龙骨可以很好地固定铝合金扣板，且能支撑吊顶造型，其主龙骨与次龙骨之间的间距一定要控制好。

左图：条形扣板安装需控制好纵向间距、灯具安装间距与位置；方形扣板安装需注意扣板缝隙处的细节处理，安装后需进行加固。

铝合金扣板安装

3）规格与价格

铝合金扣板的形式主要有条形与方形两种，方形铝合金扣板使用频率最高，板面规格多样，如300 mm×300 mm、300 mm×600 mm、600 mm×600 mm、800 mm×800 mm；条形铝合金扣板长度为1～6m，需要定制加工，宽度为50～350 mm不等，常见规格如600 mm×1200 mm、300 mm×1200 mm等。这两种板材的厚度大多为0.6～1 mm，价格为60～120元／m²。需要定制加工的板材为集成吊顶，需要厂商上门测量后统一设计规格。

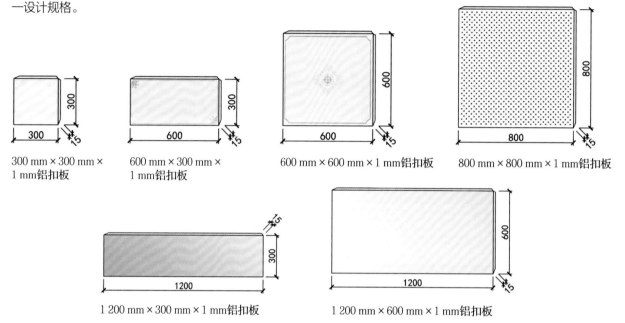

300 mm×300 mm×1 mm铝扣板　　600 mm×300 mm×1 mm铝扣板　　600 mm×600 mm×1 mm铝扣板　　800 mm×800 mm×1 mm铝扣板

1 200 mm×300 mm×1 mm铝扣板　　　　1 200 mm×600 mm×1 mm铝扣板

4）铝合金扣板的鉴别

（1）听声音。敲击铝合金扣板，声音比较清脆的质量较好。

（2）测量板材厚度。板材厚度达到0.8 mm即可，很多采用原料不纯、品质不高的回收铝材制作的铝合金扣板，反而很厚。

（3）折弯实验。选取一块样板，用手折弯，劣质铝材很容易变形且不会恢复，优质铝材则会迅速反弹。

敲击铝合金扣板　　　　　　测量铝合金扣板厚度　　　　　折弯铝合金扣板

左图：用木杆轻轻敲击铝合金扣板或把扣板当扇子快速扇动，优质品声音脆，劣质品声音沉闷。

中图：使用游标卡尺测量该板材的厚度，标准产品的厚度为0.7～1.0 mm，其他则为劣质品。

右图：取铝合金扣板样品，将其反复掰折，优质品的表面不会出现油漆脱落、起皮现象。

4.1.3 不锈钢板

1）定义

不锈钢板是指耐空气、蒸汽、水等弱腐蚀介质与酸、碱、盐等化学侵蚀性介质腐蚀的钢板，根据制法的不同可将其分为热轧不锈钢板与冷轧不锈钢板。在装修中常用的产品较薄，其中8 mm厚的不锈钢板可以裁切成板条，用于户外庭院栏板的制作。

2）特性

不锈钢板表面光洁，有较高的塑性、韧性与机械强度，且耐腐蚀。该板材表面可加工成白色不反光、亚光、高光等多种效果，例如通过化学方法浸渍着色处理，可以得到褐色、蓝色、黄色、红色、绿色等彩色不锈钢。

不锈钢板

不锈钢板制作背景墙

不锈钢薄板门框

左图：不锈钢板含有铬、镍、钼、钛、铌、铜、氮等合金元素，因而该板材具有良好的耐腐蚀性，能满足各种使用要求。

中图：不锈钢板表面十分光亮，用该板材制作的背景墙具有良好的视觉效果，它的日常清洁也十分方便。

右图：不锈钢薄板经过机械弯压后，可采用结构胶贴到木质基础材料上，基础材料多为胶合板或木芯板。

3）规格与价格

常见的不锈钢板规格为2 440 mm×1 220 mm，薄板厚0.2~4 mm，中板厚4~20 mm，厚板厚20~60 mm，其中厚1.2 mm厚的产品最多。价格根据产品型号不同而有所变化，201型不锈钢板为300元／张，304型不锈钢板为500元／张。根据板材表面效果的不同，不锈钢板有普通板、磨砂板、拉丝板、镜面板、冲压板、彩色板等。

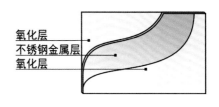
氧化层
不锈钢金属层
氧化层
不锈钢板结构示意图

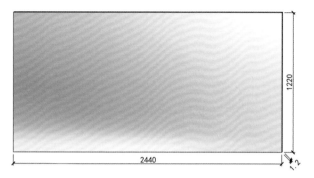

2 440 mm × 1 220 mm × 1.2 mm不锈钢薄板

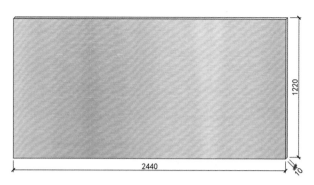

2 440 mm × 1 220 mm × 10 mm不锈钢中板

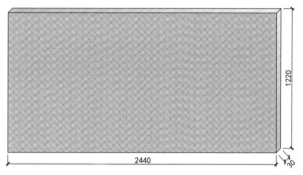

2 440 mm × 1 220 mm × 30 mm不锈钢厚板

普通不锈钢板

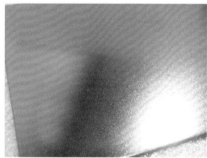

磨砂不锈钢板

拉丝不锈钢板

镜面不锈钢板

冲压不锈钢板

彩色不锈钢板

4）不锈钢板的鉴别

（1）使用不锈钢鉴定剂鉴定。取出不同型号的不锈钢板，在其表面滴上适量的不锈钢鉴定剂，观察其变色情况与变色时间，通常不锈钢鉴定剂都配有对比色卡，直接对比即可知道不锈钢板材的型号。

（2）看表面。不锈钢板表面要求绝对平整、光洁，注意根据设计、施工需要正确选择不锈钢板的厚度。

不锈钢鉴定剂　　　　　　测量不锈钢板厚度

左图：将不锈钢鉴定剂直接滴在不锈钢板材样品上，50s左右变红的为正宗201不锈钢板（锰超标）；1min左右变红的为202不锈钢板（锰超标）；3min内颜色无任何变化，底部颜色略微变深的为正宗的SUS304不锈钢。

右图：取不锈钢板样品，测量其厚度，若不锈钢板的厚度不够，则板材容易弯曲；若不锈钢板厚度过大，则钢板过重，又会增加钢板的成本，同时也会给施工带来困难。

4.2 复合板材

4.2.1 铝塑复合板

1）定义

铝塑复合板，简称铝塑板，是指以无毒低密度聚乙烯（PE）为芯层、两面为高纯度铝合金的三层复合装饰板材。

2）特性

铝塑复合板具备较好的防火性与耐冲击性，且材质轻，易加工，耐候性、自洁性、加工性等也十分不错。其外部经过特殊工艺处理，色彩艳丽丰富，长期使用不褪色。铝材的表面经过清洗与预处理，可轻易清除上面的油污、脏物及各种氧化层，能保证铝材与涂层以及芯层的牢固黏结。

左图：铝塑复合板是新型的建筑装饰材料，可用于大楼外墙、旧楼改造翻新、室内墙壁、天花板装修等事项。

铝塑复合板

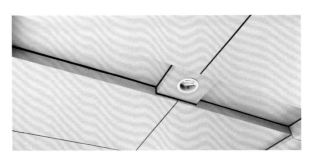

铝塑复合板制作的吊顶

上图：铝塑复合板可用于易磨损、易受潮的家具、构造外表，也可用于对平整度要求很高的部位，如大面积装饰背景、吊顶等。

3）规格与价格

铝塑复合板的规格为2 440 mm×1 220 mm，厚度为3～6 mm不等。普通板材为单面铝材，又称为单面铝塑板，厚度以3 mm居多，价格为40～50元／张；质地较好的板材多为双面铝材，平整度较高，厚度以5 mm居多，价格为100～120元／张。

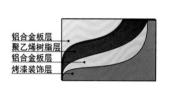

铝塑复合板结构示意图

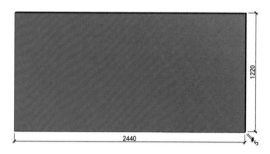

2 440 mm×1 220 mm×5 mm铝塑复合板

4）铝塑复合板的鉴别

（1）测量板材厚度。注意观察板材厚度，板材四周厚度应均匀一致。

（2）观察板材表面。观察板材表面贴膜是否均匀，优质品表面应无任何气泡、划痕或脱落等缺陷。

观察截断面　　　　　　　　　　观察色彩

左图：仔细观察板材厚度与截断面，察看材料四周厚度是否均匀一致。

右图：优质铝塑复合板的色彩纹理丰富、产品线广、色彩饱满。

4.2.2 纸面石膏板

1）定义

纸面石膏板，简称石膏板，是以建筑石膏为主要原料，掺入适量添加剂与纤维做板芯，以特制的板纸为护面，经加工制成的板材。纸面石膏板分为普通纸面石膏板、耐水纸面石膏板、耐火纸面石膏板和防潮纸面石膏板四类。

2）特性

纸面石膏板具有独特的空腔结构，隔声性能良好。其表面平整，板与板之间通过接缝处理形成无缝表面，表面可直接进行装饰。该板材还具有可钉、可刨、可锯、可粘的性能，所以施工非常方便，可用于室内装饰。

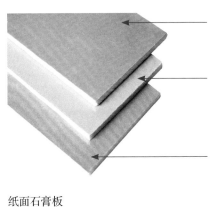

耐火型纸面石膏板的板芯内增加了耐火材料与大量玻璃纤维，如果切开石膏板，可以从断面处看见很多玻璃纤维。

耐水型纸面石膏板的板芯与护面纸均经过了防水处理，能用于长期相对湿度小于95%的使用场所，如卫生间、厨房等。

普通纸面石膏板的板芯呈白色，纸面呈灰色，适用于无特殊要求的使用场所，价格低廉。

纸面石膏板

3）规格与价格

普通纸面石膏板的规格为2 440 mm×1 220 mm，出厂厚度有9.5 mm与12.5 mm两种，实际用于施工中的石膏板会脱水，最终实际厚度分别为9 mm与12 mm；出厂厚度为9.5 mm的产品价格为20元／张。

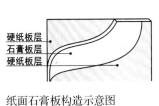

纸面石膏板构造示意图

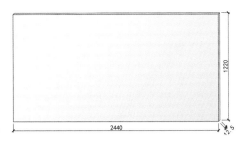

2 440 mm×1 220 mm×9.5 mm纸面石膏板

2 440 mm×1 220 mm×12.5 mm纸面石膏板

4）纸面石膏板的鉴别

（1）看外观。观察并抚摸板材表面，优质纸面石膏板表面平整光滑，且无气孔、污痕、裂纹、缺角、色彩不均、图案不完整等现象。

（2）看质地。注意察看纸面石膏板的质地是否密实，是否有空鼓现象，越密实的石膏板越耐用。

（3）看板芯与护面纸的黏结性。可随机找几张板材，在端头露出石膏芯与护面纸的地方，用手揭开护面纸，如果护面纸出现层间撕开，则表明板材的护面纸与石膏芯黏结良好。

看纸面石膏板外观　　　　　　　纸面石膏板剖面　　　　　　　　揭护面纸

左图：在光线充足的地方观察纸面石膏板，优质品上下两层护面纸应粘贴得十分结实，且板面色彩十分均匀。

中图：从纸面石膏板的剖面可以很清楚地看到其内部纤维构造，而优质的纸面石膏板剖面也应当是光滑、平整的。

右图：选取纸面石膏板样品，揭开护面纸，如果护面纸与石膏芯层间出现撕裂，则表明板材黏结不良。

4.2.3　吸声板

1）定义

吸声板是指具有吸声功能的装饰板材，其材质不同，类别也不同，但板材中都存在大量孔洞，当声音穿过时会在孔洞中被多次反射，声能量促使吸声板的软性材料发生轻微抖动，最终它被转化成动能，从而达到降低噪声的效果。

2）特性

吸声板具有吸声、环保、易除尘、易切割、阻燃、隔热、保温、防潮、防霉变、稳定性好、抗冲击能力好、独立性好、可拼花、施工简便、性价比高等优点，颜色可选性较多，可满足不同风格与层次的吸声装饰需求。该板材可用于大剧院、音乐厅、体育馆、展览馆、影剧院、录音室、监听室、会议室等区域的吸声墙板、天花吊顶板等的制作。吸声板的品种丰富，价格相差较大，主要根据实际需要来选用。

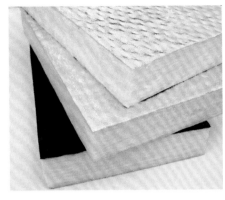

岩棉吸声板

聚酯纤维吸声板

布艺吸声板

左图：岩棉装饰吸声板是以天然岩石，如玄武岩、辉长岩、白云石等为主要原料，经高温熔化、纤维化而制成的纤维板，该板材主要用于石膏板吊顶、隔墙的内侧填充。

中图：聚酯纤维吸声板是将聚酯纤维经过热压而形成的致密板材。该板材能满足各种通风、保温、隔声的设计需要，适用于对隔声要求较高的空间，如会议室、KTV包房等室内墙面的铺装。

右图：布艺吸声板是在质地较软的离心玻璃棉表面覆盖防水铝毡与软织物饰面，采用树脂固化边框或用木质封边而成，该板材具有装饰、吸声、减噪、防火等多种作用。

塑木吸声板

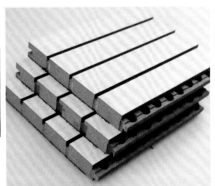

中密度纤维吸声板

用中密度纤维吸声板装饰会议厅

左图：塑木吸声板采用木质纤维粉末与树脂胶黏合，经过高温挤压铸模成型，多为凹凸条形构造，其中还有圆孔能吸收声波，板材边缘有凹槽式企口，安装插接方便快捷。

中图：中密度纤维吸声板以厚22 mm中密度板为基础材料，表面有凹槽造型，内部有圆孔，侧边有锁扣，能快速穿插安装，板材背后有厚1 mm聚酯纤维吸声板，是一种比较高级的成品吸声板。

右图：中密度纤维吸声板适用于面积较大的会议厅墙面装饰，其吸声效果好，价格低廉，安装方便。

3）规格与价格

（1）岩棉吸声板：规格为1 000 mm×600 mm、1 200 mm×600 mm、1 200 mm×1 000 mm，厚度10~120 mm不等，用于装修施工中的产品厚50 mm左右，表面无覆膜的板材价格为20~30元/m²。

（2）聚酯纤维吸声板：规格为2 440 mm×1 220 mm，厚度为5 mm、9 mm，其中9 mm厚的产品价格为100~150元/张。

（3）布艺吸声板：规格为1 200 mm×600 mm、600 mm×600 mm、600 mm×400 mm，厚度为25 mm或50 mm。厚25 mm的布艺吸声板价格为120~160元/m²。

（4）塑木吸声板：规格为2 440 mm×180 mm×18 mm，产品价格为50~70元/张。

（5）中密度纤维吸声板：规格为2 440 mm×200 mm×22 mm，价格为150~180元/张。

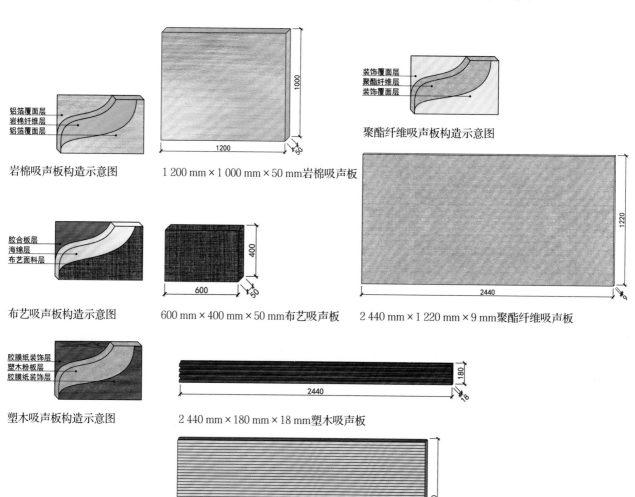

岩棉吸声板构造示意图　　1 200 mm×1 000 mm×50 mm岩棉吸声板　　聚酯纤维吸声板构造示意图

布艺吸声板构造示意图　　600 mm×400 mm×50 mm布艺吸声板　　2 440 mm×1 220 mm×9 mm聚酯纤维吸声板

塑木吸声板构造示意图　　2 440 mm×180 mm×18 mm塑木吸声板

中密度纤维吸声板构造示意图　　2 440 mm×1 220 mm×22 mm中密度纤维吸声板

4）岩棉吸声板的鉴别

（1）看表面。注意观察吸声板表面的颜色是否一致，是否有划痕、斑驳等缺陷。

（2）触摸板面。优质品吸声板触感细腻，且不会有明显的毛刺感，板材的软硬度适中，抬起板材一端时也不会轻易发生折断。

（3）看侧面。注意基层材料是否达到环保标准，优质吸声板的侧面胶块分布均匀。

看吸声板表面　　　　　　　看表面蓬松度　　　　　　　看吸声板侧面

左图：在光线充足的地方观察吸声板，优质品不会出现白黄不一的现象。

中图：观察吸声板表面蓬松度，优质吸声板的表面蓬松，起伏均匀，且富有一定的弹性。

右图：选取板材样品，剖切后查看其侧面，优质品侧面材料纤维的切断痕迹光滑、平整。

4.2.4 水泥板

1）定义

水泥板是以水泥为主要原材料加工生产的一种建筑平板，是一种介于石膏板与石材之间、可以自由切割、钻孔、雕刻的建筑产品，是目前比较流行的装修材料，其价格远低于石材。该板材主要包括普通水泥板、纤维水泥板、纤维水泥压力板等。

2）特性

水泥板具有较好的防火性、防水性、防虫性、隔声性、耐腐蚀性、抗弯折性、抗冲击性，且坚实耐用。

普通水泥板　　　　　　　　纤维水泥板　　　　　　　　纤维水泥压力板

左图：普通水泥板的主要成分是水泥、粉煤灰、砂子，水泥用量越低的水泥板价格越便宜。

中图：纤维水泥板添加了矿物纤维、植物纤维等增强材料，从而使水泥板的强度、柔性、抗折性、抗冲击性等性能得到提高。

右图：纤维水泥压力板由专用压机设备而成，它的防水、防火、隔声性能更高，承载、抗折、抗冲击性更强。

3）规格与价格

水泥板的规格为2 440 mm×1 220 mm，厚度为6～30 mm不等，特殊规格的可以定制加工，厚10 mm的产品价格为100～200元／张。

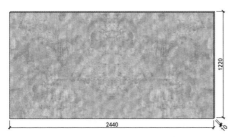

2 440 mm×1 220 mm×10 mm水泥板

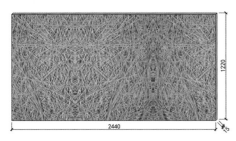

2 440 mm×1 220 mm×15 mm纤维水泥板

4）水泥板的鉴别

（1）看密度。板材的质量与密度密切相关，可以根据板材重量来判断，优质水泥压力板的密度为1 800 kg／m³。

（2）看表面。观察水泥板表面平滑度与厚度，察看其表面是否凹凸不平。

（3）看质地。观察板材的质地，优质水泥板应平整坚实；可采用0号砂纸打磨板材表面，优质品产生的粉末不多，伪劣产品或硅酸钙板产生的粉末较多。

观察水泥板表面　　　　打磨水泥板表面

左图：在光线充足的环境下，观察水泥板表面的纹理与平整度，优质品十分平整。

右图：取适当的砂纸轻轻打磨水泥板表面，观察掉粉情况，优质品掉粉少或不掉粉。

4.2.5　竹木纤维集成墙板

1）定义

集成墙板是一种集成化室内墙面装饰材料。集成墙板的品种按材料分主要有铝锰合金、实木、人造石材、纳米纤维、竹木纤维等。目前最具有代表性的集成墙板为竹木纤维集成墙板，其以竹材与木材纤维为原料，经过挤压成型制成，中心内空，具有隔声效果，色彩、尺寸、形状可以根据需求定制。竹木纤维集成墙板的甲醛释放量只有0.2 mg／L，远低于人造板材E0级0.5 mg／L的标准，是一种绿色环保产品。

2）特性

竹木纤维集成墙板强度高，表面色彩花纹丰富，且有多种配套收口装饰条，方便施工，可锯、可钉、可刨，可采用插口、卡扣等安装方式。安装时可直接用螺钉将其固定在墙上，不需要采用基础骨架，操作方便简单，也节省了室内空间。

竹木纤维集成墙板　　　　室内装饰应用

左图：竹木纤维集成墙板花色品种多，板材中央为空心状态，左右两侧有企口，方便安装。

右图：竹木纤维集成墙板能完全替代传统壁纸、乳胶漆等材料，可有效防止霉变、脱落等现象，并能在墙面塑造各种分隔体块造型。

3）规格与价格

竹木纤维集成墙板规格多样，宽度有300 mm、400 mm、600 mm，长度为1 220 mm、2 440 mm，长度还可以定制为3 000 mm、6 000 mm，厚度为9 mm，中空壁厚为2.5 mm左右，价格为25～35元／m²。此外，竹木纤维集成墙板还有各种配套的装饰条，在设计安装中可根据需要搭配。

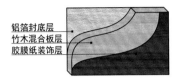

竹木纤维集成墙板构造示意图

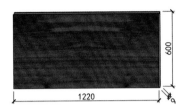

1 220 mm×600 mm×9 mm竹木纤维集成墙板

右图：竹木纤维集成墙板配套装饰条品种多样，与墙板配合能搭配出各种风格造型的墙面，墙板之间的金属卡扣件能提高板材的安装效率。

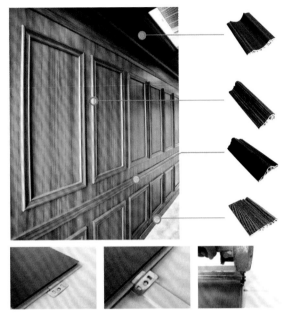

竹木纤维集成墙板与装饰线条的应用

4）竹木纤维集成墙板的鉴别

（1）闻气味。优质品有淡淡的竹木香味，而劣质品则会有刺鼻的恶臭味。

（2）看颜色。优质品的截断面颜色为米黄色，截断面处无黑色颗粒。

（3）掂量重量。用手掂量竹木纤维集成墙板的重量。比较同类产品，较重的材料里含有钙粉，较轻的材料使用后容易发泡。

观察表面　　　　　　测量厚度　　　　　　燃烧板材　　　　　　比较配件

左图：自重较大的板材质量较好，太轻的材料内部发泡严重，容易变形。优质板材表面平整度高，表面纹理均匀。

左中图：在光线充足的环境下，观察板材截断面，用游标卡尺测量厚度，看是否与标称的数据一致。

右中图：用打火机烧烤板材，观察烟雾、闻气味，优质品没有恶臭。

右图：品牌产品的配件齐全，踢脚线、收口条规格形式多样，且饰面工艺与板材一致。

4.3 板材辅料配件

4.3.1 轻钢龙骨

1）定义

轻钢龙骨是采用冷轧钢板、镀锌钢板或彩色涂层钢板由特制轧机以多道工序轧制而成的一种支撑结构。根据材质不同，可分为镀锌钢板龙骨与冷轧卷带龙骨；根据龙骨断面不同，可分为U形龙骨、C形龙骨、T形龙骨等。

2）特性

轻钢龙骨重量轻、强度高，且防水、防震、防尘、隔声、吸声，施工工期较短，施工简便。

U形龙骨

C形龙骨

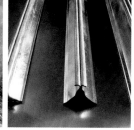

T形龙骨

左图：U形龙骨为承载龙骨，主要由主龙骨、中龙骨、横撑龙骨、吊挂件、接插件与挂插件等组成。

中图：C形龙骨无倒弯钩，主要配合U形龙骨作为覆面龙骨使用，承载的强度较低，价格便宜。

右图：T形龙骨又称为三角龙骨，主要有扣接龙骨与插接龙骨两种，适用于不同吊顶板材，按材质分有轻钢型与铝合金型两种。

3）规格与价格

隔墙龙骨配件按其主件规格分为Q50 mm、Q75 mm、Q100 mm，吊顶龙骨按承载龙骨的规格分为D38 mm、D45 mm、D50 mm、D60 mm。装修用的轻钢龙骨的长度主要有3 m与6 m两种，特殊尺寸的龙骨可以定制生产。价格根据具体型号来确定，通常为5～10元／m。

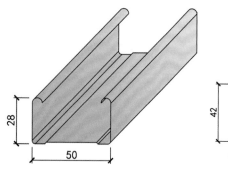

Q50 mm隔墙龙骨主件

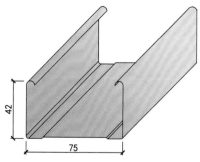

Q75 mm隔墙龙骨主件

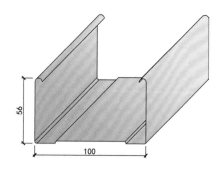

Q100 mm隔墙龙骨主件

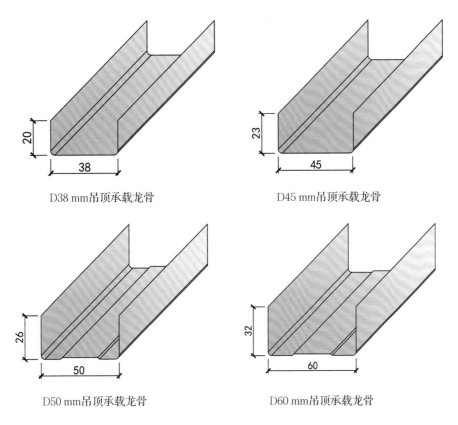

D38 mm吊顶承载龙骨

D45 mm吊顶承载龙骨

D50 mm吊顶承载龙骨

D60 mm吊顶承载龙骨

4）轻钢龙骨的鉴别

（1）看防伪标识。正规的轻钢龙骨拥有清晰的防伪标识，可通过其识别产品的真伪。

（2）看外观。优质轻钢龙骨的双面镀锌量应该大于80 g／m²，镀锌层无起皮、起瘤、脱落等缺陷，外形平整，棱角清晰。

（3）测量厚度。优质轻钢龙骨的主骨壁厚约为1.0 mm、1.2 mm，副骨壁厚度约为0.6 mm，边龙骨壁厚度约为0.5 mm，穿心龙骨壁厚度约为1.5 mm。

轻钢龙骨标识

看轻钢龙骨外观

测量轻钢龙骨厚度

左图：仔细查看轻钢龙骨的标识，优质品的防伪标识字迹清晰且具有防伪性。

中图：优质轻钢龙骨切口无毛刺、变形，表面无腐蚀、损伤、黑斑、麻点等缺陷。测量边长所得数据与标称数据相符。

右图：使用游标卡尺测量轻钢龙骨的厚度，查看其是否符合标准。

4.3.2　木龙骨

1）定义

木龙骨是由松木、椴木、杉木等木材加工成截面为长方形或正方形的木条。木龙骨主要分为吊顶龙骨、竖墙龙骨、铺地龙骨以及悬挂龙骨等。

风干木龙骨　　　　　　　　　烘干木龙骨　　　　　　　　　用木龙骨制作的吊顶

左图：风干木龙骨是自然晾干的，纹理自然均衡，适用于外露的饰面造型，主要用来撑起外面的装饰板。

中图：烘干木龙骨是在烤房内烘干干燥的，表面有深浅不一的炭化色差，平整光洁，质量好、价格较高。

右图：用木龙骨制作的吊顶基层框架能保持较高的平整度，截面规格不能小于30 mm×40 mm。用木龙骨制作小面积且带有装饰造型的吊顶，也比较实用。

2）特性

木龙骨具有一定的韧性，能被加工成弧形基础构造，特别适用于结构复杂的吊顶。用于撑起外面的装饰板，起支撑作用。木龙骨采用圆钉钉接或用螺钉固定安装，木质纤维在钉子的挤压下产生收缩，具有较强的承载能力。木龙骨用于吊顶基础构造的制作时应当涂刷防火涂料，用于实木地板或地台基础构造的制作时应当涂刷防腐涂料。

木龙骨涂刷防火涂料　　　　　　木龙骨吊顶骨架

左图：在复杂的公共空间内做木龙骨吊顶时应当预先给木龙骨涂刷防火涂料。

右图：木龙骨适用于弧形造型的构造，便于胶合板钉接。

3）规格与价格

木龙骨长度规格一般有2 400 mm、3 000 mm、4 200 mm，截面规格主要有18 mm×30 mm、30 mm×40 mm、50 mm×70 mm等规格。木龙骨的规格标注一般为设计尺寸，而购置的成品通常为实际尺寸，标称70 mm边长的龙骨的截面边长只有65 mm，所以选购前应测量木龙骨的厚度，看是否达到需求尺寸。50 mm×70 mm杉木龙骨的价格为3~4元／m。

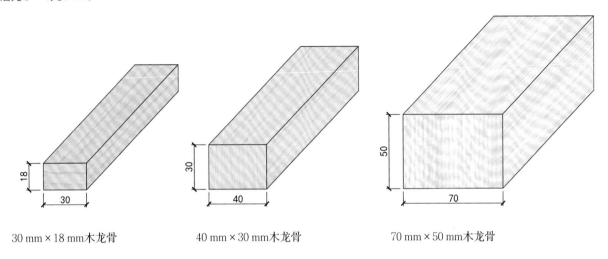

30 mm×18 mm木龙骨　　　　40 mm×30 mm木龙骨　　　　70 mm×50 mm木龙骨

4）木龙骨的鉴别

（1）看外观。木龙骨大多成捆销售，购买时要打开一根根挑选，优质的木龙骨平直，略带红色，纹理清晰。

（2）看截面。看所选木龙骨横切面的规格是否符合要求，头尾是否光滑均匀，是否干燥；用手指甲掐压时，优质的木龙骨表面没有明显的痕迹。

抛光复合的木龙骨　　　　　　无弯曲的木龙骨　　　　　　　木疤节较小的木龙骨

左图：如果条件允许，则应尽量选用价格较高的抛光复合的木龙骨，它由多段木料拼接胶合而成，结构紧密，外表经过抛光处理，无任何瑕疵，适用于需要外露龙骨的构造。

中图：采用无弯曲的木龙骨制作地台基层框架能保持较高的平整度，截面规格不能小于50 mm×70 mm。无弯曲的木龙骨使用寿命会更长，稳定性也会更强。

右图：结疤越多，价格越低。若木疤节大且多，则螺钉、钉子不容易拧进去，从而导致结构不牢固。

4.3.3　隔声棉

1）定义

隔声棉是一种常见的建筑隔声材料，该材料与人体皮肤直接接触时，不会产生任何伤害，是一种无毒、无害、无污染的新型吸声材料，主要有玻璃纤维隔声棉、聚酯纤维隔声棉等。

2）特性

玻璃纤维隔声棉具有良好的吸声、防火、保温、隔热等特性，但纤维碎屑容易脱落；聚酯纤维隔声棉易加工，具有良好的装饰性、阻燃性、环保性、稳定性、抗冲击性等性能。

玻璃纤维隔声棉　　　　　聚酯纤维隔声棉

左图：玻璃纤维隔声棉质地比较均匀，有少量纤维脱落，气味较淡，不宜与皮肤发生接触，与皮肤接触容易引起皮肤过敏。

右图：聚酯纤维隔声棉主要有黑、白两种颜色，整体质地较厚实，层级分明，没有纤维脱落，无气味。

左图：隔声棉能够大量吸收房间内的声音，减少噪声。该材料具有良好的吸声性能，可把它做成墙板、天花板等。

隔声棉的应用

3）规格与价格

隔声棉分为棉卷与棉板，棉卷的重量比较小，价格低廉，棉板可以定做，常见棉板的规格为600 mm×600 mm、1 200 mm×600 mm，以及长1200～1800 mm，宽300 mm，长1200～1800 mm，宽400 mm，长1200～1800 mm，宽500 mm，厚度为14～22 mm，价格为15～20元／m²。聚酯纤维隔声棉是新型的环保材料，质地柔软，同等厚度的聚酯纤维隔声棉价格比玻璃纤维隔声棉要便宜。

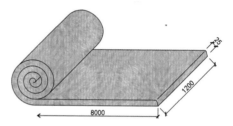

8 000 mm×1 200 mm×25 mm隔声棉卷

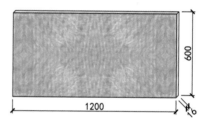

1 200 mm×600 mm×16 mm隔声棉板

4）隔声棉的鉴别

隔声棉有大量内外连通的小孔，且质地分布均匀，这样的隔声棉耐用性也更强，优质的隔声棉应具有较高的阻燃、耐火等级，且需达到消防标准。

看玻璃纤维隔声棉质地　　　看玻璃纤维隔声棉截面

左图：仔细观察隔声棉的表面，质地分布是否均匀，质地均匀的隔声棉触感柔软，表面平整有韧性。

右图：优质品截面孔隙大小均匀一致，用手按压后有弹性。

看聚酯纤维隔声棉质地　　聚酯纤维隔声棉燃烧

左图：优质品截面孔隙大小均匀一致，用手按压后有弹性。

右图：聚酯纤维隔声棉燃烧时观察其燃烧速度与燃烧性，不燃或极难燃烧的为优质品（做该试验时应做好个人防护措施）。

4.3.4　钉子

钉子本属于五金配件，但是在现代室内设计施工中，钉子的种类越来越多，已经超出了传统五金材料的范畴。

1）圆钉

圆钉又被称为铁钉、木工钉，是最传统的钉子，它是以铁为主要原料，一端呈扁平状，另一端呈尖锐状的细棍形物件。圆钉是装修中不可缺少的辅材，主要用于基础工程中的木质脚手架、木梯、设备临时的安装与固定，后期木质家具制作的强化加固，还可用于木、竹制品或零部件之间的接合。木质工程中的圆钉应用一般都被称为钉接合。

圆钉形态多样，要根据实际需要选择。圆钉的规格一般用长度与钉杆直径进行表示，常见的长度有10~200 mm，规格型号为10号~200号，钉杆直径为0.9~6.5 mm。以钉长制定规格型号，如50号圆钉，其钉长为50 mm。根据钉杆直径的大小分为重型、标准型与轻型，如40号圆钉，重型钉杆直径为2.5 mm，标准型钉杆直径为2.2 mm，轻型钉杆直径为2 mm。

圆钉　　　　　　　镀铜圆钉

左图：钉子接近头端部位有横向条纹，与木材接触时起到摩擦固定的作用。用在板材构造中的圆钉都是平头锥尖型的。

右图：镀铜圆钉表面镀有一层铜，使之具有防锈、美观的功能。

圆钉的鉴别方法如下：

（1）观察外包装的防锈措施是否到位，优质产品的包装纸盒内侧覆有一层塑料薄膜，或在内部采用塑料袋套装，圆钉表面略有油脂用于防锈。

（2）观察多枚圆钉的钉尖形态是否一致，用手指触摸钉尖时是否有较强的扎刺感；也可以用铁锤敲击，检查圆钉是否容易变形或弯曲。

2）水泥钉

水泥钉又称为钢钉，是采用碳素钢生产的钉子。水泥钉粗而短，质地比较硬，穿凿能力很强，当遇到普通圆钉难以钉入的界面时，选用水泥钉可以轻松钉入。水泥钉一般被用于砖砌隔墙、硬质木料、石膏板等界面的安装。常规水泥钉钉杆直径为1.8~4.6 mm，长度20~125 mm不等，价格是圆钉的1.5~2倍。

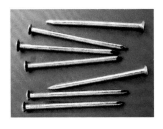

左图：水泥钉的钉杆有滑杆、直纹、斜纹、螺旋以及竹节等多种，常见的是直纹和滑杆的。钉子尖头端角度较大，对硬质材质的挤压很有帮助。

水泥钉

左图：气排水泥钉采用气钉枪发射，可以连续钉接，适用于吊顶龙骨、板材与顶面之间的连接。

气排水泥钉

水泥钉的鉴别方法如下：

（1）水泥钉的选购方法与圆钉类似，但其尖头的锥角没有圆钉的锐利。

（2）将水泥钉钉入实心砖墙或混凝土墙体中，把优质产品钉入实心砖墙时比较轻松，钉入混凝土墙体时稍有费力；而把劣质产品钉入混凝土墙体时会感到阻力较大，甚至会发生弯曲。

3）射钉

射钉又被称为专用水泥钢钉，采用高强度钢材制作，比圆钉、水泥钉更为坚硬，可以钉入实心砖墙或混凝土构造中。射钉主要用于固定承重力量较大的装饰结构，如吊柜、吊顶、壁橱等中大件家具。它既可以使用铁锤钉入，也可以使用射钉枪发射。

射钉的规格全部统一，直径为3.5 mm，长度规格为PS27、PS32、PS37、PS42、PS52等。以PS37射钉为例，长度为37 mm，价格为5~6元/盒，每盒100枚。

射钉　　　　　　　　　　　射钉枪

左图：塑料飞翼能平衡钉子的射入角度，同时能提高钉子钉入后的摩擦力。

右图：使用射钉枪时需谨慎，不是常用这种设备的专业人员尽量不要使用。

射钉的鉴别方法如下：

（1）注意外观。看是否色泽光亮，是否有缺陷，钉头是否残缺，钉身是否弯曲。

（2）掂分量，同类型产品，越重质量越好。

4）气排钉

气排钉又被称为气枪钉，材质与普通圆钉相同，是装修气钉枪的专用材料。根据使用部位的不同可分为平钉、T形钉、马口钉等。气排钉已成为木质工程的主要辅材，用于钉制各种板式家具部件、实木封边条、实木框架、实木或石膏板构造等。气钉枪钉入木材中而不漏痕迹，不影响木材继续刨削加工，表面也比较美观，且钉接速度快，质量好，因此它的应用范围十分广泛。

气排钉常用长度的规格为10~50 mm不等，产品包装以盒为单位，标准包装为每盒5000枚，价格根据长度规格而不等，常用的25 mm气排钉的价格为6~8元/盒。另外，还有高档不锈钢气排钉，其价格比普通气排钉要贵1倍以上。

气排钉　　　　　　　　　　气钉枪

左图：气排钉之间要使用胶水黏结，钉子纤细，截面呈方形，末端平整，头端锥尖，类似于订书钉的排列。

右图：气排钉要配合专用气钉枪使用，通过空气压缩机加大气压推动气钉枪发射气排钉，隔空射程可达20 m以上。气钉枪一般通过高压空气提供动力，具有一定的危险，使用时需谨慎。

气排钉的鉴别方法如下：

（1）看品牌。建议选择口碑较好的商家，其产品的质量也会有保障。

（2）看色泽。查看气排钉表面金属光泽是否亮丽，有无脱色现象。

5）泡钉

泡钉又被称为扣板图钉、底钉，质地与圆钉相同，既可以用于加固，也可以用于装饰。现在随着需求的发展，其颜色也变得丰富起来，它主要靠电镀得到不同的色彩效果，同时也起到防锈的作用。

泡钉的应用部位有很多，可以用于落地家具、构造的底部，使家具底部免受磨损；还可以用于塑料扣板、防裂网等轻质材料的固定安装，固定物一般为木质、塑料等软质材料，施工方便，用手指按压即可。有压花纹理的泡钉还可以用于墙面软包、高档壁纸、固定沙发的边角或装饰。

泡钉的规格有很多，钉身长度为3~50 mm，特殊规格的泡钉可以定制加工。以固定塑料扣板的泡钉为例，钉身长度为14 mm，钉帽ϕ6 mm或ϕ8 mm，价格为3~5元/盒，每盒约300枚。

装饰泡钉

装饰泡钉沙发构造安装

左图：钉身比普通图钉长，钉头比图钉凸出，表面通过镀锌或铜来改变色彩，圆形盖帽较凸出，呈半球形。

右图：有装饰压花的盖帽适用于固定皮革、布艺材料的外露部分，装饰泡钉采用仿古设计，钉头上有压花造型，具有怀旧风格。

泡钉的鉴别方法如下：

（1）观察泡钉表面的电镀效果，可以采用360号砂纸打磨，如果轻易就露出底色，容易褪色或生锈，则说明质量不高。

（2）钉帽厚度与钉身的偏差也很关键，随意选几枚泡钉仔细比较，优质产品的钉身应该正好焊接在钉帽中央，无任何细微偏差。

6）铆钉

铆钉是一种金属辅材，杆状的一端有帽，当穿入被连接构件后，在钉杆的外端打、压出另一头，将构件压紧、固定。

铆钉种类很多，而且不拘形式，常用的铆钉有半圆头、平头、沉头、抽芯、空心等形式，平头、沉头铆钉用于一般载荷的铆接构造。抽芯铆钉是专门用于单面铆接用的铆钉，但须使用拉铆枪进行铆接。空心铆钉重量轻，一般连接厚度小于8 mm的构件用冷铆，厚度大于8 mm的构件用热铆，铆接时使用铆钉器将细杆打入粗杆即可。铆钉主要用于金属龙骨、板材构件的安装，虽然应用不多，但是它的连接力度大，且成本低，施工效率高，非一般钉子、螺丝可比。

铆钉的长度规格主要为10~100 mm，ϕ3~ϕ10 mm，其中长度每5~10 mm为一个单位型号。常用的铝质铆钉，ϕ4 mm，长度为12 mm，价格为5~6元/盒，每盒50枚。

铆钉　　　　　　　　　　　　　铆钉器

左图：铆钉利用自身形变的特性来连接各种构件，一般采用不锈钢、铜、铝等各种合金金属制作。铆钉钉头较粗，盖片与钉头为一体，杆身较长。

右图：铆钉器可以方便地将铆钉钉入需要固定的材料内，能够加快施工进度，钉入程度也比较好控制。

铆钉的鉴别方法如下：

（1）检查铆体直径、铆体杆长、铆体帽厚以及铆帽直径是否符合标准。

（2）检验铆钉的拉铆力足不足、钉芯的防脱力如何等问题。

7）螺钉

螺钉是头部具有螺纹的紧固件，钉头开十字凹槽、一字槽、内三角槽、内角四方槽等，使用时需要配合各种形状的螺丝刀。螺钉的尾部有尖头和平头两种形式，尖头的螺钉可以直接用螺丝刀使螺钉钻入到需固定的物体上，而平头的螺钉则需配合螺母或用电钻机事先打孔才能使用。

螺钉可使木质构造之间的连接更紧密，不易松动脱落，也可以用于金属与木材、塑料与木材、金属与塑料等不同材料之间的连接。根据使用需求选用适合的螺钉样式与规格。螺钉的常用长度规格为10～120 mm不等，其中每增加5～10 mm为一个单位型号。螺钉销售仍以盒为单位，具体价格随规格而变化，一般多为5～10元/盒，根据不同规格，每盒10～100枚不等。如果条件允许，可以选用不锈钢螺钉，其强度与防锈性能都要高很多，价格比传统螺钉贵1.5～2倍。

盘头螺钉　　沉头螺钉

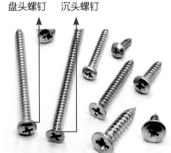

螺钉　　　　　　　　　　　带膨胀栓的螺钉

左图：螺钉形态、长度各异，木质板材多采用沉头螺钉，金属、塑料板材多采用盘头螺钉。

右图：带塑料膨胀栓的螺钉适用于将板材、构造等重型结构固定到墙、地、顶面的混凝土或砖砌构造中，需要预先用电锤、电钻等在这些构造上钻孔，再插入塑料膨胀栓，螺钉能在孔洞内壁形成良好的挤压受力，从而被牢牢地吸附在孔洞中。

螺钉的鉴别方法如下：螺钉的螺丝外观应当完整，螺纹应当清晰锐利，螺钉端头部凹槽清晰且深度大。

第**5**章

陶瓷墙地砖

核心概念：釉面、瓷质、玻化、微粉、美缝。

章节导读：陶瓷墙地砖种类繁多，性能各异。室内空间中常用的陶瓷墙地砖不仅能够装饰室内环境，还能有效提高室内空间的使用功能与经济价值，部分高档产品还能为室内空间营造独特、华丽的氛围。选择陶瓷墙地砖的重要依据为材质密度：自重大且形态挺括平整的产品质量才有保证。

微粉砖展示

陶瓷墙地砖产品一直都在不断发展，目前品质最高的为微粉砖，它的密度最高，表面花纹、色彩与天然石材一样，反光倒影边缘锐利清晰，适用于室内各类空间的墙面、地面铺装。

5.1　陶瓷砖

5.1.1　釉面砖

1）定义

釉面砖又称为陶瓷砖、瓷片，是以陶土与瓷土为主要原料，加入助溶剂，经过研磨、烘干、烧结成型的陶瓷制品。釉面砖的表面可以装饰各种图案与花纹。

2）特性

由陶土烧制而成的釉面砖吸水率较高，质地较轻，强度较低，价格低廉；由瓷土烧制而成的釉面砖吸水率较低，质地较重，强度较高，价格较高。

瓷土釉面砖背面

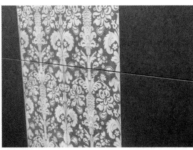
印花釉面砖

卫生间铺装釉面砖

左图：釉面砖主体可分为陶土与瓷土两种，陶土烧制出来的釉面砖背面呈灰红色，瓷土烧制出来的釉面砖背面呈灰白色。

中图：由于釉料与生产工艺不同，釉面砖的纹理也会有所不同，在印花釉面砖表面上可制作各种图案与花纹，装饰性很强。

右图：釉面砖具有良好的防潮性，质量上乘，纹理丰富，色泽亮丽，适用于装饰卫生间。

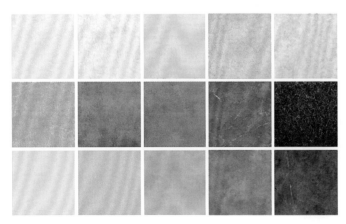

左图：釉面砖有各种规格和各种色彩，能很好地装饰不同面积的空间。

釉面砖样式

3）规格与价格

釉面砖用作墙砖时，主流规格为600 mm×300 mm×8 mm，高档墙砖还配有相当规格的腰线砖、踢脚线砖、顶脚线砖等，均施有彩釉装饰，且价格高昂，其中腰线砖的价格是普通砖的5~8倍；釉面砖用作地砖时，规格为300 mm×300 mm×6 mm、500 mm×500 mm×6 mm、600 mm×600 mm×8 mm、800 mm×800 mm×8 mm、1200 mm×600 mm×8 mm等。中档瓷质釉面砖价格为50~60元／m²。

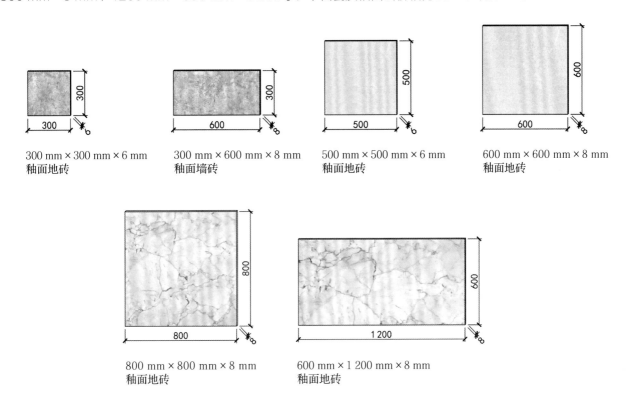

300 mm×300 mm×6 mm
釉面地砖

300 mm×600 mm×8 mm
釉面墙砖

500 mm×500 mm×6 mm
釉面地砖

600 mm×600 mm×8 mm
釉面地砖

800 mm×800 mm×8 mm
釉面地砖

600 mm×1 200 mm×8 mm
釉面地砖

4）釉面砖的鉴别

（1）看外观。取2~3片样品，观察釉面砖外观，优质釉面砖图案纹理细腻，不同的砖体表面没有明显的缺色、断线、错位等缺陷。

（2）测量尺寸。用卷尺检测不同砖块的边长是否一致，各边长的误差应在1 mm以内。

（3）提角敲击。优质釉面砖轻易不会有裂痕，敲击所发出的声音也比较清脆，而劣质的釉面砖敲击后所发出的声音则十分低沉。

（4）背部湿水。优质釉面砖密度较高，吸水率低，强度好；低劣釉面砖密度很低，吸水率高，强度差。

观察釉面砖外观　　　　　测量釉面砖边长　　　　　敲击釉面砖　　　　　　釉面砖背部湿水

左图：可将多块釉面砖平放在地上，观察砖体是否平整一致，对角处是否嵌接整齐，是否有尺寸误差和色差等。

左中图：取釉面砖样品，用卷尺测量釉面砖尺寸，检查四边尺寸是否符合标准尺寸。

右中图：用手指垂直提起釉面砖的边角，使其自然垂下，用另一手指关节部位轻敲釉面砖中下部，根据声音清脆度判断其质量优劣。

右图：取釉面砖样品，将釉面砖背部朝上，滴入少许淡茶水或其他有色液体，如果水渍扩散面积较小，则该釉面砖为优质品，反之则为劣质品。

5.1.2　抛光砖

1）定义

抛光砖是采用黏土与石材粉末经压制，然后经过烧制而成的，其正面与反面色泽一致，是一种不上釉料的光亮的通体砖。

2）特性

抛光砖的表面十分光洁，基本无色差，具有强度高、抗弯曲强度大、砖体薄、重量轻、防滑、易清洁等优良性能。

亚光抛光砖　　　　　　　亮光抛光砖　　　　　　　抛光砖样式

左图：抛光砖色泽亮丽，表面反光较强，亚光砖表面反光效果差。

中图：为了解决污染问题，优质抛光砖在出厂时都会增加一层非常光亮的防污层。防污层可以很好地防止污染物的渗漏，同时也能增强砖体的亮度。

右图：抛光砖一般用于相对高档的装修空间，它的名称有很多，如铂金石、银玉石、钻影石、丽晶石以及彩虹石等，选购时要注意辨别产品的属性。

3）规格与价格

抛光砖的规格通常有300 mm×300 mm×6 mm、600 mm×600 mm×8 mm、800 mm×800 mm×10 mm、600 mm×1200 mm×10 mm等，中档产品的价格为80～100元／m²。

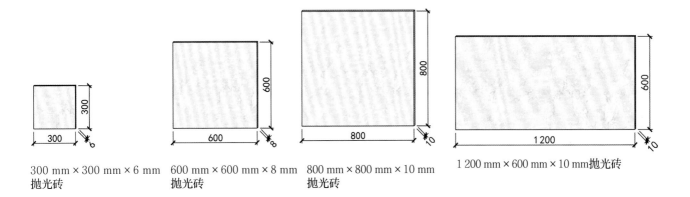

300 mm×300 mm×6 mm
抛光砖

600 mm×600 mm×8 mm
抛光砖

800 mm×800 mm×10 mm
抛光砖

1 200 mm×600 mm×10 mm抛光砖

4）抛光砖的鉴别

（1）看产品标识。抛光砖外包装上标注的产品参数与环保指数等都应清晰明了，字迹不应模糊不清。

（2）看尺寸。检验抛光砖的尺寸是否符合标注。

（3）看色泽度与图案。看抛光砖的色泽均匀度与其表面的光洁度，优质抛光砖的花纹、图案、色泽等都清晰一致，工艺细腻精致，无明显漏色、色差、错位、断线或深浅不一等缺陷。

（4）看硬度。优质抛光砖的硬度好、韧性强，不易碎烂；劣质抛光砖则极易碎裂，且使用寿命较短。

（5）听声音。优质抛光砖，瓷质含量较高，敲击时声音脆响，这类砖便于施工，装饰性也十分不错。

（6）看吸污能力。优质抛光砖表面有污染物时，很容易被擦除干净，且不会遗留下痕迹。

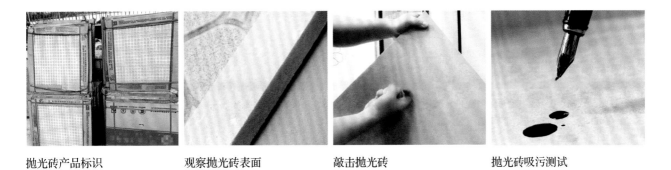

抛光砖产品标识　　　　观察抛光砖表面　　　　敲击抛光砖　　　　抛光砖吸污测试

左图：抛光砖外包装应完整、无破损，包装上应标明产地、产品规格、花色等信息。

左中图：抽出几片抛光砖，在光线充足的条件下肉眼察看有无色差、变形、缺棱少角等缺陷。优质品具有很强的反光性，反射效果犹如镜面。

右中图：用手握住瓷砖一角，使砖轻松垂下，然后轻击抛光砖中下部，声音清亮、悦耳的为优质品。

右图：将墨水滴于抛光砖正面，静置一min后用湿布擦拭，若砖面光亮如镜，则说明抛光砖易清洁，属于上品。

5.1.3 抛釉砖

1）定义

抛釉砖又称为全抛釉砖，是在优质釉面砖表面先施加特殊配方釉，再进行抛光工艺制作而成的瓷砖。釉料透明不遮盖底釉和花釉，通过丝网印花于砖面形成间断的凸粒状釉，烧成后再抛釉，抛釉时只抛掉透明釉的薄薄一层。

2）特性

抛釉砖是一种优质釉面砖，采用高岭土制作砖坯，表面釉质光洁。抛釉砖集抛光砖与釉面砖的优点于一体，釉面如抛光砖般光滑亮洁，但是又有丰富多彩的釉面花色图案，色彩厚重、绚丽。抛釉砖比抛光砖颜色纯度高，装饰效果好。

抛釉砖解决了抛光砖表面存在气孔，易藏污的缺陷，防污染效果远远超过抛光砖。但是抛釉砖的瓷质硬度、密度比抛光砖差些，它的表面是层釉，很薄，不过能保证使用，且抛釉砖的耐磨程度不比抛光砖差。抛釉砖花纹丰富、色调鲜艳、表面光亮，这些都是抛光砖不能比的。

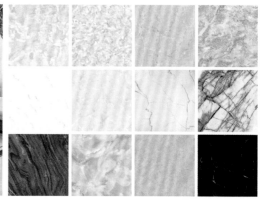

抛釉砖　　　　　　　　　抛釉砖铺装效果　　　　　　抛釉砖样式

左图：抛釉砖最大的特色是光洁度高，砖面倒影清晰。

中图：抛釉砖具有天然石材抛光后的效果，是古典风格室内设计的首选。

右图：抛釉砖是近年来出现的新品种，多呈现出天然石材般装饰效果，同一包装中，每片砖的纹理也都不同。

3）规格与价格

抛釉砖多用于地面铺装，规格通常为600 mm×600 mm×8 mm、800 mm×400 mm×8 mm、800 mm×800 mm×10 mm、1 200 mm×600 mm×10 mm等，中档产品的价格为80～120元／m²。

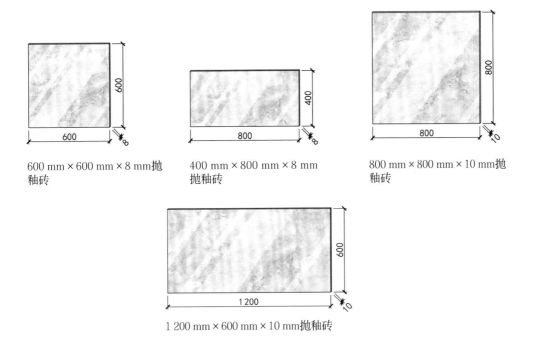

600 mm×600 mm×8 mm抛釉砖

400 mm×800 mm×8 mm抛釉砖

800 mm×800 mm×10 mm抛釉砖

1 200 mm×600 mm×10 mm抛釉砖

4）抛釉砖的鉴别

（1）看光泽度。优质抛釉砖光泽度值可高达105 GU，平均值也在95 GU以上，反射物象的倒影逼真。

（2）触摸质地。优质抛釉砖表面细腻平顺，没有丝毫凹凸感与毛刺感。

（3）砂纸打磨。优质抛釉砖在釉料表面增加了纳米氧化铝，它在保持产品光亮度的同时加强了表面的耐磨度。用砂纸对其表面进行手工打磨时，不会产生划痕。

（4）看平整度。近距离观察抛釉砖边缘的平直度，优质品应无任何弧度。

左图：将抛釉砖放在光线充足的窗前或室外，仔细观察其表面的倒影，优质品表面反射率高，倒影影像轮廓清晰锐利，无模糊感。

右图：用手抚摸抛釉砖背部，优质产品应平整，无任何瑕疵。

表面光泽度

背面质地

5.1.4 玻化砖

1）定义

玻化砖又称为全瓷砖，是对砖表面进行通体打磨制成的光亮瓷砖，是通体砖中的一种，主要采用优质高岭土经强化高温烧制而成，质地为多晶材料，具有较高的强度与硬度。

2）特性

玻化砖表面光洁，具有天然石材的质感，具有高光泽度、高硬度、高耐磨、吸水率低、色差少等优点，其色彩、图案、光泽等都可人为控制。把它铺装在墙面、地面上时能起到隔声、隔热的作用。

玻化砖

玻化砖铺装效果

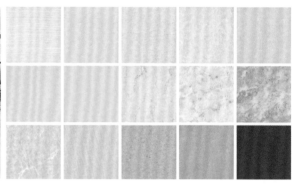
玻化砖样式

左图：玻化砖主要用于大面积空间的地面铺装。产品有单一色彩效果、花岗岩外观效果、大理石外观效果、印花瓷砖效果等。

右图：玻化砖硬度高，裁切后边缘整齐，可加工成拼花造型铺装到地面上。以中大尺寸的产品为主，主要用于大面积客厅的铺装。

上图：玻化砖结合了欧式与中式风格，色彩丰富，铺装于墙地面上可以起到隔声、隔热的作用。

3）规格与价格

玻化砖的尺寸规格较大，通常有600 mm×600 mm×8 mm、800 mm×800 mm×10 mm、1 000 mm×1 000 mm×10 mm、1 200 mm×1 200 mm×12 mm，中档产品的价格为100~150元／m^2。

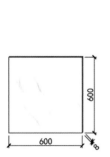
600 mm×600 mm×8 mm
玻化砖

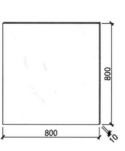
800 mm×800 mm×10 mm
玻化砖

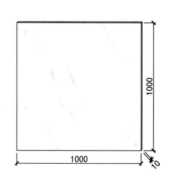
1 000 mm×1 000 mm×10 mm
玻化砖

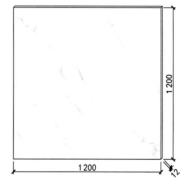
1 200 mm×1 200 mm×12 mm
玻化砖

4）玻化砖的鉴别

（1）听声音。可以用一只手悬空提起瓷砖的边角，另一只手敲击瓷砖中间，如果发出清脆响亮的声音，则该瓷砖为玻化砖；如果发出的声音浑浊、回音较小且短促，则说明瓷砖的坯体原料颗粒大小不均，该瓷砖为普通抛光砖。

（2）试手感。不同的玻化砖手感不同，可以用手感受玻化砖的质地与重量。

（3）吸水测试。优质玻化砖的质地均匀细致，吸水率小于0.5%，吸水率越低，玻化砖的质量就越好。

（4）看平整度。平整度是铺装质量的基本要求，优质玻化砖的表面光洁平整，用手抚摸无任何起伏感，单眼从侧边看，边缘无任何弯曲。

测量边长　　　　　　　　测量厚度　　　　　　　　背面质感　　　　　　　　贴合分离测试

左图：优质玻化砖边长尺寸特别精准，没有任何误差。

左中图：优质玻化砖厚度尺寸特别精准，没有任何误差。

右中图：玻化砖不吸水，背面质地均衡，无任何色差，井格轮廓清晰，即使洒水至砖体背面也不会产生水迹扩散的现象，擦拭后无任何水迹。

右图：取两块玻化砖，表面对表面紧贴后，用手轻轻分开时，如果有明显的吸力则说明其平整度很高，表面完全贴合形成了真空负压状态。

小贴士

玻化砖保养

玻化砖在施工完毕后，要对砖面进行打蜡处理，三遍打蜡后进行抛光，以后每3个月或半年打蜡1次，否则酱油、墨水、菜汤、茶水等液态污渍渗入砖面后会留在砖体内，形成花砖，也使砖面渐渐失去光泽，最终影响美观。此外，玻化砖表面太光滑，稍有水滴就可能会使人摔跤，且部分产地的高岭土辐射较高，购买时最好选择知名品牌产品。

5.1.5 微粉砖

1）定义

微粉砖是在玻化砖的基础上发展起来的一种全新通体砖，所使用的坯体原料颗粒被研磨得非常细小，通过计算机程控多层布料制坯，经过高温高压煅烧后，对表面抛光而成，其表面与背面的色泽一致。

2）特性

微粉砖花色图案自然、逼真，石材效果强烈。该砖光洁、耐磨，不易渗污，铺装效果协调、自然。现在人们在微粉砖的基础上还开发出了超微粉砖，超微粉砖的花色图案更加自然逼真，石材效果较强烈，采用超细的原料颗粒，颗粒体积只相当于一般抛光砖原料的5%左右，产品光洁耐磨，不易渗污。

超微粉砖中加入了石英、金刚砂等矿物骨料，所呈现的纹理为随机效果。人们在超微粉砖的基础上还开发出了聚晶微粉砖，聚晶微粉砖是在烧制过程中融入了一些晶体熔块或颗粒，是超微粉砖的升级产品。

微粉砖　　　　　　　　　微粉砖铺装效果

左图：微粉砖的层次和纹理更具通透感和真实感，纹样十分丰富，装饰效果也比较好。微粉砖背面的底色和正面的色泽一致。

右图：微粉砖的坯体颗粒的排列十分紧密，因而其防污性能也较好，适用于面积较大的空间，如酒店、餐厅等。

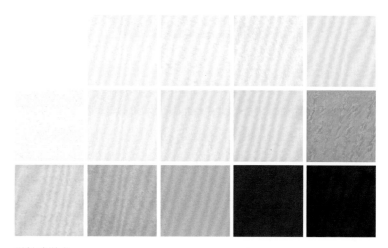

微粉砖样式

上图：微粉砖的每一片花纹都各有各的特点，立体效果也更加突出，更加接近于天然石材。

3）规格与价格

微粉砖的尺寸规格较大，通常有600 mm×600 mm×8 mm、800 mm×800 mm×10 mm、1 000 mm×1 000 mm×10 mm、1 200 mm×1 200 mm×12 mm，中档产品的价格为150~200元/m²。微粉砖是今后墙地面铺装的主流产品，各种规格可以定制加工，以目前的生产技术，微粉砖的最大规格可定制为2 400 mm×2 400 mm×12 mm，适用于大面积背景墙与公共空间的地面铺装，在运输过程中要考虑车辆与电梯的容纳尺寸。

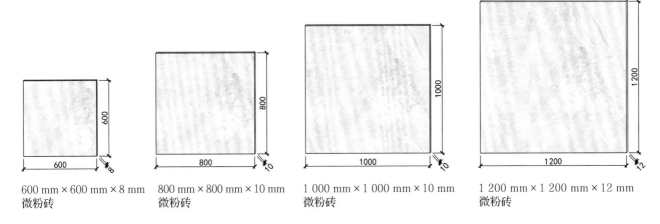

600 mm×600 mm×8 mm 微粉砖　　800 mm×800 mm×10 mm 微粉砖　　1 000 mm×1 000 mm×10 mm 微粉砖　　1 200 mm×1 200 mm×12 mm 微粉砖

4）微粉砖的鉴别

（1）看渗透程度。微粉砖不吸水，鉴别时可以通过泼洒各种液体至微粉砖表面来辨别微粉砖的优劣，优质品不会有渗透现象。

（2）看坚硬度。优质微粉砖不会轻易产生划痕。

（3）看是否易清洁。优质微粉砖表面非常容易清洁。

（4）看持久度。微粉砖是经过高温、高压煅烧而成的，其表面的色泽与花纹持久度都很高。优质品的色彩更加亮丽、明快，不会轻易掉色，背面也不会因为任何细微的吸入而出现黯淡的情况，装饰效果十分好。

在微粉砖表面洒水　　用钥匙磨划微粉砖　　在微粉砖表面写字　　用砂纸打磨微粉砖

左图：将微粉砖倾斜一定的角度，在其表面倒上少量清水，观察清水是否顺流而下，表面是否有残留。

左中图：使用尖锐的钥匙或金属器具磨划微粉砖表面，优质品不会产生任何划痕。

右中图：使用记号笔在微粉砖上随意画写，然后用湿抹布擦除，观察擦除是否容易，擦除后是否留有污渍。

右图：用砂纸在微粉砖表面摩擦，观察表面是否有磨痕，色泽有无变化，无任何变化的为优质品。

陶瓷砖铺装用量换算方法

以每平方米为例，300 mm×600 mm的砖材需要5.6块；500 mm×500 mm的砖材需要4块；600 mm×600 mm的砖材需要2.8块；800 mm×800 mm的砖材需要1.6块；1000 mm×1000 mm的砖材需要1块；1 200 mm×1 200 mm的砖材需要0.69块。在铺装时遇到边角需要裁切，需计入损耗。地砖所需块数可按下式计算：地砖块数＝（铺设面积／每块砖面积）×（1＋地砖损耗率）；地砖损耗率为2%～5%，砖材规格越大，损耗率就越大。

5.1.6 劈离砖

1）定义

劈离砖又称为劈开砖或劈裂砖，是将长石、石英、高岭土等陶瓷原料经干法或湿法粉碎混合后制成有较好可塑性的湿坯料，再经机械挤压成以双面扁薄的筋条相连的中空砖坯，然后经切割、高温烧结而成的墙地砖。

2）特性

劈离砖的种类有很多，色彩丰富，颜色自然柔和，质感多样，或细质轻秀，或粗质浑厚。劈离砖坯体密实，背面凹纹与黏结砂浆形成完美结合，能保证铺装时黏结牢固。砖面强度高、硬度大，吸水率不大于6%，防潮、防滑、耐磨、耐压、耐腐蚀、抗冻等性能较好，耐急冷、急热。

劈离砖样本

劈离砖铺装效果

劈离砖铺装碰角

左图：劈离砖是在1 100℃以上的高温下烧制而成的，并在烧结完成后将其沿着筋条最薄弱的连接部位劈开而成两片。

中图：劈离砖可根据设计风格局部铺装在室内各种立柱、墙面上，有仿制黏土砖的砌筑效果，能给人比较浓郁的怀旧感。

右图：劈离砖碰角与瓷砖碰角都能较好地装饰空间，铺装时可以采用专用瓷砖胶来粘贴。

3）规格与价格

劈离砖的主要规格有240 mm×52 mm、240 mm×115 mm、194 mm×94 mm、190 mm×190 mm，厚8~13 mm不等，价格为30~40元／m²。

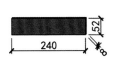

240 mm×52 mm×8 mm
劈离砖

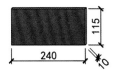

240 mm×115 mm×10 mm
劈离砖

194 mm×94 mm×13 mm
劈离砖

190 mm×190 mm×13 mm
劈离砖

4）劈离砖的鉴别

（1）看外观。优质劈离砖的外观不存在扭曲、变形等缺陷，表面平整度也在允许范围内，同批次生产的产品应具有相同的规格。

（2）看表面颜色。优质劈离砖无明显色差。

观察劈离砖外观

察看劈离砖是否有色差

左图：观察多块劈离砖的表面，优质品表面起伏形态一致，边角完整无残缺。

右图：取出多块劈离砖，在光线充足的条件下观察这些砖材是否有色差，若色差较大，则为劣质品。

5.1.7 彩胎砖

1）定义

彩胎砖又称为耐磨砖，是一种本色无釉的瓷质饰面砖，采用彩色颗粒土混合配制原料，压制成多彩坯体后，一次烧结成形。

2）特性

彩胎砖表面呈多彩细花纹状，富有天然花岗岩的纹理特征，有多种基色，纹点细腻，色调柔和莹润。

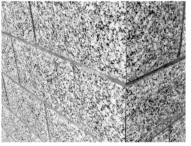

彩胎砖

彩胎砖铺装效果

左图：彩胎砖的表面有平面型与浮雕型两种，又有无光与磨光、抛光之分。

右图：彩胎砖美观、耐用，主要用于大型室内公共活动空间的墙面、地面铺装，还可用于住宅厅堂的墙面装饰。

3）规格与价格

彩胎砖主要规格有200 mm×200 mm、300 mm×300 mm、400 mm×400 mm等，最小尺寸为95 mm×95 mm，最大规格为600 mm×900 mm，厚度为5~10 mm不等，价格为40~50元／m²。

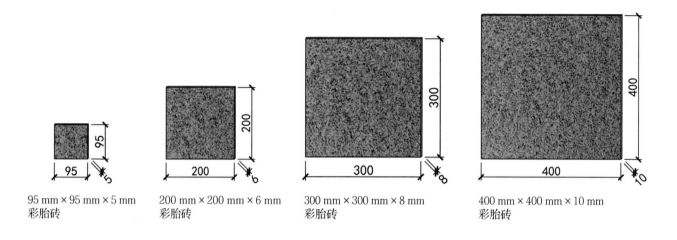

95 mm×95 mm×5 mm
彩胎砖

200 mm×200 mm×6 mm
彩胎砖

300 mm×300 mm×8 mm
彩胎砖

400 mm×400 mm×10 mm
彩胎砖

4）彩胎砖的鉴别

（1）吸水测试。彩胎砖的吸水率小于1%，优质彩胎砖不会轻易被水、污渍等浸透。

（2）磨划测试。优质彩胎砖的耐久性与耐磨性均较好，且抗折强度大于27 MPa。

测量边长　　　　　　　　砂纸打磨　　　　　　　　抗污测试

左图：优质彩胎砖边长尺寸误差应小于1 mm。

中图：取彩胎砖样品，使用砂纸打磨其表面，优质彩胎砖不会产生任何划痕。

右图：彩胎砖吸水率较低，可在彩胎砖表面滴洒酱油等有色液体，若砖体背面无任何渗透扩散现象，则为优质品。

5.1.8 仿古砖

1）定义

仿古砖是从彩釉砖演化而来的产品，实质上是上釉的瓷质砖，仿古指的是砖的表面效果，也可称其为具有仿古效果的瓷砖。它是使用模具压印在砖坯上，铸成凹凸的纹理，再经过施釉烧制而成。

2）特性

仿古砖的设计图案、色彩十分丰富，实用性强，使用寿命长，使用率高，几乎不存在任何污染问题，吸水率完全可以达到0.1%左右，表面永远不吸水与油污，防滑性能也较好。

仿古砖

仿古砖铺装效果

左图：仿古砖大多采用单一或复合的大自然色彩，也有较为抽象的色彩。

右图：仿古砖的应用范围非常广泛，可以用于面积较大的门厅、大堂、庭院、广场等空间的地面铺装，也可以用于具有特殊设计风格的西餐厅、厨房、卫生间墙面和地面的铺装。

3）规格与价格

仿古砖的常用规格有100 mm×100 mm×6 mm、300 mm×300 mm×6 mm、600 mm×300 mm×8 mm、600 mm×600 mm×8 mm等，此外，不少品牌产品还设计有特殊规格用于拼花铺装，可根据需求向厂家定制，中档仿古砖价格为80～120元／m²，特殊规格的拼花砖价格还会上浮20%～50%。

100 mm×100 mm×6 mm
仿古墙砖拼花片

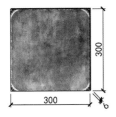

300 mm×300 mm×6 mm
仿古墙砖

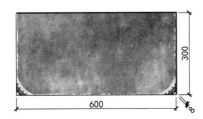

300 mm×600 mm×8 mm
仿古墙砖

600 mm×600 mm×8 mm
仿古地砖

4）仿古砖的鉴别

（1）看外观。取样品，观察仿古砖外观，优质仿古砖的图案纹理细腻，不同的砖体表面没有明显的缺色、断线、错位等缺陷。

（2）测量尺寸。仿古砖铺装应采取无缝铺装工艺，这对砖体的尺寸要求很高，最好使用卷尺检测不同砖块的边长是否一致。

（3）提角敲击。优质的仿古砖在敲击时不会轻易有裂痕，敲击所发出的声音也比较清脆；而劣质的仿古砖在敲击时易碎裂且发出的声音十分低沉。

（4）背部湿水。优质仿古砖密度高，吸水率低，强度高；而劣质仿古砖的密度低，吸水率高，强度低。

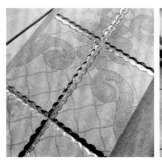   

观察仿古砖外观　　　测量边长　　　测量厚度　　　敲击仿古砖

左图：观察砖体是否平整，对角处是否嵌接整齐。

左中图：取仿古砖样品，用卷尺测量仿古砖尺寸，检查四边尺寸是否符合标准。

右中图：用游标卡尺测量仿古砖的厚度，误差应小于0.5 mm。

右图：提起仿古砖的边角，使其自然垂下，然后敲仿古砖中下部，根据声音的清脆度判断其质量优劣。

5.1.9　陶瓷锦砖

1）定义

陶瓷锦砖又称为陶瓷什锦砖、纸皮瓷砖、马赛克等，为了制成各种颜色的陶瓷锦砖，在生产过程中，会往泥料中加入着色剂，最终经过高温烧制而成。

陶瓷锦砖样式

上图：陶瓷锦砖有多种色彩，其间可以镶嵌各种不同形状的小块砖，以拼成各种花色图案。

2）特性

陶瓷锦砖是一种良好的墙面、地面装饰材料，可用于各种空间的墙面、地面的局部铺装，它不仅具有自重较轻、质地坚实、色泽美观、图案多样、永不褪色、价格低廉的优点，而且抗腐蚀、防滑、耐火、耐磨、耐冲击、耐污染、吸水率低。目前比较流行在陶瓷锦砖中穿插使用玻璃、大理石、金属块粒，以丰富装饰效果。

石材锦砖样式

上图：在陶瓷锦砖的基础上，人们又开发出了石材锦砖，其采用大理石边角余料加工制作。石材锦砖因容易被酸、碱性液体腐蚀，所以不适合淋浴间使用。

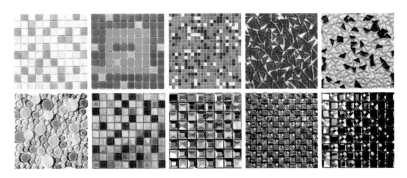

玻璃锦砖样式

上图：玻璃锦砖与陶瓷锦砖的搭配更自然：玻璃质地晶莹剔透，能与陶瓷的中性质地形成视觉对比。

3）规格与价格

陶瓷锦砖的规格多样，通常会制作成18.5 mm×18.5 mm×5 mm、39 mm×39 mm×5 mm的小方块或边长为25 mm的六角形等。不同厂商开发的产品规格各异，单片锦砖的通用规格边长为300 mm，其中小块陶瓷规格不定，边长为10～50 mm不等，小块陶瓷之间的间距比较均衡，为2 mm左右，价格为10～25元／片。

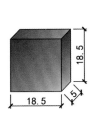

18.5 mm×18.5 mm×5 mm小方块

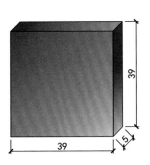

39 mm×39 mm×5 mm小方块

边长为25 mm的六角形陶瓷锦砖小块

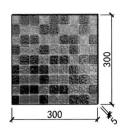

300 mm×300 mm×5 mm单片砖

4）陶瓷锦砖的鉴别

（1）观察外观。将2～3片锦砖平放在地面上，目测距离为1m左右，优质品应无斑点、起泡、麻面、波纹、缺釉、洞眼等缺陷。

（2）用卷尺测量。用卷尺仔细测量锦砖的边长，单片产品的标准边长为300 mm，各边误差应小于2 mm，特殊造型锦砖除外。

（3）检查粘贴的牢固度。陶瓷锦砖上的各种小块材料都粘贴在纤维网或牛皮纸上，可用双手捏住陶瓷锦砖一边的两角，使整片锦砖直立，然后自然放平，反复5次，若不掉砖即为优质产品。

（4）检查脱离质量。陶瓷锦砖铺装后要能将纤维网或牛皮纸顺利剥揭下来，这样才能保证铺装的完整性。检查时可将陶瓷锦砖放置在水中浸泡30min，然后用手剥揭，优质陶瓷锦砖中的小块材料能顺利脱离纤维网或牛皮纸。

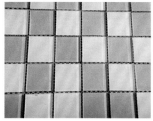 

观察陶瓷锦砖外观　　　　测量陶瓷锦砖尺寸

左图：每片颗粒大小一致，边缘整齐，且颜色分布均匀，无明显色差的为优质品。

右图：用卷尺测量陶瓷锦砖的长和宽，尺寸与产品标识上的尺寸一致的为优质品。

检查陶瓷锦砖的牢固度

左图：将整片陶瓷锦砖卷曲，然后伸平，反复5次，或反复褶皱小砖块，若不掉砖即为优质产品。

检查陶瓷锦砖脱离质量

左图：没有经过水泡或轻易就可以揭开的陶瓷锦砖不属于优质品，后期上墙后很容易脱落。

5.1.10　陶瓷岩板

1）定义

陶瓷岩板是高岭土、石英砂、长石、天然石粉精细研磨后采用压机压制成型，经过1 200 ℃以上高温烧制而成，具有超大规格的瓷质材料。

陶瓷岩板纹理　　　　　　陶瓷岩板侧壁

左图：陶瓷岩板表面纹理丰富，与石材相当，平整度高。

右图：陶瓷岩板侧壁纹理与表面纹理一致，经过打磨后，色彩也一致。

陶瓷岩板样式

上图：陶瓷岩板规格大，可以根据需要定制加工。

2）特性

陶瓷岩板的硬度高，与花岗岩相当，可钻孔、打磨、切割，适合做各种造型。陶瓷岩板的纹理丰富多样，纹理图案渗透至板材内部，经过打磨、切割后，纹理图案依然存在。陶瓷岩板能与食物直接接触，高温不变形。陶瓷岩板材料密度高，污渍无法渗透，耐各种化学物质，如溶液、消毒剂等，只需要用湿毛巾擦拭即可清理干净，无特殊维护需求。其主要用于住宅、商业空间的厨房墙面、地面、台柜板材以及电视背景墙制作。

茶几面与地面

上图：陶瓷岩板可用于地面和茶几台面整体铺装，边长最长可达3 600 mm，但受运输条件的限制，边长多在1 800 mm以内，无缝拼接后装饰效果统一感强烈。

橱柜表面和中岛台面

上图：陶瓷岩板可用于家具柜门、台柜的装饰，能形成浑然一体的视觉效果。

盥洗台制作

上图：对陶瓷岩板进行精细加工，制作一体化盥洗台，可以取代陶瓷面盆，避免缝隙渗漏。

3）规格与价格

相比传统陶瓷墙地砖而言，陶瓷岩板的规格较大，对切割和加工质量要求更高，大多为经销商对所需规格预制加工成型再出售。陶瓷岩板规格主要有1 800 mm×900 mm、2 400 mm×1200 mm、3 200 mm×1600 mm等多种，厚度为6 mm、9 mm、11 mm、12 mm、15 mm等。厚度为12 mm的陶瓷岩板价格为150～200元／m²。

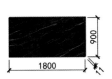

1 800 mm×900 mm×11 mm
陶瓷岩板

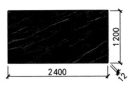

2 400 mm×1 200 mm×12 mm
陶瓷岩板

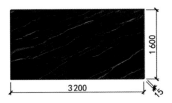

3 200 mm×1 600 mm×15 mm陶瓷岩板

4）陶瓷岩板的鉴别

（1）观察外观。将2~3片陶瓷岩板平放在地面上，优质品目测无色差，多为亚光或弱高光材质，边角方正锐利，色彩纹理清晰，无喷墨打印的像素墨点，图案纹理渗透到板材内部，形成浑然一体的效果，侧面无抛光砖、玻化砖的分层色彩效果。

（2）用卷尺测量。用卷尺仔细测量陶瓷岩板的边长，优质品各边误差应小于0.5 mm。

（3）测试强度。用钥匙、刀具等尖锐、锋利的器物在板材表面磨划，优质品不会出现任何划痕。

表面纹理与平整度

上图：表面纹理清晰自然，无喷墨打印痕迹，平整度高，多为亚光材质，硬度高。

右图：边角形态挺括，垂直度高，棱角完整，表面纹理与色彩渗透到板材内部基层中。

边角细节

5.2 陶瓷砖辅料配件

5.2.1 阳角线

1）定义

阳角线又称为收口条或阳角条，以底板为面，在一侧制成90°扇形弧面，材质主要有PVC、铝合金、不锈钢等几种。

2）特性

阳角线主要用于瓷砖90°凸角的包角处理，具有一定的装饰作用。使用阳角线时瓷砖或石材不用磨角或倒角，安装比较快捷，且阳角线弧面平滑，线条笔直，能有效保证包边贴角平直，同时也能使装潢边角更具立体美感，也能与整体空间更搭配。

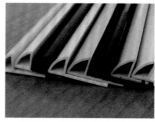

PVC瓷砖阳角线   铝合金瓷砖阳角线

左图：PVC瓷砖阳角线用量大，消费面广，但热稳定性、抗冲击性、抗腐蚀性、抗氧化性等性能较差，易老化。

右图：铝合金瓷砖阳角线应用广，价格适中，强度高，塑性好，表面光泽度高，防腐性、导热性也很不错。

左图：不锈钢阳角线具有耐空气、蒸汽、水等弱腐蚀介质与耐酸、碱、盐的性能，表面有各色镀层。

不锈钢瓷砖阳角线

3）规格与价格

根据瓷砖厚度的不同，阳角线有大阳角与小阳角之分，分别适用于10 mm厚与8 mm厚的瓷砖，长度多在2.5 m左右，价格为4～6元／m。

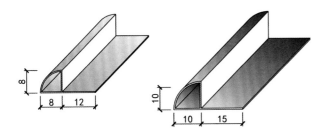

小阳角（用于8 mm厚的
瓷砖）

大阳角（用于10 mm厚的
瓷砖）

4）阳角线的鉴别

（1）看外观。优质阳角线颜色纯正，表面光泽度较好，且没有大小边，两边高度一致，肉眼察看不会有扭曲感。

（2）触摸。优质阳角线具有较好的光滑度，且壁厚合理，用手触摸也不会有割手的感觉。

金属阳角线

塑料阳角线

左图：在光线充足处，以45°角查看金属阳角线，看其内部是否有压印痕迹，阳角线底面是否有波浪，优质品两侧波浪不明显，且内部无压印痕迹。

右图：取塑料阳角线样品，用手指在阳角线表面轻轻滑动，感受是否有滞涩感，优质塑料阳角线触感平滑。

5.2.2　填缝剂

1）定义

填缝剂是一种粉末状的物质，由多种高分子聚合物与彩色颜料制成，弥补了传统白水泥填缝剂容易发霉的缺陷，使石材、瓷砖的接缝部位光亮如瓷。

2）特性

填缝剂在使用前，颜色柔和，色泽鲜艳；凝固后在砖材缝隙上会形成光滑如瓷的洁净面，具有耐磨、防水、防油、不沾脏污等优势，且能长期保持清洁，能保证宽度小于3 mm的接缝不开裂、不凹陷。

填缝剂

填缝剂应用

左图：填缝剂黏结力强，收缩小，装饰质感好，抗压性强。

右图：填缝剂施工前要将基层处理干净，以增强填缝剂的黏结能力。

3）规格与价格

填缝剂主要用于石材、瓷砖等铺装缝隙的填补，是石材、瓷砖胶黏剂的配套材料，常用的包装规格为每袋1～10 kg不等，价格为8～10元/kg。

20 kg袋装填缝剂

5 kg桶装填缝剂

4）填缝剂的鉴别

（1）看触感。填缝剂要求水泥或砂的细度越细越好，水泥强度等级要在32.5级以上，同时水泥成分要高于砂的成分，触感良好的填缝剂质量也较好。

（2）看与水的结合情况。优质填缝剂应当能够与水充分结合，且黏稠程度也比较合适。

手搓填缝剂　　　　　　　　填缝剂兑水

左图：取适量填缝剂，用手搓一下，有细腻感的属于优质品，劣质品的砂细度会稍显不足，给人一种粗糙感。

右图：取一杯清水，将填缝剂的粉料倒入水中，看它与水的结合情况，有颗粒浮在水面的属于优质品，劣质品的粉料会直接沉入杯底。

5.2.3　美缝剂

1）定义

美缝剂是由高科技新型聚合物与高档颜料及特种助剂精配而成的半流状材料，它不同于白水泥、彩色填缝剂（干粉类水泥材料加低档颜料），是由无机材料组成的。

2）特性

美缝剂光泽度好，颜色丰富，自然细腻，有金色、银色、珠光色等，装饰性大大强于白水泥、彩色填缝剂，且表面光洁、易于清洁，绿色环保，施工方便，价格实惠。美缝剂凝固后，表面光滑如瓷，可与瓷砖一起擦洗，具有抗渗透、防水等特性。

美缝剂　　　　　　　　　美缝剂应用

左图：美缝剂的装饰性与实用性明显优于彩色填缝剂，新型美缝剂不需要填缝剂做底层，可在瓷砖黏结后直接填加到瓷砖缝隙中。

右图：美缝剂色彩丰富，施工后有很好的装饰效果，且与瓷砖很搭配，适用于缝隙宽度达5 mm以上的仿古砖，缝隙宽度要均匀一致，平整度也要统一。

3）规格与价格

单组分美缝剂规格为300 mL，双组分美缝剂规格为400 mL，价格为15～18元／支。

单支单组分美缝剂　　　　双管双组分美缝剂

4）美缝剂的鉴别

（1）看外包装。可以查看美缝剂外包装上的标志是否齐全，是否有防伪码，是否有SGS认证。SGS是目前美缝剂行业的环保标准，具备SGS认证的才是优质品。

（2）闻气味。气味较大，甚至有刺激性气味的美缝剂有害物质较多，对人体有伤害，属于劣质品。优质品更环保，闻起来只有淡淡的味道。

（3）看胶体黏稠度。优质品是符合行业质量标准的，黏稠度合适，黏结能力强，优质的美缝剂，施工完成后不会发生空洞或脱落的问题。

看美缝剂的包装标志　　　　看胶体黏稠度

左图：具有SGS认证标志的产品不仅质量合格，且在生产、使用与处理过程中都符合特定的环境保护要求。

右图：取一瓶美缝剂，挤出适量胶体，挤出来的胶体黏稠度合适，不容易被擦掉，属于优质品，施工性能好。与美缝剂保持300 mm距离，用手扇动空气，嗅闻美缝剂的气味，优质品没有刺鼻气味。

（4）看色泽。劣质美缝剂色泽生硬，反光力度强；优质美缝剂则光线柔和，具有珍珠光泽，透明度也较好。

（5）看硬度。质量好的美缝剂固化后硬度基本上可以与瓷砖相媲美，强大的韧性让它能自动适应瓷砖，不用担心使用时间过长而出现瓷砖起包、开裂等情况；而劣质品在使用一段时间后极易开裂。

（6）看表膜。质量好的美缝剂表膜光洁、手感爽滑；相反，劣质的美缝剂表膜暗无光泽，且表面也比较粗糙。

（7）看抗污能力。优质的美缝剂具有良好的抗污能力，不会轻易被污染；而劣质的美缝剂一旦遇到污染物就很难被清洁干净。

观察美缝剂表面色泽　　　　看美缝剂硬度

左图：取出一瓶美缝剂，挤出适量胶体，观察表面色泽，光泽度低的属于劣质品。

右图：在施工后的美缝剂样板上用指甲用力往下压，硬度比较差的，属于劣质品。

看美缝剂表膜　　　　　　检查美缝剂的抗污能力

左图：用废纸或抹布，往表膜上随意地擦拭几次，优质美缝剂具有优异的耐摩擦、抗划伤性能。

右图：倒少许墨水或酱油在美缝剂样板缝隙上，停留10～20min，然后用干净的抹布擦净，缝隙色泽无变化的为优质品。

第**6**章

石材

核心概念：天然石材、艺术石材、人造石材。

章节导读：随着生活水平的不断提高，各种石材的应用范围越来越广，用量也越来越大。这些石材不仅有一定的观赏性，实用价值也比较高，目前被广泛地应用于地面铺装、橱柜与家具的台面装饰中。但从环保角度来看，室内空间应当减少各种石材的使用，以免造成放射性污染，对人体健康带来危害。

天然石材地面拼花

天然石材的艺术魅力来源于色彩、纹理对比。将不同明度、纯度、色相的石材搭配，根据搭配的饰面面积比例，打造多种装饰效果。天然石材多被用于空旷的公共空间，如果将其用于住宅空间，就要注意通风，以降低室内放射性物质的浓度。

6.1 天然石材

6.1.1 花岗岩

1）定义

花岗岩属于岩浆岩或火成岩，是地球上一种固有的物质形体，由石英、长石与暗色矿物质组成，主要成分是二氧化硅。

2）特性

花岗岩硬度高，自重大，样式丰富，多呈现灰色、黄色、深红色等，抗压强度大，耐磨性、耐久性、耐高温性等也十分不错，但这种石材有一定的辐射。

花岗岩按其结晶颗粒大小可分为细晶、中晶、粗晶等形态。

 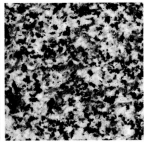

细晶花岗岩　　　　　　中晶花岗岩

左图：细晶花岗岩中的颗粒十分细小，粒径均小于2 mm。

右图：中晶花岗岩的颗粒粒径为2～8 mm。

左图：粗晶花岗岩的颗粒粒径大于8 mm。

粗晶花岗岩

左图：不同花岗岩的颗粒大小不一，斑状花岗岩中的颗粒粒径大小对比较为强烈。

斑状花岗岩

 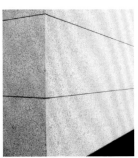

花岗岩板材　　　　　　花岗岩墙面装饰

左图：花岗岩板材结构细密，吸水率低，化学稳定性好，可用于门槛、台阶、踏步等的铺装，其表面可被加工成剁斧板、机刨板、粗磨板、火烧板、磨光板等样式。

右图：花岗岩可用于中高档空间的墙、柱、楼梯踏步、地面、台柜面、窗台面等的铺装，用于墙面装饰时应采用湿贴的方式，贴合需紧密。

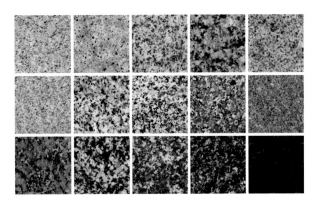

花岗岩样式

上图：花岗岩按颜色、花纹、光泽、结构、材质等因素分为不同级次，我国花岗岩品种很丰富，从色彩上可以将花岗岩分为黑色、红色、绿色、白色、黄色、花色等系列。

3）规格与价格

（1）花岗岩石材的大小可任意加工，用于铺设室外地面的厚度为40~60 mm，用于铺设室内地面的厚度为20~30 mm，用于铺设台柜的厚度为18~20 mm。

（2）常见的花岗岩板材宽度为600~650 mm，长度在2~6m不等。如果用于大面积墙面、地面铺装，那么可以订购如下规格的型材：600 mm×300 mm×15 mm、600 mm×600 mm×20 mm、800 mm×800 mm×30 mm等，其中剁斧板的厚度均不小于50 mm。常见的20 mm厚的白麻花岗岩磨光板的价格为60~100元／m²，其他不同花色品种的价格均高于此，为100~500元／m²不等。

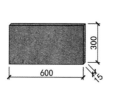
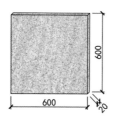
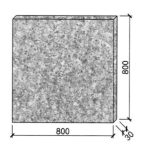

600 mm × 300 mm × 15 mm
芝麻灰花岗岩

600 mm × 600 mm × 20 mm
白麻花岗岩

800 mm × 800 mm × 30 mm
黄麻花岗岩

4）花岗岩的鉴别

（1）测量厚度。用卷尺测量花岗岩板材，其尺寸规格不仅关系着板材的承载性能，同时也关系着在施工、使用过程中板材是否容易破损等问题。

（2）听声音。敲击花岗岩，使其发出声音，通过声音的清脆度判断花岗岩板材的致密性与板材质量。

（3）检查耐磨性。用钥匙、砂纸等磨划石材表面，若不产生划痕，则耐磨性比较高。

测量花岗岩样品厚度

用铁锤敲击花岗岩样品

用砂纸打磨花岗岩

左图：大多数花岗岩板材的厚度为20 mm，少数厂家加工的板材厚度只有15 mm，购买前需明确。

中图：用小铁锤敲击花岗岩板材，如果声音清脆则说明花岗岩板材致密、质地好，反之则说明板材的质量不高。

右图：采用0号砂纸打磨花岗岩的边角，如果不产生粉末则说明其密度较高，属于优质品。

6.1.2　大理石

1）定义

大理石是地壳中原有的岩石经过地壳内高温、高压作用形成的变质岩，主要由方解石、石灰石、蛇纹石、白云石组成。

2）特性

大理石纹理丰富，可用于室内外各部位的石材贴面装修，但其强度不及花岗岩，不适用于磨损率大、碰撞率高的部位。大理石的质地较软，密度与抗压强度均比花岗岩低，在实际应用中，大多以磨光板的形式出现。机刨板样式的大理石则多用于楼梯台阶、装饰线条等，根据色彩纹理的不同可分为云灰、单色、彩花等三类。

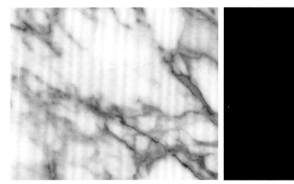  

云灰大理石　　　　　　　　　　单色大理石　　　　　　　　　　彩花大理石

左图：云灰大理石花纹为灰色，有些云灰大理石的花纹很像水的波纹，又称水花石，纹理美观、大方。

中图：单色大理石色彩单一，色泽洁白的汉白玉、象牙白等属于白色大理石，纯黑如墨的中国黑、墨玉等属于黑色大理石。

右图：彩花大理石经过抛光打磨后，可呈现出各种色彩斑斓的天然图案，并能制成由天然纹理构成的山水、花木等美丽画面。

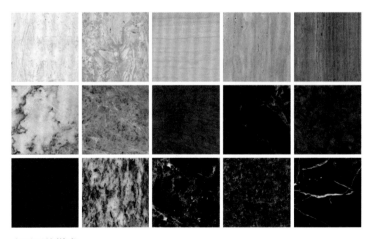

左图：大理石的花纹、结晶粒度的粗细千变万化，有山水型、云雾型、图案型、雪花型等。现代装修用的大理石也要求多品种、多花色，以便能配套用于空间的不同部位。一般而言，单色大理石要求颜色均匀；彩花大理石要求花纹、深浅逐渐过渡；图案型大理石要求图案清晰、花色鲜明、花纹规律性强。

大理石的样式

3）规格与价格

（1）大理石石材的大小可任意加工，用于铺设室外地面的厚度为40～60 mm，用于铺设室内地面的厚度为20～30 mm，用于铺设家具台柜的厚度为18～20 mm。

（2）市场上零售的大理石宽度为600～650 mm，长度在2～6m不等，大理石用于大面积墙面和地面铺设时，可订购同等规格的型材，例如：600 mm×300 mm×15 mm、600 mm×600 mm×20 mm、800 mm×800 mm×30 mm等。常见的20 mm厚的桂林黑大理石磨光板价格为150～200元／m²，其他不同花色品种的价格均高于此，为200～600元／m²不等。

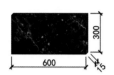 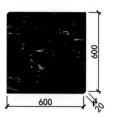 

600 mm×300 mm×15 mm 600 mm×600 mm×20 mm 800 mm×800 mm×30 mm
啡网纹大理石 黑冰花大理石 雅士白大理石

4）大理石的鉴别

（1）看表面色调。优质大理石的色调基本一致，且色差较小、花纹美观。目前，市场上出现了不少染色大理石，以红色、褐色、黑色系列居多，铺装后6～10个月就会褪色，如果用在受光部位，那么褪色会更明显。

（2）看外观与规格。优质大理石表面不能存在翘曲、凹陷、裂纹、砂眼、色斑等缺陷，且规格需统一，不可出现缺棱角、板体不正等缺陷。

测量厚度 触摸石材 用砂纸打磨 用钢丝球打磨

左图：使用卷尺测量大理石的厚度，优质品的厚度偏差应小于1 mm。

左中图：用手触摸大理石，优质大理石不会存在翘曲或凹陷，也不会存在裂纹、砂眼、色斑等缺陷。

右中图：使用0号砂纸打磨大理石表面，优质品不会轻易出现粉尘。

右图：使用钢丝球打磨大理石表面，优质品不会轻易产生划痕。

6.1.3　板岩

1）定义

板岩是具有板状构造，基本没有重结晶的变质岩，原岩为泥质、粉质或中性凝灰岩，沿板理方向可以剥成薄片。板岩的颜色随其所含有的杂质不同而变化。

   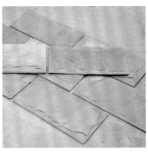

板岩荒料　　　　　　　锈板岩　　　　　　　　黑色板岩　　　　　　　青色板岩

左图：板岩是天然石材中不具备直接审美特性的石材，开采后需要对其进行整形，对表面形态进行拼接，以获得肌理美。

左中图：锈板岩属于板岩中的稀有类型，通常被切割为大小不一的矩形、方形拼接布局。

右中图：黑色板岩表面光洁细腻，外形被裁切为多边形，形成冰裂纹效果。

右图：青色板岩质地密实、易于加工，可加工成薄板或条形板材，不仅纯天然、无污染、无辐射，耐用性也比较强，且价格低廉，观赏价值较高。

2）特性

板岩外表呈致密隐结晶，矿物颗粒很细，板面微显绢丝光泽。板岩一般根据所含杂质颜色的不同进行详细命名，如黑色炭质板岩、灰绿色钙质板岩等，还有具斑点状构造和板状构造的浅变质岩石，通常称其为斑点岩石。

板岩墙面装饰　　　　　　　　　板岩立柱装饰

板岩表面具有丰富多样的自然色彩纹理，岩砖非常耐磨、防滑。但如果养护不当，那么板岩砖很容易褪色。大量水分的渗透会导致板岩砖的外观古旧，因此，板岩不宜用于潮湿处，淋浴、喷泉区需要专用养护剂定期养护。此外，板岩长时间处于空气快速流通的空间内时，会出现裂缝。

左图：把形态不一的板岩切割成小块，铺装在墙面，形成强烈的肌理美感。

右图：用板岩对立柱进行装饰能营造出原始朴素的视觉效果。

3）规格与价格

板岩常见规格的厚度为20~50 mm，边长为100~600 mm不等，表面凹凸不平。青色板岩价格较低，黑色板岩价格较高，20 mm厚的板岩价格为40~60元／m²。

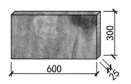

600 mm × 300 mm × 25 mm
青色板岩

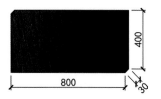

800 mm × 400 mm × 30 mm
黑色板岩

4）板岩的鉴别

（1）检查平整度。将直线度公差为0.1 mm的钢平尺自然贴放在板岩被检面的两条对角线上，用塞尺或游标卡尺测量尺面与板面之间的间隙。

（2）检查角度。用90°钢角尺测量，将角尺的短边紧靠板材的短边，角尺的长边贴靠板材的长边，用塞尺或游标尺测量板材的长边与角尺长边之间的最大间隙。

（3）看外观。将板岩平放在地上，距板材1.5 m处站立目测应当无瑕疵。

（4）听声音。用金属锤敲击板岩，通过声音来辨别是否有裂纹：声音清脆无裂纹，声音沙哑浑厚则表明有裂纹。

看外观

检查角度

听声音

左图：合格板岩的表面应当无肉眼可见到的裂纹与缝隙。

中图：当板材的长边不大于500 mm时，可测量板材的任一对对角；当板材的长边大于500 mm时，应当测量板材的四个角。角度误差不应大于2°。

右图：将两块板岩相互撞击，听声音是否清脆或沙哑，声音沙哑的必定会有裂纹，测试量应在20块以上，合格率应达到90%。

天然石材的放射性

天然放射性元素存在地球上的一切物质中，包括岩石、水、土壤、动植物中。

在购买天然石材时,必须认真查验生产许可证和质检证书，查对石材的类型。住宅室内墙面和地面应采用符合A类标准，同时比重比较大，厚度在25 mm以内的石材。正规厂家均有生产许可与产品分类证书，购买时要认真查验。

对所使用建筑材料进行放射性检测，使用符合《建筑材料放射性核素限量》（GB 6566—2010）的石材。在选购时尤其要注意放射性安全系数，在安全系数大于0.8时，室内氡气浓度一般就不会超标。最好带样品到专业机构进行放射性检测，或请专业机构进行室内放射性检测，检测室内氡-222的浓度。

室内石材施工完毕后，要经常开门窗通风换气，在封闭室内空间应使用除氡剂和专用空气净化机。自然通风40min或换气扇强制排风20min，室内氡-222的浓度即可降低到与室外大气相同的浓度，对人体完全无害。

6.1.4 文化石

1）定义
文化石是指开采于自然界的石材，主要是对板岩、砂岩、石英石等石材进行加工，使其成为一种装饰石材。

2）特性
文化石材质坚硬，色泽鲜明、纹理丰富、风格各异，抗压、耐磨、耐火、耐寒、耐腐蚀等性能较好。

文化石

文化石墙面

左图：文化石的装饰效果会受石材原有纹理限制，除了方形石外，其他的施工较为困难，尤其是拼接时要注意色彩搭配。

右图：文化石既可用于酒吧、餐厅等高档公共空间内，也可用于室内背景墙或建筑外墙装饰中。将文化石运用于室内时能增强室内古朴氛围，提高设计品位，且文化石可无限次擦洗。

3）规格与价格
天然文化石的价格比较低廉，为40~80元／m²，规格多样，具体尺寸还可以定制生产，例如：300 mm×300 mm×15 mm、600 mm×300 mm×15 mm等。

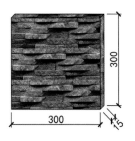

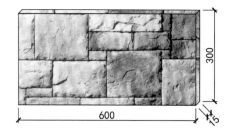

300 mm×300 mm×15 mm文化石　　　　　　300 mm×600 mm×15 mm文化石

4）文化石的鉴别

（1）测量边长。可以用卷尺测量文化石的边长，边长不大于300 mm的石料的尺寸公差应为±4 mm，边长300～600 mm的石料的尺寸公差应为±7 mm，高于此范围则会影响施工质量。

（2）检查石料的吸水性。可以在石料表面滴上少许酱油，观察酱油被吸收的程度，酱油较少被吸收的石材为优质品。

左图：选取文化石样品，用卷尺在各个方向测量，观察是否有误差，通常单块文化石型材边长不应小于50 mm，厚度不应小于10 mm。

右图：选取文化石样品，放置于光线充足处，滴几滴酱油到文化石上，观察石材是否留有污渍，清洁后无痕迹的为优质品。

精确测量文化石　　　　　在文化石上滴酱油

6.2 艺术石材

6.2.1 太湖石

1）定义

太湖石又称为窟窿石、假山石，因盛产于江苏太湖地区而得名。太湖石是由石灰岩遭长时间侵蚀后形成的，有水石与干石两种，水石是在河湖中经水波荡涤，历久侵蚀而成；干石则是地质时期的石灰石在酸性红壤的长期侵蚀下而形成的。

2）特性

在我国传统建筑中，太湖石常被用于门厅、背景墙、楼梯、走道等空间的布景装饰，或用于阳台、露台、庭院等户外空间的点缀装饰，可营造出人与自然合一的精神氛围。太湖石形状各异，姿态万千，最能体现出皱、漏、瘦、透之美，其色泽以白石为多，少有青黑石、黄石，具有很高的观赏价值。

太湖石庭院组合

上图：由于太湖石体量较大，所以更适合布置在面积较大的庭院中，既可配置水景，又可以独立放置，周边还可以添加形态自然的绿化植物，营造出大自然的野外气息。

3）规格与价格

太湖石的常见高度为 1 000～2 500 mm，宽度、深度约为高度的50%，价格一般为600～1 000元／m³。

4）太湖石的鉴别

（1）看细部镂空。太湖石的优势主要根据石材的形态、体量、颜色、细节审美综合评定。观察石材的局部镂空细节，具备审美价值的太湖石镂空处棱角明确，转折造型自然均衡，没有明显的加工打磨痕迹，每处镂空面积的大小不能全部相同，也不能差别过大。

（2）看褶皱形态。太湖石能看到的全部镂空与褶皱，彼此间的走势应当统一。

左图：太湖石在装修中一般被独立布置，其体形较高，底座应当扎实牢固。

太湖石独立形态

太湖石盆景造型

上图：在别墅、复式住宅楼梯下方的转角空间，可以设计水池景观，中间独立放置1～2件中等体量的太湖石，还可配置各种灯光或音乐。

镂空细部　　　　　　　褶皱形态

左图：太湖石的镂空为天然形成，也可以根据审美进行开凿处理，但是其断面形态应当自然。

右图：褶皱是石料的基本属性，应当主次分明，细小的褶皱分布在主要褶皱周边。

6.2.2 英石

1）定义

英石又称为英德石，因产于广东省英德市而得名。它具有皱、瘦、漏、透等特点，极具观赏与收藏价值。英石属于沉积岩中的石灰岩，山石经过溶蚀风化后形成嶙峋褶皱之状，加上日照充分、雨水充沛，再经酸性土壤侵蚀后，呈现嵌空玲珑的形态。

2）特性

英石本色为白色，因为风化及富含杂质而出现多种色泽，有黑色、青灰色、灰黑色、浅绿色等颜色。英石石质坚而脆，敲击后有金属共鸣声。英石轮廓变化大，常见窥孔石眼，玲珑婉转，石表褶皱深密，是各种山石中"皱"表现最为突出的一种，有蔗渣、巢状、大皱、小皱等形状，精巧多姿。石体的正反面区别较明显，正面凹凸多变，背面平坦无奇。英石分为阳石与阴石两大类。

英石阴石

左图：阴石深埋于地下，风化不足，质地松润，色泽青黛，有的石材有白色纹理，形体漏透，是漏与透的典型，适宜独立成景。

3）规格与价格

英石在我国各地专业石材、园林、花木市场很难买到，且价格较高，其具体价格要根据石材的形态、体量、颜色、细节审美来定。英石多以中、小体块销售，在设计施工时需要采用水泥砂浆黏合砌筑，形成堆叠的效果，单块规格的长度为600~1 000 mm，宽度、深度约为高度的50%，价格为800~1 200元／m³。

英石阳石

上图：阳石裸露于地面，长期被风化，质地坚硬，色泽青苍，形体瘦削，表面多褶皱，分为直纹石、横纹石、大花石、小花石、叠石、雨点石，是瘦与皱的典型，适宜制作假山与盆景。

英石景观

上图：英石造型景观需要经过精心设计，设计方法比较简单，将石料横向堆砌，用于黏结石料的为瓷砖胶或水泥。

英石盆景

左图：英石可用于制作假山与盆景，体量较小的，可专为此石设计储藏柜、格、架而作收藏观赏，如在客厅、餐厅、廊道等公共空间的背景墙上预留一定的空间，专门用来放置英石，且需配置明亮的灯光，以彰显其质地。

4）英石的鉴别

（1）看综合品相。层峦叠嶂、纹皱崎岖、孔穿洞漏的显得精瘦典雅，为上品。

（2）看细节特点。从细节上也可以看出英石的优劣，细节特点主要体现在瘦、皱、漏、透。瘦指英石体态嶙峋，皱指石表纹理深刻、棱角凸显，漏指英石滴漏流痕分布适中有序，透指英石孔眼彼此相通。阴石表面圆润有光泽，多孔眼，侧重漏与透；阳石表面多棱角、多皱褶，少孔眼，侧重瘦与皱。

（3）看色泽。英石色泽纯黑、纯白、纯黄或彩色的为优质品。

综合品相

细节特点

色泽

左图：综合品相应当端庄稳固，其中有镂空，具有一定的审美意境。
中图：褶皱纹理应当有条纹和穿孔，多种形态相结合，但又要以主体皱褶作为整体审美依据。
右图：棕色英石很少见，其中的褶皱能形成黑色阴影，具有较强的装饰美感。

6.2.3　黄蜡石

1）定义

黄蜡石又名龙王玉，因石表层内蜡状质感而得名。黄蜡石主要成分为石英，油状蜡质的表层为低温熔物，韧性强，硬度较高。黄蜡石主要产于广东、广西，以产于广东东江沿岸与潮州的质地最好，石色纯正，以质地润滑、细腻的为贵。

2）特性

黄蜡石由于在其地质形成过程中掺杂的矿物不同而有黄蜡、白蜡、红蜡、绿蜡、黑蜡、彩蜡等品种，又按其二氧化硅的纯度、石英体颗粒的大小、表层熔融的情况不同，可分为冻蜡、晶蜡、油蜡、胶蜡、细蜡、粗蜡等，黄蜡石之所以能成为名贵的观赏石，除其具有湿、润、密、透、凝、腻等特征外，其主色为黄也是重要因素。黄蜡石以黄色最为多见，其中以纯净的明黄为贵，另有蜡黄、土黄、鸡油黄、蛋黄、象牙黄、橘黄等多种颜色。

黄蜡石质地

黄蜡石初料

左图：黄蜡石的最高品质是冻蜡，黄中透红或多色相透，其中冻蜡可透光至石心，加上大自然变化而形成的形态差异，使它的价值与品味千差万别。

右图：黄蜡石初料要经过加工，对形体的加工主要为尺寸设定，用于室内外景观设计的黄蜡石多为圆滚状。

3）规格与价格

黄蜡石在我国各地的专业石材、园林、花木市场均可购买，其具体价格主要根据石材的形态、体量、颜色、细节审美制定。单块规格长、宽、高为500～800 mm的价格为200～400元／m³。

黄蜡石庭院景观

黄蜡石叠水造景

左图：黄蜡石一直是我国私家庭院的重要布景石材，多用于庭院水景的驳岸，其间露出的缝隙更适宜水生植物的生长。

右图：黄蜡石呈圆滚状，方便垒砌，是庭院景观叠水造景的最佳石材之一。

4）黄蜡石的鉴别

（1）看细度。细度是指黄蜡石的细腻程度，这一点是和玉化度直接关联的，高玉化的黄蜡石往往细度极高，细度高的黄蜡石才经得住精雕细琢，细度不够的走细功会崩刀。

（2）看颜色纹理。黄蜡石一般以正黄、正红为最好，有时候白色和棕色也不错。具有装饰效果的黄蜡石应当具有一定的纹理：褶皱纹理，或是裂纹，能表现出石料的沧桑感和层次感，是室内外庭院、阳台装饰的首选。

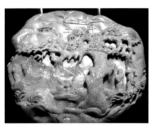 

质地细腻　　　　　　　颜色纹理

左图：优质的黄蜡石油性较大，劣质的黄蜡石则不易成油，光泽度不够。高光泽度的黄蜡石细腻真实，适用于雕刻造型。

右图：透光性好的黄蜡石属于优质品，黄蜡石不同于其他玉石，讲究的是浑厚，并非越透越好，最好的黄蜡石料往往都不是最透的，但是颜色要正黄带红，具有一定的皱纹褶理贯穿全石。

6.2.4　灵璧石

1）定义

灵璧石又称为磬石，产于安徽省灵璧县，是我国传统的四大观赏石之一。灵璧石有墨色、灰黑色、浅灰色、赭绿色等色，石质坚硬素雅，色泽美观。

2）特性

灵璧石分为黑、白、红、灰等四大类100多个品种，形体较大的放置在户外，只可观赏，无法收藏，可群体也可单独置放；室内观赏石一般为中小型的，陈列于房厅的几案台桌上。我国古代工匠以灵璧石为原料，雕琢各种人物、鸟兽、鼎彝、文具等磬石工艺品。

灵璧石造型　　　　　　灵璧石质地

左图：灵璧石一般用于制作小型假山与盆景，由于其体量较小，可以专为此石设计艺术造景，搭配底座、绿化植物等，将灵璧石作为一件艺术品来陈列。

右图：为了提高灵璧石的观赏价值，可以在石料表面喷涂聚酯清漆，增强其表面质地效果，使其更光亮，具有更好的视觉效果。

3）规格与价格

灵璧石在我国各地的专业石材、园林、花木市场很难买到，且价格较高，其具体价格主要根据石材的形态、体量、颜色、细节审美来定。单块规格尺寸不一，价格为1 500~3 000元／m³。

4）灵璧石的鉴别

（1）看外观质地。仔细观察灵璧石的背面，看有无红、黄色砂浆附着在上面，如果有则说明石料是用胶水拼接的。

（2）看纹理。正宗灵璧石有特殊的白灰色石纹，其纹理自然清晰流畅，石纹呈V形，而经过人工处理的石纹呈U形，纹色也不自然。如果用水洗，人造石纹即刻显现，且水干得慢，正宗灵璧石纹理表面干得快。

（3）听声音。弹敲听音，用铁棒敲打，正宗灵璧石可听到清脆声音。

外观质地 纹理皱褶

左图：灵璧石表面应当光滑温润，极具手感，瘦、皱、透、漏的特点不影响质地效果。

右图：稀有名贵的灵璧石主要为室内陈设的小体量石材，大多为软装陈设内摆件。

6.2.5 卵石

1）定义

卵石是一种纯天然的石材，其表面光滑圆整，主要成分是二氧化硅。河床中下游的卵石被水流冲刷久远，光洁透亮，这种卵石又被称为雨花石。

2）特性

卵石在施工时一般是竖向插入水泥砂浆界面中，石料之间镶嵌紧密，无明显空隙，这样才能保证长久不脱落。一般选择形态较为完整的卵石用于住宅庭院或阳台地面铺装，也可以用于室内墙面、地面的局部铺装点缀。

卵石 雨花石

左图：卵石形态、色彩各异，在设计施工时要精挑细选。

右图：雨花石装饰效果更具特色。

 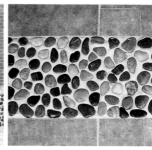

用卵石砌筑水池围堰 用卵石进行地面点缀铺装

左图：卵石可用于砌筑水池、花坛的围堰装饰，卵石之间采用白水泥填缝。

右图：将卵石用于地面石材、砖材的点缀铺装，形成分隔对比。

3）规格与价格

卵石粒径规格为 25～50 mm，价格为 3～4 元/kg，雨花石价格较高。

4）卵石的鉴别

（1）看统一效果。同一批次购买的卵石应大小、颜色、形态相当，这些石材经过机械筛选，施工前无须再检查，可以直接使用。

（2）看纹理缝隙。经过筛选的卵石应当无明显缝隙、裂纹，各面域之间平滑过渡，呈现柔和的圆角形态。

质地粗糙且统一 质地光洁

左图：卵石外观圆整，虽然其色泽灰暗，但是纹理、色彩统一，应用范围较广。

右图：光洁的卵石大多有裂纹，需要进一步筛选才能使用。表面过于光洁的卵石不易被水泥黏结，时间久了容易脱落。

6.3 人造石材

6.3.1 水泥型人造石材

1）定义

水泥型人造石材是以各种水泥或石灰粉为黏合剂，砂为细骨料，碎花岗岩、大理石、工业废渣等为粗骨料，经配料、搅拌、成型、加压蒸养、磨光、抛光等工序制成的人造石材。

2）特性

水泥型人造石材的抗风化能力、耐火性、防潮性都优于一般天然石材，该板材结构致密，表面光滑，且取材方便，价格低廉，花色品种繁多。

普通水泥人造大理石　　水泥人造文化石

左图：水泥型人造石材面层经过处理后，在色泽、花纹、物理性能、化学性能等方面都优于其他人造石材，普通水泥人造大理石可以达到以假乱真的程度。

右图：水泥型人造石材可以被加工成水泥人造文化石，铺装后能形成各种不同的图案或肌理效果，装饰效果较好。

3）规格与价格

常见的规格为300 mm×150 mm×10 mm、400 mm×200 mm×10 mm、600 mm×300 mm×15 mm、600 mm×400 mm×15 mm、300 mm×300 mm×12 mm、600 mm×600 mm×15 mm，通常厚40 mm的彩色水泥型人造石材，价格为40~60元／m²。

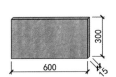
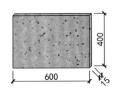
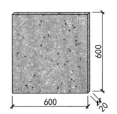

600 mm×300 mm×15 mm
水泥型人造石材

600 mm×400 mm×15 mm
水泥型人造石材

600 mm×600 mm×15 mm
水泥型人造石材

4）水泥型人造石材的鉴别

（1）观察表面。优质水泥型人造石材板面颜色清纯，且表面无类似塑胶质感，板材正面也无气孔。

（2）触摸质感。优质水泥型人造石材无毒、无味，且加工性好，材质颗粒比较细腻，触感较好。

左图：在光线充足的条件下观察水泥型人造石材板面色泽，同批次、同规格产品的表面色泽应一致，且在强光环境下不会出现褪色的情况。

右图：水泥型人造石材应当无刺鼻的化学气味，手摸样品表面时有丝绸感。

观察表面　　　　　　　触摸质感

6.3.2　聚酯型人造石材

1）定义

聚酯型人造石材是以不饱和聚酯等有机高分子材料为基体，以石渣、石料为填料，加入适量的固化剂、促进剂与调色颜料，经过固化而形成的人造石材。在聚酯型人造石材中加入石英砂后，又称为石英石，外观质感较丰富。

2）特性

聚酯型人造石材具有无毒、无放射性、不粘油、不渗污、抗菌防霉、耐冲击、拼接无缝等优点，该石材的花纹、图案、颜色、质感均可以根据需要制作，变化十分丰富。

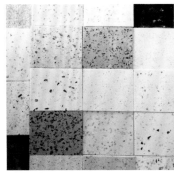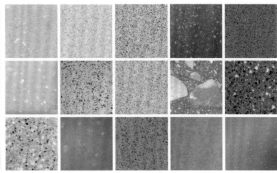

聚酯型人造石材　　　　聚酯型人造石材台面　　　　聚酯型人造石材的样式

左图：聚酯型人造石材花色品种多，生产厂家大多会将石材样本制作成板卡供设计施工参考。

中图：聚酯型人造石材可用于制作人造石壁画、花盆、雕塑等工艺品，也可用于制作卫生洁具，如浴缸，带梳妆台的单、双洗脸盆，立柱式脸盆等。

右图：聚酯型人造石材的花纹、图案、色彩、质感等都十分丰富，选购者可以根据喜好与需求来选择。

3）规格与价格

聚酯型人造石材宽度在650 mm以内，长度为2.4~3.2m，厚度为10~15 mm。聚酯型人造石材的综合价格为400~600元／m²。

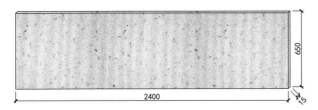

2 400 mm×650 mm×15 mm聚酯型人造石材

4）聚酯型人造石材的鉴别

（1）观察表面质地。优质聚酯型人造石材经过打磨、抛光后，表面晶莹光亮，色泽纯正，用手抚摸有天然石材的质感，无毛细孔；劣质产品则表面颜色发暗，光洁度差，颜色不纯，在视觉上有刺眼的感觉，并有毛细孔。

（2）检测硬度。优质聚酯型人造石材具有较强的硬度与机械强度，用尖锐的硬质塑料划其表面不会留下划痕；劣质品则质地较软，很容易被划伤，且容易变形。优质聚酯型人造石材有较好的抗冲击性能，当受到猛烈撞击时，优质品只会碎成2~3块，不会粉碎，用力不大时还会从地面上反弹起来。

观察板材外观　　　　　　用砂纸打磨

左图：对着光线以45°视角察看聚酯型人造石材样品，若出现像针眼一样的气孔，则该产品质量较差且不环保。

右图：用0号砂纸打磨聚酯型人造石材表面，容易产生粉末的质量较差，磨损较小的，且不产生明显粉末的为优质品。

（3）燃烧测试。优质聚酯型人造石材的石粉为氢氧化铝，具有良好的阻燃性能；劣质品的石粉部分为氢氧化钙，不能阻燃。

（4）抗污测试。优质聚酯型人造石材具有较强的抗污性与易洁性。

（5）闻气味。聚酯型人造石材通常只有将鼻子贴近石材时才会闻到气味，优质品基本不会有刺鼻的味道。

燃烧测试　　　　　　抗污测试

左图：取一块细长的条形聚酯型人造石材，放在打火机上烧，优质品不可燃烧。

右图：取有色液体，如墨水、醋、酱油等，倒在聚酯型人造石材上，约10min后，再用清水擦洗，优质品不会渗透，且能轻松洗掉污渍。

左图：可将鼻子贴近聚酯型人造石材闻气味，劣质品气味刺鼻。

闻气味

聚酯型人造石材与天然石材的区别

（1）表面光泽不同。聚酯人造石材颜色比较浑浊，没有明显纹路；天然大理石则色泽比较透亮，有大面积的天然纹路。

（2）侧壁特征不同。聚酯型人造石材侧壁密度分为2～3个层次，上表层细腻，中下层比较粗糙；天然石材侧壁的色泽、纹理、质感表面与内里一致。

6.3.3　水磨石

1）定义

水磨石又称为磨石子，是指将碎石、玻璃、石英石等骨料拌入水泥黏结料制成混凝制品后，表面经研磨、抛光的制品。

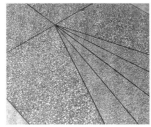

左图：水磨石地面被划分为多块，除了美观外，主要是防止地面或楼板间因缩胀而导致表面开裂。

右图：水磨石体块间镶嵌铜条不仅具有装饰作用，还能防止水磨石表面开裂。

水磨石地面　　　　镶嵌铜条

2）特性

水磨石通常被用于地面装修，它拥有低廉的造价与良好的使用性能，可任意调色拼花，防潮且施工方便。在现代装修中，水磨石需要根据实际情况现场配置，施工工艺并不是所有施工员都能熟练操作，因此运用并不多。

水磨石地面也存在缺陷，即容易风化、老化，表面粗糙、空隙大，耐污性极差，且被污染后不易清洗干净。近年来，市场上出现的水晶硅等新产品，采用改性树脂与硅酸盐粉末混合填料封堵水磨石表面孔隙，使普通水磨石达到了天然石材的效果，类似产品能有效提高水磨石地面的耐用性，降低维护成本，使水磨石的应用得到继续推广，并由此产生了艺术水磨石等新型产品。

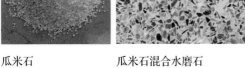

左图：瓜米石为白色，质地较软，容易打磨，是水磨石地面的主要配料。

右图：瓜米石与有色石料、白水泥相搭配调和，最终形成的水磨石地面，色彩明度对比较大。

瓜米石　　　　瓜米石混合水磨石

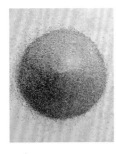
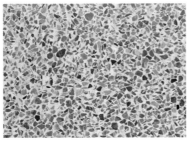

赤岩　　　　　　　　赤岩混合水磨石

左图：赤岩是最常见的彩色石料，质地较硬，含有石英砂，具有较强的装饰性。

右图：赤岩与白水泥相搭配调和，色彩纯度较高，是常见的搭配方式。

3）规格与价格

现代水磨石施工因为要用到专业设备、材料，一般都由各地专业经销商承包，普通水磨石的价格为100～120元／m²，远低于天然石材的价格，艺术水磨石的价格为180～220元／m²。

4）水磨石地面的鉴别

（1）普通水磨石地面应光滑，无裂纹、砂眼、磨纹，石粒密实，显露均匀，图案符合设计要求，颜色一致，不混色，分格条牢固、清晰、顺直。镶边的边角整齐光滑，不同面层颜色相邻处不混色。

（2）艺术水磨石地面除应符合上述标准外，阴阳角收边应方正，尺寸正确，拼接严密，分色线顺直，边角整齐光滑、清晰美观。

艺术水磨石台阶　　　　　　艺术水磨石拼块　　　　　　水磨石保养

左图：在传统水磨石的基础上增加新的石料品种，如在石料中掺入石英砂与各色色浆，形成表面更加光亮、质地更坚硬的艺术水磨石。

中图：多种色彩拼块需要预先精心设计，从几何图形中寻找视觉上的突破感。

右图：清洁水磨石地面的传统方法是清洗打蜡，但成本很高。使用2～3年后还要对水磨石地面做机械打磨，将水磨石表面风化、磨蚀的老化层磨去，露出新鲜面层，然后还要打蜡，让蜡渗透到水磨石被磨损的缝隙中，修补平整，使其重现光亮度。

6.3.4　微晶石

1）定义

微晶石又称为微晶砖，是天然无机材料经特定工艺加工，再经高温烧结而成。微晶石作为一种新型装饰材料，是目前比较流行的新型绿色环保人造石材。

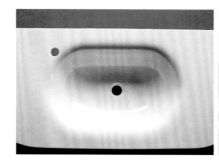
微晶石弧形洗面盆

微晶石地面铺装

左图：微晶石可用加热的方法，制成所需的各种弧形、曲面板，具有工艺简单、成本低的优点，避免了弧形石材加工时需要大量切削、研磨而导致的耗时、耗料、浪费资源等问题。

右图：透明的复合微晶石的表面纹理有多种样式，用于铺装墙面和地面。

2）特性

根据微晶石的原材料及制作工艺，微晶石可以分为无孔微晶石、通体微晶石、复合微晶石三类。

（1）无孔微晶石，又称为人造汉白玉，是一种多项理化指标均优于普通微晶石、天然石的新型高级环保石材，其具有色泽纯正、不变色、无放射性、不吸污、硬度高、耐酸碱、耐磨损等特性。

（2）通体微晶石，又称微晶玻璃，是一种新型的高档装饰材料，其具有无放射性、不吸水、不腐蚀、不氧化、不褪色、无色差、强度高、光泽度高等特性。

（3）复合微晶石，又称微晶玻璃陶瓷复合板，复合微晶石是在陶瓷玻化砖表面复合出一层厚3～5 mm微晶玻璃的新型复合板材，是经二次烧结而成的高科技新产品，微晶玻璃陶瓷复合板厚度为13～18 mm。

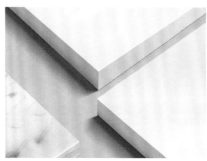
无孔微晶石

通体微晶石

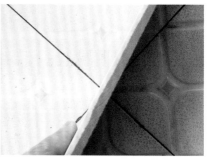
复合微晶石

左图：无孔微晶石通体无气孔、无杂斑点、光泽度高、吸水率为零、可二次打磨翻新。适用于墙面、地面、圆柱、洗手盆、台面等界面装修。

中图：通体微晶石主要用来装修墙面、地面、圆柱以及用作家具装饰材料等，功能性强。

右图：复合微晶石综合了玻化砖和微晶玻璃板材的优点，完全不吸污，方便清洁维护，其耐磨性、表面硬度、抗折强度等均优于花岗岩与大理石。其色泽自然、晶莹通透、永不褪色、结构致密、晶体均匀、纹理清晰，具有玉石质感。

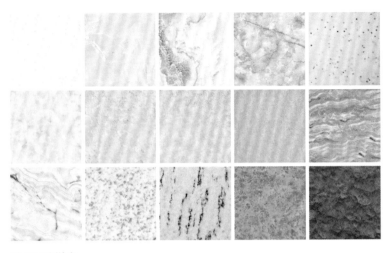

左图：微晶石的色彩多样，它是以金属氧化物为着色剂，经高温烧结而成的，因此不褪色，且色泽鲜艳，一般以水晶白、米黄、浅灰、白麻等色系最为流行。

微晶石的样式

3）规格与价格

微晶石主要用于室内地面、墙面、家具台柜的铺装，常见厚度为12～20 mm，可以配合施工要求调整，宽度一般为0.6～1.6m，长度为1.2～2.8m不等，价格为80～120元／m²。

4）微晶石的鉴别

（1）看透明层。对着光察看微晶石表面，优质品材质为透明或半透明状，厚度为3～5 mm，虽然透明层上有图案、花纹，但是不影响真实的透明质感，从侧面观察，能清晰地看到透明层的存在。

（2）看光亮度。大多数微晶石的光亮度都特别高，当用湿纸巾或抹布将微晶石表面擦拭干净时，即可显现出高亮的反光。而普通天然石材、人造石材、陶瓷制品均达不到这种效果。

摩擦测试

观察表面

抹布擦拭

左图：用牙刷蘸洗衣粉在微晶石表面反复摩擦，表面不会产生任何细微的划痕，这是其他陶瓷砖材和天然石材所不能比拟的。

中图：取微晶石样本，在光线充足的情况下仔细观察微晶石的表面，表面色泽亮丽、无黑点的为优质品。

右图：用湿抹布擦拭微晶石表面，能达到很光亮效果的，为优质品。

第 **7** 章

地板

核心概念： 实木、质地、免漆、复合。

章节导读： 地板不仅有较好的装饰效果，还能调节室内环境。地板材料在未来会出现更多品种，具有更多的优良性能，其环保性与安全性也会得到质的提升。在室内装修中选用地板，要考虑施工环境、空气湿度与磨损率，同时也要考虑与空间色彩、氛围的搭配规律，合理选用地板。

复合地板具有较高的防污耐磨损性，可选择的花色品种多，适用于客流量大的公共空间。

餐厅地面铺装复合地板

7.1 实木地板

7.1.1 松木地板

1）定义

松木属于针叶林树种，森林覆盖率高，具有先天的价格优势，加工相对简单，制作成松木地板具有较高的性价比。

2）特性

（1）环保美观。松木地板相对其他地板来说更环保、时尚，松木具有清晰、简单的原木纹路，原木的色调令人赏心悦目，质感突出。

（2）保养简单，易于运输。松木地板日常清洁时用软布顺着木纹的纹理擦拭灰尘即可。在实际铺装时，可采用可拆装的松木地板，这也便于运输。

（3）不耐晒，易变色。由于松木本身含水量高，质地软，因而牢固性较差，比较容易出现开裂、变形。没有经过油漆加工的松木自然、朴素、清新、亮丽，但经强烈阳光照射后容易变色，从而影响整体的美观，松木地板在潮湿的天气里更容易出现变色、受潮等现象。

左图：松木地板无污染，表面纹理自然、清晰、明朗，经过加工后木质纤维也比较细腻。

松木地板

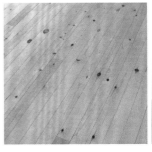 

松木地板铺装　　　　　变色的松木地板

左图：松木地板弹性、透气性较强，铺装后脚感好，甲醛含量远低于其他地板。

右图：松木地板暴晒后若不及时保养会变色，使用寿命也会大幅度降低，同时也会影响美观性。

左图：南方梅雨天气多，松木地板极易受潮，受潮后的地板也很容易滋生细菌。

受潮的松木地板

3）规格与价格

松木地板的规格有450 mm×60 mm×16 mm、750 mm×60 mm×16 mm、900 mm×90 mm×18 mm、900 mm×120 mm×22 mm等多种，价格为200~300元/m²。

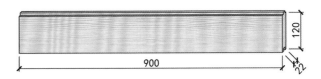

900 mm×120 mm×22 mm松木地板

4）松木地板的鉴别

（1）看表面光泽。优质松木地板的表面具有金色光泽，整体给人一种通透感，且视觉上十分舒适。

（2）看结构、纹理。纹理直，径面纹理交错，结构均匀，重量、强度中等，硬度略硬的是优质松木地板。

（3）气味与性能。优质松木地板没有特殊气味，且表面油漆黏结性好，不易翘裂，耐腐、抗虫性较强。

看松木地板光泽 　　　　　看侧面平直度 　　　　　刀刮截面

左图：将松木地板置于光线充足的环境下，观察地板表面色泽是否统一，是否有黑斑或划痕，优质品外观基本没有瑕疵。

中图：看松木地板侧面，优质品纹理应当与上下表面一致，平直度高，无任何弯曲。

右图：用小刀刮地板截面边角，松木地板质地虽然疏疏，但是截面边角却比较坚固，不容易被刮出木屑。

7.1.2　橡木地板

1）定义

橡木又称为柞木、栎木，橡木地板是橡木经刨切加工后做成的实木地板或实木多层地板。

2）特性

由橡木加工而成的地板重而硬，强度高、韧性高、稳定性佳，花色品种多，纹理丰富、美丽，花纹自然，且冬暖夏凉，脚感舒适。

3）规格与价格

橡木地板的规格有450 mm×60 mm×16 mm、750 mm×60 mm×16 mm、900 mm×90 mm×18 mm、900 mm×120 mm×22 mm等多种，价格为250～350元/m²。

橡木地板 　　　　　　　　橡木地板纹理

左图：橡木地板质地浑厚，纹理层次丰富，装饰性强，可搭配各种风格的装修。

右图：橡木地板纹理颜色偏浅，纹理交错，适用于现代风格的室内环境中。

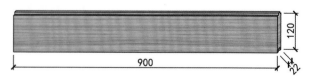

900 mm×120 mm×22 mm橡木地板

4）橡木地板的鉴别

（1）看表面花纹。橡木地板花纹比较独特，优质橡木地板表面纹理清晰，色泽透亮。

（2）看板材是否挺直。橡木地板在制作过程中，需要经历脱水这道工序，劣质橡木地板脱水后，会出现严重的弯曲变形。

看色泽与花纹　　　　　　　　　　观察截面纹理　　　　　　　　　　测量厚度

左图：将橡木地板置于光线充足的环境下，观察橡木地板表面色泽是否纯正，板面是否有杂斑、黑点等缺陷。

中图：观察板材四边是否平直，是否有弯曲或变形。优质品形状规整，截面木纹清晰，纹理真实。

右图：取三件以上橡木地板样品，对比观察板材四边企口是否平直，是否有弯曲或变形，优质品形状规整。用游标卡尺测量厚度应当与标称数据一致。

7.1.3　柚木地板

1）定义

柚木地板基材为柚木，柚木是唯一经海水浸蚀与阳光暴晒却不会发生弯曲、开裂的木材。

2）特性

柚木地板富含铁质、油质，能驱蛇、虫、鼠、蚁，稳定性好，经专业干燥处理后，尺寸稳定，是所有木材中干缩湿胀变形最小的一种。

柚木地板色泽明亮，装饰效果很不错，极耐磨，弹性也比较好，脚感舒适，是实木地板中的极品，具有防潮、防腐、防虫蛀、防酸碱的特点。

 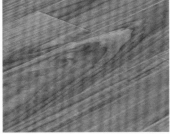

左图：柚木地板木质硬朗，经久耐用，纹理浑厚，色调高雅。

右图：柚木地板纹理对比较强，色彩偏暖，适用于各类空间。

柚木地板　　　　　　　　　　柚木地板纹理

3）规格与价格

柚木地板的规格有450 mm×60 mm×16 mm、750 mm×60 mm×16 mm、900 mm×90 mm×18 mm、900 mm×120 mm×22 mm等多种，价格为300～400元／m²。

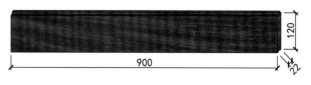

900 mm×120 mm×22 mm柚木地板

4）柚木地板的鉴别

（1）看纹理。真柚木地板有明显的墨线、油斑，假柚木地板或无墨线或墨线浅而散。

（2）用手摸。真柚木地板摸上去光滑，手感十分细腻，假柚木地板则触感粗糙。

（3）闻气味。真柚木地板会散发一种特有的香味。

（4）用水测试。柚木地板富含油质，当用纸巾擦干柚木地板上的水时，真柚木地板上的水不会渗入且表面光滑，水很容易就被擦干了，且不留痕迹；假柚木地板由于水已渗入且表面粗糙，水不容易被擦干，并留有纸屑。

看柚木地板的纹理　　　　触摸柚木地板　　　　闻柚木地板　　　　在柚木地板上滴水

左图：取一小块柚木地板样品，在光线充足的情况下仔细观察表面纹理，看纹理印记是否清晰、色泽是否亮丽等。

左中图：取柚木地板样品，用手触摸其表面，感受表面的光滑度（注意慢慢触摸，以免手被划伤）。

右中图：取少量柚木地板，嗅闻表面气味，优质品香味能给人十分舒服的感觉，假柚木地板无香味或有难闻气味。

右图：滴一滴水在柚木地板的无漆处，真柚木地板上的水呈珠状且不会渗入，假柚木地板上的则会渗入。

7.1.4　蚁木地板

1）定义

蚁木地板基材为蚁木，蚁木属约有30种商品材，主要分为重蚁木、红蚁木、白蚁木3类商品材，适宜制作普通、拼花、承重地板及细木工制品、枕木等。

2）特性

蚁木地板光泽度好、无特殊气味、材质硬、耐磨，抗压、抗弯强度高，耐腐蚀，甚至能抵抗白蚁、蠹虫等危害，蚁木旋切性能较好，刨面平滑，用腻子或其他填充剂后，涂饰性良好。

蚁木地板　　　　　　　蚁木地板纹理

左图：蚁木地板色彩深，质地厚重，纹理浑厚模糊，且不规则，有油性感。

右图：蚁木地板稳定性良好，木材耐磨，抗压强度高，承重性较好，适用于大部分室内空间铺装。

3）规格与价格

蚁木地板的规格有450 mm×60 mm×16 mm、750 mm×60 mm×16 mm、900 mm×90 mm×18 mm、900 mm×120 mm×22 mm等多种，价格为400~600元／m²。

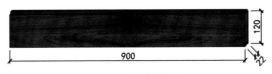

900 mm×120 mm×22 mm蚁木地板

4）蚁木地板的鉴别

（1）看材料构造。优质的蚁木地板结构稳定，连接紧密；而劣质的蚁木地板容易发生翘起现象。

（2）掂量重量。挑选蚁木地板，一定要掂量一下地板的重量，与其他的木地板相比，蚁木地板的重量要重许多。

 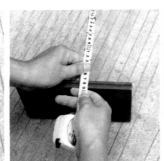 

表面质地　　　　　　平直度　　　　　　　　测量厚度　　　　　　　用砂纸打磨

左图：已经做好油漆的地板称为漆板，用手抚摸地板表面，应当光洁无任何凹凸感。

左中图：取蚁木地板样品，并横向进行刨切，仔细查看刨切面。优质品刨切面平滑，从侧面看企口凹槽平直无弯曲。

右中图：测量厚度，优质品厚度一致，无任何厚度差。

右图：采用砂纸打磨地板表面，优质品无明显划痕。

7.1.5　防腐木地板

1）定义

防腐木地板是指对木材进行特殊防腐处理，从而制成具有防腐性能的木地板。该地板是将防腐剂经真空加压压入木材，然后经200 ℃左右高温处理，使其具有防腐烂、防白蚁、防真菌的性能。防腐木地板主要用于庭院施工，是阳台、庭院等户外木地板、木栈道及其他木质构造的首选材料。

樟子松防腐木　　　　　　　樟子松碳化防腐木

左图：经过防腐剂浸泡的樟子松纹理更清晰，木纹颜色偏绿，具有较好的防腐效果。

右图：对经过防腐处理的樟子松进行高温烘烤，使其表面碳化，从而具有复古风格。

2）特性

（1）抑菌。我国防腐木的主要原材料是樟子松，樟子松树质细、纹理直，经过防腐处理后，能够有效地防止霉菌、白蚁、微生物等的侵蚀，并能有效抑制木材含水率的变化，减少木材的开裂程度。

（2）绿色、环保。炭化木也是防腐木地板的重要材料，这是一种未经防腐剂处理的防腐木，被称为深度炭化木。它是将木材的有效营养成分炭化，通过切断腐朽菌生存的营养链进而达到防腐的目的，是绿色环保材料。

（3）装饰效果强。防腐木的颜色多呈黄绿色、蜂蜜色或褐色，其板面易于上涂料及着色，根据设计要求，可以达到美轮美奂的装饰效果。

防腐木地板　　　　防腐木花架

左图：防腐木地板具有良好的亲水效果，能在各种户外气候的环境中使用15～50年。色彩较深或偏褐色的防腐木，大多为防腐溶剂浸泡过的产品，对人体有一定的危害，通常用于室外。

右图：防腐木地板可以用于花池制作，色彩较浅。颜色接近原色木纹的防腐木大多为中高档产品，可用于花室内外花池等构造。

3）规格与价格

防腐木地板的规格有450 mm×60 mm×16 mm、750 mm×60 mm×16 mm、900 mm×90 mm×18 mm、900 mm×120 mm×22 mm等多种，价格为150～200元／m²。

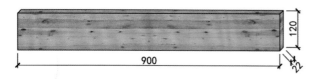

120

900

22

900 mm×120 mm×22 mm原木色防腐木地板

4）防腐木地板的鉴别

（1）看载药量。选购防腐木产品时不能只看颜色和外表，还应着重看防腐剂药量与渗透深度。防腐木地板如果用在户外，但不接触地面，那么防腐剂需大于或等于4 kg / m³，渗透深度应大于或等于85%；如果用在户外，接触地面或浸在淡水中，则防腐剂需大于或等于9.6 kg / m³，渗透深度应大于或等于95%。

（2）看加工质量。优质防腐木地板整体比较规整，板材尺寸基本没有误差，刨切面也比较平滑、自然，触感良好。

看表面　　　　　　　看侧面　　　　　　　测量厚度　　　　　　浸泡测试

左图：优质防腐木地板表面木纹色彩偏灰绿，表明经过了防腐药水浸泡，表面平整，纹理清晰。

左中图：取防腐木地板样品，并横向进行刨切，仔细察看刨切面与侧面。优质品的刨切面比较平滑。

右中图：用游标卡尺测量板材多个部位的厚度，整体尺寸误差应为0.5~1 mm。

右图：将板材样品一半浸泡在水中。24h后察看，优质品浸泡部位与未浸泡部位应当一致，肉眼看上去应无明显变化。

7.2　复合地板

7.2.1　实木复合地板

1）定义

实木复合地板是以珍贵木材或木材中的优质部分与其他装饰性强的材料作表层，材质较差或成本低廉的竹、木材料作中层或底层，经高温、高压制成的多层结构地板。

2）特性

实木复合地板质量稳定，不容易损坏，板面纹理自然，脚感舒适，且容易清洁，安装也比较简单，在一定程度上克服了实木地板因湿气而出现干缩的缺点，是兼具环保性与装饰性的优质地面装饰材料。

底层
中间层
表层

实木复合地板构造示意图

左图：现代实木复合地板主要分3层，由3层不同的木材黏合制成。表层使用硬质木材，如榉木、桦木、柞木、樱桃木、水曲柳等；中间层由普通软质木板条组成；底层为旋切单板。

右图：实木复合地板具有较好的地热适应性能，能适当调节室内的湿度与温度，可用于地热采暖环境中，但这种地板的耐磨性不高，且经水泡损坏后不可修复，使用时需注意。

实木复合地板　　　　　　　实木复合地板铺装

3）规格与价格

实木复合地板厚度为12 mm或15 mm，规格有800 mm×200 mm×15 mm、910 mm×120 mm×15 mm、1 200 mm×150 mm×15 mm、1 800 mm×300 mm×15 mm等多种，价格要比实木地板低，厚15 mm的中档产品的价格为200～400元／m²。

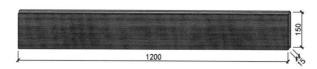

1 200 mm×150 mm×15 mm实木复合地板

4）实木复合地板的鉴别

（1）观察表层厚度。实木复合地板的表层厚度决定其使用寿命，表层板材越厚，耐磨损的时间就越长。进口优质实木复合地板的表层厚度多在4 mm以上。

（2）检查规格。可以用尺子实测或与不同品种相比较，拼合后观察实木复合地板的榫槽结合是否严密，结合的松紧程度如何，拼接表面是否平整等。

左图：在光线充足的条件下观察实木复合地板，仔细观察其表层材质与四周榫槽是否有缺损，优质品应当完好无损。

右图：取实木复合地板样品，观察榫槽的结合情况。优质品榫槽结合紧密，拼接表面也十分平整。

观察实木复合地板外观　　　观察实木复合地板榫槽结合度

7.2.2 强化复合地板

1）定义

强化复合地板由多层不同材料复合而成，其主要复合层从上至下依次为强化耐磨层、着色印刷层、高密度板层、防震缓冲层、防潮树脂层。

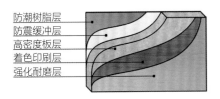

防潮树脂层
防震缓冲层
高密度板层
着色印刷层
强化耐磨层

强化复合地板构造示意图

2）特性

强化复合地板具有较好的尺寸稳定性与耐磨性，且其内结合强度、表面胶合强度、冲击韧性等都较好，表面耐磨度为普通油漆木地板的10～30倍。该地板表面着色印刷层为饰面贴纸，纹理色彩丰富，设计感较强；防震缓冲层及防潮树脂层垫置在高密度板层下方，能防潮、防磨损，能起到保护基层板的作用。

强化复合地板铺装效果

上图：强化复合地板具有良好的耐污染、耐腐蚀、抗紫外线、耐香烟灼烧等性能，板材表面不透水、不渗水，纹理交错，适合地面铺装。

左图：强化复合地板安装、维护简单，多采用悬浮法铺装，地板下铺泡沫防潮，施工效率较高。注意安装时缝隙一定要对接紧密，边缘处需做封蜡处理。

强化复合地板安装

3）规格与价格

强化复合地板的常见规格长度为900～1 500 mm，宽度为180～350 mm，厚度为8～18 mm，强度复合地板越厚，价格越高。目前市场上销售的复合木地板以厚度为12 mm的居多，价格为80～120元／m²。

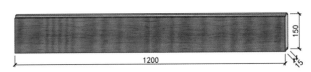

150
1200
15

1 200 mm×150 mm×12 mm强化复合地板

4）强化复合地板的鉴别

（1）检测耐磨转数。耐磨转数是衡量强化复合地板质量的一项重要指标，通常耐磨转数越高，地板使用的时间就越长。强化复合地板的耐磨转数达到1万转的为优等品，不足1万转的产品，在使用1～3年后就可能出现不同程度的磨损现象。

（2）观察表面光洁度。优质品表面光洁无毛刺，背面有防潮层，且拼装后企口整齐、严密。

（3）察看地板厚度与重量。强化复合地板的厚度越高，使用寿命会越长；强化复合地板的重量主要取决于其基材的密度，基材决定着地板的稳定性、抗冲击性等诸项指标，基材越好，密度越高，地板也就越重。

（4）了解产品的配套材料。在购买过程中需要察看产品质量合格证书与检验报告，如甲醛含量，根据E1级环保标准，地板甲醛含量应在0.5～1.5 mg/L之间，如果大于1.5 mg/L则属于不合格产品。

用砂纸打磨强化复合地板　　　触摸强化复合地板　　　强化复合地板背部防潮树脂层

左图：用0号砂纸在强化复合地板表面反复打磨约50次，如果没有褪色或磨花，则说明该地板质量不错。

中图：取强化复合地板样品，用手平抚地板表面，有粗糙感与刺痛感的为劣质品。

右图：强化复合地板背部有防潮树脂层，防潮树脂层与面板贴合紧密，且沾水不轻易脱落的为优质品。

强化复合地板侧面企口　　　强化复合地板预拼接

左图：仔细观察强化复合地板的侧面企口。优质品的侧面企口细密、平整，用手触碰也不会有刺痛感。

右图：取两件强化复合地板样品，将其拼接在一起，优质品拼接后不存在缝隙，且表面平整，无凹凸感。

7.2.3 竹木地板

1）定义

竹木地板是竹材与木材的复合物，这种地板的芯材多为杉木、樟木等木材，比较适用于住宅、办公场所的地面铺装。

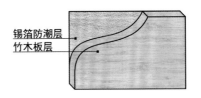

竹木地板构造示意图

2）特性

竹材的干缩湿胀小，尺寸稳定性高，因而竹地板不易变形、开裂，同时竹材的耐磨性比木材好。

竹木地板外观自然、清新，表面纹理细腻，防潮、防湿、防蛀、隔声，且竹材的组织结构细密，材质坚硬，具有较好的弹性，脚感舒适，结实耐用，铺装后自然大方。

竹木地板细节　　　　竹木地板铺装效果

左图：竹木地板所使用的竹材纹理通直、有规律，竹节上还有点状放射性花纹，经过硝酸浸泡后，色彩会逐渐变深。

右图：优质的竹木地板表面纹理清晰，且色调深浅有序，装饰效果很好。

小贴士

正确保养竹木地板

（1）保持通风。保持室内通风，既可以使竹木地板中的化学物质加速挥发，又可以使室内的潮湿空气与室外的空气进行交换。

（2）避免暴晒或雨淋。阳光或雨水直接从窗户进入室内会对竹木地板产生危害。阳光会加速竹木地板的漆面老化，引起地板干缩、开裂；而被雨水淋湿后，竹材吸收水分也会令竹木地板出现膨胀变形、发霉等状况。

（3）避免损坏表面。竹木地板的漆面既是地板的装饰层，又是竹木地板的保护层，应该避免硬物的撞击或划伤。

（4）正确的清洁打理。应经常清洁竹木地板，可先用干净的扫帚将灰尘与杂物扫净，再用拧干水的抹布擦拭，注意不能用湿漉漉的抹布或拖把清洁竹木地板。

3）规格与价格

竹木地板规格有 750 mm × 60 mm × 18 mm、750 mm × 90 mm × 18 mm、900 mm × 90 mm × 22 mm、1800 mm × 90 mm × 22 mm 等多种，价格介于实木地板与强化复合地板之间，厚 18 mm 的中档产品价格为 200 ~ 300 元 / m²。

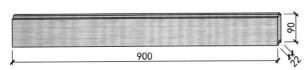

900 mm × 90 mm × 22 mm 竹木地板

4）竹木地板的鉴别

（1）看品种。楠竹较其他竹类纤维坚硬密实，抗压、抗弯强度高，耐磨，不易吸潮、韧性好、伸缩性小。

（2）看外观。由于竹木地板是绿色的自然产品，表面带有毛细孔，存在因吸潮而引发变形的情况，因此必须将四周全部封漆，并粘贴防潮层，但正常顺弯的地板不会影响使用质量，安装时可自动整平。

（3）看含水率。由于各地的湿度不同，竹木地板的含水率标准也不一样。含水率直接影响到地板是否会生虫、霉变，选购竹木地板时应该强调防虫、防霉。

（4）看胶合技术。竹木地板经高温、高压胶合而成，市场上有的厂家与个体户利用手工压制或简易机械压制制作竹木地板，这种地板的施胶质量无法保证。

（5）查看产品资料。根据国家有关规定，正规的竹木地板应该有一套完整的产品资料，包括生产厂家、品牌、产品标准、检验等级、使用说明、售后服务等资料。

观察外观 　　　　　 胶合技术

左图：在光线充足处观察竹木地板六面是否封漆。封漆既能有效避免水渍渗透到竹木地板中，也能有效减少蛀虫的滋生。

右图：取竹木地板样品，刨切后观察截面是否有脱胶、开裂等现象。优质品胶合紧密，不会轻易开裂。

左图：优质竹木地板不仅有环保认证，同时产品信息资料也十分齐全，产品标签上的字迹也十分清晰，背后有锡箔防潮层。

背面贴膜

7.2.4　塑木地板

1）定义

塑木地板又称为木塑地板，它是以木材为基础材料，与热塑性高分子材料、加工助剂等材料均匀混合后，经模具设备加热挤出成型的高科技绿色环保材料。以往塑木地板多被用于室外景观装饰，如今也有用于住宅阳台、入户花园、公共空间或室内。这种绿色环保材料正在逐渐替代实木材料，进入室内装饰领域。

实心地板　　　　　　 空心地板

左图：实心型塑木板材厚度较薄，多用于室内空间墙面、地面的铺装，采用结构胶粘贴或螺钉固定即可。

右图：空心型塑木板材较厚，多用于室外地面铺装，具有一定的弹性。

左图：将实心型塑木地板集中安装在PVC底框上，形成方块组合造型，方便快速安装，适用于室内卫生间、阳台地面的铺装。

集成块状塑木地板

2）特性

塑木地板具有不腐烂、不变形、不龟裂、防虫害、防火、无须维护等优点，可抗85℃高温和-40℃的低温。塑木地板具有天然木材的外观、质感。比天然木材的尺寸稳定性好，无木材节疤，表面无须二次淋漆亦可长久保新、不褪色。塑木地板具有木材的二次加工性，如可锯、可刨、黏结、用钉子或螺钉固定，各种型材规范标准，施工安装快捷方便，还能达到循环利用，是低碳环保材料。

露台塑木地板铺装　　　　　　景观水榭平台塑木地板铺装　　　　室内地面铺装

左图：地面铺装需要制作钢结构基础骨架，用螺钉将塑木地板固定在骨架上。

中图：塑木地板可用于水面造景中，用以增加水体面积。在水中制作基础骨架，把地板铺装在水面上。

右图：集成块状塑木地板无须基础龙骨，直接将其铺装在室内地面上即可。板材下部的框架具有锁扣结构，方便安装固定。

3）规格与价格

塑木地板是一种新型产品，各厂家提供的规格可能不同，长度有1 200 mm、1 500 mm、2 100 mm，宽度有120 mm、150 mm、200 mm，实心板厚度为15 mm、18 mm、20 mm，空心板厚度为20 mm、25 mm、30 mm，厚25 mm的中档产品的价格为80～100元／m²。

1 200 mm×120 mm×18 mm实心塑木地板

1 500 mm×150 mm×25 mm空心塑木地板

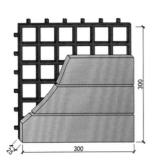

集成块状塑木地板构造示意图

4）塑木地板的鉴别

（1）看外观。优质塑木地板外观整齐统一，由于木质原料不同，因此在色彩深浅、木材纹理上存在一定的差异是正常现象。优质塑木地板平整度很高，从侧面看无明显凹凸形态。

（2）闻气味。塑木地板为E1级环保材料，甲醛释放量不应大于1.5 mg／L，可查看包装说明。可将地板取出，仔细闻是否有刺激性气味。

看表面　　　　　　　看截断面　　　　　　　测量宽度　　　　　　　测量厚度

左图：板材表面具有规则统一的压纹，形态标准，视觉效果统一，具有良好的防滑功能。

左中图：采用切割机裁切板材，截断面外部形态统一，空腔形态规整，截断面中无杂色。

右中图：用卷尺测量板材宽度，需要符合产品标称数据。

右图：用游标卡尺测量板材厚度，不应小于22 mm，空腔壁厚不小于6 mm。

7.2.5　塑料地板

1）定义

塑料地板是以高分子化合物为原料制成的地板覆盖材料，目前使用最广的塑料地板的基本原料为聚氯乙烯（PVC）。这种地板有块材与卷材之分：前者为硬质或半硬质地板，质量可靠，颜色有单色和拉花两个品种，其厚度大于5 mm；后者为软质地板，能规避混凝土地面的冷、硬、灰、潮、响的缺点，装饰效果好，脚感舒适。采用不燃塑料制造，不易引起火灾。

2）特性

塑料地板质量较轻，无毒无害，阻燃性、自熄性、耐磨性等都较好，其表面密度高，防水、防滑、防潮、防虫蛀、耐腐蚀，且易于保养、易擦洗、易干、使用寿命长，平常用蘸清水的拖把擦洗即可，若遇污渍，用橡皮擦或稀料擦拭即可。

塑料地板　　　　　　　塑料地板铺装效果

左图：塑料地板表面覆盖有0.2～0.8 mm厚的高分子特殊材质，耐磨程度高，导热保暖性好，散热均匀，适用于有地暖的房间。

右图：质量颇轻的塑料地板最适合高层建筑住宅室内装修，它能减轻建筑的承重，不仅搬运方便，而且安全性也较高。用于会客区的卷材产品厚度应当在3 mm以上，且需具有一定的弹性。

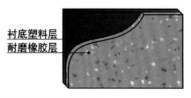

衬底塑料层
耐磨橡胶层

塑料地板构造示意图

3）规格与价格

常见的块材塑料地板的厚度为1.8～3 mm，规格有450 mm×450 mm、500 mm×500 mm、600 mm×600 mm等多种。软质卷材塑料地板大多成卷销售，产品宽度为1.8～3.6 m，10m／卷，也可以根据实际的使用面积裁切销售，平均价格为15～20元／m²。

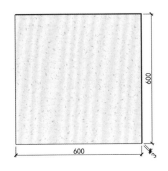

600 mm×600 mm×3 mm块材塑料地板

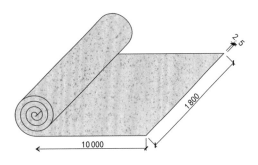

10 000 mm×1 800 mm×2.5 mm弹性卷材塑料地板

4）塑料地板的鉴别

（1）看表面花纹。优质塑料地板的表面应平整、光滑、周边方正，表面花纹完整、清晰，色泽一致，切口整齐。

（2）看弹性。弹性的大小影响着塑料地板的后期使用，优质塑料地板能够在长期荷载状态下依旧保持较好的弹性。

（3）看耐磨耗性。耐磨耗性是塑料地板性能的重要指标之一，可以采用360号砂纸在塑料地板表面反复打磨10～20次，若表面无褪色或划痕，则该塑料地板为合格品。

（4）看阻燃性。塑料在空气中加热容易燃烧、冒烟、熔融滴落，甚至会产生有毒气体。应该选用阻燃、自熄性较好的塑料地板。

观察塑料地板外观

测试塑料地板弹性

测量厚度

燃烧塑料地板

左图：在光线充足处仔细观察，优质品在600 mm的距离外目测不会有凹凸不平、压痕、折印及光泽与色调不匀等现象。

左中图：取塑料地板样品，用螺丝刀以适当力度按压其表面，注意凹陷处恢复至原状所耗的时间，优质品很快便可恢复原状。

右中图：用游标卡尺测量地板厚度，不应小于2 mm。

右图：用打火机点燃塑料地板的边角，优质品火焰离开后会自动熄灭。

7.2.6 防静电地板

1）定义

防静电地板又称为耗散静电地板，当它接地或连接到任意较低电位点时，能使电荷耗散。防静电地板由基材和贴面材料组成，其中基材有钢、铝合金、刨花板、硫酸钙等；贴面材料有防静电瓷砖、三聚氰胺防火板（HPL）、聚氯乙烯（PVC）板等。防静电地板安装后要从地板主体框架上引出导线接地，否则起不到防静电的作用。

2）特性

防静电地板主要有以下几种：

（1）防静电瓷砖地板。采用防静电瓷砖作为面层，基层材料为复合全钢地板或水泥刨花板，四周以导电胶条封边加工而成。具有防静电性能稳定、环保、防火、防水、防潮、耐磨、寿命长（使用寿命在20年以上）、高承载（载荷量在1 200 kg／m²以上）、装饰效果好等优点，适用于各类机房。但是地板自身较重，每块达10 kg以上，对楼板承重有一定的要求，安装时要花费时间调整表面平整度。

（2）全钢防静电地板。这是目前的主流产品，以高耐磨的三聚氰胺防火板（HPL）或聚氯乙烯（PVC）板为面层，采用钢板结构做基材，搭配外框胶条。这种地板施工方便，安装后也不会存在缝隙问题，更换方便，只是面层材料不耐磨、寿命短，容易起皮翘角，使用寿命在10年左右。

（3）铝合金型防静电地板。采用优质铸铝型材，经拉伸成型，面层为三聚氰胺防火板（HPL）或聚氯乙烯（PVC）板贴面，基材永不生锈，但是成本较高。

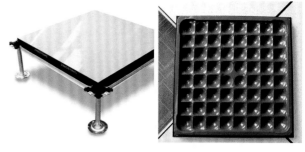

防静电瓷砖地板　　　　　全钢防静电地板

左图：防静电瓷砖地板表面平整度高，板材下部的支架调平较复杂。

右图：全钢防静电地板背后为钢板，内部为刨花板或水泥，表面为三聚氰胺防火板（HPL）或聚氯乙烯（PVC）板，安装快捷简便。

铝合金型防静电地板

左图：铝合金型防静电地板多被加工成多孔造型，具有散热通风功能，适用于电器设备较多的机房、控制室。

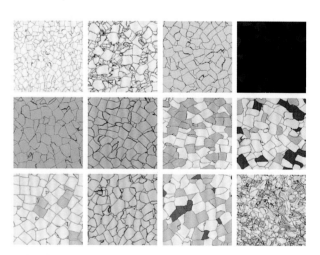

全钢防静电地板样式

上图：全钢防静电地板的表面纹理色彩较多，它是在三聚氰胺防火板（HPL）或聚氯乙烯（PVC）板表面印刷而成的，这种浅灰色仿石裂纹图案的全钢防静电地板最初被用于大型计算机室，能与室内装饰环境保持一致。

防静电地板安装   防静电地板搭配安装

左图：防静电地板底座高度可以调整，一般为150~250 mm，过高的底座支架需要定制加工。底座支架需要连接导线后集中接地。

右图：在摆放电器设备的部位，地面安装带孔铝合金地板，其他部位的地面都安装全钢防静电地板，这样综合成本会降低。

3）规格与价格

防静电地板均为方框单元，长宽规格主要为600 mm×600 mm，少数定制产品有800 mm×800 mm，板材厚度多为22~35 mm，产品的销售价格为综合价格，包含底座支架、板材、安装运输等。防静电瓷砖地板为160~200元/m²，全钢防静电地板为130~150元/m²，铝合金型防静电地板为250~300元/m²。

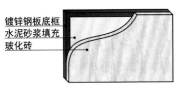

防静电瓷砖地板构造示意图

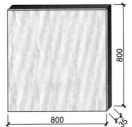

800 mm×800 mm×35 mm
防静电瓷砖地板

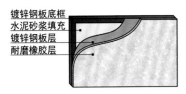

全钢防静电地板构造示意图

600 mm×600 mm×30 mm
全钢防静电地板

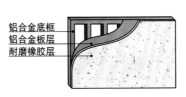

铝合金型防静电地板构造示意图

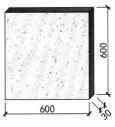

600 mm×600 mm×30 mm
铝合金型防静电地板

4）防静电地板的鉴别

（1）看外观。优质防静电地板色泽鲜艳，花纹细腻，边缘封闭紧密，边条无脱落、开裂，外观整齐统一，板材背面形态统一。

（2）闻气味。塑木地板为E1级材料，甲醛释放量不应大于1.0 mg/L，可查看产品说明书。可将地板取出，仔细闻是否有刺激性气味。

（3）用砂纸打磨。用砂纸打磨防静电地板表面，优质品应无明显划痕。

边缘细节   看底部封板造型

左图：优质防静电地板表面平整，边缘采用聚氯乙烯（PVC）材料锁边，严实紧密。

右图：底部金属壳体厚实，内凹造型均匀统一。

 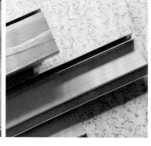

看支架材质　　　　　看配套踢脚线

左图：底部安装的支架型材为镀锌钢管，型材厚度不小于1.2 mm，立柱型材厚度不低于1.5 mm。

右图：防静电地板多搭配铝合金踢脚线，踢脚线型材的厚度不小于1.2 mm。

7.2.7　石墨烯地板

1）定义

石墨烯是由碳原子组成的二维晶体材料，具有强度高、韧性大、重量轻、导热性好等特点。石墨烯地板是将石墨烯材料置于实木或复合地板中，通电后地板产生热量并向室内释放，热量损耗低。每块地板都是单独的发热体，地板与地板之间采用并联的方式连接，最后汇总到主线上即可。

石墨烯原料　　　　　石墨烯发热片　　　　　石墨烯强化复合木地板　　　接线端子

左图：石墨烯是一种由碳原子紧密堆积成单层二维蜂窝状晶格结构的材料，具有优异的光学、电学、力学性能。

左中图：石墨烯发热片需要通电发热，发热片两端电极通电后，电热片中碳分子相互摩擦、碰撞产生热能，并以远红外线的形式均匀地辐射出来。

右中图：将石墨烯发热片叠加在木地板中，就能让普通地板变成自发热地板，安装时要在底部铺装铝箔热反射膜。

右图：石墨烯地板背后有接线端子，相邻地板之间连接后要集中供电。

2）特性

石墨烯地板通电后，能将电能转化为热能。石墨烯具有非常好的热传导性能，能让人体从脚到头都处于舒适的温度中；而且通过产生远红外波，起到扩张人体毛细血管、加速血液流动的保健作用。

通电15min后，地板温度就能达到舒适温度，石墨烯地板里的发热芯片完全防水、绝缘、防潮，寿命更长达50年之久。石墨烯发热片可搭配的地板材料多样，色彩纹理可选择空间大，安装方式与普通复合木地板相同，方便快捷。

  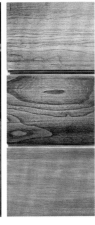

石墨烯强化复合地板　　　　　　　　　　　石墨烯实木复合地板　　　　　　石墨烯实木复合地板样式

左图：石墨烯强化复合地板铺装后表面与普通地板无异，多采用优质高密度纤维板为基础材料，以防发热后有膨胀、挤压、开裂等问题。

中图：石墨烯实木复合地板表面为实木材质，多采用柚木、蚁木等高密度木材，防止加热后缩胀变形。

右图：石墨烯地板属于新型地板材料，可供选择的色彩纹理不多，但是款式比较时尚。

3）规格与价格

石墨烯地板的规格与强化复合地板相当，长度为900～1 500 mm，宽度为150～300 mm，厚度为12～15 mm，能耗为0.03kWh/m²，价格为180～250元／m²。

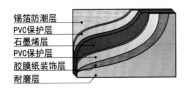 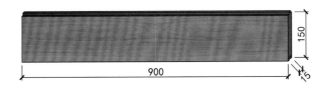

石墨烯地板构造示意图　　　　　　　　　　900 mm × 150 mm × 15 mm石墨烯地板

4）石墨烯地板的鉴别

（1）看外观。由于石墨烯地板是在传统实木地板、实木复合地板、强化复合地板的基础上改进而来的，因此地板的外观应符合上述地板的质量要求。石墨烯地板的质量主要还是看厂家和品牌，仔细阅读产品说明书，能耗环保等级应为1级~2级。

（2）看芯材。石墨烯发热片不是电阻丝发热，内部应无任何线类辅材，而是在发热碳浆中添加石墨烯，通过水相成膜技术制备而成。片状的石墨烯发热产品防水防浸，但裸露在地板之间的导线端口除外。

石墨烯强化复合地板　　　　石墨烯发热片

左图：注重产品的外观质量，同时要兼顾配套电器设备的质量，优质产品应当工艺精湛，配套开关设备不应是贴牌或兼容的产品。

右图：关注石墨烯发热片，察看商家提供的展示样板，导线位于发热片两侧，中间为石墨烯，整体构造紧密细腻。

7.3　地板辅料

7.3.1　踢脚线

1）定义

踢脚线是指在脚踢得着的墙面区域安装的条形材料。踢脚线的线形感觉及材质、色彩等在室内与其他装饰元素相互呼应，可以起到较好的美化装饰效果。

2）踢脚线种类

（1）木踢脚线。木踢脚线有实木踢脚线和密度板踢脚线，其中实木踢脚线成本较高，装饰效果较好，安装时要注意气候变化后可能产生的起拱现象。

（2）PVC踢脚线。PVC踢脚线是木踢脚的便宜替代品，外观为PVC贴皮饰面，用贴皮呈现出不同的木纹或色彩，价格低廉，但贴皮层可能会脱落。

（3）PS高分子踢脚线。其为高分子材质，表面使用木色或大理石纹理来装饰。

（4）不锈钢踢脚线。不锈钢踢脚线只适用于现代风格的装修中，饰面材质为金属本色，它光洁、平滑、坚硬不变形，安装时需要将其PVC板或胶合板做基础，用结构胶将其粘贴在基层板上。

表层烤漆　　　内部实木

木踢脚线　　　　　　PVC踢脚线　　　　　　PS高分子踢脚线　　　　　不锈钢踢脚线

左图：木踢脚线容易施工，装饰效果也比较好，且与墙面缝隙小，能防潮。

左中图：PVC踢脚线价格比较便宜，色彩和花纹都比较丰富，但容易碎裂，日常损耗较大。它整体铸造成型，表面覆膜。

右中图：PS高分子踢脚线具有很强的抗压能力，比较防水、耐磨，表面处理档次高，成本高于PVC踢脚线和密度板踢脚线。

右图：不锈钢踢脚线厚度应达到1.0 mm以上，成本非常高，安装也比较复杂，但经久耐用，几乎不需要任何维护。

（5）铝合金踢脚线。铝合金踢脚线的价格比不锈钢踢脚线低，安装简单方便，大多用于现代风格的空间，表面质地柔和细腻，色彩多样。

（6）人造石踢脚线。人造石踢脚线能在其中添加各种石粉和色料，色彩、纹理丰富，长尺寸人造石踢脚线在施工现场能做到无缝拼接，没有疤痕印记。

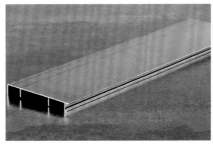

铝合金踢脚线　　　　　　　　人造石踢脚线

左图：铝合金踢脚线硬度比较高，耐磨性能也比其他材质的踢脚线要好，使用率较高，安装时需要装基础构件进行固定。

右图：花色品种多，强度适中。人造石踢脚线的原料主要是天然石粉聚酯树脂、颜料和氢氧化铝，对人体无害。

3）踢脚线特性

踢脚线能更好地使墙体和地面结合牢固，减少墙体变形，避免外力碰撞对墙体造成破坏。除此之外，踢脚线还有装饰功能，且容易擦洗。踢脚线出墙厚度为10～20 mm，高度为60～120 mm。

4）踢脚线的鉴别

（1）检查踢脚线的环保性和抗压变形性，确定其受季节、气候的影响小，材质有韧性，有一定的弯曲度，不会因受到外力而破裂。

（2）根据墙面造型与地面材质选择与之配套的踢脚线，用砂纸对踢脚线进行打磨，不会被轻易磨花的为优质品。

7.3.2 地板钉

1）定义

地板钉又称为麻花钉，是在常规圆钉的基础上，将钉子的杆身加工成较圆滑的螺旋状，使它在钉入时具有较强的摩擦力。

2）地板钉特性

地板钉的规格一般为 $\phi 2.1 \sim \phi 4.1\,mm$，长度为 $38 \sim 100\,mm$ 不等，其中长度 $38\,mm$ 与 $50\,mm$ 的地板钉最常用，地板钉适用于不同规格的地板、木龙骨或安装构造。地板钉的价格与普通圆钉相当，不锈钢地板钉的价格要贵1倍。

镀锌地板钉

上图：地板钉适用于各种实木地板、竹木地板的安装，需要架设木龙骨安装的复合木地板也可以使用，镀锌地板钉的防锈性能较好。螺纹较浅的地板钉能与地板很好地结合，由此产生强大的附着力来提高牢固度。

3）地板钉的鉴别

（1）观察地板钉的包装是否有防锈处理，优质产品的包装盒内侧应该覆有一层塑料薄膜，或在内部采用塑料袋套装。

（2）打开包装，地板钉表面应略有油脂，用于防锈，色泽应该比较透亮，捏在手中不会有红色或褐色油迹。

（3）观察多枚地板钉的钉尖形态抗是否一致，还可以用铁锤敲击地板钉，检查它是否容易变形或弯曲。

7.3.3 装饰线条

1）定义

装饰线条是地板与墙面构造中必不可少的配件材料。其主要用于划分墙、地面界面，层次界面，地面造型的收口封边。从材料上分为实木装饰线条与复合装饰木线条，从形态上又分为平板装饰线条、圆角装饰线条、槽板装饰线条等。

2）装饰线条种类

（1）实木装饰线条。实木装饰线条是由车床将中高档原木挤压、裁切、雕琢而成的，主要用于地板收口、门窗套、家具边角、家具台面等构造上。实木装饰线条一般以宽度来区分应用部位，宽度为 $10 \sim 80\,mm$，厚度应大于 $3\,mm$，长度为 $1800 \sim 3600\,mm$。实木装饰线条的含水率须控制在 $11\% \sim 12\%$ 之间。

实木装饰线条　　　　　　　　实木装饰线条门套

左图：实木线条纹理自然、浑厚，名贵的木材配合同类薄木装饰面板使用时，装饰效果浑然一体，但成本颇高。木材品种多样，名贵树种的木材厚度较薄，价格高，需要定制生产。

右图：实木装饰线条适用于实木门门套，门套线条应压在地板之上，但是门套与地板不能完全接触，要保留 $5\,mm$ 的缝隙用于防潮。门套使用钉接与胶水粘贴结合，转角处需经过精密旋切。

（2）复合木装饰线条。复合木装饰线条是以中密度纤维板为基材，表面通过贴塑、喷涂等工艺形成丰富的装饰色彩，一般用于复合地板和装饰构造的收边封口。可以用肉眼观其平直程度，表面必须相同，若不相同，则可能已经因吸潮而变形。

PVC覆膜层　　　高密度纤维板

左图：复合木装饰线条表面光洁，手感光滑，质感好。每根装饰线条应色彩均匀，没有霉点、虫眼及污迹。

复合木装饰线条

左图：复合木装饰线条可用于楼梯踏板处，要注意装饰表层是否黏结牢固，是否有色差。转角台阶处采用铝合金边条覆盖。

复合木装饰线条应用

3）装饰线条特性

（1）装饰线条可以强化结构造型，增强装饰效果，突出装饰特色，部分装饰线条还可起到连接、固定的作用。

（2）木质装饰线条造型丰富，可塑性强，制作成本低廉。

4）装饰线条的鉴别

（1）看表面。优质的装饰线条表面应光滑平整，无毛刺，质感也比较好；而劣质的装饰线条可能有扭曲和斜弯的现象。

（2）看色彩。看表面色彩是否均匀，漆面是否光洁，有无霉点，是否有开裂、腐朽和虫眼等现象。

（3）触感。触摸装饰线条，摸上去不会扎手，不会有毛刺的属于优质品，通过触摸还能感觉到表面是否平滑。

（4）看工艺。装饰线条加工工艺的优劣，对最终形态有直接影响，可以通过检测尺寸的精确性来判断产品的伪劣。

7.3.4　地垫

1）定义

地垫是地板与地面之间的隔层。

2）地垫特性

地垫主要起到防潮、减震、静音、平衡的作用。

PVC地垫　　　　　　　　铝膜防潮地垫

左图：PVC地垫拥有良好的防水、防潮性能，将其铺装于地板下面，一定程度上可以增加地板的使用寿命。普通防潮垫具有防水减震功能，厚度为5 mm左右。

右图：地垫种类繁多，铝膜防潮垫是其中一种，具有保温功能，厚度为6 mm以上，适用于地暖地面的铺装。

3）地垫的鉴别

（1）看韧性。优质地垫的韧性很好，双手无法轻易将其撕裂。

（2）看紧密度。要注意铝膜防潮地垫表面的铝膜和塑料膜黏结是否紧密，优质产品的铝膜是不会容易脱落的。

（3）看厚度。地垫并非越厚越好，一般2～3 mm厚即可，地垫太厚，会导致地板起拱变形。

第 **8** 章

壁纸

核心概念：壁纸分类、壁纸辅料配件、壁纸施工。

章节导读：壁纸是装修后期的重要材料，能体现出装修的质感与档次，也能展现使用者的品位。壁纸的生产原料多种多样，质地丰富，因而价格差距也很大。选用壁纸时不仅要根据空间使用者审美喜好来选择壁纸的花纹、色彩，还要注意识别壁纸的质量。

普通塑料壁纸

壁纸能完全改变室内空间的氛围，有意想不到的装饰效果。只有熟悉壁纸的各种图样、材质，才能在设计、施工中游刃有余。

8.1 壁纸主材

8.1.1 塑料壁纸

1）定义

塑料壁纸是目前生产和销售量最大的壁纸，它是以优质木浆纸为基层，以聚氯乙烯（PVC）塑料为面层，经过印刷、压花、发泡等工序加工而成。

2）特性

塑料壁纸具有一定的伸缩性、韧性、耐磨性、耐酸碱性，其抗拉强度高，耐潮湿，吸声、隔热，美观大方，这类壁纸拥有丰富的色彩与花纹，平整性、粘贴性、耐光性等也较好，可用于客厅、餐厅、卧室等空间的墙面装饰。

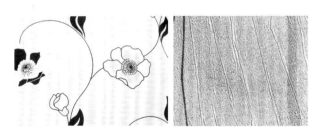

普通塑料壁纸　　　　塑料发泡壁纸

左图：普通塑料壁纸适用面广，价格低廉，该壁纸是以80~100g／m²的纸张作基材，涂有100g／m²左右的PVC塑料，经印花、压花而成。

右图：塑料发泡壁纸图案逼真，立体感强，是以100~150 g／m²的纸张作基材，涂有300~400g／m²掺有发泡剂的PVC糊状树脂，经印花后再加热发泡而成。

塑料壁纸样式展示

左图：塑料壁纸款式多样，可选余地大，需要在实体样板间仔细挑选，比较不同纹理、图案壁纸的差异性。

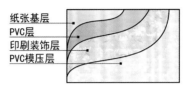

纸张基层
PVC层
印刷装饰层
PVC模压层

塑料壁纸构造示意图

3）规格与价格

塑料壁纸的常见规格有：幅宽510 mm，长10 m，每卷为5.1 m²的窄幅小卷；幅宽760 mm，长10 m，每卷为7.6 m²的中幅中卷；幅宽920 mm，长20 m，每卷18.4 m²的宽幅大卷。幅宽510 mm的塑料壁纸的价格为30~150元／卷，每卷可铺装5 m²左右。按铺装面积计算，价格为6~30元／m²。

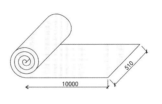

幅宽510 mm小卷塑料壁纸

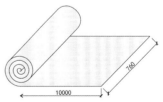

幅宽760 mm中卷塑料壁纸

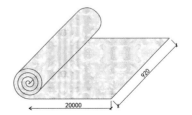

幅宽920 mm大卷塑料壁纸

4）塑料壁纸的鉴别

（1）感受厚度。优质壁纸的厚薄应当一致。

（2）气味测试。仔细嗅闻塑料壁纸的气味，如果有异味，则说明甲醛、氯乙烯等挥发性物质含量较高。还可做燃烧试验，优质品燃烧时无刺激性气味，燃烧后变成浅灰色粉末；伪劣品则会在燃烧时产生刺鼻气味，并有黑烟。

（3）检验覆膜质量。塑料壁纸表面覆有一层PVC膜，从侧面用指甲剥揭壁纸，优质品的表层与纸张不会分离。

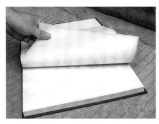 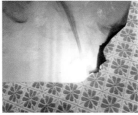

感受塑料壁纸的厚度　　塑料壁纸的燃烧测试

左图：取塑料壁纸样品，用手指揉搓感受壁纸厚度，优质品有3张普通复印纸加起来的厚度。同时观察塑料壁纸表面是否存在色差、皱褶、气泡等缺陷，壁纸花案是否清晰，色彩是否均匀等。

右图：用打火机点燃塑料壁纸一角，如果所散发的烟雾很刺鼻，则说明其质量较差，若无明显异味，则为优质品。离开火焰后，优质品上的火焰应能自动熄灭。

左图：取塑料壁纸样品，用湿抹布或湿纸巾在塑料壁纸表面反复擦拭，优质品不应浸水、不褪色。

塑料壁纸湿水擦拭

8.1.2　静电植绒壁纸

1）定义

静电植绒壁纸是指采用静电植绒法将合成纤维短绒植于纸基上的新型壁纸。静电植绒壁纸主要有纸类植绒与膜类植绒两种，常用于住宅、酒店、会所等室内空间墙面的局部装饰中。

2）特性

静电植绒壁纸不褪色、环保、密度均匀、手感好，花型、色彩也十分丰富，同时还具有消声、杀菌、耐磨等特性。但静电植绒壁纸不耐湿、不耐脏，且不便擦洗，因此在施工与使用时一定要做好保洁工作。

静电植绒壁纸　　静电植绒壁纸铺装于墙面

左图：静电植绒壁纸有丝绒的质感，无异味，不反光，吸声效果也较好。

右图：在同一空间中可选配两种不同花型纹理的静电植绒壁纸，因为静电植绒壁纸的质地为亚光，对比反差会比较小。

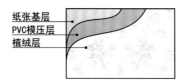

纸张基层
PVC模压层
植绒层

静电植绒壁纸构造示意图

3）规格与价格

静电植绒壁纸的常见幅宽有510 mm、760 mm、920 mm、1 060 mm，长度则可根据客户的要求定制。绒毛主要有尼龙毛和黏胶毛两种，尼龙毛的长度主要为0.4～1.0 mm，黏胶毛的长度主要为0.4～0.8 mm。静电植绒壁纸的价格为100～150元／卷，按铺装面积计算，价格为20～30元／m²。

4）静电植绒壁纸的鉴别

（1）看绒毛。优质静电植绒壁纸的绒毛不密不疏，且绒毛长度合理，通常尼龙毛优于黏胶毛，三角亮光尼龙毛优于圆尼龙毛。

（2）观察表面图案。壁纸表面图案越清晰，该静电植绒壁纸的质量就越好。图案色彩均匀，没有色差的为优质品；图案模糊不清，颜色不均匀的劣质品。

（3）检测耐磨性。优质静电植绒壁纸拥有较好的耐磨性能，其表面可进行简单的擦洗，且擦洗过后没有破损或残留水渍的情形。

观察静电植绒壁纸的质地

左图：仔细观察表面绒毛，优质品表面的绒毛长度一致、疏密度均匀。在光线充足处观察静电植绒壁纸表面花纹与图案，优质品的花纹、图案清晰，且排列有序，十分美观。

8.1.3　天然壁纸

1）定义

天然壁纸是一种用草、麻、木材、树叶等自然植物制成的壁纸，也有部分天然壁纸是用珍贵树种木材切割成薄片制成的，是非常健康、环保的绿色产品。

2）特性

天然壁纸表面纹理丰富，色泽多样，装饰效果较好，透气性能也十分不错，水分能自然排到外部干燥，不会留下任何痕迹，因此不容易卷边、发霉。

　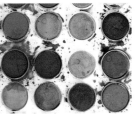

天然壁纸　　　　　　　　　天然壁纸染料

左图：天然壁纸的风格古朴、自然、素雅、大方，施工简单，更换时无须将原有壁纸清除，可直接铺装在原有壁纸的表面。

右图：天然壁纸所使用的染料大多是从鲜花与亚麻中提取的，不容易褪色，色泽自然典雅，无反光感，有较好的装饰效果。

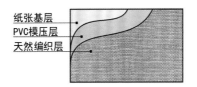

纸张基层
PVC模压层
天然编织层

天然壁纸构造示意图

3）规格与价格

天然壁纸的常见幅宽有510 mm、760 mm、920 mm、1 060 mm等几种，长度为10 m，可自由定制，常用的幅宽510 mm的天然壁纸价格为150～200元／卷，按铺装面积计算，价格为30～40元／m²。

4）天然壁纸的鉴别

（1）气味测试。仔细嗅闻天然壁纸的气味，优质品应当无异味，且燃烧时不会产生黑烟与刺鼻性气味。

（2）观察表面图案。优质天然壁纸的表面图案色彩均匀，且没有色差；劣质天然壁纸的表面图案则模糊不清，并伴有残缺，颜色也不均匀。

（3）测试色牢度。色牢度较强的壁纸会更便于清洗，优质天然壁纸的色牢度较高。

观察天然壁纸的质地

左图：在光线充足处观察天然壁纸表面的花纹与图案，优质品表面的花纹、图案均十分完整、清晰，色泽不会发生任何改变，也不会轻易被擦破。

8.1.4　纺织壁纸

1）定义

纺织壁纸是一种新型、豪华的装饰材料，主要是用丝、羊毛、棉、麻等纤维织成。

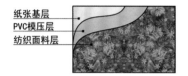

纺织壁纸构造示意图

2）特性

纺织壁纸质地柔和、透气性好，表面光洁，色彩亮丽，图案丰富、雅致，且不易褪色、不易撕裂。根据纤维材料的不同可分为锦缎壁纸、棉纺壁纸、化纤壁纸3种。

锦缎壁纸　　　　棉纺壁纸

左图：锦缎壁纸又称为锦缎墙布，缎面上有古雅、精致的花纹，表面色泽绚丽，质地柔软，但对铺装的技术与工艺要求都很高。

右图：棉纺壁纸是将纯棉平布处理后，经印花、涂层制作而成，花型繁多、色泽美观，具有强度高、静电小、蠕变性小、无光、无味、吸声等特点。

化纤壁纸

上图：化纤壁纸是以涤纶、腈纶、丙纶等化纤布为基材，经印花而成，质感柔和、健康环保，具有无味、透气、防潮、耐磨、耐晒、不分层、强度高、不褪色等特点。

3）规格与价格

纺织壁纸的常见幅宽有510 mm、760 mm、920 mm等几种，长度为10 m，可自由定制，常用幅宽510 mm的纺织壁纸价格为80～120元／卷，按铺装面积计算，价格为16～24元／m²。

4）纺织壁纸的鉴别

（1）观察表面图案。优质纺织壁纸的表面图案、花纹均十分完整，没有抽丝、跳丝、污渍等缺陷。

（2）测试色牢度性。优质纺织壁纸应具有较强的色牢度，色泽鲜亮。

观察纺织壁纸的质地

上图：在光线充足处观察纺织壁纸表面，优质品表面色泽均匀，且十分光洁。如果用湿纸巾或干净的湿抹布擦拭其表面，不会出现脱色现象。

8.1.5 金属膜壁纸

1）定义

金属膜壁纸是在纸基上涂布一层电化铝箔薄膜，再经压花制成的新型壁纸。

2）特性

金属膜壁纸具有不锈钢、黄金、白银、黄铜等金属的质感与光泽，装饰效果华贵，且具有耐老化、耐擦洗、无静电、耐湿、耐晒、不褪色等特点。

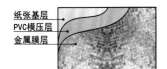

纸张基层
PVC模压层
金属膜层

金属膜壁纸构造示意图

金属膜壁纸样本

金属膜壁纸铺装效果

左图：金属膜壁纸高贵、华丽，多用于面积较大的餐厅、酒店大堂等空间，只作局部点缀，尤其适用于墙面、柱面墙裙以上部位的装饰。

右图：金属膜壁纸铺装时要注意操作顺序，铺装位置应避免强光照射，否则有可能出现刺眼反光的现象。

3）规格与价格

金属膜壁纸常见规格的幅宽有510 mm、760 mm、920 mm、1 060 mm等几种，长度为10 m，也可自由定制，常用的幅宽510 mm的金属膜壁纸价格为80~100元／卷，按铺装面积计算，价格为16~20元／m²。

小贴士

壁纸色彩选择

通常背光空间不宜用蓝色、紫色等冷色系，宜用黄色、红色或棕色的暖色系壁纸；朝阳的空间可选用偏冷的灰色调壁纸，但不宜用天蓝色、湖蓝色等冷色系壁纸；开阔空间宜选用清新、淡雅的壁纸，餐厅、娱乐空间宜采用橙黄色壁纸；狭窄空间则可根据设计风格、个人喜好等随意发挥。

红色壁纸可搭配白色、浅蓝色、米色墙面；粉红色壁纸可搭配紫红色、白色、米色、浅褐色、浅蓝色墙面；橘红色壁纸可搭配白色、浅蓝色墙面；米黄色壁纸可搭配浅蓝色、白色、浅褐色墙面；褐色壁纸可搭配米黄色、鹅黄色墙面；绿色壁纸可搭配白色、米色、深紫色、浅褐色墙面；蓝色壁纸可搭配白色、粉蓝色、橄榄绿、黄色墙面；紫色壁纸可搭配浅粉色、浅蓝色、黄绿色、白色、紫红色墙面。

4）金属膜壁纸的鉴别

可通过观察金属膜壁纸表面色泽的亮度与均匀度来判断其质量优劣，也可通过嗅闻气味或用湿抹布擦洗其表面来检测金属膜壁纸是否为优质品。

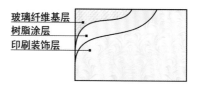

玻璃纤维壁纸构造示意图

观察金属膜壁纸的质地

上图：嗅闻金属膜壁纸，优质品应当无毒、无味。用湿纸巾反复擦拭其表面，优质品不会出现脱色现象，且不会轻易被擦破。

8.1.6　玻璃纤维壁纸

1）定义

玻璃纤维壁纸又称为玻璃纤维墙布，是以中碱玻璃纤维为基材，表面涂耐磨树脂，再加印花而成的新型壁纸。

2）特性

玻璃纤维壁纸具有一定的遮光性，可以覆盖墙壁原有颜色，且具有轻微的弹性，能避免壁纸受到轻微撞击出现凹陷的情况，该壁纸拥有丰富多变的色彩，其防水性、耐擦洗性、抗老化性能等均十分不错，且不易变形、不易褪色，施工也十分简单。

玻璃纤维壁纸基层

左图：玻璃纤维壁纸是以玻璃纤维为基材，通过染色、挺括处理后形成彩色坯布，再加醋酸乙酯、适量色浆印花，经切边、卷筒制成。

玻璃纤维壁纸装饰效果

上图：玻璃纤维壁纸可与涂料搭配使用，可在壁纸表面涂装高档丝光乳胶漆，这种搭配能给人以质朴的感觉。

3）规格与价格

玻璃纤维壁纸常见规格的幅宽有510 mm、760 mm、920 mm、1 060 mm等几种，长度为10m，也可自由定制。常用的幅宽510 mm的玻璃纤维壁纸价格为20~30元／卷，按铺装面积计算，价格为4~6元／m²。

4）玻璃纤维壁纸的鉴别

（1）观察表面图案。优质玻璃纤维壁纸的表面图案、花纹均十分完整，壁纸表面没有褶皱、划痕、污渍等缺陷。

（2）检测防水性。优质玻璃纤维壁纸具有较好的防水性，使用过程中不会轻易发霉，因而耐用性也比较好。

左图：在光线充足处观察玻璃纤维壁纸表面，优质品的表面色泽十分均匀，纹理分布也十分有序。

观察玻璃纤维壁纸的质地

8.1.7 液体壁纸

1）定义

液体壁纸是一种新型的艺术装饰涂料，主要是通过专有模具在墙面上做出风格各异的图案。该产品主要取材于天然贝壳类生物的壳体表层，黏合剂也选用的是无毒、无害的有机胶体，是真正的天然、环保产品。

2）特性

液体壁纸图案精美，无毒、无污染，耐水性、耐酸碱性、防潮性、抗污性、抗菌性等均良好，同时不会轻易老化，不易生虫，不起皮、不开裂、不褪色，使用寿命也较长。

液体壁纸展示

液体壁纸的墙面装饰效果

左图：液体壁纸表面光泽度较好，施工速度快，装饰效果好，不会轻易被刮坏，但造价较高。

右图：液体壁纸克服了乳胶漆色彩单一、层次感低、易变色、易翘边、易起泡、有接缝、寿命短等缺点，适用于室内墙面装饰。

3）规格与价格

液体壁纸为液态桶装，价格通常为200～300元/桶。按涂饰面积计算，40～60元／m²；云丝、钻石液体壁纸价格为45～60元／m²；质感艺术液体壁纸价格为150～200元／m²。

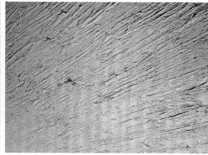

印花液体壁纸　　　　　　　　云丝、钻石液体壁纸　　　　　　质感艺术液体壁纸

4）液体壁纸的鉴别

（1）观察颜色。优质液体壁纸颜色亮丽，没有色差，并伴有珠光亮丽色彩及金属折光效果。

（2）检验黏稠度。优质品的漆液浓度稠密，不会过稠，也不会过稀，可拉出200 mm左右的细丝。

（3）闻气味。优质液体壁纸不会有刺激性或油性气味。

（4）看涂刷后的效果。商店一般会有涂刷好的液体壁纸样本，可仔细观察样本，质量合格的液体壁纸，表面十分光滑。

观察液体壁纸颜色　　　　　　观察液体壁纸罩面剂

左图：在光线充足处观察液体壁纸，优质品漆液色泽均匀，无沉淀物或漂浮物。搅拌后仔细查看，优质品表面无杂质，质感细腻、柔滑。

右图：液体壁纸罩面剂平整度较高，触感光滑的为优质品。

8.1.8 壁布

1）定义

壁布又称墙布，是用于裱糊墙面的织物，主要是以棉布为基层底布，并在底布上施以印花或轧纹浮雕，从而拥有各种几何图形与花卉图案。

2）特性

壁布在大类上主要分为单层壁布、复合型壁布两种，其表层材料的基材大多为天然物质，质地柔软、舒适，纹理自然，且具有隔声、吸声、防火、防霉、防虫蛀、耐擦洗、无毒、无味、易清洁等特点。

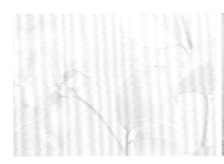

单层壁布

复合型壁布

左图：单层壁布是由一层材料编织而成，或丝绸，或化纤，或纯棉。壁布上的花纹是在三种以上颜色的缎纹底上编织而成的，雅致感比较强。

右图：复合型壁布的立体感比较强，是由两层以上的材料复合编织而成的，其分为表面材料与背衬材料，背衬材料又有发泡与低发泡之分。

3）规格与价格

壁布常见规格的幅宽有510 mm、760 mm、920 mm、1060 mm等几种，长度大多为10 m，也可自由定制，常用的幅宽510 mm壁布的价格为100～200元／卷，按铺装面积计算，价格为20～40元/m²。

4）壁布的鉴别

（1）观察。看壁布表面是否存在色差、褶皱、气泡等缺陷，壁布的图案是否清晰、色彩是否均匀等。

（2）触摸。用手摸一摸壁布，感受它的质感是否良好，基层纸的薄厚度是否一致。

（3）闻味。嗅闻壁布的气味，如果壁布有异味，则很可能是甲醛、氯乙烯等挥发性物质含量较高，说明该壁布的质量不佳。

（4）擦拭。裁一块壁布小样，用湿布擦拭布面，看是否有脱色现象。

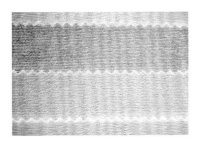

观察壁布的质地

左图：在光线充足处观察壁布，优质品表面无任何划痕，表面色泽十分均匀，花纹也十分完整、清晰。将其覆于手背上，优质品应有柔滑感，揉捏壁布基层，其厚薄度应一致。在合适距离内嗅闻其气味，若有刺鼻气味，则为劣质品。

8.2 壁纸辅料配件

8.2.1 基膜

1）定义

基膜是一种专业抗碱、防潮、防霉的墙面处理涂料，也称为防潮膜。该材料能有效地防止施工基面的潮气水分与碱性物质外渗。

2）特性

基膜是一种水性高科技材料，对人体无害，无不良气体挥发，且基膜采用了弹性分子材料，能在墙体出现微裂缝的情况下，有效保护墙面，比起传统的油性醇酸清漆，基膜可有效保护室内环境，其使用寿命也较油性醇酸清漆延长了3~5倍，适用于壁纸、壁布、装饰板材基面等的隔潮、防霉。

墙纸基膜

基膜原液

左图：基膜能避免墙体装饰材料，如墙纸、涂料层、胶合板、装饰板等材料发生返潮、发霉、发黑等现象，是功能性较强的产品。

右图：基膜为白色液体，有一定黏稠度的为优质基膜，多用于壁纸铺装前的墙体基层处理。

3）规格与价格

基膜的包装有桶装与瓶装之分，品牌、规格不同，价格也会有所不同，常见基膜规格为1 L/桶，可涂饰面积为20~25 m²，价格为25~30元／桶。施工时每升原液可兑水0.6~0.8L，注意应按非危险品储存及运输，应储存于0~40℃的干燥室内。

4）基膜的鉴别

（1）看基膜流动性。优质基膜光泽好，透明，流动性好，劣质基膜的光泽度较差，透明度较低，流动性较差。

（2）检验基膜黏度。用手蘸取原液，优质基膜具有一定的黏性，而劣质基膜的原液黏性则较差或没有黏性。

（3）检验防水性。当基膜膜层与水接触时，优质基膜可以有效防水，膜层完好如初；劣质基膜则极易与水融合，膜层比较松散。

（4）检验牢固性。通常优质基膜在墙面撕掉壁纸后，基层依旧牢固，且纸基干净；劣质基膜在撕掉壁纸后，墙面基层会直接被带起。

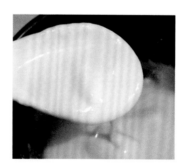

左图：观察基膜的光泽与流动性是否良好，这关系着基膜的使用效果，优质品流动顺畅，原液光泽亮丽。

观察基膜的质地

8.2.2 壁纸胶

1）定义

壁纸胶是用来粘贴壁纸的胶制品，主要有糯米胶、功能胶、胶粉等几种。保证壁纸的黏合性与使用寿命是壁纸胶的基本功能。

2）特性

壁纸胶具有较强的防霉性与抗菌性，对人体无害，能够有针对性地解决壁纸、壁布等的施工难题，能有效增强壁纸、壁布的黏结力，并能有效防止壁纸、壁布等出现发黄、开裂、翘边等问题。

糯米胶　　　　　　　　　　　　功能胶　　　　　　　　　　　　胶粉

左图：糯米胶呈白色粉末状，兑水后即可使用，黏度高，施工便利，适用于各种壁纸、壁布等的铺装，尤其适用于粘贴金属特殊壁纸。

中图：功能胶主要包括防霉胶、柏宁胶等，无须兑水便可直接使用，优质功能胶环保性达到国家绿色十环认证，且粘贴效果也十分不错。

右图：胶粉呈白色粉片状，调配融合后可用于墙面壁纸的铺装，牢固性较强，环保度较高，但调配复杂，调配配合比不好掌握，多用于工程壁纸的铺装。

3）规格与价格

壁纸胶有袋装与罐装之分，品牌、规格不同，壁纸胶的价格也会有所不同，常见的糯米壁纸胶的规格为1 kg/袋、2 kg/袋，其中1 kg装的15～20元/袋。

4）壁纸胶的鉴别

可通过察看壁纸胶标识、壁纸胶外观特征、嗅闻壁纸胶气味等来判断壁纸胶质量的优劣。

观察壁纸胶质地

上图：按严格配合比搅拌均匀后的壁纸胶，质地柔和均匀，具有黏稠感，无结块。

第**9**章

成品板材

核心概念：木质、塑料、金属、复合、质地、纤维。

章节导读：成品板材是装饰材料中使用最多的材料，为了保证设计效果与装修品质，在设计与施工时一定要合理选用，应了解各种板材的特性、价格等。成品板材中含有胶水，胶水中有甲醛，所以在室内装修中要注意板材的质量，控制板材的用量，避免造成室内空气污染。

成品板材制作的柜子

用于家具制作的成品板材很多种，如常见的木芯板、生态板、纤维板、刨花板等。但是不同种类的板材的质地会有所区别，这会影响家具成型后的品质。制作柜体类家具多采用表面挺括、质地稳定的成品板材，同时配套严密的收口型材，以保证甲醛不向外释放。

9.1 木质板材

9.1.1 木芯板

1）定义

木芯板又称为大芯板或细木工板，是由两片单板中间胶压拼接木板制作而成。木芯板的加工工艺主要可分为手拼与机拼两种。手拼拼接不均匀、缝隙大、握钉力差且不能锯切加工，只适宜做部分装修的子项目，如实木地板的基层板等；机拼板材则拼接平整、承重力均匀，长期使用板材的结构依旧紧凑，也不易变形，适合制作各种家具、构造。

2）特性

（1）木芯板以杨木、桦木材种为最好，这些材种质地密实，木质不软不硬。这类板材质量较轻，握钉力好，不容易变形，加工也比较容易，是现代木质构造装修的理想材料。

（2）木芯板的含水率在6%～12%之间，作一般用途时，芯板条的宽度不大于厚度的4倍；高质量要求的细木工板的芯板条宽度不应大于60 mm。

（3）木芯板相邻的芯板条之间的缝隙要控制好，通常沿长度方向接缝不应小于50 mm，且细木工板的边角缺陷也不宜过大，其宽度不应大于5 mm，长度不应大于20 mm。

木芯板

左图：木芯板尺寸稳定，能够有效地克服木材的各向异性，同时还具有较高的横向强度，板面也比较美观。

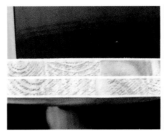 

木芯板剖面 　　　　　　木芯板的贮存

左图：木芯板的剖面纹理细腻，条理清晰，无明显毛刺，截断面也十分平齐。

右图：应将木芯板置于干燥、通风且顶部有遮盖的空间中，堆放整齐，底部放置垫脚。

3）规格与价格

木芯板的常见规格为2 440 mm×1 220 mm，厚度有15 mm与18 mm两种，其中15 mm厚的木芯板市场价格为130元／张左右，主要用于制作小型家具，如台柜、床头柜、装饰构造等；18 mm厚的木芯板市场价格为150～180元／张，主要用于制作大型家具，如吧台柜、储藏柜等。

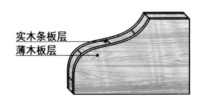

实木条板层
薄木板层

木芯板结构示意图

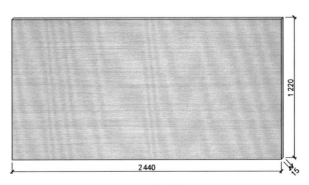

2 440 mm×1 220 mm×15 mm木芯板

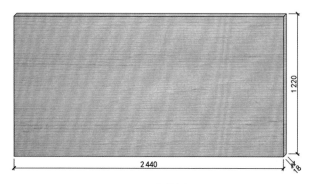

2 440 mm×1 220 mm×18 mm木芯板

4）木芯板的鉴别

（1）看相关证书。在购买木芯板时，应检查产品是否配有检测报告、质量检验合格证等相关质量文件。通常木芯板根据品质的不同可以分为一、二、三等，一等板可直接用作饰面板，三等板则用作底板。

（2）看外观。木芯板一面必须是一整张木板，另一面只允许有一道拼缝，且木芯板的表面也必须光滑平整。

（3）看侧面或剖面。可以从侧面或锯开后的剖面检查木芯板的质量与密实度。密实度较小的板材，整体承重力会有所减弱，且长期受力不均匀会使板材结构发生扭曲、变形，从而影响外观及使用效果。

看木芯板品牌

看木芯板外观

看木芯板侧边

左图：知名品牌会在木芯板侧面或正面标签上标示防伪检验电话，以供消费者拨打电话进行验证。

中图：优质的细木工板表面平整，板材无任何翘曲、变形或起泡、凹陷等情况，且芯板条排列整齐，缝隙也较小。

右图：观察木芯板周边有无补胶、补腻子的现象，因为胶水与腻子主要用于遮掩板材上的残缺部位或虫眼。

9.1.2　生态板

1）定义

生态板是将带有不同颜色或纹理的纸放入三聚氰胺树脂胶黏剂中浸泡，使其干燥至一定程度后，将其铺装在木芯板、指接板、胶合板、刨花板、中密度纤维板等不同基材表面，经过热压制成的具有一定防火性能的装饰板材。

2）特性

（1）生态板的规格比较统一，表面可粘贴其他材料，重量较轻，便于后期施工，该板材具有耐磨、耐划痕、耐酸碱、耐烫、耐污染等优良性能，表面平滑光洁，容易维护清洗，但要注意干燥贮存。

（2）生态板表面覆有装饰层，在施工中不能采用气排钉、木钉等传统工具或材料固定，只能采用卡口件、螺钉连接。

（3）由生态板制作的家具的外表坚硬，不需上漆，能自然形成保护膜，但需在板面四周贴上塑料或金属边条，以防止板芯中的甲醛向外扩散。

生态板　　　　　　　　　　不同纹理色彩的生态板样本　　　　生态板家具

左图：生态板由表层纸、装饰纸、覆盖纸与基层板等组成，环保系数较高，耐用性较强，价格较高。

中图：表面压膜制作的PVC层有多种纹理色彩，能创造出丰富的装饰效果。

右图：生态板板面美观、幅面大、使用方便，主要用作家具制造、门板、壁板等，大多用于制作直线型家具。

3）规格与价格

生态板的规格为2 440 mm×1 220 mm，厚度为15～18 mm不等，其中15 mm厚的板材的价格为120～240元／张，特殊花色品种的板材价格会更高，主要用于制作抽屉、柜内隔断等；厚度为18 mm板材的价格为170～300元／张，主要用于制作高档整体橱柜的主体结构与门板结构。

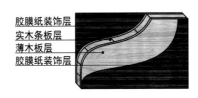

胶膜纸装饰层
实木条板层
薄木板层
胶膜纸装饰层

生态板结构示意图

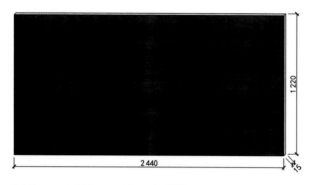

2 440 mm × 1 220 mm × 15 mm生态板

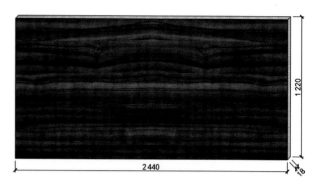

2 440 mm × 1 220 mm × 18 mm生态板

4）生态板的鉴别

（1）看产品是否有品牌标志。正规厂家生产的生态板，大多在板材的一侧或正面贴有品牌名称的标签，或是封边的板材扣条上刻印有品牌名称缩写之类的标志。

（2）观察板面。正规生态板的板面十分光滑，色彩光洁如新，均匀一致，不会出现点状、块状等不和谐的颜色。

（3）闻气味。生态板根据环保级别的不同，可以分为E0级、E1级。E0级甲醛释放量不大于0.5 mg／L，基本闻不到气味，E1级甲醛释放量不大于1.5 mg／L。

生态板的环保标志　　　　　　　生态板板面　　　　　　　　　闻气味

左图：正规生态板上的品牌标志与相关文字均应十分清晰。

中图：在光线稍暗处，察看板材表面是否平整光滑、有无明显接缝，也可用手触摸感受。

右图：将多张生态板材放在一起，嗅闻板材气味，优质品没有刺激性气味。

（4）看是否开裂、鼓泡。观察板面有无污斑、划痕、压痕、孔隙、鼓泡等现象或局部纸张有无撕裂、缺损等现象。

（5）测量板材厚度。用仪器测量一张生态板不同侧边的厚度，或者测量几张板材的厚度，优质品厚度均匀。

（6）看固化程度。生态板表面贴有三聚氰胺纸，若三聚氰胺纸烘干不彻底，板面会不光滑，表面污渍也难以消除。优质生态板即使用钥匙摩擦板面，痕迹也不会很明显。

（7）看贴合牢固度。察看装饰纸与生态板材的贴合程度，贴合不牢固的，锯开时会有崩边现象，这不仅会增加加工难度，还会影响美观。

生态板开裂　　　　　　　　生态板厚度测量　　　　　　看生态板的固化程度　　　　看生态板的贴合牢固度

左图：胶合强度与基材不匹配会引起生态板材的开裂、鼓泡。开裂说明基材用胶量少，板材比较干燥。

左中图：要确保测量仪器正常使用，多测量几次，避免误差值过大。

右中图：取生态板样品，用笔在板面上涂画，几min后看能否完全擦掉，可以擦掉的固化程度较好，为优质品。

右图：取生态板样品，用小刀刮板材装饰纸张，优质品表面的装饰纸张很难被拉掉，其贴合牢固度较高。

9.1.3　指接板

1）定义

指接板又称为机拼实木板，该板材由多块经过干燥、裁切成型的实木板拼接而成。指接板的各向抗弯强度均匀，板材材种以杨木、桦木为最好，质地密实，不软不硬，握钉力强，且不易变形。

2）特性

指接板在生产过程中用胶量比木芯板少，因此较木芯板更环保。指接板的性能相对稳定，强度为天然实木的1～1.5倍，表面平整，物理性能与力学性能良好，具有质坚、吸声、隔热等特点，含水率在10%～13%之间，加工比较简便。

左图：有节的指接板有疤眼，美观性较差。

右图：无节的指接板没有疤眼，美观性较好，上漆后也平整光滑。

有节的指接板　　　　　　　无节的指接板

左图：用指接板制作家具，既可保留其天然纹理，也可根据设计制作外部饰面，总体成本较低。

指接板家具

3）规格与价格

指接板的常见规格为2 440 mm×1 220 mm，厚度主要有12 mm、15 mm、18 mm几种，最厚可达36 mm。普通单层指接板的厚度为12 mm或15 mm，市场价格为120元／张，主要用于制作支撑构造；三层指接板的厚度为18 mm，市场价格为160元／张，主要用于制作家具、构造的各种部位，甚至装饰面层。

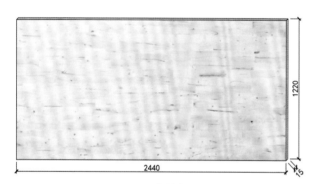

2 440 mm×1 220 mm×15 mm指接板

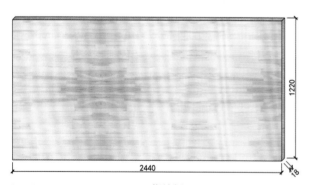

2 440 mm×1 220 mm×18 mm指接板

4）指接板的鉴别

（1）看外观。优质指接板的板面色彩均匀一致、无明显色差。拼接板条的长度适宜，通常拼接板条长度过小的，结构强度也会较差。

（2）看芯材年轮。指接板芯材的年轮与其质量有着十分密切的关系：选购时不应选择年轮中央和年轮边缘的木料，年轮中央的木料是最初生长的木质纤维细胞，老化疏松；而年轮边缘的木质纤维含水率高，质地非常不稳定。

看指接板的外观　　　　　看芯材的年轮

左图：对比规格一致的两块指接板，察看其板面是否有褪色现象，拼接板条是否过碎、过小。

右图：指接板芯材年轮越大，说明树龄越长，材质越好。

实木拼接

指接板结构示意图

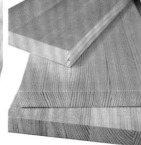

明齿指接板　　　　　　暗齿指接板

9.1.4　胶合板

1）定义

胶合板又称为夹板，是将椴木、桦木、榉木、水曲柳、楠木、杨木等原木经蒸煮软化后，沿年轮旋切或刨切成大张单板，再把这些干燥后的单板纵横交错排列，使相邻两张单板的纤维相互垂直，继而经加热胶压而成的人造板材。

2）特性

（1）胶合板重量轻，纹理清晰、强度高，绝缘性好，受力比较均匀，用该板材制作的家具稳定性较好，且耐用性也较好。

（2）胶合板变形小、幅面大、施工方便、不翘曲、横纹抗拉强度高，可弥补天然木材的一些缺陷，如节子、幅面小、易变形、纵横力学差异性大等。

（3）装修中胶合板可用于制作木制品的背板、底板，也可用于制作隔墙、弧形吊顶、装饰门面板、墙裙等构造。由于该板材厚薄尺度多样，质地柔韧、易弯曲，因而可配合木芯板用于结构细腻处。

胶合板

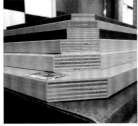
胶合板层数

左图：根据胶合强度，胶合板可分为耐气候胶合板、耐沸水胶合板、耐水胶合板、耐潮胶合板和不耐潮胶合板。耐水胶合板能经受冷水或短期热水浸渍，但不耐煮沸。

右图：胶合板的板层数多为单数，该种板材结构稳定性比较好，板材不会轻易变形、开裂。

胶合板弧形吊顶

左图：胶合板加工方便，且质地柔韧，用于制作弯曲吊顶时不会有较大的施工难度。

3）规格与价格

胶合板的常见规格为2 440 mm×1 220 mm，板材厚度会因层数不同而有所不同，多为3～22 mm厚，其中9 mm厚胶合板的价格为50～80元／张。常见厚度有3 mm、5 mm、9 mm、12 mm、15 mm、18 mm 6种规格。厚度为3 mm的板材可用于制作有弧度的吊顶；厚度为9 mm、12 mm的板材可用于制作柜子背板、隔断、踢脚线等构造；厚度为15 mm、18 mm的板材则可用于制作家具、加工操作台等。

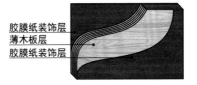
胶膜纸装饰层
薄木板层
胶膜纸装饰层

胶合板结构示意图

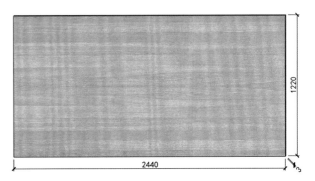
2 440 mm×1 220 mm×3 mm胶合板

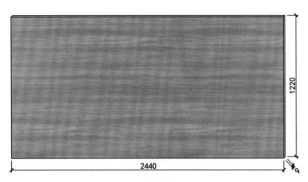

2 440 mm × 1 220 mm × 9 mm胶合板

4）胶合板的鉴别

（1）观察板面。胶合板有正反面的区别。优质品木纹清晰，板材正面光洁平滑，无扎手感，板面没有破损、碰伤、硬伤、疤节、脱胶等瑕疵。

（2）观察剖切面。仔细观察胶合板的截面，优质品夹板拼缝处严密，且没有高低不平的现象。

（3）听声音。敲击胶合板，若声音清脆则证明其质量良好，若声音沉闷则表示板材已出现散胶的现象。

轻触板面

看胶合板的剖切面

看胶合板的曲度

左图：取胶合板样品，用手平抚板面，感受表面触感，优质品平滑、无毛刺，劣质品则触感不佳。

中图：将板材剖切，仔细观察剖切截面，优质品的单板之间叠加均匀，不会出现交错或裂缝、腐朽、变质等现象。

右图：取胶合板样品，提起一段看其斜侧面，优质品的曲度比较平缓，无明显凸出或内凹形态。

9.1.5 纤维板

1）定义

纤维板又称为密度板，该板材主要以各种木质纤维为原料，经打碎、纤维分离、干燥等步骤后施加胶黏剂，最后热压成型。纤维板根据密度的不同可分为低密度纤维板、中密度纤维板、高密度纤维板。低密度纤维板适用于制作踢脚线、门套板、窗台板等，中密度纤维板适用于制作家具、隔板、背板、抽屉底板等，高密度纤维板适用于高档家具的制作。

2）特性

纤维板板层结构密实，材质均匀，板面平整，边缘细腻，不会轻易崩边，且抗压性较好，不易变形。纤维板具有较好的透气性、黏结性、隔热性、保温性，且无毒、无味、无辐射，不易老化。纤维板能够很好地防潮、防腐，根据甲醛释放量的不同，可分为E1级、E0级、NF级等。

左图：中密度纤维板性能稳定，其表面既可涂饰加工，也可铺装不同纹理的饰面。

右图：纤维板表面经过压印、贴塑等处理后，可以具备各种装饰效果，适用于制作家具贴面、门窗饰面、墙顶面等。

中密度纤维板　　　　　中密度纤维板家具

3）规格与价格

纤维板的常见规格为2 440 mm×1 220 mm，厚度则有3 mm、5 mm、9 mm、12 mm、15 mm、18 mm、22 mm等，常见的15 mm厚的中密度覆塑纤维板价格为80～120元／张。

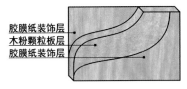

胶膜纸装饰层
木粉颗粒板层
胶膜纸装饰层

纤维板结构示意图

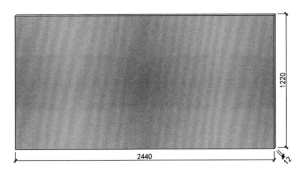 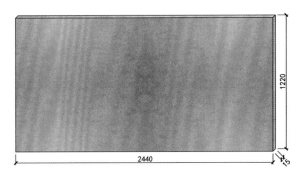

2 440 mm×1 220 mm×12 mm纤维板　　　　2 440 mm×1 220 mm×15 mm纤维板

4）纤维板的鉴别

（1）看外观。优质纤维板的厚度、密度均匀，边角没有破损，没有分层、鼓包、炭化等现象，表面色泽也多发白或偏黄。如果纤维板表面色泽发黑褐色，则板材可能存在质量问题。

（2）嗅闻。优质纤维板没有刺激性气味，甲醛的含量也符合国家安全标准。

（3）看横截面。优质纤维板的横截面中心部位的木屑颗粒的长度保持在5～10 mm为宜，太长则结构疏松，太短则抗变形力差，且会导致静曲强度不达标。

看纤维板外观　　　　　　嗅闻纤维板　　　　　　看纤维板横截面

左图：仔细察看纤维板外观，优质品表面平整，无松软部分，且表面比较光亮。

中图：贴近板材嗅闻，气味越大说明甲醛的释放量越大，造成的污染也就越大，为劣质品。

右图：取纤维板样品，沿横向方向切开，横截面中心部位的木屑颗粒长度在5～10 mm之间的为优质品。

9.1.6　刨花板

1）定义

刨花板又被称为微粒板、蔗渣板，也有部分进口高档产品被称为定向刨花板或欧松板，它是将木材或其他木质纤维材料制成碎料，然后施加胶黏剂和添加剂后，在热力与压力双重作用下胶合而成的人造板材。

2）特性

（1）刨花板结构均匀，加工性能好，可根据需要加工成大幅面板材，且吸声性与隔声性也很好，但刨花板边缘粗糙，很容易受潮。

（2）带有饰面的刨花板无须在表面再涂饰油漆、粘贴壁纸或家饰宝，施工快捷、效率高，外观平整，施工时需使用高精度切割机进行加工，应用优质连接件固定，并做无缝封边处理。

刨花板　　　　　　　　定向刨花板

左图：刨花板的颗粒感比较明显，靠近表面层的颗粒较小，靠近中央的颗粒较大。刨花板在裁板时容易出现边缘参差不齐的现象，不宜现场制作，需加工后再现场组装。

右图：定向刨花板强度较高，厚度比普通刨花板要厚，其表面横向纤维构造比较明显，表面有轻微凹凸感。

3）规格与价格

刨花板的常见规格为2 440 mm×1 220 mm，厚度为3~75 mm不等，常见的19 mm厚的覆塑刨花板价格为80~120元／张。

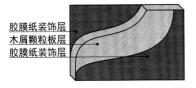

胶膜纸装饰层
木屑颗粒板层
胶膜纸装饰层

刨花板结构示意图

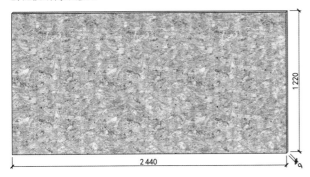

2 440 mm×1 220 mm×9 mm刨花板

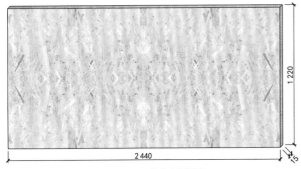

2 440 mm×1 220 mm×15 mm定向刨花板

4）刨花板的鉴别

（1）看边角。优质刨花板的板芯与饰面层的接触紧密、均匀，无任何缺口。

（2）看横截面。从横截面可以清楚地看到刨花板的内部构造，刨花板的颗粒越大越好。

触摸刨花板表面

上图：可以用手抚摸刨花板的表面，优质品的触感平滑，无木纤维毛刺。

看刨花板横截面

上图：取刨花板样品，仔细观察剖切截面，通常颗粒大的刨花板握钉力强，便于施工。

9.1.7　禾香板

1）定义

禾香板是一种新型且具有生态性与环保性的人造板材，是以稻麦等农作物秸秆碎料为主要原料，并在其中添加MDI胶（一种由二苯基甲烷二异氰酸酯及其下游品和改性物组成的胶黏剂）与添加剂，再经过高温、高压制作而成的人造板材。

2）特性

（1）禾香板易加工，该板材表面装饰性好，燃烧性能等级为B₁级（难燃），板面不仅平整、光滑，质地也比较坚实，板层结构十分均匀、对称，且坚固耐用，其承重能力、抗变形能力、吸声能力都十分不错。

（2）禾香板拥有较好的尺寸稳定性，该板材不仅强度高，阻燃性、耐候性、防潮性等也都十分不错。

禾香板

上图：禾香板适用于各种机械加工，如异型边加工等。该板材为均质多孔材料，因而隔声与吸声功能较好。

禾香板家具

上图：禾香板具有较好的环保性能，可代替木质人造板与天然木材，被广泛应用于室内装饰装修与家具制作中。

3）规格与价格

禾香板的常见规格为2 440 mm×1 220 mm，通常厚度为18 mm，价格为110元／张。

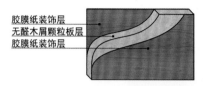

胶膜纸装饰层
无醛木屑颗粒板层
胶膜纸装饰层

禾香板结构示意图

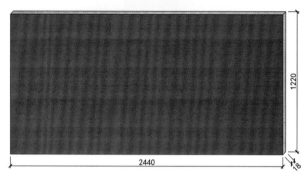

2 440 mm×1 220 mm×18 mm禾香板

4）禾香板的鉴别

（1）嗅闻。优质禾香板具有较好的环保性，不会释放甲醛，不会有刺激性气味。

（2）看横截面。正规禾香板是由农作物秸秆经过混合MDI胶压制而成的，因此其横截面上会呈现出独有的致密片层状结构，这也是禾香板握钉力强的关键因素。

看禾香板横截面　　　浸泡禾香板

左图：取禾香板样品，沿横向方向切开，横截面呈现致密的片层状结构的为优质品。

右图：将禾香板样品放入盛有1/3水量的容器中浸泡24h后取出，不膨胀变形的为优质品。

9.1.8 防火板

1）定义

防火板又称为耐火板，是先使用三聚氰胺与酚醛树脂的浸渍工艺处理原纸，如钛粉纸、牛皮纸等，然后再将其置入高温、高压环境下制成的一种具有较好防火性的板材。该板材可分为菱镁防火板、防火装饰板等，主要起到防火、装饰的作用。

2）特性

防火板质量较轻，质感细腻，耐久性较好，封边形式较多，色彩可选性较多，加工与施工都很方便，该板材具有较好的保温性、隔热性、防火性、耐磨性等性能，且能很好地抗渗透，不会轻易褪色，清洁也十分方便。

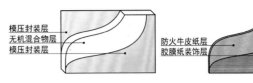

菱镁防火板结构示意图　　防火装饰板结构示意图

3）规格与价格

（1）菱镁防火板：常见的规格主要为2440 mm×1220 mm，厚度为3～18 mm不等，有素板、装饰板等多种，其中8 mm厚的素板价格为20～30元／张。

（2）防火装饰板：常见的规格为2440 mm×1220 mm，厚度为0.8～1.2 mm不等，其中0.8 mm厚的板材价格为20～30元／张，特殊花色品种的板材价格较高。

菱镁防火板　　　　　　　防火装饰板

左图：菱镁防火板属于A1级不燃板材，是采用氧化镁、氯化镁以及粉煤灰、农作物秸秆等工农业废弃物，添加多种复合添加剂制成的防火材料。该板材质地均匀、密实，质量稳定，加工安装性能良好，韧性强，不易断裂，可直接涂饰涂料或直接贴面。

右图：防火装饰板由高档装饰纸、牛皮纸用三聚氰胺和酚醛树脂浸染、烘干后经高温、高压等工艺制作而成，由表层纸、色纸、基纸（多层牛皮纸）三层组成，该板材具有较好的抗冲击性、柔韧性、耐磨性。

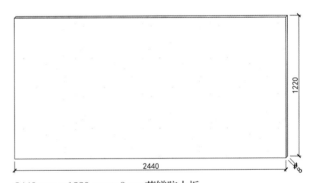

2440 mm×1220 mm×8 mm菱镁防火板

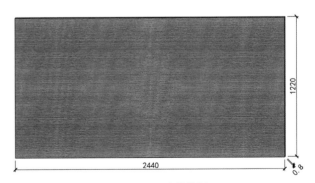

2440 mm×1220 mm×0.8 mm防火装饰板

4）防火板的鉴别

（1）看外包装。仔细察看板材外包装，优质品牌产品均有塑料薄膜覆盖。

（2）看板芯质地。注意观察板芯质地是否均匀、表面是否平整，劣质板材的板芯孔隙较大且不均衡。

（3）看外观。优质品表面图案清晰透彻、效果逼真、立体感强，没有色差，且表面平整光滑、耐磨。

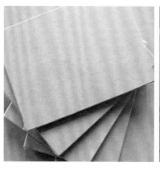   

| 菱镁防火板的表面 | 菱镁防火板燃烧测试 | 防火装饰板表面纹理 | 防火装饰板的色彩样式 |

左图：注意察看菱镁防火板有无产品商标、产品表面覆膜是否完整等。

左中图：菱镁防火板能承受明火燃烧20min而无损毁。

右中图：防火装饰板用手触摸板材，感受其表面是否凹凸不平，并察看其整块板面的颜色、肌理是否一致。优质品表面色泽一致，触感平滑。

右图：防火装饰板色彩样式与纹理丰富，图案清晰柔和。

9.2 塑料板材

9.2.1 亚克力板

1）定义

亚克力板又称聚甲基丙烯酸甲酯板、有机玻璃板或PMMA板，是一种常见的装饰塑料板材，应用较广泛。亚克力板按生产工艺可分为浇铸板与挤出板。

2）特性

亚克力板具有较好的耐候性、耐酸碱性，透光性、显色性、抗冲击力、绝缘性也都十分不错，且色彩艳丽，可塑性强，易清洁，可用于制作各种定制加工的发光灯箱。

| 亚克力板 | 用亚克力板制作的装饰墙 |

左图：亚克力板是经过特殊处理的有机玻璃，该板材能与铝塑板型材、高级丝网印等结合。

右图：亚克力板自重较轻，能减轻墙面负荷，且用这种材料制作的墙面装饰造型的成本也比较低。

左图：亚克力板亮度高、耐雨水冲刷，用该板材制作的发光文字能让店面更明显。

用亚克力板制作的发光文字

4）亚克力板的鉴别

（1）看贴膜。优质的亚克力板双面都贴有覆膜，且覆膜表面平整、光洁，没有气泡、裂纹等瑕疵。

（2）看透光度。优质亚克力板透光性较好，且外表颜色纯正。

（3）燃烧试验。优质亚克力板燃烧时产生的气体无毒、无害，且该板材不易燃烧。

看亚克力板的贴膜　　　　看亚克力板的透光度

左图：用手剥揭亚克力板覆膜，无特殊阻力或空洞的为优质品。
右图：优质透明亚克力板透出的光色泽纯正，不会泛黄或发蓝。

3）规格与价格

亚克力板的常见规格有2 440 mm×1 220 mm、1 830 mm×1 220 mm，厚度为1～50 mm不等。常用的2 440 mm×1 220 mm×3 mm透明亚克力板的价格为20～30元／张。

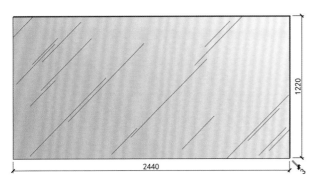

2 440 mm×1 220 mm×3 mm亚克力板

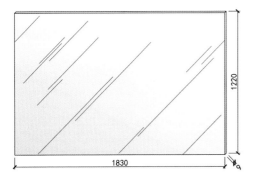

1 830 mm×1 220 mm×9 mm亚克力板

9.2.2　聚碳酸酯板

1）定义

聚碳酸酯板又叫PC板，主要成分是聚碳酸酯聚合物，它的透光率最高可达90%，可与玻璃相媲美。因为聚碳酸酯板表面镀有抗紫外线（UV）涂层，即使在太阳光下曝晒，板材也不会发黄、雾化，适用于保护贵重艺术品及展品。

2）特性

聚碳酸酯板的抗撞击强度是普通玻璃的250～300倍，但其质量仅为玻璃的50%，能节省运输、搬卸、安装、支撑框架等操作的成本。聚碳酸酯板可以依照设计方案在施工现场采用冷弯或热弯工艺加工成拱形，燃烧时不会产生有毒气体，不会助长火势的蔓延。

空芯聚碳酸酯板又称为阳光板，板材中央为空洞状，适用于室外遮阳棚或室内装饰隔断。实芯聚碳酸酯板又称为耐力板，多用于广告灯箱表面可取代传统钢化玻璃。

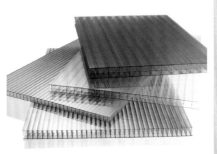

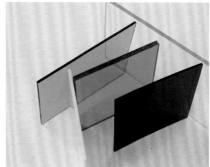

阳光板　　　　　　　　　　　　耐力板　　　　　　　　　　　　阳光板应用

左图：阳光板透明度高，物理力学性能好，尤其是耐热性与耐低温性较好，能在-40～110℃下长期使用。

中图：耐力板有透明、湖蓝色、茶色等颜色，透光率高，该板材不自燃，但能自熄。

右图：阳光板具有较好的隔热性与难燃性，且节能、环保，很适合用于花房制作。

3）规格与价格

（1）阳光板：常见的规格为2 440 mm×1 220 mm，厚度有4 mm、5 mm、6 mm、8 mm等，有无色透明的款式，也有绿色、蓝色、蓝绿色、褐色等款式，通常5 mm厚的阳光板价格为60～100元／张。

（2）耐力板：常见的规格为2 440 mm×1 220 mm，厚度为2～15 mm不等，也有厂家可以生产宽度达到2 500 mm的产品。通常4 mm厚的透明耐力板价格为30～50元／张。

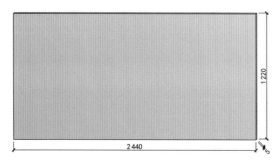

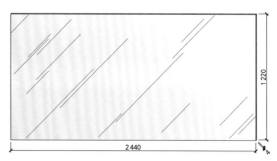

2 440 mm×1 220 mm×5 mm绿色阳光板　　　　　　2 440 mm×1 220 mm×4 mm透明耐力板

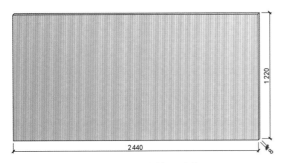

2 440 mm×1 220 mm×8 mm褐色阳光板

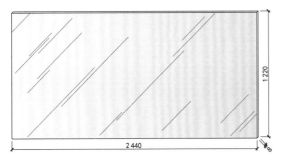

2 440 mm×1 220 mm×8 mm湖蓝色耐力板

4）聚碳酸酯板的鉴别

以阳光板为例，优质聚碳酸板表面平整，塑性较强，其中竖向构造的外凸感不强甚至没有触感，表面贴有保护膜，揭膜后耐力板表面依旧十分光滑、透亮。

弯曲板材

揭开板材保护膜

左图：弯曲板材样品，优质品具有较大的弹性，弯曲弧形自然圆整，恢复后不变形；劣质品弯曲后则呈椭圆形或不规则圆形。

右图：用手揭开板材保护膜的边角，如果揭开幅度均匀，膜与板材的结合强度好，则为优质品；如果保护膜上存在划痕、气泡，则说明板材表面已被外力划伤，为劣质品。

9.2.3　聚苯乙烯板

1）定义

聚苯乙烯板又称为泡沫板、PS板，是以聚苯乙烯为主要原料，经挤压而成的一种热塑性板材。

2）特性

聚苯乙烯板很少用于高档装饰，大多用作隔墙辅助材料，能有效提升隔墙的隔声效果。聚苯乙烯板容易成型，但耐热性低，最高只有80℃，不耐沸水，性脆且不耐冲击，易老化出现裂纹，易燃烧，燃烧时会产生大量有毒黑烟。

聚苯乙烯板

聚苯乙烯防潮垫

左图：聚苯乙烯板能自由着色，无味、无毒，不会滋生细菌，其刚性、绝缘性、印刷性等性能较好，可用作装饰构造中的隔声层、保温层及轻质板材的夹芯层。

右图：质地比较单薄的聚苯乙烯板也称为聚苯乙烯防潮垫，可以用作木地板铺装的基层。

3）规格与价格

聚苯乙烯板的常见规格为2 000 mm×1 000 mm，厚度为3～120 mm不等，其中40～60 mm厚的板材最常用，价格为15～20元/张。

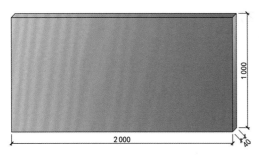

2 000 mm×1 000 mm×40 mm聚苯乙烯板

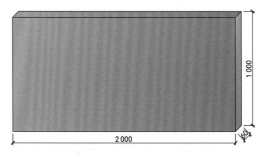

2 000 mm×1 000 mm×60 mm聚苯乙烯板

4）聚苯乙烯板的鉴别

（1）看表面色泽。优质的聚苯乙烯板应为白色，米黄色、浅蓝色的杂质较多，多为二次加工产品，颜色更深的中黄色、土黄色、蓝绿色等产品的弹性更差，隔声效果也不好。

（2）看抗压性。优质聚苯乙烯板受到人力挤压后，能缓慢还原，遭受锐器挤压后，破坏程度低。

（3）看弹性。注意查看产品的质地，优质聚苯乙烯板富有弹性，弯曲后会立即还原平直坚挺。

按压聚苯乙烯板

弯曲聚苯乙烯板

左图：优质品应为白色，用力按压聚苯乙烯板，优质品会内凹，但很快便能均匀反弹直至恢复原状。

右图：用手按压弯曲板材，优质品具有弹性，弯曲后能形成均衡的曲线，不易断裂；劣质品则较重，用手即可掰断或掰裂。

第 **10** 章

玻璃

核心概念：平板玻璃、钢化玻璃、装饰玻璃、玻璃砖、玻璃制品。

章节导读：玻璃在高温熔融时会形成连续网络结构，在冷却过程中，其黏度逐渐增强并硬化，因能挡风、避寒、透光、坚固等优点，受到大众的喜爱。随着科学技术的发展，深加工的玻璃品种越来越多。在室内设计施工中玻璃被广泛应用于需要隔风、透光的构造上，如门窗、家具、灯具、装饰造型上都有所应用。

玻璃柜门

室内装饰中最常见的就是家具上的玻璃柜门，它能与木质板材的纹理、金属边框的质地、灯光照明形成强烈对比，是室内空间装修品质提升的关键。

10.1 普通玻璃

10.1.1 平板玻璃

1）定义

平板玻璃又称为白片玻璃或净片玻璃，是最传统的透明固体玻璃，可以通过着色、表面处理、复合等工艺制成具有不同色彩与性能的玻璃制品，根据厚度不同可分为薄玻璃、厚玻璃、特厚玻璃等。

2）特性

平板玻璃表面平整而光滑，具有良好的透视、透光性能，其可见光线反射率在7%左右，透光率在82%~90%之间。

左图：用平板玻璃制作的柜门，价格实惠，方便清洗，不阻碍视线，实用性强。

右图：平板玻璃门窗可以增加室内的光照，扩展视野。

平板玻璃柜门　　　　　　　　平板玻璃门窗

3）规格与价格

平板玻璃的规格不小于1 000 mm×1 100 mm，厚度通常为2~25 mm不等，其中厚度为5~6 mm的产品最大可以达到3 000 mm×4 000 mm。目前，5 mm厚的平板玻璃应用最多，常用于各种外墙门、窗玻璃，价格为40元／m²。

平板玻璃厚度及应用

厚度（mm）	是否钢化	应用	价格（元／m²）
2	否	小尺寸玻璃相框、镜面	20
3	否	中尺寸玻璃相框、镜面	25
4	否	室内中小尺寸门窗玻璃，有框玻璃柜门	35
5	否	外墙门窗玻璃，有框玻璃柜门，中空玻璃门窗	40
6	是	装饰柜、展示柜搁板与无框玻璃柜门	60
8	是	室内无框玻璃门窗，储藏柜玻璃搁板，小尺寸玻璃幕墙	80
10	是	中小尺寸室内外无框玻璃门窗，淋浴房玻璃隔断，中尺寸玻璃幕墙	100
11	是	大尺寸室内外无框玻璃门窗，大尺寸玻璃幕墙	110
15	是	夹层、夹胶等安全玻璃，特大尺寸玻璃幕墙	180
19	是	防弹、防爆门窗隔断玻璃	250
25	是	特种功能玻璃	350

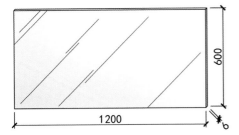

1 200 mm × 600 mm × 6 mm平板玻璃

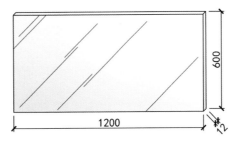

1 200 mm × 600 mm × 12 mm平板钢化玻璃

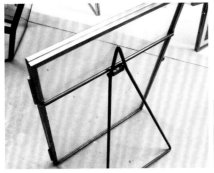

3 mm厚玻璃用于画框表面

5 mm厚玻璃用于封闭阳台

8 mm厚玻璃用于有框玻璃门

10 mm厚玻璃用于无框玻璃淋浴房

15 mm厚玻璃用于无框玻璃幕墙

4）平板玻璃的鉴别

（1）看外观。优质平板玻璃表面无凹凸不平、雾斑等质量缺陷。

（2）测量尺寸。优质平板玻璃对边尺寸一致，厚度也符合设计标准。

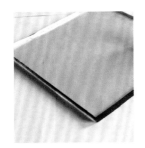

看外观

看透光度

左图：在光线充足处观察平板玻璃外观，优质品表面无气泡、线道、疙瘩、砂粒等缺陷。四边的尺寸规格与产品标识上的信息一致。

右图：将5层玻璃叠加，观察玻璃的透光度，优质品透光效果与一层玻璃无明显差异。

10.1.2 镜面玻璃

1）定义

镜面玻璃又称为涂层玻璃或镀膜玻璃，它是以金、银、铜、铁、锡、钛、铬或锰等为原料，采用喷射、溅射、真空沉积、气相沉积等方法，在玻璃表面形成氧化物涂层，从而制成的玻璃制品。

2）特性

镜面玻璃具有视线的单向穿透性，能有效扩大室内空间与视野，且对光线有较强的反射能力，是普通平板玻璃的4~5倍，可增加室内的亮度，并使光线柔和、舒适。

镜面玻璃有铝镜与银镜之分，前者背面为镀铝材质，颜色偏白、偏灰，大多用于制作背景墙、吊顶、装饰构造的局部，价格低；后者反射率高，色泽还原度好，经久耐用，大多用于制作梳妆镜面，价格高。

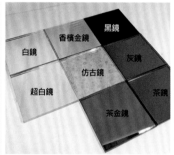

镜面装饰镜　　　　　银镜玻璃背面　　　　　镜面色彩样式　　　　　倒角玻璃镜

左图：镜面玻璃可用于制作装饰镜，可以将其放置于面积较小的室内空间中。

左中图：银镜玻璃背面为镀银材质，它是经过敏化、镀银、镀铜、涂保护漆等一系列工序制成的，成像比较纯正。

右中图：在镜面玻璃中掺入各种金属离子，即可得到不同颜色的镜面玻璃。

右图：对镜面玻璃进行倒角处理后，形成的拼接造型是室内装饰造型的主流。

3）规格与价格

镜面玻璃的涂层色彩有多种，常见的有金色、银色、灰色、古铜色等，镜面玻璃的规格与平板玻璃一致，规格不小于1 000 mm×1 100 mm，厚度通常为2~20 mm不等，厚度为5~6 mm的产品最大规格可以达到4 000 mm×3 000 mm，其中5 mm厚的银镜玻璃价格为40~45元／m²。

4）镜面玻璃的鉴别

（1）看外观。优质品的外观无破损、针孔、手印、麻点、辊子印、膜面缺失、透光等缺陷。

（2）看成像效果。优质的镜面玻璃能得到逼真且清晰的影像，还能抗雾、抗蒸汽。

镜面玻璃边缘　　　　　　　　看镜面玻璃的成像效果

左图：在光线充足处仔细观察镜面玻璃，优质品表面没有明显划伤，用手指划过其表面不会有被阻挡的感觉。

右图：观察其成像效果，优质品所呈现的影像不会有任何变形。高档梳妆镜为镀银镜面玻璃，影像还原度高，表面有抗雾涂层，能在高温蒸汽环境下不起雾。

小贴士

镜面玻璃与单向玻璃的区别

镜面玻璃是在普通玻璃表面镀上氧化铝或银形成镜面，并在镀层上喷涂保护漆，从而制成镜面玻璃。单向玻璃也叫作单向透视玻璃、单向可视玻璃，在一定的灯光背景配合下，可达到单向透视，即玻璃甲侧看不到乙侧，而乙侧能看到甲侧。这种玻璃大多用于光线较暗，需要隐蔽观察的室内空间，如公安机关的审讯室、电视节目演播室、隐私玻璃幕墙等。

演播室单向玻璃

上图：站在演播室外部向内可看到演播室内部场景，而内部却无法看到外部，可避免演播室内的人受到外界干扰。

10.1.3　磨砂玻璃

1）定义

磨砂玻璃又称为毛玻璃，该类玻璃是在平板玻璃的基础上加工而成的，通常是经过机械喷砂、手工碾磨或使用氟酸溶蚀等方法，将玻璃表面处理成均匀毛面。

2）特性

磨砂玻璃表面朦胧、雅致，具有透光不透形的特点，大多被用于需要隐秘或不受干扰的空间，如厨房、卫生间、卧室、会议室等空间的门窗，以及灯箱、栏板等局部装饰构造。

全磨砂玻璃隔断　　　　　　局部磨砂玻璃隔断　　　　　　磨砂玻璃栏板

左图：全磨砂玻璃隔声效果较好，也使室内光线变得更柔和。

中图：局部磨砂玻璃既能保护隐私，又能提升室内空间的通透感，是办公室内空间隔断材料的首选。

右图：玻璃的局部磨砂能形成图案纹理，具有很好的装饰效果。

3）规格与价格

常见磨砂玻璃规格主要有1 500 mm×1 100 mm×3 mm、1 500 mm×1 000 mm×3 mm、2 000 mm×1 500 mm×5 mm、2 100 mm×1 650 mm×5 mm、2 200 mm×1 650 mm×5 mm、2 200 mm×1 800 mm×5 mm等，5 mm厚的双面磨砂玻璃价格为40～50元／m²。

4）磨砂玻璃的鉴别

（1）看表面。优质磨砂玻璃具有较好的朦胧美，不透明，能够很好地保护隐私，且表面磨砂效果十分均匀，无透亮点。

（2）看表面凹凸程度。磨砂玻璃的表面凹凸不平，但仅有轻微的厚薄变化，可用手触摸玻璃表面，感受其粗糙程度，优质品表面的凹凸程度不会过大。

看磨砂玻璃表面　　　　　　　　在磨砂玻璃上粘贴胶布

左图：在光线充足处仔细观察磨砂玻璃，优质品透光但不透明，且表面没有任何裂痕或破损。

右图：在磨砂玻璃上粘贴透明胶布，凹凸度合理的磨砂玻璃表面平整，且光线可以被完全反射。

10.1.4 压花玻璃

1）定义

压花玻璃又称为花纹玻璃或滚花玻璃，是采用压延法制造的一种平板玻璃，其制造工艺分为单辊法与双辊法，这类玻璃主要用作卫浴间玻璃隔断、门窗玻璃、室内隔断等。

2）特性

压花玻璃在光学上具有透光不透视的特点，其表面凹凸不平，光线通过时发生漫射使光线更柔和，有保护隐私的作用。这种玻璃表面有丰富多彩的花纹与图案，装饰效果也很不错。

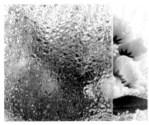 

单辊法制作的压花玻璃　　双辊法制作的压花玻璃

左图：单辊法是将玻璃液浇注到压延成型台上，台面可用铸铁或铸钢制成，台面的轧辊上刻有花纹，轧辊在玻璃液面碾压，制成压花玻璃后再冷却成形。

右图：双辊法有半连续压延与连续压延之分，主要是将玻璃液通过水冷的一对轧辊，随辊子转动向前拉引后冷却，从而制成有图案的压花玻璃。

长虹玻璃是一种比较流行的压花玻璃，有竖向条纹的压花造型，先采用刻有竖向条纹的辊筒在玻璃表面压上花纹，然后再进行钢化处理。长虹玻璃是压花玻璃与钢化玻璃的结合体，适用于厨房、卫生间、阳台门与家具柜门，甚至被加工为中空玻璃用于外墙门窗。长虹玻璃的隐私性比常规压花玻璃好，透光性强，具有朦胧美，多搭配较细的边框，表现出简洁的现代主义设计风格。

长虹玻璃卫生间门　　长虹玻璃的透形

左图：用长虹玻璃制作的卫生间门，具有很强的隐私性，同时透光性也很好，略偏灰的色彩与深色边框呼应得当。

右图：通过长虹玻璃看到的物体形态具有连贯性，既真实又朦胧，具有较强的艺术风格。

3）规格与价格

压花玻璃与平板玻璃规格相当，都不小于 1 000 mm×1 100 mm，厚度通常为2～20 mm不等，厚度为5～6 mm的产品最大可以达到 4 000 mm×3 000 mm，其中5 mm厚的压花玻璃价格为40～100元/m²，具体价格根据花形不同而定。

4）压花玻璃的鉴别

（1）看外观。优质的压花玻璃表面无划伤、雾斑等质量缺陷。

（2）测量尺寸。优质压花玻璃的对边尺寸一致，厚度也符合设计标准。

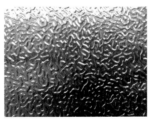 

看压花玻璃表面　　边缘完整性

左图：在光线充足处仔细观察压花玻璃，优质品表面的气泡数量应小于10个/m²，且没有夹杂物，受压辊损伤造成的伤痕应小于4条/m²。

右图：取压花玻璃样品，测量其四边尺寸与厚度，对边尺寸应一致，厚度应均匀。四边形态应无破损、缺口等瑕疵。

10.1.5 雕花玻璃

1）定义

雕花玻璃又称为雕刻玻璃、刻花玻璃，是在普通平板玻璃上，利用空气压缩机的强气流在玻璃上冲出各种深浅不同的痕迹、图案或花纹。

2）特性

雕花玻璃表面花纹丰富，能够保护隐私，根据雕刻程度的不同，可分为深雕玻璃、浅雕玻璃等几种。深雕玻璃是在玻璃上雕刻出深坑，立体感比较强，大多用于电视背景墙或室内隔断；浅雕玻璃是在玻璃上雕刻出浅坑，加工比较方便，玻璃表面有些许的凹凸，大多用于屏风、推拉门。

3）规格与价格

雕花玻璃的规格与平板玻璃相当，规格不小于1 100 mm×1 000 mm，但这种玻璃厚度较大，其中厚度为5~6 mm的产品最大规格可以达到4 000 mm×3 000 mm。8 mm厚的人工机械雕花玻璃价格为200~500元/m²，电脑雕刻产品价格更高，可达到1 000元/m²以上，具体价格因花形不同而有所区别。

4）雕花玻璃的鉴别

（1）看外观。优质的雕花玻璃表面无划伤、裂纹、雾斑等质量缺陷。

（2）看加工质量。优质雕花玻璃的表面花纹清晰，触摸时不会有割手感，玻璃对边尺寸一致，厚度也符合设计标准。

左图：人工雕刻是利用手工电动工具，配合娴熟刀法的深浅与转折，表现玻璃的质感，所绘制的图案也有较强的真实感。

人工雕刻的雕花玻璃

电脑雕刻的雕花玻璃

上图：电脑雕刻又分为机械雕刻与激光雕刻。激光雕刻的花纹细腻，层次丰富，能对文字与图案进行精准塑造。

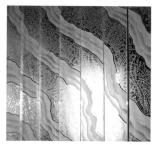 

观察雕花玻璃的花纹　　　　检验雕花玻璃的加工质量

左图：在光线充足处仔细观察雕花玻璃，优质品表面花纹中无任何裂纹或缝隙。

右图：取雕花玻璃样品，测量其四边尺寸与厚度，检测其四边尺寸是否有扭曲、变形、缺损等问题。

10.1.6　变色玻璃

1）定义

变色玻璃是指在光照、温度、电场或电流、表面施压等一定条件下改变颜色且随着条件的变化而发生相应的变化，当施加条件消失后又能可逆地自动恢复到初始状态的玻璃，也称调光玻璃。根据玻璃特性改变机理主要分为光致变色玻璃、热致变色玻璃、电致变色玻璃和力致变色玻璃。

2）特性

变色玻璃的着色、褪色是可逆的。如果改变玻璃的组成成分、添加剂及热处理条件，则可以改变变色玻璃的颜色，变色、褪色速度及平衡度等性能。

变色玻璃

变色玻璃应用

左图：这种玻璃是在玻璃原料中加入光色材料之后制成的一种新型玻璃。

右图：用变色玻璃制作门窗，可使透过的光线变得柔和且有阴凉感，能起到环保、节能的作用。

3）规格与价格

变色玻璃与平板玻璃规格相当，规格不小于1 100 mm×1 000 mm，其中厚度为5~6 mm的产品最大可以达到3 000 mm×4 000 mm，5 mm厚的变色玻璃价格为100~110元／m^2。

4）变色玻璃的鉴别

（1）看变色效果。常见的变色玻璃的透光度与颜色会随着日照强度的改变而发生变化。当日照强度变高时，优质变色玻璃的颜色会随之变深，透光度也会随之变低；当日照强度变低时，变色玻璃的颜色会随之变浅，其透光度也会随之变高。

（2）看外观。优质的变色玻璃表面无划伤、裂纹、雾斑等质量缺陷。

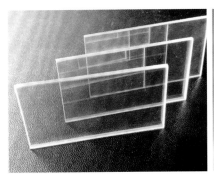

观察变色玻璃的变色效果

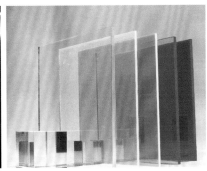

观察变色玻璃的外观

左图：取两块变色玻璃样品，在不同的日照强度下观察其表面色泽变化，优质品基色一致，变色后的色泽也保持一致。

右图：取变色玻璃样品，仔细观察其表面，优质变色玻璃表面透视清晰，无霉斑等缺陷。

10.1.7　彩釉玻璃

1）定义

彩釉玻璃又称为烤漆玻璃，是在平板玻璃或压花玻璃表面涂敷一层易熔性色釉，加热到釉料熔化的温度，使釉层与玻璃表面牢固地结合在一起，然后再经烘干、钢化处理而制成的玻璃装饰材料。

2）特性

彩釉玻璃釉面永不脱落，色泽亮丽，背面涂层能抗腐蚀、抗真菌、抗霉变、抗紫外线，能耐酸、耐碱、耐热、防水、不老化，且不受温度与天气变化的影响。

彩釉玻璃样本

彩釉玻璃应用

左图：彩釉玻璃的使用寿命比较长，表面色彩、图案等均比较丰富。表面的釉面能吸收并反射部分太阳热量，既节能又环保。

右图：彩釉玻璃可以安装于支撑结构中，这种玻璃经过镀膜、夹层、合成中空等复合加工后，具有特殊功能，如可用于制作电视背景墙等。

3）规格与价格

彩釉玻璃的规格与平板玻璃相当，规格不小于1 100 mm×1 000 mm，其中厚度为5～6 mm的产品规格最大可以达到4 000 mm×3 000 mm，5 mm厚的彩釉玻璃价格为100～110元／m²。彩釉玻璃以压花形态的居多，具体价格因花形、色彩、品种等不同而不同，但整体价格较高，适用范围小。

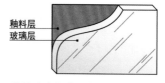

彩釉玻璃构造示意图

4）彩釉玻璃的鉴别

（1）看釉面。彩釉玻璃有低温彩釉与高温彩釉之分，优质品表面也不存在划伤、斑驳等缺陷。

（2）看表面清洁的难易度。优质彩釉玻璃具有良好的无渗透、无吸收等特性，表面若有污渍，很容易便能被清洁掉。

看彩釉玻璃釉面

看彩釉玻璃表面污渍的清洁难易度

左图：在光线充足处仔细观察彩釉玻璃，优质品的釉面完整、色泽亮丽，表面无任何气泡、裂痕等缺陷。

右图：取彩釉玻璃样品，在其表面滴上几滴酱油或墨水，然后用抹布将其擦净，优质彩釉玻璃表面污渍能够轻易被擦除，且不会有污渍残留。

10.1.8 镭射玻璃

1）定义

镭射玻璃又称光栅玻璃，是在玻璃或透明有机涤纶薄膜上涂敷一层感光涂料，利用激光在玻璃上刻出任意的几何光栅或全息光栅，镀上铝或银，再涂上保护漆制成的。

2）特性

镭射玻璃变幻的色彩给人以神奇、华贵、迷人的感受，钢化镭射玻璃的抗冲击、耐磨、硬度等性能均优于大理石，与花岗石相近。在正常使用情况下，镭射玻璃的寿命可长达50年，是塑料的10倍以上。镭射玻璃的反射率可在10%~90%的范围内任意调整。

镭射玻璃

镭射玻璃应用于墙面

左图：镭射玻璃在任何光源的照射下都会产生色彩变化，随着入射光角度及观察视角的不同，所产生的色彩与图案也会有所不同。

右图：镭射玻璃大多用于酒吧、酒店、商场、电影院等商业性与娱乐性场所，这类玻璃还可用于视听室、客厅、卧室等空间的墙面、柱面上。

3）规格与价格

镭射玻璃的规格不小于1 100 mm×1 000 mm，目前国内生产的最大的镭射玻璃规格为3 000 mm×1 000 mm，5 mm厚的镭射玻璃价格为200~300元／m²。

4）镭射玻璃的鉴别

（1）看装饰效果。镭射玻璃在阳光照射下能形成变幻莫测的装饰效果。优质镭射玻璃在任何光源下都能给人一种比较舒适的视觉感受。

（2）测量尺寸。镭射玻璃因用途的不同，其尺寸规格也会有相应的变化，优质镭射玻璃的尺寸应当符合设计标准，且不会影响使用。

观察光照下的镭射玻璃

观察边缘的形态

左图：在光线充足处观察镭射玻璃，优质品能够随着光线入射角度的变化而产生变化的色彩与图案。

右图：取镭射玻璃样品，察看边缘截面，看是否有扭曲、变形等缺陷。

10.2 安全玻璃

10.2.1 钢化玻璃

1）定义

钢化玻璃是安全玻璃的代表，它的生产方法有两种。一种是将普通平板玻璃经淬火法或风冷淬火法加工处理而成，另一种是将普通平板玻璃通过离子交换方法，改变玻璃表面成分，使玻璃表面形成压应力层，从而变成抗压强度高的钢化玻璃。

2）特性

钢化玻璃的强度较高，抗弯强度是普通玻璃的3~5倍，抗冲击强度是普通玻璃的5~10倍，耐急冷、急热性能比普通玻璃高3倍以上，可承受180℃以上的温差变化，对防止热炸裂有明显的效果。钢化玻璃热稳定性好，表面光洁、透明，能耐酸、耐碱，其表面存在凹凸不平的现象。通常玻璃钢化后要比钢化前薄，4~6 mm厚的平板玻璃经过钢化处理后会变薄0.2~0.5 mm。

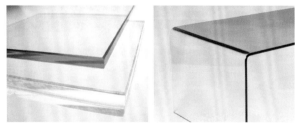

钢化玻璃　　　　　　钢化玻璃弧形加工

左图：钢化玻璃是以普通平板玻璃为基材，通过加热至一定温度后再迅速冷却而制成的玻璃。钢化后的玻璃不能再进行切割、加工。

右图：钢化的过程是对玻璃加温软化的过程，软化后能将玻璃弯压成弧形，形成多种造型。

钢化玻璃顶棚

上图：钢化玻璃主要用于淋浴房、玻璃家具、无框玻璃门窗、装饰隔墙、吊顶、橱窗展示、玻璃幕墙等部位。

3）规格与价格

钢化玻璃可分为平面钢化玻璃与曲面钢化玻璃，其规格不小于1 100 mm×1 000 mm，厚度有3 mm、4 mm、5 mm、6 mm、8 mm、10 mm、11 mm、15 mm、19 mm等，其中厚度为5~6 mm的产品最大规格可以达到4 000 mm×3 000 mm，厚度为6 mm的钢化玻璃价格为60~70元／m²，钢化玻璃的价格通常要比同规格的普通平板玻璃高20%~30%。

4）钢化玻璃的鉴别

（1）观察面层。优质钢化玻璃可以透过偏振光片在其边缘上看到彩色条纹，在玻璃面层上可看到黑白相间的斑点。

（2）看安全认证标志。优质钢化玻璃有3C质量安全认证标志，且该标志的字迹清晰，不会轻易被抹除。

（3）看破碎程度。优质钢化玻璃具有较好的抗冲击性能，安全系数也比较高，即使遭到破坏也呈现为无锐角的小碎片状，对人体的伤害较小。

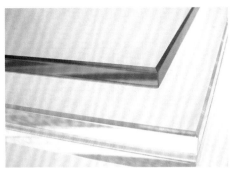
观察钢化玻璃面层

钢化玻璃的3C标志

敲击钢化玻璃

左图：通过偏振光片来观察钢化玻璃，注意调整光源方向，仔细观察其纹理。

中图：可察看钢化玻璃是否带有3C质量安全认证标志，可用适当湿度的纸巾或抹布擦拭标志表面，优质品的标志不会轻易被擦除。

右图：取钢化玻璃样品，用锤子适度敲击钢化玻璃，看其碎片是否会呈大碎片状四处飞溅。优质品即使破裂也不会呈大碎片状。

10.2.2 夹层玻璃

1）定义

夹层玻璃是在两片或多片平板玻璃或钢化玻璃之间，嵌夹聚乙烯醇缩丁醛树脂胶片，再经过热压黏合而成的平面或弯曲的复合玻璃制品。

2）特性

夹层玻璃安全性较好，大多采用钢化玻璃加工，破碎时玻璃呈辐射状裂纹，碎块不会对人造成伤害；夹层玻璃抗冲击强度优于普通平板玻璃，防范性好，耐光、抗紫外线、耐热、耐湿、耐寒、隔声等性能也较好。

夹层玻璃

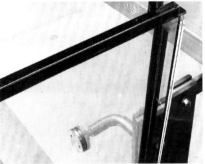
夹层玻璃栏板

夹层玻璃雨棚

左图：夹层玻璃可减弱太阳光的透射，降低制冷能耗，且在受到撞击破损后，其碎块仍与中间膜粘在一起，不会脱落。

中图：夹层玻璃具有良好的稳定性，作为栏板时安全系数也较高，还能装饰空间。

右图：夹层玻璃具有良好的耐湿性，使用年限也较长，很适合搭建雨棚。

3）规格与价格

夹层玻璃的厚度通常为4～15 mm，其中厚度为4 mm＋4 mm的夹层玻璃价格为80～90元／m²。如果用钢化玻璃制作，其价格则要比同规格的普通平板玻璃高40%～50%。

平面夹层玻璃的最大尺寸为7 800 mm×2 500 mm，最小尺寸为300 mm×300 mm；弯曲夹层玻璃的最大尺寸为4 500 mm×2 500 mm，常见的规格为长500～3 500 mm，宽500～2 000 mm，厚度为5～19 mm不等，弧长圆心角小于90°。根据内部夹层材料的不同，夹层玻璃还可分为超白炫彩夹胶玻璃、花纹夹胶玻璃等。

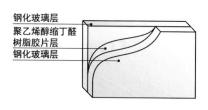

钢化玻璃层
聚乙烯醇缩丁醛
树脂胶片层
钢化玻璃层

夹层玻璃构造示意图

超白炫彩夹胶玻璃

花纹夹胶玻璃

左图：超白炫彩夹胶玻璃，装饰效果好，表面晶莹剔透，主要是由两片或数片超白玻璃之间加上胶片与炫彩膜，再经过夹胶合片、高压釜烘烤等一系列工艺制作而成。

右图：花纹夹胶玻璃，安全性高、耐震、防弹、防爆、隔声效果好。它是两片或多片浮法玻璃中间夹以强韧的PVB（聚乙烯醇缩丁醛）胶膜，经热压机压合，然后利用高温高压将残余的少量空气溶入胶膜而制成的。

4）夹层玻璃的鉴别

（1）看外观质量。优质夹层玻璃无裂纹、脱胶，爆边长度或宽度不超过玻璃的厚度，划伤、磨伤不应影响使用。

（2）看安全标识。优质夹层玻璃表面或其包装与随附文件上应标有3C质量安全认证标志，且该标志字迹清晰。

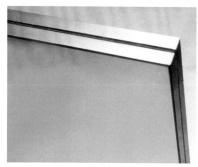

看夹层玻璃的外观质量

看夹层玻璃的透光性

左图：在光线充足处观察夹层玻璃，优质品的表面无裂纹，中间层的气泡、杂质或其他可观察到的不透明物等缺陷不应超过标准要求。

右图：观察多层夹层玻璃叠加后的透光效果，优质产品透光性依然不错。

10.2.3　夹丝玻璃

1）定义

夹丝玻璃又称为防碎玻璃，是将普通平板玻璃加热至红热软化状态时，将经过预热处理过的铁丝或铁丝网压入玻璃中间而制成的特殊玻璃。

2）特性

夹丝玻璃具有优越的防火性与防盗性，安全性也较高。但这种玻璃在生产过程中，丝网因受高温辐射而容易氧化，玻璃表面有可能有黄色锈斑或气泡。因其内部有丝网，所以其透视性不好，对视觉效果有一定的干扰。

夹丝玻璃

夹丝玻璃门窗

左图：夹丝玻璃所用的金属丝网或金属丝线分为普通钢丝与特殊钢丝两种，普通钢丝的规格不应小于0.4 mm，特殊钢丝的规格不应小于0.3 mm。

右图：夹丝玻璃常用于天窗、天棚顶盖、隔墙等部位，使用夹丝玻璃制作的门窗具有良好的安全性，如果发生火灾，夹丝玻璃受热炸裂后仍能保持固定状态，能有效隔绝火势。

3）规格与价格

夹丝玻璃的厚度为6～16 mm不等，不含中间丝的厚度，产品尺寸多介于600 mm×400 mm与2 000 mm×1 100 mm之间，其中10 mm厚的夹丝玻璃价格为110～150元／m²。

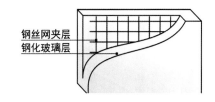

夹丝玻璃构造示意图

4）夹丝玻璃的鉴别

（1）检测外观尺寸。优质夹丝玻璃的边部凸出尺寸、缺口与偏斜玻璃边部凸出尺寸、缺口尺寸等均不得超过6 mm，偏斜的尺寸不得超过4 mm。

（2）看防火性。优质夹丝玻璃具备十分优越的防火性，当遭受温度剧变时，也能保持破而不缺，裂而不散。

（3）看防盗性。优质夹丝玻璃不易被打破，即使玻璃破碎，仍有金属线网在起作用。

夹丝玻璃外观边缘　　　　　　　　夹丝玻璃透光性良好

左图：夹丝玻璃外观尺寸与各边凸起尺寸规范，四边平齐，无扭曲、变形，内部夹丝形态完整。

右图：夹丝玻璃正面透光正常、均衡，表面具有轻微压花纹理，能有效防止外力撞击。

10.2.4　中空玻璃

1）定义

中空玻璃是由两层或两层以上的玻璃原片构成的，四周用高强度气密性复合胶黏剂将玻璃、边框、橡皮条黏结在一起，然后在中间充入干燥气体。玻璃原片可以采用普通平板玻璃、钢化玻璃、压花玻璃、夹丝玻璃、吸热玻璃、热反射玻璃等品种。

2）特性

中空玻璃能很好地隔热、隔声，且防结霜性能好，结霜温度要比普通玻璃低20℃左右，传热系数低，表面色彩十分丰富，不仅能改善室内环境，还节能、环保。

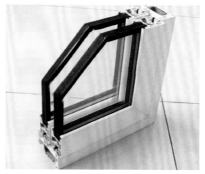

中空玻璃样本　　　　　　　　　　中空玻璃门窗展示

左图：中空玻璃的结构设计合理，符合标准，能更大程度地发挥出隔热、隔声、防火、防盗等功效。其表面可涂上各种颜色或不同性能的薄膜，框内则充以干燥剂，以保证玻璃原片间空气的干燥度。

右图：中空玻璃强度较高，耐用性强，用中空玻璃制作的门窗实用性也较强。适用于住宅、饭店、宾馆、办公楼、学校、医院、商店等需要室内空调的场合中。

3）规格与价格

中空玻璃的常见规格有5 mm＋9 mm（中空）＋5 mm、5 mm＋11 mm（中空）＋5 mm、9 mm＋11 mm（中空）＋9 mm。中空玻璃价格较高，其中4 mm＋5 mm（中空）＋4 mm厚的普通加工中空玻璃价格为100～110元／m²，同规格的铸造中空玻璃价格为300元／m²以上。

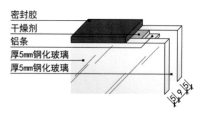

5 mm＋9 mm（中空）＋5 mm中空玻璃构造示意图

4）中空玻璃的鉴别

（1）看密封质量。通常优质中空玻璃是采用高技术水平密封胶密封，当用小刀切开中空玻璃的两道密封处时，截面呈现出十分饱满、充实的状态。

（2）检查玻璃与密封胶的黏合力度。优质中空玻璃所使用的密封胶与玻璃原片充分接触，且密封胶黏合力度较强，不会轻易被撕开。

看密封处的边角　　　　　　　看内侧铝条安装　　　　　　　看铝条质量

左图：观察中空玻璃外部边角的密封状态，优质品的密封胶应当包裹严密平滑，中空构造向内自然内凹，表明内部空气已被抽出。

中图：优质品的内侧铝条安装紧密，无变形、无波折。

右图：将铝条抽出观察，优质品的铝条坚固挺直，强度高、韧性好。

10.3　功能玻璃

10.3.1　吸热玻璃

1）定义

吸热玻璃又称为有色玻璃，是指保持较高的可见光透过率，且能吸收大量红外辐射的玻璃，这类玻璃是在普通钠钙硅酸盐玻璃中加入有色氧化物，如氧化铁、氧化镍、氧化钴、氧化硒等，从而使其具有不同的色彩。

2）特性

吸热玻璃能吸收太阳光辐射与可见光，如6 mm厚的蓝色吸热玻璃能挡住50%左右的太阳辐射能，可见光透过率为80%；吸热玻璃能使刺目的阳光变得柔和，能有效改善室内光照；吸热玻璃还能吸收太阳光的紫外线，能有效减轻紫外线对人体与室内物品的损害。

吸热玻璃　　　　　　　　吸热玻璃门窗

左图：吸热玻璃具有一定的透明度，玻璃色泽经久不变，吸热性能也较好。

右图：吸热玻璃有一层紫外线阻挡材料，当太阳照射时，可以吸收大量紫外线，因此大多用于长期受阳光直射的门窗。

3）规格与价格

吸热玻璃的规格不小于1 100 mm×1 000 mm，厚度有3 mm、4 mm、5 mm、6 mm、8 mm、10 mm、11 mm、15 mm、19 mm等，其中厚度为5~6 mm的产品的规格最大可以达到4 000 mm×3 000 mm，6 mm厚的吸热玻璃价格为60~70元 / m²。

4）吸热玻璃的鉴别

（1）看外观。优质吸热玻璃的表面平整，无凹凸不平、划伤、雾斑等质量缺陷，在使用过程中不会出现变形、透视模糊等状况。

（2）看反眩能力。优质吸热玻璃能使刺目的阳光变得柔和，起到较好的反眩作用，尤其是在炎热的夏天，能很好地改善室内光照，给人一种舒适、凉爽的感觉。

左图：在光线充足处观察吸热玻璃外观，优质品的表面色彩均匀，无水线、气泡、疙瘩、砂粒等缺陷。

看吸热玻璃的外观

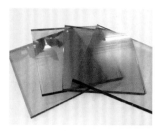

左图：取吸热玻璃样品，将其正对着光线，感受光线透过该玻璃后的柔和度，优质品能有效降低光照度。

看吸热玻璃的反眩能力

10.3.2　热反射玻璃

1）定义

热反射玻璃是指在平板玻璃表面涂覆金属或金属氧化物薄膜制成的玻璃，薄膜包括金、银、铜、铝、铬、镍、铁等金属及其氧化物，镀膜方法有热解法、真空溅射法、化学浸渍法、气相沉积法、电浮法等。

2）特性

热反射玻璃既具有较高的热反射能力，又保持了平板玻璃的透光性，同时其遮光、隔热性能也较好，镀金属膜的热反射玻璃还具有较好的单向透像性。

热反射玻璃　　　　　　　热反射玻璃幕墙

左图：热反射玻璃具有较好的装饰效果，且节能、环保。这类玻璃适用于高档住宅的外墙门窗、玻璃幕墙与各种艺术装饰中。

右图：白天从室内透过热反射玻璃幕墙可以看到室外街景，但从室外看不见室内的情景，可起到一定的遮挡作用。晚间由于室内照明，从室内看不见玻璃幕墙外的事物，给人以不受外界干扰的舒适感。

3）规格与价格

热反射玻璃有灰色、茶色、金色、浅蓝色、古铜色等多种色彩，规格不小于1 100 mm×1 000 mm，厚度主要有5 mm、6 mm、8 mm、10 mm、11 mm等，常见规格有2 000 mm×2 000 mm、3 300 mm×2 140 mm、3 300 mm×2 440 mm、5 100 mm×3 300mm等几种，这类玻璃价格较高，6 mm厚的热反射玻璃的价格为100～110元／m²。

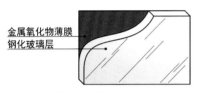

金属氧化物薄膜
钢化玻璃层

热反射玻璃构造示意图

4）热反射玻璃的鉴别

（1）检查外观。优质热反射玻璃的表面无针孔、凹凸不平、斑点等质量缺陷，且瑕疵宽度大于0.3 mm。

（2）看单向透视性。热反射玻璃具有较强的镜面效果，可作镜面玻璃使用，优质品有极好的单向透视性。

检查热反射玻璃的外观　　看热反射玻璃的单向透视性

左图：在光线充足处观察热反射玻璃，优质品的表面平整，色彩均匀，无裂口、斑纹等缺陷。

右图：取热反射玻璃样品，将其拿起并对着光源，仔细观察其单向透视性。优质品的迎光面具有较好的成像效果，背光面则具有较好的透视性。

10.3.3　玻璃砖

1）定义

玻璃砖是用透明或彩色玻璃制成的块状、空心玻璃制品或块状表面施釉的玻璃制品，主要有空心玻璃砖、实心玻璃砖、玻璃饰面砖等几类。

2）特性

（1）空心玻璃砖：主要有透明玻璃砖、雾面玻璃砖、纹路玻璃砖等。该玻璃砖具有隔声、隔热、防水、节能、透光良好等特点，属于非承重装饰材料，装饰效果高贵典雅，不仅可以用于砌筑透光性较强的墙壁、隔断、淋浴间等，还可用于外墙或室内间隔，它不仅能为使用空间提供良好的采光效果，也能使空间有延续之感。

（2）实心玻璃砖：质量比较重，只能粘贴在墙面上或依附其他加强的框架结构才能安装。通常在砌筑室内装饰墙体的时候使用，用量相对较小，砌筑高度不应大于1000 mm，砌筑高度过高则容易造成墙体变形或坍塌。实际设计时，实心玻璃砖周边多会布置灯光，在夜间或采光较弱的空间中能起到点缀装饰的作用。

（3）玻璃饰面砖：该玻璃砖中夹入的材料大多为金属、贝壳、树皮等各种具有装饰性的物品，装饰效果独特，晶莹透亮。

空心玻璃砖

实心玻璃砖

左图：空心玻璃砖强度高、耐久性好，耐用性佳，用空心玻璃砖制作的隔墙具有很好的装饰效果，同时还可根据尺寸的变化设计出直线墙、曲线墙、不连续墙等。

右图：实心玻璃砖的颜色比较多，但是大多内部没有花纹，只是表面有磨砂效果。带有纹路的实心玻璃砖质地也更细腻，装饰效果更佳，价格也更贵。

玻璃饰面砖

左图：玻璃饰面砖是采用两块透明的抗压玻璃板，在其中间的夹层搭配其他材料，最终经热熔而成的，该玻璃砖大多与常规墙砖、地砖配套使用，镶嵌在墙砖、地砖的铺装间隙中。

3）规格与价格

通常常规玻璃砖的规格为190 mm×190 mm×80 mm，小玻璃砖的规格为145 mm×145 mm×80 mm，厚玻璃砖的规格为145 mm×145 mm×95 mm、190 mm×190 mm×95 mm等；特殊规格玻璃砖的规格为240 mm×240 mm×80 mm、240 mm×115 mm×80 mm、190 mm×90 mm×80 mm等。

190 mm×190 mm×80 mm空心玻璃砖的价格为15～25元／块；实心玻璃砖的价格为20～30元／块；玻璃饰面砖的具体规格根据设计而定，价格为50～80元／块。

190 mm×190 mm×80 mm空心玻璃
砖砌筑隔墙

左图：玻璃砖砌筑隔墙具有透光不透形的功能，适用于厨房与餐厅之间、卫生间与走道之间、办公室之间等多种空间分隔。

4）玻璃砖的鉴别

（1）观察玻璃砖的表面。优质品的表面无涟漪、气泡或裂纹，且玻璃砖表面凹陷应小于1 mm，外凸应小于2 mm。玻璃坯体中无不透明的未熔物，两块玻璃体之间的熔接完全密封，无任何缝隙。

（2）测量玻璃砖尺寸。用卷尺测量玻璃砖的各边长度，看是否符合产品的标准尺寸，误差应小于1 mm。

玻璃砖外观　　　　　　　　　抚摸表面　　　　　　　　　　量玻璃砖尺寸

左图：在光线充足处观察玻璃砖的表面，优质品无任何翘曲、缺口、毛刺等缺陷，各边角度也呈平直状态。

中图：轻抚砖体表面，表面光滑、细腻的为优质玻璃砖。

右图：在光线充足的情况下，取玻璃砖样品，用卷尺测量其长、宽、高、凹陷尺寸、外凸尺寸，并与标准尺寸作对比。

  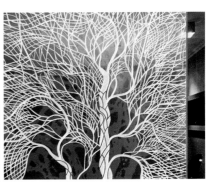

玻璃贴膜　　　　　　　　　　磨砂玻璃贴膜　　　　　　　　图案花纹玻璃贴膜

左图：玻璃贴膜成卷状包装，使用极其方便，可纵横、曲面、垂直装贴。

中图：贴于玻璃窗内侧的半透明或白昼单向透视膜，能起到磨砂玻璃的效果。

右图：选择图案花纹玻璃贴膜时，要注意观察其清晰度，可通过贴膜玻璃观察透光的外轮廓是否清晰。劣质膜会给人雾蒙蒙的感觉，质量特别差的还会引起物品外轮廓变形，用指甲在玻璃膜上来回刮几下，能轻易刮出划痕。

下篇

施工工艺

第11章

基础施工

核心概念：清理、放线、拆除、砌筑。

章节导读：基础施工是正式施工的准备工作，需要将施工界面收拾完备，营造良好的施工环境。基础施工的主要内容为结构改造、整理，施工人员大多为水电工、泥瓦工或更专业的安装拆除工。施工周期短，工作量小，所花费的工期不宜超过整个工期的15%，应尽量集约化施工，如多工种同时施工等。

基础施工空间

精装房是今后室内设计的基础，在顶面、墙面、地面都基本完工的基础上进行改造是基础施工的主要工作内容。

11.1 基层清理

在建筑室内基层清理之前，要先验收，并对查验出的问题进行及时解决，以方便后期施工。

11.1.1 交房验收

1）初验整体质量

（1）验采光覆盖率。通过目测或者建筑的朝向来判断其采光覆盖率，可以在不同时间段内查验室内的采光状况。

察看阳台采光　　　　　　察看室内采光

左图：阳台开门面积较大，采光好，否则可以扩大门洞面积。

右图：室内是通透空间，无太多隔断。

（2）验层高宽敞度。现在的楼层层高一般都是3000 mm以下，但不能过低，如果室内层高低于2 600 mm，就会影响正常使用。

（3）验地面平整度。一般来说，地面平整度应小于30 mm，若超出30 mm就需要后期改造找平。

使用卷尺测量层高　　　　使用卷尺测量地面平整度

左图：测量梁高对吊顶设计施工有很大帮助。

右图：水平仪与卷尺配合测量地面平整度。

2）再验具体细节

（1）验墙壁质量。交房前，在下过大雨的隔天察看墙壁是否有裂缝和渗水，如果出现渗水情况，必须及时交由物业管理中心处理。

左图：下过大雨之后，一旦墙体结构不稳，或存在裂缝，其表面会渗出水渍，此时必须立即处理，否则将影响后期施工。

检查墙壁是否渗水

（2）验防水系统。验收防水时可以用宽胶带缠绕排污或排水口，再用皮筋或绳子扎牢，然后在卫生间放水，水位达到20 mm即可。24h后察看卫生间下面的天花板是否有渗漏，若有渗漏一般为楼板直接渗漏或管道与地板接触处渗漏。

（3）验管道疏通情况。在工程施工时，有极少数施工人员会不负责任地将水泥渣倒进排水管冲走，水泥进入排水管后，一旦干涸就会粘在管道上，导致管道堵塞。除了检查排水管道是否通畅外，还需察看排污管是否有蓄水防臭弯头，如果没有，则需要整补安装。

检查管道疏通情况　　　　蓄水防臭弯头

左图：验收管道时，可预先取一个器具盛水，然后倒水进排水口，观察水是否能顺利流走。

右图：蓄水防臭弯头能将来自下水管道的异味阻挡在所蓄水之下，可以阻止其进入室内。

（4）验门窗的牢固性。验收门窗最重要的是验收窗户和阳台门的密封性。窗户的密封性验收最好在大雨天进行，另外，还有察看密封胶条是否完整牢固。

左图：阳台门质量要看阳台门的内外的水平差度。如果阳台的水平与室内的水平是一样的，在大雨天就会存在雨水渗进的问题。此外，还需检查阳台门上五金件安装的牢固情况。

检查门窗质量

11.1.2 界面找平

界面找平是指将准备装修的各界面表面处理平整，如填补凹坑、铲除凸出的水泥疙瘩等。

1）施工方法

（1）界面找平之前要目测检查装修界面的平整度，并用粉笔在凹凸界面上作出标记。

（2）用凿子与铁锤敲击凸出的水泥疙瘩与混凝土疙瘩，使之平整。

（3）配置1：3水泥砂浆，将其调和至较黏稠的状态，填补至凹陷部位。

（4）对填补水泥砂浆的部位抹光找平，并以湿水养护。

2）施工要点

（1）在白色涂料界面上用红色或蓝色粉笔进行标识，在素水泥浆表面上用白色粉笔进行标识，界面找平后应及时将粉笔记号擦除，以免干扰后续水电施工的标识。

（2）用凿子与铁锤清除水泥疙瘩与混凝土疙瘩时，应控制好力度，不能破坏楼板、立柱结构，但厨房、卫生间、阳台等部位不应如此操作，以免破坏防水层。

擦除墙面标记　　　　　　拆除水泥疙瘩

左图：用粉笔标识修整部位，修整完后应及时擦除标识记号，以免干扰后续施工。

右图：清除水泥疙瘩后，应向墙体继续敲击，以形成内凹构造，使其能附着填补材料。

（3）外露的钢筋应仔细判断其功能，不宜随意切割，因为不少钢筋末端转角或凸出均具有承载拉力的作用。可以用1：3水泥砂浆将其掩盖。

（4）填补1：3水泥砂浆后应至少养护7天，在此期间可以进行其他施工项目，但是不能破坏水泥砂浆表面。

（5）除了卫生间、厨房外，如果原有墙体界面已经涂刷了涂料，那么可以不必铲除，把其表面扫除干净即可，继续做墙面施工。

（6）如果原有墙体界面是水泥砂浆找平层，则需要用石膏粉加水调配成石膏灰浆将表面凹陷部位抹平，再用成品腻子满刮墙体界面1～2遍。

填补水泥砂浆　　　　　　顶界面清洁

左图：用水泥砂浆填补界面后应保持平整，可以略微凹陷，但是不宜外凸。

右图：用扫帚清扫顶界面灰尘，检查顶角的平整度。

（7）如果墙、顶面有水渍，则需要进一步探查渗水部位，它们一般会位于门窗边角或室外空调台板内角，需要联系物业管理部门进行统一维修。

一旦发现墙顶面有水渍，一定要查找原因，并及时修补防水层

顶界面水渍

11.1.3 标高线定位

1）定义

标高线是指在墙面上绘制的水平墨线条，应在墙面找平后进行绘制，标高线距离地面一般为90 mm、1200 mm或1500 mm，这3个高度任选其一绘制即可，定位标高线的作用是方便施工人员找准水平高度，在墙面开设线槽等。

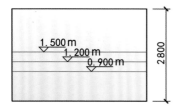

左图：定位标高线时需要借助其他工具来保证绘制线条的水平度。

标高线示意图

2）施工方法

（1）用红外或激光水平仪来定位标高线，将激光水平仪放置于房间正中心，将高度升至90 mm、1 200 mm和1 500 mm，打开电源开关，周边墙面即会出现红色光影线条。

（2）用卷尺在墙面上核实红色光影线条的位置是否准确，再次校正水平仪高度。

（3）沿着红色光影线条，采用油墨线盒在墙面上弹出黑色油墨线，晾干。

激光水平仪　　　　　　　合适的水平仪高度

左图：激光水平仪能快速定位墙顶面水平、垂直标识线，使用方便。

右图：使用激光水平仪时应用卷尺辅助校正标高线，保证水平线位于整数位置。

激光放线定位　　　　　　手工放线定位

左图：将弹线墨盒放置在与红色光影线条同一水平高度处，固定后弹线。

右图：手工弹线时应提前找好水平高度线，另一端用钢钉临时固定，墨线要适当绷直。

3）施工要点

（1）施工时应根据地面铺装材料，预先留出地面铺装厚度。如果铺装复合木地板，则应在实测高度基础上增加15 mm；如果铺设地砖，则应增加40 mm；如果铺装实木地板，则应增加60 mm。

（2）如果没有水平仪等仪器，那么可以分别在房间4面墙的1/5与4/5处，从下向上测量出相应高度，并做好标记，再用油墨线盒将各标记点连接起来。

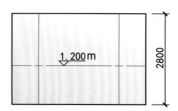

左图：根据示意图和现场实际尺寸可以很轻松地得出标高线的位置。

手工放线示意图

（3）对于构造复杂的室内空间，应在50 mm与2 000 mm处分别弹出定位标高线，以方便进一步校正位置。

（4）定位标高线是为了提高后续施工的效率，不必为局部的尺寸定位而反复测量。

11.2 结构基础处理

11.2.1 室内加层

1）定义与应用

（1）定义：凡是单层净高度大于3 600 mm，且周边墙体为牢固的承重墙的，均可以在室内制作楼板，即采用各种结构材料在底层或顶层空间制作楼板，将1层当作2层来使用，从而达到增加使用空间的目的。这种加层方法又被称为架设阁楼，也是传统意义上的室内加层。

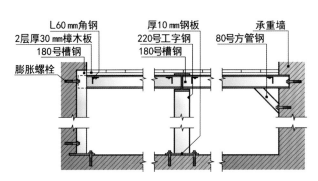

型钢加层示意图

上图：型钢加层适用于室内空间较高，面积较小的空间，一般用于单间房加层，将增加的楼层当作临时卧室、储藏间等辅助空间来使用。

（2）应用：室内加层适用于室内空间较高的空间，适用于增加房间数量，提高空间的使用率。

2）施工

为了提高施工效率，降低加层带来的破坏性，一般会采用型钢加层法。

（1）定义：型钢加层法是指采用各种规格的型钢焊接成楼板骨架，安装在室内悬空处，在上表面铺设木板作为承载面，并制作配套楼梯连接上、下层。

（a）槽钢墙面支撑上端

（b）槽钢墙面支撑下端

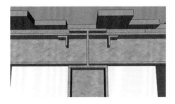

（c）槽钢中央支撑上端

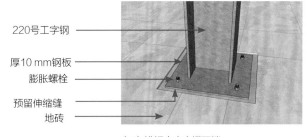

（d）槽钢中央支撑下端

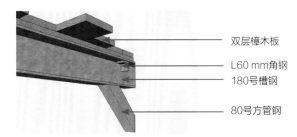

（e）三角构造支撑墙面

型钢加层三维图

（2）施工方法：察看室内结构，根据加层需要做相应改造，并做好标记。购置并切割各种规格的型钢，经过焊接、钻孔等加工，用膨胀螺栓固定在室内墙面、地面上。在型钢楼板骨架上焊接覆面承载型钢，并在上表面铺设实木板。全面检查各焊接、螺栓固定点，涂刷2~3遍防锈漆，待干后即可继续后期施工。

型钢的切割　　　　　　型钢的焊接

左图：型钢使用氧气切割会更快捷、方便，相对机械切割也更安全，但是成本较高。

右图：型钢焊接时对电焊工艺的技术要求较高，焊接部位要打磨平整。

（3）施工要点：

①由于型钢自重较大，用量较多，因此在改造前一定要仔细察看原空间构造。需要加层的室内墙体应为实心砖或砌块制作的承重墙，墙的厚度应大于250 mm，对厚度小于250 mm的墙体或空心砖砌筑的墙体应做加固处理。

②如果在2层以上的室内做加层改造，则要察看底层空间构造，墙体结构应无损坏、缺失，另外，还要察看房屋基础的质量，如果基础质量一般或受地质沉降的影响，则应避免在2层以上的室内作加层改造。

③在开间宽度大于2 400 mm，且小于3 600 mm的室内空间，可采用相同构造架设加层楼板钢结构，应选用180号~220号槽钢作为主梁。

④在开间宽度大于3 600 mm的室内空间，应选用220号以上的槽钢作为主梁，或在主梁槽钢中央增设支撑立柱，立柱型钢可用120号~150号方管钢，底部焊接200 mm×200 mm×10 mm（长×宽×厚）的钢板作为垫层，垫层钢板可埋至地面抹灰层内，用膨胀螺栓固定至楼地面中，但是这种构造只适用于现浇混凝土楼板或底层地面。

⑤2层以上的房间可在主梁两端加焊三角形支撑构造，以强化主梁型钢的水平度。如果室内墙体为非承重墙且比较单薄，则主梁末端应焊接在同规格的竖向型钢上，竖向型钢应紧贴墙体，以承载加层构造的重量。

构造的组装焊接

⑥型钢构架完成后，即可在网格型楼板钢架上铺设实心木板，一般应选用厚度大于30 mm的樟子松木板，其坚固耐用且防腐性能好。

⑦所架设的木板可搁置在角钢上，并用螺栓固定，木板应纵向、横向铺设2层，表面涂刷2遍防火涂料，木板之间的缝隙应小于3 mm。

⑧型钢的规格与配置方法要根据加层室内的空间面积来确定。在开间宽度小于2400 mm的室内空间，如果开间两侧墙体均为厚度大于250 mm的承重墙，则可直接在两侧砖墙上开孔，插入150号~180号槽钢作为主梁，其间距为600~900 mm，槽钢两端搁置在砖墙上的宽度应大于100 mm，相邻槽钢之间可采用L60角钢作焊接，间距300~400 mm，形成网格型楼板钢架，并及时涂刷防锈漆。

铺装木板　　　　　　涂刷防锈漆

左图：钢结构楼板上应铺装硬度较高，且有一定弹性的实木板，不能铺装木芯板。

右图：经过打磨的焊接点应尽快涂刷防锈漆，待干后再对整个钢结构涂刷防锈漆。

11.2.2　墙体加固

墙体开裂、变形是建筑的常见问题，无论什么样的地质环境都会造成墙体不同程度的损坏。墙体加固的方法有很多，下面介绍一种整体加固法。

1）定义与应用

整体加固法是指凿除原墙体表面抹灰层后，在墙体两侧设钢筋网片，采用水泥砂浆或混凝土进行喷射加固。这种方法适用于现在大多数的建筑结构，经过整体加固后的墙体又称为夹板墙。

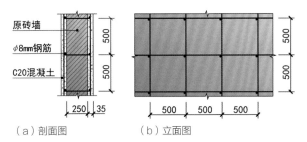

（a）剖面图　　　　（b）立面图

整体加固法平面图

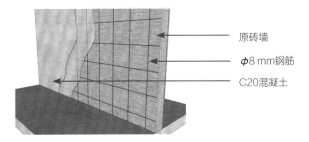

整体加固法三维图

2）施工方法

（1）察看墙体损坏情况，确定加固位置，并凿除原墙体抹灰层。

（2）在原墙体上放线定位，并依次钻孔，插入拉结钢筋。

（3）在墙体两侧绑扎钢筋网架，并与拉结钢筋焊接。

（4）用水泥砂浆或细石混凝土对墙体作分层喷射，待干后湿水养护7天。

3）施工要点

（1）整体加固的适用性较广，能大幅度提高砖墙的承载力度，但是不宜用于空心砖墙。

（2）由于加固后会增加砖墙重量，因此，整体加固法不能独立用于2层以上砖墙，须先在底层加固后，再进行上层施工。

（3）穿插在墙体中的钢筋的直径为6～8 mm，在墙面上的分布间距应小于500 mm，穿墙钢筋出头后应作90°弯折后再绑扎钢筋网架。

（4）穿墙孔应用电锤做机械钻孔，不能用钉凿敲击，绑扎在墙体两侧的钢筋网架网格尺寸为500 mm×500 mm左右，仍采用直径为6～8 mm的钢筋，对损坏较大的砖墙可适当缩小网格尺寸，但网格边长不应小于300 mm。

（5）砖墙两侧钢筋网架与墙体之间的间距为15 mm左右。

（6）采用1∶2.5水泥砂浆喷涂时，喷涂厚度为25～30 mm，应分3～4遍喷涂。

（7）采用C20细石混凝土喷涂时，喷涂厚度为30～35 mm，应分2～3遍喷涂，每遍喷涂要待初凝后才能继续施工。

钢筋网架

左图：钢筋网架应以钢筋穿插的方式固定在墙面上，网架安装后应保持垂直。

喷浆

左图：喷浆应均匀，可以多层多次喷浆，避免一次喷涂过厚。

（8）喷浆加固完毕后，应根据实际情况有选择地作进一步强化施工，可在喷浆后的墙面上挂接$\phi 2 \sim \phi 25\,mm$钢丝网架或防裂纤维网，再进行找平抹灰处理。

（9）由于喷浆施工就相当于底层抹灰，因此一般只需采用1：2水泥砂浆1遍厚5～8 mm的面层抹灰，最后找平边角部位即可。

抹灰

左图：对隔声、保温有要求的墙体可以先挂贴聚乙烯板，再挂钢丝网后抹灰找平。

边角找平

左图：边角抹灰应保持平整，可反复修整，必要时可采用模板校正。

11.2.3　修补裂缝

砖墙裂缝属于建筑的常见问题，相对于需要加固的墙体，裂缝一般只影响美观，当裂缝宽度小于2 mm时，砖墙的承载力只降低10%左右，对实际使用并无太大的影响。

利用砂浆填补裂缝

上图：裂缝在1年内有变长变宽的趋势时，应及时修补。铲除开裂墙面表层涂料，先用切割机扩大裂缝，再用水泥砂浆封闭找平。

防裂带脱落

上图：只粘贴防裂带后刮腻子找平，容易造成防裂带开裂或脱落。裂缝宽度小于2 mm，且单面墙上裂缝数量约为3条，裂缝长度不超过墙面长或高的60%，且不再加宽、加长时就不必修补。

1）修补方法

采用抹浆法对裂缝进行修补。抹浆法是指先将钢丝网挂接在墙体两侧，再抹上水泥砂浆的修补方法。这是一种简化的钢筋混凝土加固方法。

左图：抹浆法修补方便，操作简单，成本较低，适用于裂缝狭窄且数量较多的砖墙。

抹浆法修补

2）施工方法

（1）察看墙体裂缝数量与宽度，确定改造施工的方案，并铲除原砖墙表面的涂料、壁纸等装饰层，露出抹灰层。

（2）将原抹灰层凿毛，并清理干净，放线定位。

（3）编制钢丝网架，使用水泥钉将其固定到墙面上，并对墙面润湿。

左图：在修补裂缝前要先将墙体表面清理干净，再用安装锐角钻头的电锤将墙面裂缝周边凿毛。

右图：凿毛后的墙面应挂贴钢丝网，这样既可以有效防止墙体开裂，也可以提高水泥砂浆抹灰的附着力。

裂缝基层清理　　　　满挂钢丝网

（4）用水泥砂浆对墙面进行抹平，待干后养护7天。

3）施工要点

（1）铲除原砖墙表面装饰材料要彻底，不能存留任何杂质；原墙面的抹灰层应完全露出，并做凿毛处理，但不能损坏砖体结构，清除后须扫净浮灰。

（2）相对砖墙加固而言，砖墙的裂缝修补则应选用小规格钢筋，采用φ4～φ6 mm钢筋编制网架，网格边长为200～300 mm，或购置类似规格的成品钢筋网架，用水泥钢钉固定在砖墙上。

（3）砖墙表面须在上下、左右间隔约600 mm，采用电锤钻孔，将φ4～φ6 mm的钢筋穿过墙体，绑扎在墙两侧的网架上，进一步强化固定。

（4）钢筋网架安装后应与墙面保持15 mm左右的间距。

（5）采用1：2水泥砂浆进行抹灰，应用强度等级为42.5级的硅酸盐水泥，掺入15%的801胶。

（6）抹灰分三遍进行，第一遍应基本抹平钢筋网架与墙面之间的空隙，第二遍应完全遮盖钢筋网架，第三遍可采用1：1水泥砂浆找平表面并找光。

（7）全部抹灰厚度为30～40 mm，待干后湿水养护7天，如果条件允许，也可以采用喷浆法施工，只是面层仍须手工抹光。

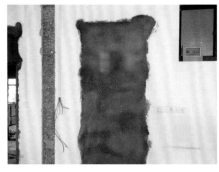

局部修补

整体修补

左图：对裂缝比较集中的局部墙面进行修补，要在新旧抹灰之间保持交错，并有所区分。

右图：整体墙面修补与常规抹灰施工一样，但要预先拆除旧抹灰层，不能在旧抹灰层上直接覆盖新抹灰层。

小 贴 士

砖墙裂缝的预防

砖墙裂缝既要修补到位，又要防患于未然。

（1）温差裂缝：温度变化引起的砖墙裂缝，可在装饰层与砌筑层之间铺装聚苯乙烯保温板，或涂刷柔性防水涂料，并在此基础上铺装1层防裂纤维网。

（2）材料裂缝：使用低劣的砌筑材料也会造成裂缝，尤其是新型轻质砌块，因为它在各地的生产标准与生产设备都不同。选购建筑材料时一定要注意它们的质量。

（3）施工不合格导致的裂缝：由于施工不合格而产生的墙体裂缝在近几年出现频率较高，如施工效率较高的铺浆法易因灰缝砂浆不饱满、失水快且黏结性差而导致墙体裂缝，所以应当采用稳妥的施工工艺，如采用"三一"法砌筑，即一块砖，一铲灰，一揉挤。

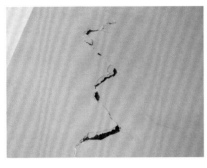

温差裂缝

材料裂缝

砖块砌筑

左图：常年受阳光直射的墙面，容易产生开裂。

中图：不同性质的墙面或墙体材料组合在一起时容易产生开裂，应当避免材料的混合使用。

右图：砖块砌筑应提前1天湿润，砌筑时还应向砌筑面适量浇水，每天的砌筑高度不应大于1400 mm。在长度不小于3600 mm的墙体单面设伸缩缝，并采用高弹防水材料嵌缝。

11.3 基础墙体拆砌

墙体拆除可以扩大起居空间，增加室内的使用面积，是当前中小户型装修的常见施工项目，因此很多房地产开发商也不再制作除厨房、卫生间以外的室内隔墙了，这也使一部分有房间分隔要求的需要砌筑隔墙。所以拆除与砌筑相辅相成，综合运用才能达到完美的效果。

墙体拆除

左图：拆除墙体时，砌块墙体应采用切割机裁切、修整边缘，防止砌块受到震动而破裂，否则会降低原有墙体的承载能力。顶部横梁不应受到破坏，靠近横梁的砌块、砖块应小心撬动后抽出。

11.3.1 墙体拆除

拆除墙体改造成门窗洞口，能最大化地利用空间，这也是常见的改造建筑结构的方法。在改造施工中要谨慎操作，不能破坏周边构造，要保证建筑构造的安全性。

1）施工方法

（1）分析预拆墙体的构造特征，确定它能否被拆除，并在能拆的墙面上做出准确标记。

（2）用电锤或钻孔机沿拆除标线做密集钻孔。

（3）用大铁锤敲击墙体中央下部，使砖块逐步脱落，用小铁锤与凿子修整墙洞边缘。

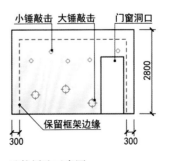

墙体拆除示意图

左图：拆除时依据标记点采用不同规格的锤子敲击墙体，并注意保留好框架边缘，一般应距离边缘300 mm处定点拆除。

墙体拆除

上图：墙体拆除时应先拆除墙面下部，拆除后应保持边框完整、方正，将拆除界面清扫干净，并洒水润湿。

（4）将拆除界面清理干净，采用水泥砂浆修补墙洞，待干并养护7天。

2）施工要点

（1）拆墙之前深入分析预拆墙体的构造特征。一般而言，厚度小于150 mm的砖墙均可拆除，厚度大于150 mm的砖墙则要弄清其是否为承重墙。

（2）砖混结构的建筑砖墙一般不能整面拆除。开设门、窗洞的宽度应小于2 400 mm，上部要用C15钢筋混凝土制作过梁作支撑，墙体两侧应保留宽度大于300 mm的墙垛。

（3）先拆顶部墙体，再逐层向下施工。先用电锤或钻孔机将预拆墙体边缘凿穿，再用大锤拆除中央，应在墙体两侧交替施工，以免周边构造受到严重破坏。

（4）大型砌块墙体应用电锤先凿穿预拆墙体上端的边缘，再凿开表面抹灰层，逐块撬动使其松散，最后将其搬下墙体。

（5）清理拆除后的墙洞，湿水后采用1：2.5水泥砂浆抹平整，对缺口较大的部位要采用轻质砖填补，修整墙洞时可以根据改造设计要求，预埋门、窗底框，开口大于2 400 mm的墙洞还应考虑预埋槽钢作为支撑构件。

（6）修整后的墙洞须养护7天，再做精确测量，若有不平整或开裂，应做进一步整改。

（7）拆墙后会产生大量墙渣，主要为砖块与水泥渣，可以有选择地用于台阶、地坪、花坛的砌筑，粗碎的水泥渣只能用于需回填、垫高的构造内部，剩余墙渣应清运至物业管理部门指定的地点。

保留横梁和墙垛

清理墙面装饰材料

上图：拆除墙体时不要破坏横梁、立柱、墙垛，否则会影响建筑安全。

下图：施工前需采用电锤小心拆除墙体外部饰面材料，并且注意一定不要破坏周边材料。

拆除截面的水泥砂浆找平　　墙渣装袋

左图：采用水泥砂浆找平墙体拆除界面时，应采用金属模板校正平整度。

右图：拆除后要将墙体拆除砖渣分类装袋清运出场，细碎砖渣可以用于填补下沉式卫生间。

11.3.2　墙体补砌

墙体补砌是在原有墙体构造的基础上重新砌筑新墙，新墙应与旧墙紧密结合，完工后不能存在开裂、变形等隐患。

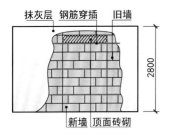

墙体补砌示意图

左图：根据墙体补砌示意图可以清楚地看到新墙砌筑时需要将钢筋穿插其中，以此增加其凝结力，另外，新旧墙之间的连接要自然紧密。

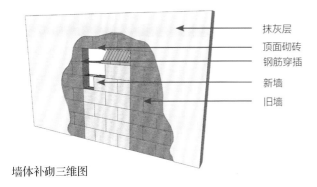

墙体补砌三维图

1）施工方法

（1）查看砌筑部位的结构特征，清理砌筑界面与周边环境。

（2）放线定位，配置水泥砂浆，使用轻质砖或砌块逐层砌筑。

（3）在转角部位预埋拉结钢筋，并根据需要砌筑砖柱或制作构造柱。

（4）对补砌成形的墙体进行抹灰，湿水养护7天。

湿水养护

上图：补砌墙体基础完成后，应及时湿水养护，防止水泥砂浆过早干燥后发生开裂。

局部砌筑

上图：封闭门窗洞口时应保持砌块错落有致，顶部的预留空间应采用小块轻质砖填补。

边角补砌

上图：局部补砌时应采用小块轻质砖，砖块布置的方向可多样化。

2）施工要点

（1）在建筑底层砌筑主墙、外墙时应重新开挖基础，制作与原建筑基础相同的构造，并用φ10～φ12mm的钢筋与原基础相插接。

（2）砌筑室内辅墙时，如果厚度小于200mm，且高度小于3000mm，可以直接在地面开设深50～100mm的凹槽作为基础。

（3）补砌墙体的转角部位也应与新砌筑的墙体一致，并在其间埋设φ6～φ8mm的拉结钢筋。

（4）厚度小于150mm的墙体可进行1组两根的埋设，厚度大于150mm且小于250mm的墙体可进行1组三根的埋设，在高度上每间隔600～800mm埋设1组。

（5）墙体长度达到4000mm左右时，就应设砖柱或构造柱，封闭门、窗洞口时，封闭墙体的上沿应用标准砖倾斜45°嵌入砌筑。

（6）补砌墙体与旧墙交接部位应呈马牙槽状或锯齿状，平均交叉宽度应大于100mm。尽量选用与旧墙相同的砖进行砌筑，新旧墙之间结合部位的外表应用φ2～φ25mm钢丝网挂贴，以防开裂。

（7）补砌墙体大多采用1：3水泥砂浆，而抹灰一般分为两层，底层抹灰又称为找平抹灰，采用1：3或1：2.5水泥砂浆，抹灰厚度为8～10mm，抹平后须用长度大于2m的钢抹校平，待干后再作面层抹灰，采用1：2水泥砂浆，抹灰厚度为5～8mm，抹平后用钢铲找光。

补砌墙体抹灰

左图：补砌墙体表面的抹灰应平整，新旧墙体之间应砌筑构造柱。

补砌墙体完毕

左图：补砌墙体表面抹灰找平后应反复用水润湿，以保证水泥砂浆能均衡干燥。

11.3.3 落水管的包砌

厨房、卫生间里的落水管一般都要包砌起来，这样既美观又干净，它属于墙体砌筑施工中的重要环节。

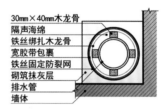

30mm×40mm木龙骨
隔声海绵
铁丝绑扎木龙骨
宽胶带包裹
铁丝固定防裂网
砌筑抹灰层
排水管
墙体

落水管包砌示意图

左图：落水管一般都是PVC管，具有一定的缩胀性，所以包落水管时要充分考虑这种缩胀性。

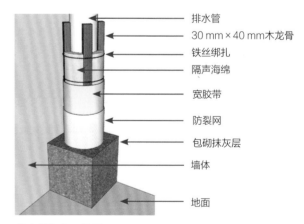

排水管
30mm×40mm木龙骨
铁丝绑扎
隔声海绵
宽胶带
防裂网
包砌抹灰层
墙体
地面

落水管包砌三维图

落水管的传统包砌方法是使用砖块砌筑，但它的隔声效果不好。

1）施工方法

（1）察看落水管的周边环境，在落水管周边的墙面上放线定位，确定包砌落水管的空间。

左图：察看落水管位置、数量与周边环境，确定包砌空间，同时修补顶面防水层。

卫生间的落水管

（2）采用30 mm×40 mm的木龙骨绑定落水管，用细铁丝将木龙骨绑在落水管周围。

（3）在木龙骨周围覆盖隔声海绵，采用宽胶带将隔声海绵缠绕绑固，再使用防裂纤维网将隔声海绵包裹，使用细铁丝绑扎固定。

（4）在表面上抹1：2水泥砂浆，采用金属模板找平校直，湿水养护7天以上才能进行后续施工。

2）施工要点

（1）φ110 mm以下的落水管可绑扎3～4根木龙骨，φ110 mm以上的落水管可绑扎5～6根木龙骨。

（2）用于落水管隔声的材料很多，选用厚度大于40 mm的海绵即可，价格低廉，效果不错。

（3）将海绵紧密缠绕在厨房、卫生间的落水管上，再用宽胶带粘贴固定，缠绕时要注意不能遗漏转角。

（4）防裂纤维网能有效阻止水泥砂浆对落水管的挤压，所以包砌时它必不可少。

（5）遇到检修阀门或可开启的管口，应当将其保留，并在外部采用木芯板制作可开启的门扇，方便检修。

（6）砌筑落水管套时水泥砂浆要抹得饱满严实，表面抹灰应平整，须用水平尺校正，以保证后期瓷砖铺装效果，顶部一般不作包砌。

（7）阳台、露台等户外落水管包砌后要选配合适的外饰面材料，以保持外观一致。

包砌落水管

阳台落水管包砌

左图：两根落水管之间应填塞砌块，防止外部水泥砂浆对其挤压。管道顶部位于吊顶层内时不宜包砌，方便检修。

右图：对于阳台或户外裸露的落水管，包砌时应选购配套的饰面材料进行镶贴，否则不宜包砌。

正确认识拆墙

拆墙的目的是为了拓展室内空间、变换交通动线，使空间布局更优化，但是拆墙又会对建筑结构造成影响。如果将非承重墙拆了，建筑的横梁与立柱之间就完全失去了依托，对建筑的抗风、抗震性能都会产生消极影响，墙体拆除过多还会造成外墙裂缝、渗水等。

（1）如果现有隔墙影响使用，可以有选择地拆除。若墙厚度小于180 mm，则拆墙总面积应小于20 m²。厚度大于180 mm的砖墙最好不要拆，但可以在砖墙上开设1个宽度小于1 200 mm的门洞。

（2）卫生间、厨房、阳台、庭院周边的墙体也不要随意拆除，这些墙体上有防水涂料，墙体周边布置了大量管线，拆除时一旦破坏会很难发现，也不好及时修补，可能会导致日后渗水、漏水。如果非要将卫生间、厨房的隔墙改成玻璃的，拆墙时一定要在底部保留高度大于200 mm的隔墙，并重新涂刷防水涂料。

（3）承重墙、立柱、横梁是不能拆除的。有的施工方认为拆了它们可以替换上型钢，也能起到支撑作用，但钢材的辅助支撑只对局部有用，它对整个楼层而言，就是杯水车薪了。承重墙的厚度一般大于200 mm，立柱与横梁大多会凸出于墙体表面，如果实在无法确认，可以用小锤将墙体表面的抹灰层敲掉，如果露出带有碎石与钢筋的混凝土层就说明这是承重墙，如果露出的是蓝灰色的轻质砖，则说明这是非承重墙，一般可以拆除。

（4）厚度大于200 mm的非承重砖墙如果要拆除也要慎重考虑，高层或房龄超过10年的建筑最好也不要拆除现有墙体，可以通过外观装饰来改变空间感。

敲击墙角抹灰层

切割机切割墙体

钻孔机切割墙体

墙体边角找平

左图：用铁锤敲击墙体转角，观察其基层材料，若有碎石则说明是承重墙或剪力墙，不能拆除。

左中图：采用切割机切割墙体安全妥当；避免用大锤敲击，以免破坏建筑结构。

右中图：钻孔机适用于混凝土墙体或较厚墙体，边缘处的小弧形需要用小锤子敲击修饰。

右图：拆除隔墙后，应保留完整的墙体转角或构造柱，及时用水泥砂浆修补完整。在卫生间、厨房的墙体底部抹灰时应添加防水材料。

第12章

水电施工

核心概念： 找平、高差、焊接、打压、逻辑、试水。

章节导读： 水电施工工艺具有较强的逻辑性，需要在施工前设计好完整准确的图纸，厘清材料与施工界面之间的关系。水电管线在施工中需要与建筑顶面、墙面、地面相结合，会对现有建筑结构产生破坏，因此应合理计算用电功率与水管分流状况，尽量精简水电管线的布置数量。

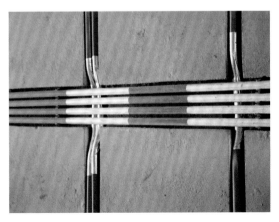

电线穿管布设

电源线又称为强电线，穿入红色线管中；信号线又称为弱电线，穿入蓝色线管中。当两种线管交叉时，应在线管接触部位外围缠绕铝箔，消除强电产生的电磁干扰，以免影响弱电信号传输的稳定性。

12.1 回填找平

地面回填适用于下沉卫生间与厨房，这是目前流行的施工形式，下沉式建筑结构能自由布设给水排水管道，统一制作防水层，有利于个性化空间的布局，但是也给施工带来了困难——需要大量轻质渣土将下沉空间填补平整。

12.1.1 渣土回填

1）定义

渣土回填是指采用轻质砖渣等建筑构造的废弃材料填补下沉空间。这就需要在下沉空间中预先布设好管道，在回填过程中注意不要破坏已安装好的管道设施，及原有地面的防水层。

2）施工方法

（1）检查下沉空间中的管道是否安装妥当，采用1：2水泥砂浆加固管道底部，以对管道起支撑固定作用，还应当进行通水检测。

检查管道安装

上图：仔细检查下沉式卫生间的管道安装状况，封闭管道开口，对管道进行固定。

（2）仔细检查地面原有防水层是否受到破坏，若已经被破坏，应采用同种防水材料进行修补。

（3）选用轻质墙砖残渣，仔细铺设好下沉地面，可以先把大块砖渣与细小灰渣混合均匀后再铺设。

（4）铺设至下沉空间面层时采用1：2水泥砂浆找平，湿水养护7天。

修补防水层　　　　　　　**铺垫砖块**

左图：安装管道时不可避免地会对原有防水层产生影响，若有破损，应及时用防水材料填补。

右图：回填卫生间时可以采用大块轻质砌块来填补下沉卫生间的底部。

装修细砖渣　　　　　　　**砖渣回填**

左图：开槽、拆墙所产生的砖渣可以用于卫生间中上层的填补。

右图：逐层回填时，最上层应铺设细碎砖渣与河砂。

陶粒混凝土

陶粒混凝土是以陶粒代替石子作为混凝土骨料的一种混凝土。结构用陶粒混凝土的强度可大于40 MPa，保温及耐热性能较好。陶粒混凝土的密度分为多种等级，密度为1 000 kg／m³的陶粒混凝土在室内装饰施工中可用于卫生间回填，能减轻楼板的承载负荷，但是制作成本较高。轻质砖的密度为1 400 kg／m³，普通下沉式卫生间的深度一般为250 mm左右，经过综合计算，虽然轻质砖渣的重量比陶粒混凝土重30%左右，但是都在建筑楼板能承载的400 kg／m²的范围以内，而小面积卫生间单位面积的承载力更强。所以，在住宅中小面积下沉式卫生间的回填材料以轻质砖渣为主，而大面积的公共下沉式卫生间的回填材料可以选择陶粒混凝土。

陶粒　　　　　　　　　　　陶粒回填

左图：陶粒由轻质页岩土制成，外形圆滑，不破坏管道外壁。

右图：陶粒混凝土的承载力弱，如果卫生间面积稍大，那么在回填之前，需要用砖砌筑井格分隔围壁，以弥补陶粒混凝土抗压强度不足的缺陷，但也增加了楼板的承重。

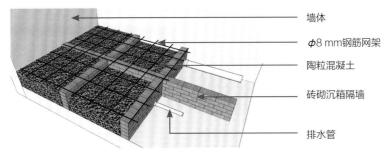

墙体

φ8 mm钢筋网架

陶粒混凝土

砖砌沉箱隔墙

排水管

陶粒回填构造三维图

3）施工要点

（1）大多数下沉卫生间、厨房的基层防水材料为沥青，应选购成品沥青漆，将可能受到破坏的部位涂刷2～3遍，尤其是固定管道支架的螺栓周边，应做环绕封闭涂刷。

（2）管道底部应做好支撑，除了常规支架支撑外，还应铺垫砖砌构造，防止回填材料将管道压弯、压破。

（3）填补原则是底层为厚度100 mm左右的粗砖渣，体块边长100 mm左右；中层为厚度100 mm左右的中砖渣，体块边长50 mm左右；面层为厚度100 mm左右的细砖渣，体块边长20 mm左右，每层之间均用粉末状灰渣填实缝隙。

（4）回填材料应选用墙体拆除后的砖渣，体块边长不宜超过120 mm，再配合不同体态的水泥灰渣一同填补，不能采用石料、瓷砖等高密度碎料，以免增加楼板的承重负担。

（5）如需安装蹲便器等设备，应预先安装在排水管道上，固定好基座后再回填，采用1：2水泥砂浆对地面找平，厚约20 mm，并用水平尺校正。

水泥砂浆找平　　　　　蹲便器预留下沉空间

左图：回填完毕后，需要在卫生间表面铺设较干的水泥砂浆，以形成粗糙表面。

右图：蹲便器的安装部位应预留出空间，并用水平尺校正最终表面的平整度。

12.1.2　地面找平

1）定义

地面找平是指水电隐蔽施工结束后，将地面填铺平整的施工。主要是填补地面管线凹槽、找平对平整度有要求的室内地面，以便铺设复合木地板或地毯等轻薄的装饰材料。

2）施工方法

（1）检查地面管线的安装状况，通电通水检测无误后，采用1：2水泥砂浆填补地面管线的凹槽。

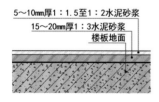

5～10mm厚1：1.5至1：2水泥砂浆
15～20mm厚1：3水泥砂浆
楼板地面

左图：根据示意图可知不同配合比的水泥砂浆所要铺设的厚度也会有所不同。

地面找平构造示意图

5～10 mm厚的1：1.5至1：2水泥砂浆
15～20 mm厚的1：3水泥砂浆
楼板地面

地面找平构造三维图

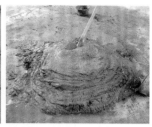

检查地面管线　　　　　调和水泥砂浆

左图：检查地面管线的安装布置状况，并调整管线的平整度。

右图：基层找平的水泥砂浆可以适度稠一些，表层水泥砂浆可以适度稀一些。

（2）根据地面的平整度，采用1：2水泥砂浆将地面全部找平或局部找平，并对表面进行抹光，湿水养护7天。

（3）仔细清扫地面与边角的灰渣，涂刷2遍地坪漆，养护7天。

3）施工要点

（1）采用1：2水泥砂浆仔细填补地面管线的凹槽，不仅能固定管线，还能将管线完全封闭在地面凹槽内。

（2）如果地面铺设瓷砖或实木地板，应采用1：2水泥砂浆固定管卡部位，在无管卡部位，应间隔500 mm固定管身，所有管道不应悬空或晃动。

基层找平　　　　　挡住边缘

左图：基层水泥砂浆主要填补管线之间的空间，能基本覆盖管线表面即可。

右图：找平层边缘应用砖块挡住，保持边缘整齐，从而能与其他地面铺设材料对接。

（3）对地面做整体找平时应预先制作地面标筋线或标筋块，高度一般为20～30 mm，或根据地面高差来确定，标筋线或标筋块的间距为1.5～2 m。

  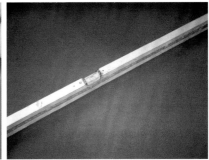

面层找平　　　　　　　　　地面找平完毕　　　　　　　　水平尺校正

左图：面层找平应用钢抹找平、抹光，表面应当细腻平整。

中图：地面找平后应湿水养护7天以上，在此期间不能在上面行走踩压。

右图：采用水平尺检查地面的平整度，随时填补水泥砂浆找平。

（4）如果准备铺设高档复合木地板、地胶或地毯，应选用自流平砂浆找平地面，铺设厚度为20～30 mm，具体铺装工艺根据不同产品的包装说明来执行。

（5）如果对整个地面的防水防潮性能有特殊要求，可在地面找平完成后，涂刷2遍地坪漆。地坪漆施工比较简单：保持地面干燥，将灰砂清理干净即可涂刷，涂刷至墙角时覆盖墙面高度100 mm左右，以增强防水功能。

（6）对于用水量很少的厨房也可以采用地坪漆来替代防水涂料，但是地坪漆不能用于卫生间、阳台等用水量大的空间。

（7）经过回填与找平的地面应当注意高度。卫生间、厨房地面应考虑地面排水坡度与地砖铺设厚度，卫生间的地面标高设计应比整体房间地面高度低20～50 mm。

（8）客厅、卧室地面找平层厚度不宜超过20 mm，否则会增加建筑楼板的负荷。为了强化防水防潮效果，可以在地面涂刷地坪漆，它还能防止水泥砂浆地面起毛、粉化。

12.2　水电改造与敷设

水电施工属于隐蔽工程，各种管线都要埋入墙体、地面中。因此，要特别注重施工质量，保证水电通畅自如。水电施工的关键在于墙面、地面开槽的深度与宽度应保持一致，且边缘应整齐。

水路施工

左图：水管敷设时应采用切割机在墙面开槽，墙面深度应与管材规格相适应，软质管线应穿入硬质PVC管中。

12.2.1 水路改造与敷设

　　水路施工前一定要绘制比较完整的施工图，并在施工现场与施工员进行确认，水路构造施工主要分为给水管施工与排水管施工两种，其中给水管施工是重点，需要详细图纸以指导施工。

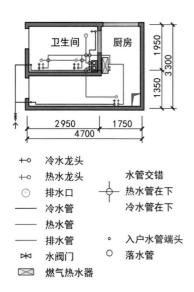

卫生间、厨房给水布置示意图

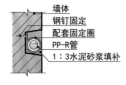

左图：开槽的深度要比管道直径大，要能完全将管道埋入凹槽内，用水泥砂浆回填时要能完全覆盖管道，并填塞紧密。

给水管安装构造示意图

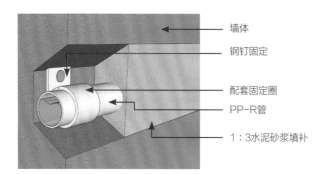

给水管安装构造三维图

1）定义

　　水路改造是指在现有水路构造的基础上对管道进行调整，水路布置是指对水路构造进行全新布局。

2）给水管施工

　　（1）施工方法。

　　①查看厨房、卫生间的施工环境，找到给水管入口，大多数商品房的建筑商只将给水管引入厨房与卫生间后就不作延伸了，在施工中应就地开口延伸，但是不能改动原有管道的入户方式。

左图：建筑的原有给水管一般都预先布置好了，应仔细查看其所在位置与地面管道的走向标记，并加以保护。

查看给水管位

　　②根据设计要求放线定位，并在墙面、地面开凿穿管所需的孔洞与暗槽，注意尽量不要破坏地面的防水层。

　　③根据墙面开槽尺寸对给水管下料并预装，仔细检查、布置周全后就可以正式热熔安装了，安装时要用各种预埋件与管路支托架固定给水管。

放线定位　　　　　　　切割机开槽

左图：在墙面、地面上开设管槽之前，应当放线定位，一般采用墨线盒弹线。

右图：采用切割机开槽时应当选用瓷砖专用切割片，切割管槽深度要略大于管道直径。

管材热熔　　　　　　　连接管件

左图：专用于PP-R管的热熔机应当充分预热，热熔时间一般为15～20 s，时间必须要控制好。

右图：管材热熔后应当及时对接管道配件，握紧固定15～20s，固定后还需做牢固试验。

④采用打压器为给水管试压，并使用水泥砂浆修补孔洞与暗槽。

（2）施工要点。

①施工前要根据管路改造设计要求，将需穿墙挖孔的中心位置用十字线标记在墙面上。用电锤打洞孔，洞孔中心线应与穿墙管道中心线吻合，洞孔应平直。

②安装时注意接口质量，同时找准各管件端头的位置与朝向，确保安装后连接各用水设备的位置正确，管线安装完毕后应清理管路。

③水路走线开槽要保证暗埋的管道在墙面、地面内，装修后不应外露，开槽深度要大于管径20 mm，

管道试压合格后墙槽应用1：3水泥砂浆填补密实，封闭厚度为10～15 mm，地面管道凹槽的封闭厚度应大于10 mm。

④对嵌入墙体、地面或暗敷设的管道要严格验收,冷热水管安装应遵循左热右冷，平行间距应大于200 mm。

管道内清洁　　　　　　管道组装入槽

左图：安装前要清理管道内部，保证管内干净无杂物。

右图：管道组装完毕后应平稳放置在管槽中，管槽底部的残渣应清扫干净。

封闭管槽　　　　　　　管道外露端口

左图：封闭管槽时应将水泥砂浆抹密实，外表尽量平整，可以稍许内凹，但不应明显外凸。

右图：外露管道的端口应深浅一致，其间距要符合设备安装需要。

⑤阳台、露台等户外空间的水管一般采用明装，这样可避免破坏外墙的装饰材料，穿过墙体时应设置套管，套管两端应与墙面持平。

⑥明装单根冷水管道距墙表面应为15～20 mm，管道敷设应横平竖直，各类阀门的安装位置应正确且

平正，这样既整齐美观又便于使用与维修。

⑦室内明装给水管道的管径一般都在15～20 mm之间，管径小于20 mm的给水管道固定管卡的位置应设在离转角、水表、水龙头、三角阀及管道终端100 mm处。

⑧给水管道安装完成后，在隐蔽前应进行打压试水试验，给水管道试验压力应大于0.6 MPa。

打压试水

上图：管道组装完毕后应当进行打压试水，试验压力应大于0.6 MPa。测试时间不应少于48 h。

⑨没有加压条件的测试办法是，关闭水管总阀，打开室内的水龙头30 min，确保没有水在滴后，再关闭所有的水龙头。

⑩打开总水阀门30 min后查看水表是否走动，如果走动，即为漏水；如果不走动，即为没有渗漏。

管道暗敷设在墙体或吊顶内时，均应在试压合格后做好隐蔽工程验收记录。

3）排水管施工

排水管道的水压小，管道粗，安装起来相对简单。目前只有很少建筑的厨房、卫生间设置好了排水管，这种情况一般不必刻意修改，只要按照排水管的位置来安装洁具即可。更多的建筑为下沉式卫生间，只预留了一个排水孔，所有管道均需现场设计、制作。

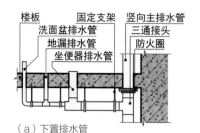

（a）下置排水管

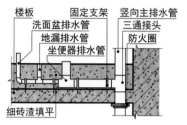

（b）上置排水管

排水管安装构造示意图

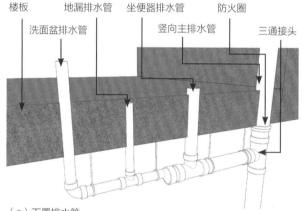

（a）下置排水管

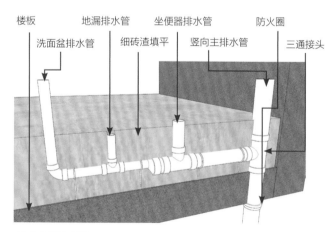

（b）上置排水管

排水管安装构造三维图

（1）施工方法。

①查看厨房、卫生间的施工环境，找到排水管出口。现在大多数商品房建筑将排水管引入厨房与卫生间后就不作延伸了，这就需要后期在施工中对排水口进行必要的延伸，但是不能改动原有管道的入户方式。

②根据设计要求在地面上测量管道尺寸，对给水管下料并预装。

③厨房地面一般与其他房间的地面等高，如果要改变排水口位置就只能紧贴墙角作明装，待施工后期用地砖铺装转角作遮掩，或用橱柜作遮掩。

④下沉式卫生间施工时不能破坏原有地面防水层，管道应在防水层上布置安装，如果卫生间地面与其他房间的地面等高，就不要对排水管进行任何修改、延伸或变更，否则就需要砌筑地台，这会为出入卫生间带来不便。

⑤用盛水容器为所有排水管进行灌水试验，观察它们的排水能力以及是否漏水。局部可以用水泥加固管道，下沉式卫生间需用细砖渣回填平整，回填时注意不要破坏管道。

⑥仔细检查、布置周全后就正式胶接安装，并采用各种预埋件与管路支托架固定给水管。

查看排水管位置

上图：查找排水管的管口位置，采用三通管件将其连接起来，方便不同方向的管道连接，能加快排水速度。

管道涂胶　　　　　　　　　组装排水管

左图：用砂纸将管道端口打磨干净，并抹上管道专用胶黏剂，迅速黏结配套管件。

右图：将管道分为多个单元独立组装，并摆放在地面上，校正水平度与垂直度。

（2）施工要点。

①裁切管材时，两端切口应保持平整，锉除毛边并做倒角处理。

②黏结前必须进行试装，清洗插入管距管端约50 mm长的外表面与管件承接口的内壁，再用涂有丙酮的棉纱擦洗1次，然后在两者的黏结面上用毛刷均匀地涂上1层胶黏剂。

③涂毕立即将管材插入对接管件的承接口，并旋转到理想的组合角度，再用木槌敲击，使管材全部插入承接口，在2min内不能拆开或转换方向，注意及时擦去接合处挤出的胶黏剂，保持管道清洁。

④每个排水构造底端应具有存水弯构造，如果洁具的排水管没有存水弯，就应当用排水管制作该构造。

⑤管道安装时必须按不同管径的要求设置管卡或吊架，位置应正确，埋设要平整，管卡与管道接触应紧密，且不损伤管道表面。

⑥安装PVC排水管时应注意管材与管件连接件的端面要保持清洁、干燥、无油，并除去毛边与毛刺。

⑦横向布置的排水管应保持一定的坡度，一般为2%左右，坡度最低处连接主落水管，坡度最高处连接距离主落水管最远的排水口。

排水管安装固定

上图：排水管应从低向高安装固定，并用砖垫起竖向管道，这样可形成坡度以加速排水。

⑧采用金属管卡或吊架时，金属管卡与管道之间应采用橡胶等软物隔垫，安装新型管材时应按生产企业提供的产品说明书进行施工。

⑨水路施工的关键在于密封性，施工完毕后应通水检测，还需确保给水管道中储水24h以上不渗水，且排水管道能满足80℃热水的排放。

12.2.2　电路改造与敷设

电路的改造与布置十分复杂，涉及强电与弱电两种电路。强电可以分为照明、插座、空调电路，弱电可以分为电视、网络、电话、音响电路等。它们的改造与布置方式基本相同。

1）强电施工
强电施工是电路改造与布置的核心，应正确选用电线型号，并进行合理布设。

（1）施工方法。

①根据完整的电路施工图在现场草拟布线图，并使用墨线盒弹线定位，在墙面上标出线路终端的插

座、开关面板位置，绘制结束后对照图纸检查是否有遗漏。

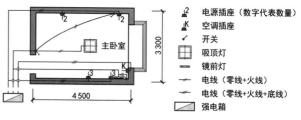

主卧室强电布置示意图

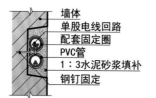

PVC穿线管布设构造示意图

左图：PVC穿线管布设和PP-R管布设基本相同，施工时注意调配好水泥砂浆的配合比。

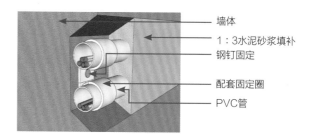

PVC穿线管布设构造三维图

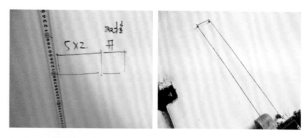

标出开关插座位置　　　放线定位

左图：电路敷设前需要在墙面标出开关插座的位置，标记时应当随时使用卷尺校对高度，并用记号笔做好记录。

右图：墙面放线定位应当保持垂直，以墨线盒自然垂挂为准。

②埋设暗盒及敷设PVC电线管时，要将单股线穿入PVC管中，并在吊顶、墙面、地面开线槽，线槽宽度及数量根据设计要求来定。

线管弯曲

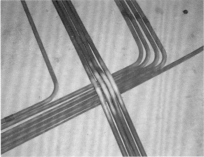
线管布置

切割机开管槽

左图：将弹簧穿入线管中，然后用手直接将管道掰弯即可得到转角形态。

中图：敷设线路时要注意线管上下层交错的部位应尽量少、尽量服帖，不能留空过大。

右图：由于电线管较细，采用切割机开设的管槽可以浅一些，尽量不要破坏砖体结构。

③安装空气开关、全部开关插座面板、灯具，并通电检测。

④根据现场实际施工状况完成电路布线图，备案并复印交给下一道工序的施工人员。

（2）施工要点。

①设计布线时，遵循强电走上、弱电走下、横平竖直、避免过多交叉、美观实用的原则。

②使用切割机开槽时应保持深度一致，一般要比PVC管材的直径深10 mm。

③PVC管应用管卡固定，PVC管接头均用配套接头，用PVC管道胶黏剂粘牢，弯头均用弹簧弯曲构件，暗盒与PVC管都要用钢钉固定。

④PVC管安装好后，统一穿入电线，同一回路的电线应穿入同一根管内，但管内总根数应少于8根，电线总截面积包括绝缘外皮不应超过管内截面积的40%，暗线敷设必须配阻燃PVC管。

固定线管

电线穿管

左图：线管布置完毕后应及时固定，用专用线管卡将线管固定至墙面、地面上。

右图：电线穿管后应预留150 mm长的端头，每根管内的电线应为一个独立的回路。

⑤住宅的入户处应设有强、弱电箱，配电箱内应设置独立的漏电保护器，分数路经过空气开关后，分别控制照明、空调、插座等。

⑥空气开关的工作电流应与终端电器的最大工作电流相匹配，不能相差过大。

⑦电源线与信号线不能穿入同一根管内，电源线及插座与电视线及插座的水平间距应大于300 mm。

⑧电线与暖气管、热水管、煤气管之间的平行距离应大于300 mm，交叉距离应大于100 mm，电源插座底边距地面距离宜为300 mm，开关与地面距离宜为1 300 mm。

⑨挂壁空调插座高1 800 mm，厨房各类插座高950 mm，挂式消毒柜插座高1 800 mm，洗衣机插座高900 mm，电视机插座高650 mm。

⑩同一房间内的插座面板应在同一水平标高上，高差应小于5 mm。

⑪当管线长度大于1 500 mm或有两个直角弯时，应增设拉线盒，吊顶上的灯具位应设拉线盒固定。

⑫穿入配管导线的接头应设在接线盒内，线头要留有150 mm左右的余量，接头搭接应牢固，线路并线时，用铜芯缠绕后应当用焊锡浸泡，充分融合后，用绝缘胶带包缠紧密。

暗盒安装

强电配电箱安装

左图：所安装暗盒应保持平整，电线在线盒内应当整理整齐，预留长度一般为150 mm。

右图：强电配电箱内的电线预留长度一般为500～600 mm。

并线器并线

锡浸泡

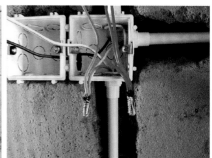

并线上焊锡完成

左图：并线器是安装在电钻前端的金属构件，能将多根电线均匀整齐地合并在一起。

中图：锡加热后，将并线金属头端置入加热容器内浸泡上锡。

右图：上锡后的并线接头导电充分且安全，浸锡后还要给它缠绕好电工胶布。

⑬吊顶内应当预留足够长的电线，可在制作吊顶构造后再布设，大功率电器设备应单独配置空气开关，并设置专项电线。

⑭安装电源插座时，面向插座的左侧应接零线（N），右侧应接火线（L），中间上方应接保护地线（PE）。

⑮保护地线一般是截面为2.5 mm²的双色线，导线间与导线对地间的电阻必须大于0.5 Ω。

（a）插座正面

（b）插座背面

普通插座接线示意图

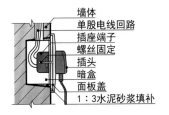

开关插座面板安装构造示意图

顶部预留电线　　　　　　　空调插座的安装

左图：吊顶内的电线可以先临时盘绕，在制作吊顶后再进行布置。

右图：大功率的空调应在插座部位单独安装空气开关，这样可以有效避免安全事故的发生。

小 贴 士

电路施工布置注意事项

电路施工必须以电路设计图纸为指导，图纸上的线路连接应具有逻辑性，应尽量节省电线用量，应尽量减少墙面上的开槽数，最大限度地减少对建筑造成的破坏。强电与弱电之间的线路应时刻保持300 mm以上的间距。不同种类的电线有不同的用途，一般情况下，不宜在低功率回路上采用过粗的电线，更不能在高功率回路上采用过细的电线。

2）弱电施工

（1）定义：弱电电压一般低于36 V，主要用于信号传输。电线内导线较多，传输信号时容易形成电磁脉冲。弱电施工的方法与强电基本相同，同样以详细的设计图纸作为指导。

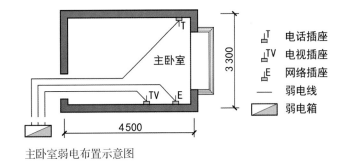

主卧室弱电布置示意图

（2）施工要点。

①强电与弱电同时施工时，要注意使用屏蔽构造，除了自身具有屏蔽功能的高档产品外，各种传输信号的电线应当采用带屏蔽功能的PVC穿线管。

②弱电管线与强电管线之间的平行间距应大于300 mm，不同性质的信号线不能穿入同一PVC穿线管内，在施工时应尽量缩短电路的布设长度，减少外部电磁信号的干扰。

③网络路由器一般安装在建筑空间的中央，距离地面2 000 mm左右。布设线路时，从距离入户大门不远的终端开始连接网线，直至空间中央的走道或过厅处，在墙面上设置接口插座与电源插座。

④接口插座与电源插座之间的间距应大于300 mm，网络接口插座所处的位置要因地制宜，其位置应与计算机、电视机、电话保持最小间距，并尽量避开厨房、卫生间的墙面瓷砖与混凝土墙体，否则会影响信号传输。

强电弱电分开布置　　　　　　　弱电配电箱安装

左图：强电与弱电管线之间的平行间距应保持300 mm以上，这样可以有效防止电磁信号干扰。

右图：弱电配电箱内应安装电源插座，供无线路由器等设备使用。

⑤较复杂的弱电还包括音响线、视频线等，这些在今后的装修中会越来越普及。如果条件允许，弱电可以布置在吊顶内或墙面高处，强电布置在地面或墙面低处，将两者分开，既符合安装逻辑，又能高效、安全地传输信号。

小 贴 士

电线回路计算

现代家庭中的用电器越来越多，用电器的功率越来越大，要正确选用电线就得精确计算，但是计算却非常复杂，现在总结以下规律，可以在设计时随时参考（铜芯电线）：截面积为2.5 mm²的电线可负载电流为16～25 A，可耐受功率为3 300 W；截面积为4 mm²的电线可负载电流为25～32 A，可耐受功率为5 280 W；截面积为6 mm²的电线可负载电流为32～40 A，可耐受功率为7 920 W。

另外，不能用过细的电线连接功率过大的电气设备；也不能用过粗的电线连接功率过小的电气设备，这样看似很安全，其实很容易烧毁用电设备，而且电流在过粗的电线上会有电能损失，而造成一定程度的浪费。

当用电设备功率过大，如超过10 000 W时，就不能随意连接入户空气开关，应当到物业管理部门申请入户电线改造，否则会影响其他用电设备正常工作，甚至影响整个楼层、门栋的用电安全。

12.3　防水施工

给水排水管道安装完毕后，就需要开展防水施工，所有毛坯建筑的厨房、卫生间、阳台等空间的地面都有防水层，但是，由于所用的防水材料不确定、防水施工质量不明确，因此无论原来的防水效果如何，在装修时应当重新检查并制作防水层。

检查原有防水层

左图：对原有防水层进行试水检测，将整个卫生间浸泡48h，观察楼下卫生间的天花板，若不渗水则可以继续施工，若有渗水，则应及时联系物业公司让其维修。

12.3.1　室内防水施工

目前用于室内的防水材料有很多，大多数为聚氨酯防水涂料与水泥基防水涂料，这两种材料的防水效果较好，耐久性较好。

聚氨酯防水层　　　　水泥基防水层

左图：聚氨酯防水涂料的结膜度高，防水效果好，施工后等待时间短，但是挥发性较强，气味难闻，对环境有一定的污染。

右图：水泥基防水涂料需要掺入水泥粉末，其配合比需严格控制，无刺激性气味，干燥时间较长，对施工工艺要求更严格。

1）应用

室内防水施工主要适用于厨房、卫生间、阳台等经常接触水的空间，施工界面为地面、墙面等水分容易附着的界面。

2）施工方法

（1）将厨房、卫生间、阳台等空间的墙面、地面清扫干净，保持界面平整、牢固，对凹凸不平及有裂缝的地方用1：2水泥砂浆抹平，并对防水界面洒水润湿。

（2）选用优质防水涂料，按产品包装上的说明与水泥按配合比准确调配，调配均匀后静置20min以上。

基层处理　　　　聚氨酯防水涂料

左图：把即将涂刷防水涂料部位的原有防水层去除，并进行基层处理。

右图：聚氨酯防水涂料为A、B两部分，使用时应按包装说明调配，充分反应搅拌均匀后使用。

（3）对地面、墙面分层涂刷，依据防水涂料的使用说明，一般须涂刷2～3遍，涂层应均匀，间隔时间应大于12h，以干而不粘为标准，总厚度为2mm左右。

涂刷破损部位

左图：仔细涂刷有破损的边角部位，待完全干燥后再涂刷平整部位。

涂刷新筑的构造　　　　　涂刷排水管底部

左图：涂刷防水涂料时要特别加强对新构造的边角部位的涂刷，可以适度加厚其结膜层。

右图：已拆除原有防水层的部位应涂刷防水涂料2遍以上，确保整个排水管底部被覆盖。

（4）经过认真检查，可局部填补转角部位或用水率较高的部位，晾干。

（5）使用素水泥浆将整个防水层涂刷1遍，晾干。

（6）采取封闭灌水的方式，进行检测渗漏实验，48h后检测无渗漏，方可进行后续施工。

3）施工要点

（1）涂刷防水涂料应采用硬质毛刷，调配配合比与时间应严格按照产品的说明书执行，涂层不能有裂缝、翘边、鼓泡、分层等现象。

整体涂刷　　　　　　　　排水管边缘涂刷

左图：回填后的卫生间应当重新涂刷防水涂料，墙面的涂刷高度应当在300 mm以上。

右图：排水管周边应当涂刷防水涂料3遍以上，防止产生裂缝。

（2）与浴缸、洗面盆相邻的墙面，防水涂料的涂刷高度要比浴缸、洗面盆上沿高出300 mm，要注意与卧室相邻的卫生间隔墙，一定要将整面墙体涂刷1次防水涂料，如果经济条件允许，最好能把防水层做到墙顶，保证潮气不散到室内。

（3）无论是厨房、卫生间，还是阳台，除了地面满涂外，墙面防水层的高度至少应达到300 mm，卫生间淋浴区的防水层高度应大于1 800 mm。

（4）涂刷防水涂料后一定要进行48h闭水试验，确认无渗漏后才能进行下一步施工。

淋浴区墙面的涂刷　　　　涂刷完毕试水

左图：在卫生间淋浴区，墙面涂刷高度应在1 800 mm以上，每边宽度应在1 200 mm以上。

右图：防水涂料施工完毕后，应当再次用水浸泡48h，并到楼下相应位置察看是否出现漏水、渗水。

（5）如果是二次装修，更换卫生间的地砖时，在将原有地砖凿去之后，先要用水泥砂浆将地面找平，然后再做防水，这样可以避免因防水涂料薄厚不均而造成渗漏。

（6）卫生间墙面、地面之间的接缝以及上、下水管道与地面之间的接缝，是最容易出现问题的地方，所以接缝处要涂刷到位。

12.3.2　室外防水施工

1）应用

室外防水施工主要适用于屋顶露台、地下室屋顶等面积较大的表面构造，可以采用防水卷材进行施工，大多数商品房的屋顶露台与地下室屋顶已经做过防水层，因此在装修时应避免破坏原有防水层。室外防水工艺的质量直接影响室内装饰工艺的质量。

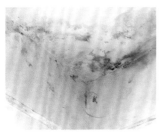   

室内屋顶的渗水部位　　　　屋顶平台的防水层开裂　　　　外墙开槽　　　　　　　地面开槽

左图：屋顶平台渗水至室内房间，会有明显水迹，这将严重破坏室内环境。

左中图：屋顶平台防水层的开裂是渗水、漏水的主要原因。

右中图：在外墙上开设管槽会破坏墙面的防水层或防潮层，这将导致漏水、渗水。

右图：室内与室外交界处的管道凹槽会破坏原有的防水层，这将导致漏水、渗水。

如果在防水界面进行开槽、钻孔、凿切等施工，一定要注意修补防水层。防水卷材大多采用的是聚氨酯复合材料，可用其将屋顶漏水部位完全覆盖，以达到整体防水的目的。这种方法适用于漏水点多且无法找出准确位置的建筑屋顶，也适用于屋顶女儿墙墙角的整体防水修补。

聚氨酯防水卷材

左图：聚氨酯防水卷材是一种遮布状防水材料，宽0.9～1.5m，成卷包装，可裁切销售，既可用于粘贴遮盖漏水屋顶，又可加热熔化用于涂刷施工，是一种价格低廉、使用多元化的防水材料。

　小 贴 士

防水卷材的耐久性

要提高防水卷材的耐久性就应注意保护好施工构造的表面，施工完毕后不随意踩压、不放置重物、不钉接安装其他构造，发生损坏应及时维修。大多数户外防水卷材如果保养得当，一般可以使用5年以上。聚氨酯防水卷材的综合铺装费用为100～150元/m²。

2）施工方法

（1）察看室外可疑部位，结合室内渗水痕迹所在位置，确定大概漏水区域，清理漏水区域内的灰尘、杂物，用钉凿将漏水区域凿毛，并将残渣清扫干净。

拆除现有防水层　　　　　　拆除墙面装饰材料

左图：仔细拆除原有防水层，否则铺装新防水层后会提高地面基础的高度，形成倒坡，使户外雨水流至室内。

右图：发现墙面出现渗水情况后应及时拆除外墙装饰材料，待制作好新防水层后再重新铺装。

（2）将部分聚氨酯防水卷材加热熔化，均匀泼洒在凿毛屋顶上，并赶刷平整，再将聚氨酯防水卷材覆盖在上面并踩压平整。

（3）在卷材边缘涂刷1遍卷材熔液，将裁切成条状的防裂纤维网粘贴至涂刷处。

（4）待卷材边缘完全干燥后，再涂刷2遍卷材熔液即可。

3）施工要点

（1）确定漏水区域后，应将漏水区域及周边宽100～150 mm的范围清理干净，用小平铲铲除附着在预涂刷区域内的油脂、尘土、青苔等杂物，使屋顶露出基层原始材料。

（2）将聚氨酯防水卷材裁切出一部分，放入旧铁锅或金属桶等大开口容器中加热，平均1 kg卷材熔化后形成的黏液可涂刷0.5～0.8 m²。

（3）采用钉凿凿除表层材料，如抹灰砂浆、保温

板、防水沥青、防水卷材等，凿除深度为5～10 mm，并将凿除残渣清理干净。

左图：仔细清洗即将制作防水层的界面，可以涂刷2遍防水涂料。

清洗基层界面

（4）卷材边缘应用防裂纤维网覆盖，将其裁切成宽度为100～150 mm的条状，用卷材熔液粘贴，及时赶压出气泡，待完全干燥后再涂刷2遍熔液，其厚度不应小于5 mm。

（5）施工完毕后，最好在防水层表面铺装硬质装饰材料，保护防水卷材不被破坏。

（6）将熔化后的沥青黏液泼洒在经过钉凿的屋顶界面上，并立即用油漆刷或刮板刮涂，将黏液涂刷平整。

（7）用聚氨酯防水卷材覆盖粘贴后应及时将其踩压平整，不能存在气泡、空鼓现象。

局部刮涂防水涂料　　　防水卷材的阳角与阴角的铺装

左图：查找到漏水、渗水的部位后，可以针对确切位置在局部刮涂聚氨酯防水涂料。

右图：在户外的转角构造上仔细粘贴防水卷材，务必要环绕紧密。

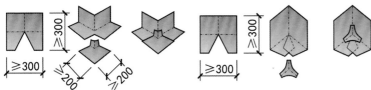

（a）阳角卷材的铺装　　　　　　（b）阴角卷材的铺装

防水卷材的阳角与阴角处理示意图

防水卷材施工构造示意图

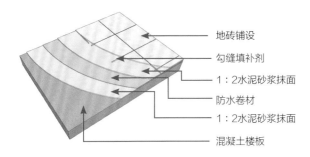

防水卷材施工构造三维图

（8）在平整部位把防水卷材的边缘对齐，使其排列整齐，热熔焊接时应充分熔解卷材表面。

（9）在女儿墙等构造的凹角处，可将卷材弯压成圆角状再铺装，其在立面高度应大于300 mm。

 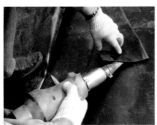  

防水卷材的铺装　　　　　焊接缝隙　　　　　　　焊接女儿墙　　　　　　施工完毕

左图：铺装大面积防水卷材时应当严格对齐，以免造成铺装材料的浪费。

左中图：用烤枪对防水卷材进行热熔焊接时，要及时粘贴均匀，保证无任何缝隙。

右中图：女儿墙等转角幅度较大的部位可用明火进行焊接。

右图：防水卷材施工完毕后应养护7天以上，在此期间应避免踩压或被水弄湿。

第13章

铺装施工

核心概念：浸泡、平整、铺装、橡皮锤、铺装机、干湿、缝隙。

章节导读：铺装施工时基层应平整，基层材料应密实，并应根据不同铺装面材确定其缝隙宽度。优质高密度瓷砖与石材的缩胀性较小，缝隙宽度可以设定为0.5 mm或1 mm；普通瓷砖缩胀性较大，缝隙宽度一般设定为2~3 mm。现代铺装流行使用灰色系列瓷砖。在厨房、卫生间等湿空间，可以用堵漏王粉末填缝，它比传统的填缝剂和美缝剂更经济、高效。

地砖的铺装效果

用瓷砖将地面铺装得完全平整，虽不容易，但也能做得到。高光玻化砖的铺装效果应平如水面，倒影清晰完整，能与家具、门窗、立柱等构造形成良好的镜像效果。

13.1 砖材的铺装

墙砖、地砖铺装的技术性较高，耗时较长。铺装施工的关键是对齐砖块，抛光砖、玻化砖等高密度砖材留0.5～1mm的缝隙，普通瓷砖应保留2～3mm的缝隙。墙砖与地砖的性质不同，在铺装过程中应采取不同的施工方法，地砖的平整度和缝隙宽度与砖材质量有很大关系，因此，应尽量选用中高档产品。

左图：阳台、卫生间都有地漏，铺装时应控制好铺装坡度，以保证水流能顺利流向地漏，并应在砖块缝隙中补填缝剂，并将周边擦拭干净。

地面铺装

13.1.1 墙砖的铺装

1）定义

墙砖铺装要求粘贴牢固，表面平整，且垂直度标准。

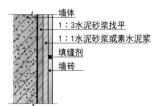

墙体
1：3水泥砂浆找平
1：1水泥砂浆或素水泥浆
填缝剂
墙砖

左图：墙砖铺装时应先采用1：3水泥砂浆进行找平，再采用1：1水泥砂浆制作凝结层，然后铺装墙砖。

墙砖铺装构造示意图

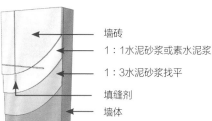

墙砖
1：1水泥砂浆或素水泥浆
1：3水泥砂浆找平
填缝剂
墙体

墙砖铺装构造三维图

2）施工方法

（1）清理墙面基层，铲除水泥疙瘩，平整墙角，但注意不要破坏防水层。同时，选出用于墙面铺装的瓷砖，将其在水中浸泡0.5～1h取出晾干其表面，10min后立即铺装，否则需重新浸泡。玻化砖等高密度产品无须浸泡。

墙砖的浸泡　　　　　　　　　墙砖的晾干

左图：将墙砖放入水中充分浸泡，这也是检测墙砖质量的重要方法。优质产品放入水中，气泡很少。

右图：将浸泡完的墙砖应竖立起来，并等待其表面干燥，最好相互交错排列，这样可以加快其风干速度。

（2）配置1：1水泥砂浆或素水泥浆待用，对铺装墙面洒水，并放线定位，精确测量转角、管线出入口的尺寸并裁切瓷砖。

左图：墙砖铺装前先用水平仪在墙面放线定位，再用墨盒弹线，放线时注意控制水平度。

放线定位

（3）在瓷砖背部抹水泥砂浆或素水泥浆，从下至上准确将瓷砖粘贴到墙面上，保留的缝隙宽度应根据瓷砖材质来确定。

（4）用瓷砖专用填缝剂填补缝隙，用干净抹布将瓷砖表面擦拭干净，养护晾干。

3）施工要点

（1）选砖时应仔细检查墙砖的尺寸、色差、品种，以及每一件的色号，以防混淆色差。

（2）第2次采购墙砖时，必须带上样砖，尽量选择同批次产品。墙砖与洗面台、浴缸等的交接处应在洗面盆、浴缸安装完后再铺装。

（3）检查基层的平整度和垂直度，如果高度偏差大于20 mm，必须先用1∶3水泥砂浆打底校平后方能进行下一道工序。

（4）确定墙砖的排列，在同一面墙上，不宜有1行或1列以上的非整砖，非整砖行或列要排在次要部位或阴角处。

（5）放线时2级为纵向、横向交错放线，一般是边铺装边放线，主要根据1级放线的位置来确定每块墙砖的铺装位置。建筑外墙的铺装施工一般从上至下进行，边铺装边养护。

（6）铺装墙面如果是涂料基层，那么必须洒水后将涂料铲除干净，凿毛后方能施工。用于墙砖铺装的砂浆为1∶1水泥砂浆或素水泥浆。

（7）墙砖铺装前必须找准水平及垂直控制线，垫好底尺，挂线铺装，铺装后应用同色水泥浆勾缝，墙砖粘贴必须牢固，不空鼓，无歪斜、缺棱掉角、裂缝等缺陷。

调配水泥砂浆　　　　　　　上墙铺装

左图：调配水泥砂浆时一定要控制好水泥砂浆的干湿度，加水量应根据环境气候与砂浆量来确定。

右图：铺装前应将墙面洒水润湿，在墙面上弹线后还应标注墙砖的铺装厚度，并据此放线定位，砖块底层应铺垫木屑以校正水平度。

（8）墙砖缝隙应小于1 mm，横竖缝必须完全贯通，缝隙不能交错。

（9）墙砖粘贴时用1 m长的水平尺检查平整度，误差应小于1 mm，用2 m长的水平尺检查，误差应小于2 mm，相邻砖块之间的平整度应一致。

（10）在腰线砖铺装前，要检查其尺寸是否与墙砖的尺寸相协调，腰线砖下口离地应大于800 mm。

（11）墙砖贴阴阳角时必须用角尺定位，墙砖粘贴若需碰角，碰角要严密，缝隙必须贯通。

（12）墙砖铺装过程中，要用橡皮锤敲击固定，砖缝之间的砂浆必须饱满，严防空鼓，并随时用水平尺校正表面的平整度。

敲击固定　　　　　　　用水平尺校正

左图：砖铺装后应用橡皮锤敲击以校正表面的平整度。

右图：铺装墙砖的同时，应随时用水平尺校正墙砖铺装的平整度。

（13）墙砖在开关插座暗盒处应切割严密，当墙砖贴好后安装开关面板时，不应有盖不住的现象。

（14）墙砖铺装过程中遇到电路暗盒或水管的出水孔时，墙砖不允许断开，应用电钻准确钻孔。

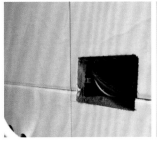

电路暗盒的开口　　　　管道端头的开口

左图：电路暗盒的开口应整齐方正，面积不能过大，以免外罩面板无法遮挡。

右图：墙面的水管端头应用圆形钻头在墙砖上钻孔，要精确测量开孔的位置。

（15）墙砖的最上层铺装完毕后，应用水泥砂浆将上部空隙填满，以免在制作扣板吊顶钻孔时破坏墙砖。

（16）墙砖的铺装施工，可以与其他施工项目平行或交叉作业，但要注意成品保护，尤其是先铺装地砖再铺装墙面踢脚线时，要保护好地面不被污染、破坏。

墙砖阳角处理　　　　踢脚线的铺装

左图：当墙砖铺装遇到阳角部位时，应镶嵌成品金属护角线，既美观又耐磨损，还能起到良好的封闭边角的效果。

右图：瓷砖踢脚线的铺装也是墙砖铺装的重要组成部分，基层墙面应先做凿毛处理再粘贴，水泥砂浆中应掺入10%左右的901建筑胶。

（17）墙砖铺装时与门洞的交口应平整，门边框装饰线应完全遮掩住缝隙，注意检查门洞的垂直度，墙砖铺完后1h内必须用专用填缝剂勾缝，并保持墙面清洁干净。

13.1.2　地砖的铺装

1）定义

地砖一般为高密度瓷砖、抛光砖、玻化砖等，铺装的面积较大，不能有空鼓现象，铺装的厚度也不能过高，以免与铺设的地板形成较大落差，因此，地砖铺装的难度相对较大。

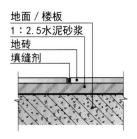

地面／楼板
1∶2.5水泥砂浆
地砖
填缝剂

地砖铺装构造示意图

左图：地砖铺装时应先采用1∶2.5水泥砂浆进行基础处理，再铺装地砖，要提前准备好填缝剂，铺装后要注意周边清洁。

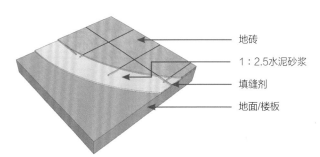

地砖
1∶2.5水泥砂浆
填缝剂
地面/楼板

地砖铺装构造三维图

2）施工方法

（1）清理地面基层，铲除水泥疙瘩，平整墙角，但是不要破坏楼板结构，选出具有色差的砖块。

（2）配置1∶2.5水泥砂浆晾干，对铺装地面洒水，放线定位，精确测量地面转角与开门出入口的尺寸，并对瓷砖做裁切。

选砖　　　　　　　　　抛光砖的裁切

左图：大块抛光砖、玻化砖不必浸泡，但是要仔细挑选花色，可将无色差或色差小的砖块铺装在可见区域，将有色差的砖块铺装在沙发或家具的下面。

右图：对需要拼接或者转角的区域，可以使用抛光砖切割器对砖块进行裁切，抛光砖切割器使用方便、快捷，裁切完的瓷砖切口整齐、光洁，是现代施工的必备工具。

（3）普通瓷砖与抛光砖仍须浸泡在水中3～5h后取出晾干，将地砖预先铺设并依次标号。

（4）在地面上铺设平整且黏稠度较高的水泥砂浆，依次将地砖铺装到地面上，保留缝隙的大小则根据瓷砖特点来确定。

干质砂浆铺设在地面上

湿质砂浆铺设在地砖背后

左图：砂浆的干湿度应根据环境气候把握好。

干湿砂浆

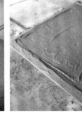

铺设干质砂浆　　　　　　铺设湿质砂浆

左图：铺设干质砂浆前，应先将地面洒水润湿，砂浆的铺设应均匀、平整，厚度约为20 mm。

右图：湿质砂浆应铺设在砖块背面，厚度约为20 mm，周边应形成坡状倒角。

（5）采用专用填缝剂填补缝隙，并用干净抹布将瓷砖表面的水泥擦拭干净，养护晾干。

3）施工要点

（1）地砖铺装前必须全部开箱挑选，选出有色差或尺寸误差大的地砖单独处理或是分房间、分区域处理，选出有缺角或损坏的地砖重新切割后用来镶边或镶角。

（2）地砖铺装前应仔细测量尺寸，再用计算机绘制出铺设方案，以排列美观与减少损耗为目的，统计出具体的地砖数量，并检查房间的地面尺寸是否准确。

（3）铺装之前要在横竖方向拉十字线，铺装时横竖缝必须对齐、贯通，不能错缝，地砖缝宽为1～2 mm，施工过程中要随时检查。

（4）施工前应在地面上刷1遍素水泥浆或直接洒水，但不能积水，以防通过楼板缝隙渗到楼下。

（5）对已经抹光的地面须进行凿毛处理，当地面高差超过20 mm时要用1：2水泥砂浆找平，普通瓷砖在铺装前要充分浸水，凉干后才能使用。

（6）用1：2.5水泥砂浆进行铺装时，砂浆应是干性的，手捏成团时稍出浆即可，黏结层厚度应大于12 mm，灰浆需饱满，不能空鼓。

放线定位　　　　　　　　　铺装地砖

左图：铺装时应保持放线定位，要随时控制铺装的厚度。

右图：铺装大块地砖时应两人合作，将砖块平稳地摆放在水泥砂浆上。

左图：橡皮锤敲击点应主要在两块砖之间的接缝处，以保持两砖的平整度。

用橡皮锤敲击

（7）地砖铺装时，应随铺随清，随时保持清洁干净，地砖的平整度要用1 m以上的水平尺检查，相邻地砖的高度误差应小于1 mm。

（8）要注意地砖是否需要拼花或是按统一方向铺装，切割地砖一定要准确，毛边应打磨平整、光滑。

（9）门套、柜底边等处的接缝一定要严密，缝隙要均匀，地砖边与墙交接处的缝隙应小于5 mm。

（10）地砖铺装施工时，不能污染或踩踏，地砖勾缝要在24h内进行，随做随清，并做好养护，地砖空鼓现象要控制在1%以内，在主要通道上的空鼓必须要返工。

擦入填缝剂　　　　　　　　边角对齐

左图：随时用干净抹布擦净砖块表面的污迹，并将填缝剂擦入缝隙中。

右图：铺装时要特别注意多块砖之间的接缝，应保持严格的平整度。

（11）墙地砖对色要保证在2 m处观察不明显，平整度须用2 m长的水平尺检查，高差应小于2 mm，砖缝控制在2 mm以内，并时刻保持横平竖直。

水平尺校正　　　　　　　　仿古砖保留的缝隙

左图：铺装地砖时应随时用水平尺校正铺装的平整度。

右图：仿古砖的缝隙应保持均衡，并随时擦入填缝剂，4块砖之间的缝隙应保持平齐。

（12）对于面积不大的阳台、卫生间，其倾向地漏的地面坡度一般以1%为宜，在地漏与排水管部位，应用切割机仔细裁切砖块的局部，使之能与管道构造完全契合，并在缝隙处擦入填缝剂。

左图：在排水管、地漏等地面构造处铺装地砖时，应用切割机精准裁切，并使地漏位于地面的最低点。

预留构造处地砖的裁切

（13）地砖铺装后应保持清洁，不能有铁钉、泥沙、水泥块等硬物，以防划伤地砖表面，在进行涂刷乳胶漆、油漆等易造成污染的工序过程中，应在地面铺珍珠棉加胶合板后再进行操作，以免污染地砖表面。

（14）滴落到地上的乳胶漆漆点，应在10min内用湿毛巾清洁干净。铺装门界石与其周围墙砖时应在水泥砂浆中加入防水剂后再进行铺装。

小 贴 士

地砖铺装的细节

地砖可以有多种颜色组合，尤其是釉面颜色不同的地砖的铺装。留缝铺装是当下流行的趋势，适用于仿古地砖。地砖釉面处理得凹凸不平，直边也做成腐蚀状，铺装时要留出必要的缝隙并用彩色水泥填充，这样可使整体效果得到统一，又强调了凝重的历史感。地砖铺装时可采用45°斜铺与垂直铺装相结合，这就使地面铺装效果更丰富，活跃了环境氛围。

另外，可以根据需要用瓷砖铺装机进行铺装，它比橡皮锤更方便，瓷砖铺装机吸附瓷砖后放置在铺装位置，通过高频振动，使瓷砖平整，并搭配十字卡精准控制瓷砖之间的缝隙，适用于优质瓷砖的铺装，搭配瓷砖胶效果更好。

 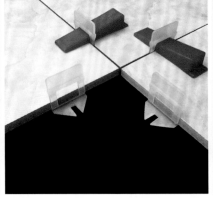 

瓷砖铺装机与十字卡　　　　　　　　调平卡　　　　　　　　瓷砖胶

左图：瓷砖铺装机适用于用瓷砖胶的铺装，基层瓷砖胶的铺设厚度为10~20 mm。用橡皮锤敲击的力度很难控制，而瓷砖铺装机集吸砖、定位、震动等功能于一体，效率高，但必须搭配十字形定位缝隙卡使用。

中图：调平卡适用于用瓷砖胶铺装的瓷砖，能将多片瓷砖之间的结合部位调平整，将缝隙宽度统一为1 mm。

右图：瓷砖胶主要由水泥、细腻的机制砂、胶水制作而成，黏合性强，铺设厚度较薄，抹后用带锯齿的刮刀刮出锯齿形，以增强黏合度，适用于较平整的墙砖、地砖的铺装。

13.1.3 锦砖的铺装

1）定义

锦砖又称为马赛克，它具有砖体薄、自重轻等特点，锦砖铺装在铺装施工中的施工难度最大。

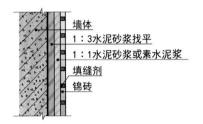

墙体
1:3水泥砂浆找平
1:1水泥砂浆或素水泥浆
填缝剂
锦砖

锦砖墙面铺装构造示意图

上图：锦砖铺装和墙砖施工的工序有些类似，但锦砖铺装时还须保证每个小瓷片都紧密粘贴在砂浆中，且不易脱落。

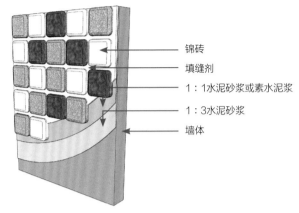

锦砖
填缝剂
1:1水泥砂浆或素水泥浆
1:3水泥砂浆
墙体

锦砖墙面铺装构造三维图

2）施工方法

（1）首先要清理墙面、地面基层，铲除水泥疙瘩，平整墙角，但是不要破坏防水层，同时，选出用于铺装的锦砖。

（2）配置素水泥浆待用，或调配专用胶黏剂，为铺装的墙面、地面洒水，并放线定位，精确测量转角、管线出入口的尺寸并对锦砖做裁切。

（3）在铺装界面与锦砖背部分别抹素水泥浆或胶黏剂，依次准确地粘贴，保留缝隙的大小则根据锦砖特点来确定。

（4）揭开锦砖的面网，用锦砖专用填缝剂擦补缝隙，使用干净抹布将锦砖表面的水泥擦拭干净，养护晾干。

刮涂胶黏剂　　　　　　锦砖的铺装

左图：用专用刮板将调和好的胶黏剂刮涂在铺装界面上，形成具有规律的凹凸纹理。

右图：将锦砖压平在铺装界面上，并使砖块之间保持适当间距。

调和白水泥或专用填缝剂，将其擦入锦砖的勾缝中，注意随时调整并对齐位置

将表面刮涂平整

把填缝剂擦入勾缝

3）施工要点

（1）锦砖铺装前应根据计算机绘制的图纸放出施工大样，根据高度弹出若干条水平线及垂直线，两线之间保证整块数，同一面墙上不得有一排以上的非整砖，非整砖应铺装在隐蔽处。

（2）施工前要剔平墙面凸出的水泥、混凝土，混凝土墙面应凿毛，然后浇水润湿。

（3）铺装时在墙面上抹层薄素水泥浆或专用胶黏剂，厚度为3~5 mm，用靠尺刮平，或用抹子抹平。

（4）铺装时要将锦砖铺在木板上，砖面朝上，往砖缝里灌白水泥素浆，如果是彩色锦砖，则应用彩色水泥。

（5）灌完缝隙后要抹上厚1~2 mm的素水泥浆或聚合物水泥的黏结灰浆，最后将四边余灰刮掉，对准横竖弹线，逐块往墙上铺装。

（6）在铺装锦砖的过程中，必须要掌握好时间，其中抹墙面黏结层、抹锦砖黏结灰浆、往墙面上铺装这三步工序必须紧凑，否则就会出现脱粒现象。

（7）锦砖铺装完毕后，将拍板紧靠衬网面层，用小锤敲木板，做到满拍、轻拍、拍实、拍平，使其黏结牢固、平整。

（8）锦砖铺装30min后，可用长毛刷蘸清水润湿锦砖面网，待面网完全湿透后，自上而下将网揭下。

（9）揭网时，手执上方面网的两角，揭开角度要均匀一致，以免带动锦砖砖粒。

（10）揭网后，应认真检查缝隙的大小、平直情况，如果缝隙大小不均匀，横竖不平直，则必须用钢片刀拨正调直。

（11）拨缝必须在水泥初凝前进行，先调横缝，再调竖缝，使缝宽一致且横平竖直。

（12）擦缝时先用木抹板将与锦砖颜色相近的填缝剂抹入缝隙，再用刮板将填缝剂刮实、刮满、刮严，最后用抹布将表面擦净。

（13）遗留在缝隙里的浮砂，可用潮湿且干净的软毛刷轻轻带出来，如果需要清洗锦砖表面，则应待勾缝材料硬化后再进行。

（14）将电路暗盒部位的锦砖裁切掉，并保留电路暗盒开口。

（15）面层干燥后，表面涂刷1遍防水剂，避免起碱。地锦砖铺装完成后，24h内不能让人行走。

阳角与阴角

上图：阳角与阴角部位应对齐接缝，碰角缝隙应与平面缝隙保持一致。

保留电路暗盒的位置

上图：锦砖铺装时要将电路暗盒位置预留出来，裁切相对应的锦砖，错位部分应填补填缝剂。

新型锦砖

新型锦砖是指表面没有保护纸，但是背面粘贴着透明网的锦砖，铺装方法与普通的墙砖一致，直接上墙铺装即可。新型锦砖铺装后表面不需要揭网或揭纸，这样小块锦砖就不容易脱落，也提高了施工效率与施工质量。

锦砖的铺装

上图：新型锦砖的铺装是在铺装基础上预先用水泥砂浆找平，将铺装界面的基层垫厚，再用胶黏剂或硅酮玻璃胶将锦砖粘贴至界面上，最后将填缝剂擦入锦砖缝隙，待干后将表面清洗干净。

锦砖的样式

上图：锦砖的花色品种丰富，适用于局部墙面、构造的点缀装饰，还可以根据需要选购仿锦砖纹理的墙砖，其图样纹理与锦砖类似。

13.2 石材的铺装

石材的地面铺装施工方法与墙砖、地砖的基本一致，但是因为石材自重较大且较厚，所以它的墙面铺装方法与墙砖有所不同，局部墙面铺装可采用石材胶黏剂粘贴，大面积墙面铺装则应采取干挂法。

13.2.1 天然石材的铺装

1）定义

天然石材质地厚重，在施工中要注意强度要求，干挂法施工适用于面积较大的室外墙面的铺装。

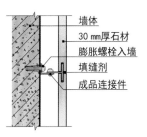

墙体
30 mm厚石材
膨胀螺栓入墙
填缝剂
成品连接件

左图：质地厚重的天然石材在进行干挂施工时要选择合适的配套工具，并检查是否有遗漏部件。

墙面石材干挂构造示意图

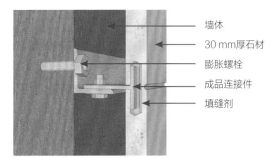

墙体
30 mm厚石材
膨胀螺栓
成品连接件
填缝剂

墙面石材干挂构造三维图

2）施工方法

（1）根据设计在施工墙面放线定位，通过膨胀螺栓将型钢固定至墙面上，安装成品干挂连接件。

（2）对天然石材进行切割，根据需要在侧面切割出凹槽或钻孔。

墙面石材干挂连接件　　　石材加工

左图：墙面石材干挂连接件多为镀锌产品，容易生锈，最好选择不锈钢产品。

右图：施工前需要使用切割机在石材侧面切割出凹槽，以便连接件连接。

（3）采用专用连接件，将石材固定至墙面龙骨架上。

（4）调整板面平整度，在边角缝隙填补密封胶，进行密封处理。

3）施工要点

（1）在墙上布置钢骨架，水平方向的角形钢必须焊在竖向4号角钢上，并按设计要求在墙面上制作控制网，由中心向两边制作，并标注每块板材与挂件的具体位置。

左图：墙面骨架安装也采用焊接构造，焊接后应涂刷防锈漆。

涂刷防锈漆

（2）安装膨胀螺栓时，按照放线的位置在墙面上打出膨胀螺栓的孔位，孔深以略大于膨胀螺栓套管的长度为宜，埋设膨胀螺栓并予以紧固。

（3）挂置石材时，应在上层石材底面的切槽与下层石材上端的切槽内涂石材结构胶，注胶时要均匀，胶缝应平整饱满，亦可稍凹于板面，并按石材颜色调制色浆嵌缝，边嵌边擦干净。

抹结构胶　　　　　　　保留缝隙

左图：干挂连接件周边应抹石材专用结构胶，进一步强化安装结构。

右图：干挂石材之间应保留均匀的缝隙，可暂时用木板或嵌入木屑定型。

（4）清扫拼接缝后即可嵌入聚氨酯胶或填缝剂，仔细微调石材之间的缝隙与表面的平整度。

大面积铺装　　　　　　　小面积铺装

左图：20 m²以上的大面积单面墙墙面，铺装天然石材的缝隙应注入聚氨酯胶封闭，这样可以防水。

右图：20 m²以内的小面积单面墙墙面，铺装天然石材的缝隙可以保留1～2 mm，填入填缝剂后擦净周边区域。

13.2.2 人造石材的铺装

1）定义

现代装修中大多采用聚酯型人造石材，这种石材表面光洁，但是厚度一般为30 mm，不方便在侧面切割凹槽。

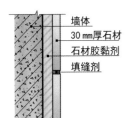

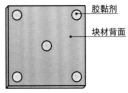

石材的墙面铺装　　　　　石材背后点胶示意图

左图：调和胶黏剂后平刮在墙面，刮涂胶黏剂应尽量平整均匀，将石材铺装至墙面，并敲击平整。

右图：石材胶黏剂呈点状分布，尽量使人造石材的每一个角点都有黏结能力。

墙体
30 mm厚石材
石材胶黏剂
填缝剂

左图：由于人造石材的强度不及天然石材，因此不宜采取干挂法，一般会用石材胶黏剂粘贴。

墙面人造石材铺装构造示意图

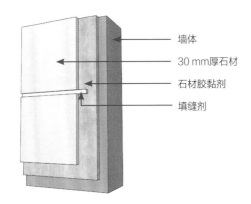

墙体
30 mm厚石材
石材胶黏剂
填缝剂

墙面人造石材铺装构造三维图

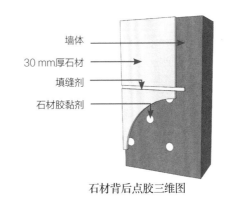

墙体
30 mm厚石材
填缝剂
石材胶黏剂

石材背后点胶三维图

2）施工方法

（1）清理墙面基层，必要时用水泥砂浆找平墙面，并做凿毛处理，根据设计在施工墙面放线定位。

（2）对人造石材进行切割，并在对应墙面铺装部位进行标号。

（3）调配专用石材胶黏剂，将其分别抹至人造石材的背部与墙面，将石材逐一粘贴至墙面，也可以采用双组分石材干挂胶，以点涂的方式将石材粘贴至墙面。

石材胶黏剂

上图：石材胶黏剂大多为双组分，使用时按包装说明混合即可粘贴石材。

（4）调整板面平整度，在边角缝隙填补密封胶，进行密封处理。

3）施工要点

（1）人造石材粘贴施工虽然简单，但是胶黏剂价格较高，一般适用于小面积的墙面施工，不适用于地面铺装。

（2）施工前，应清扫干净粘贴基层，去除各种水泥疙瘩，用1∶2水泥砂浆填补凹陷部位，或对墙面做整体找平。

（3）墙面不应残留各种污迹，尤其是油漆、纸张、金属、石灰等非水泥砂浆材料，不能将人造石材直接粘贴在干挂天然石材表面或墙砖铺装表面。

（4）胶黏剂应选用专用产品，一般为双组分胶黏剂，要根据使用说明调配，部分产品需要与水泥调和使用，调和后将胶黏剂均匀刮涂至石材背面与粘贴界面上，并用粗锯齿抹子抹成沟槽状，以增强吸附力。

（5）部分产品可直接使用,用点胶的方式抹在人造石材的背面，点胶的间距应小于200 mm，点胶后静置3～5min再将石材粘贴至墙面上，施工完毕后应养护7天以上。

水泥砂浆找平　　　　　　　　铺装石材　　　　　　　　调整石材平整度

左图：为了保证铺装时的整体平整度，找平层的水泥砂浆可以呈点状均匀分布于待施工面，然后用抹子将其抹平。

中图：人造石材结构紧密，在正式铺装前应严格核实尺寸，对石材进行精准切割后平整摆放至铺装位置。

右图：通过水平尺与橡皮锤反复调整铺装的平整度。

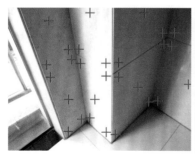 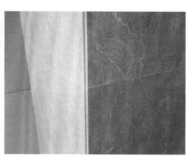

左图：每块石材背后的涂胶位置一般为4个边角点与中央点。

右图：石材阳角接缝应整齐紧密，内侧做45°倒角，外侧保持直角。

石材涂胶位置　　　　　　　　石材阳角接缝

石材地面的铺装方法

石材地面的铺装方法与地砖的相同，需要用橡皮锤仔细敲击平整，但是人造石材的强度不高，不适用于地面铺装。天然石材墙面干挂的关键在于预先放线定位与后期微调，石材应保证整体平整、无明显接缝。另外，用于淋浴区墙面铺装的石材，应在缝隙处填补硅酮玻璃胶。

13.3 玻璃砖砌筑

玻璃砖晶莹剔透，装饰效果独特。玻璃砖砌筑是现代装饰局部装修的亮点所在。

13.3.1 空心玻璃砖砌筑

1）定义

空心玻璃砖砌筑的施工难度较大，是较高档次的铺装工程，一般适用于卫生间、厨房、门厅、走道等处的隔墙，可以作为封闭隔墙的补充。

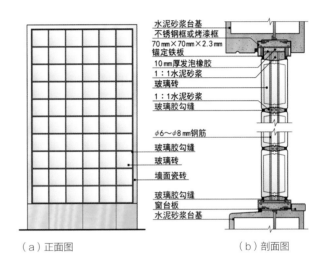

（a）正面图　　　　　（b）剖面图

玻璃砖砌筑构造示意图

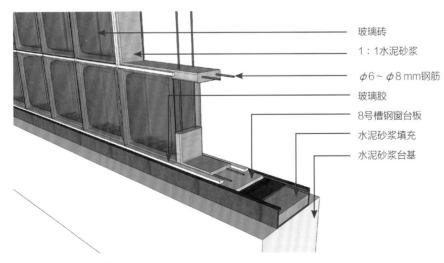

玻璃砖砌筑构造三维图

2）施工方法

（1）清理砌筑墙、地面基层，铲除水泥疙瘩，平整墙角，但是不要破坏防水层，在砌筑周边安装预埋件，并根据实际情况用型钢加固或砖墙砌筑。

（2）选出用于砌筑的玻璃砖，并备好网架钢筋、支架垫块、水泥或专用玻璃胶待用。

（3）在砌筑范围内放线定位，从下向上逐层砌筑玻璃砖，户外施工时要边砌筑边设置钢筋网架，使用水泥砂浆或专用玻璃胶填补砖块之间的缝隙。

（4）用玻璃砖专用填缝剂填补缝隙，用干净抹布将玻璃砖表面的水泥或玻璃胶擦拭干净，养护晾干，必要时对缝隙做防水处理。

3）施工要点

（1）玻璃砖墙体施工时，环境温度应高于5℃，一般适宜的施工温度为5～30℃，在温差比较大的地区，玻璃砖墙施工时需预留缩胀缝。

（2）用玻璃砖制作浴室隔断时，也要预留缩胀缝，砌筑大面积外墙或弧形内墙时，还要考虑墙面的承载强度与膨胀系数。

（3）玻璃砖墙宜以1 500 mm高为1个施工段，待下部施工段胶结材料达到承载要求后，再进行上部施工，当玻璃砖墙面积过大时，应增加支撑。

（4）玻璃砖砌筑质量的关键在于中央的钢筋骨架，在大多数装修施工中，玻璃砖墙体的砌筑面积小于2 m²，这时可以不用镶嵌钢筋骨架，但是高度超过1.5 m的砌筑构造还是应采用钢筋作支撑骨架。玻璃砖墙的钢筋骨架应与原有建筑结构连接牢固，墙基高度一般应低于150 mm，宽度应大于玻璃砖厚度20 mm。

玻璃砖的堆放　　　　　　　空心玻璃砖的选择

左图：玻璃砖堆放高度不能超过5箱，以免放置时出现挤压破损的状况。

右图：打开包装后挑选颜色、纹理一致的砖块放在同一部位砌筑，能有效避免色差。

空心玻璃砖的砌筑　　　　　砖砌填补空间

左图：空心玻璃砖砌筑时应穿插钢筋，以保证砌筑构造稳固坚挺。

右图：在较窄空间内砌筑玻璃砖时应将空余墙体部位用轻质砖或砌块填补，并做抹灰找平。

（5）玻璃砖隔墙的顶部与两端应用金属型材加固，槽口宽度应比砖厚10～18 mm。

（6）当隔墙的长度或高度大于1 500 mm时，砖间应增设 ϕ6～ϕ8 mm钢筋，以加强结构强度，玻璃砖墙的整体高度应低于4 000 mm。

（7）玻璃砖隔墙两端与金属型材两翼应留出大于4 mm的滑动缝，缝内用泡沫填充，玻璃砖隔墙与金属型材腹面应留出大于10 mm的缩胀缝，以适应热胀冷缩。

（8）玻璃砖最上面一层砖应伸入顶部金属型材槽口内10～25mm，以免玻璃砖因受刚性挤压而破碎。

（9）玻璃砖间的接缝宜在10～30 mm之间，且玻璃砖与外框型材之间，以及型材与建筑物之间，都应用弹性泡沫密封胶密封。

（10）玻璃砖应排列整齐、表面平整，密封胶嵌缝应饱满密实。

成品支架垫块

左图：成品支架垫块是玻璃砖隔墙施工中重要的辅助材料与工具。它能校正玻璃砖砌筑时的尺寸误差，也能使玻璃砖的缝隙达到横平竖直，从而使整个砌筑施工变得简单易行。

（11）玻璃胶黏结玻璃砖后会因与空气接触氧化而变黄，若使用劣质白水泥则容易发霉、生虫，而卫生间和厨房的玻璃砖隔墙受油烟与潮气影响较大，所以最好采用优质胶凝材料。

（12）每砌完一层后要用湿抹布将砖面上剩余的水泥砂浆擦去。

普通水泥砌筑　　　　　白水泥砌筑

左图：砌筑时，要将挤出的水泥砂浆刮平整，以免污染玻璃砖表面。砖缝要用成品夹固定，以保持缝隙均匀。

右图：白水泥具有比较高的亮度，使用白水泥砌筑玻璃砖时应将缝隙填补完整，不能存在孔洞。

13.3.2　玻璃砖砖缝填补

1）定义

玻璃砖砌筑完成后，应用白水泥或专用填缝剂对砖体缝隙进行填补，经过填补的砖缝能遮挡内部钢筋与灰色水泥，有良好的视觉效果。

2）施工方法

（1）将砌筑好的玻璃砖墙表面擦拭干净，保持砖缝整洁，深度应一致。

（2）将白水泥或专用填缝剂加适当水调和成黏稠状，搅拌均匀，静置20min以上。

（3）用小平铲将调和好的填补材料刮入玻璃砖缝隙。

（4）待未完全干时，将未经过调和的干粉状白水泥或专用填缝剂用干净抹布擦入缝隙。

3）施工要点

（1）砖缝填补应特别仔细，施工前用湿抹布将玻璃砖砌筑构造表面擦拭干净，如果表面残留有已干燥的水泥砂浆，应用小平铲仔细刮除，不能破坏玻璃砖。

（2）专用填缝剂的质量参差不齐，应选用优质品牌的产品。如果需要在白水泥与填缝剂中调色，则应选用专用矿物质色浆，而不能使用广告画颜料。

（3）在厨房、卫生间等潮湿区域砌筑的玻璃砖隔墙，还需用白色中性硅酮玻璃胶覆盖缝隙表面，施工时应待基层填缝剂完全干燥后再操作，缝隙边缘应粘贴隔离胶带，以防玻璃胶污染玻璃砖表面。

（4）玻璃砖的砖缝填补方法也适用于其他铺装砖材的缝隙处理，尤其适用于墙砖与地砖之间的接头缝隙，能有效防止地面积水因渗透到墙砖、地砖背面而造成砖体污染或渗水。

（5）加水调和后的填补材料应充分搅拌均匀，静置20min以上让其充分熟化。

（6）将填补材料刮入玻璃砖缝隙时应严密紧凑，刮入力量适中，且小平铲不能破坏玻璃砖表面，刮入填补材料后，要保证缝隙表面与砖体平齐，不能有凹凸感。

调配填缝剂

砖缝填补完毕

左图：调和填缝剂时应均匀，不能有小疙瘩，调和后应静置让其充分熟化。

右图：填缝应紧密，表面应光洁且不污染玻璃砖，这样整体效果才会完美。

小 贴 士

美缝剂的使用

美缝剂是比较流行的修饰填补玻璃砖、瓷砖缝隙的材料，施工方便，操作简单，能填补宽度为3 mm以内的缝隙。在用美缝剂填补缝隙前，要清理缝隙内杂质，直到无积水、无粉尘、无颗粒为止。

美纹纸贴边

美缝剂混合

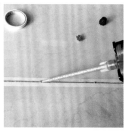

注入缝隙

填实压平

清洁完成

左图：清除缝隙中的灰尘与杂质，将美纹纸沿着缝隙边缘粘贴，十字交错部位用美工刀切断。

左中图：双组分美缝剂混合后，将首段约500 mm长度的丢弃，后续混合充分的才能使用。

中图：充分注入缝隙中，注入要饱满。

右中图：用不锈钢压平球对美缝剂作两次压平，第一次压平在揭开美纹纸之前，第二次压平要等美缝剂干燥后揭开美纹纸，再局部修补时。

右图：将残留在瓷砖表面的美缝剂清除干净。

第 14 章

构造施工

核心概念：墙体、吊顶、家具、地台、门窗套、板材。

章节导读：构造施工对基层界面的平整度要求不高，它是利用龙骨或板材重新覆盖基层界面，形成全新且平整的构造界面，再在表面覆盖装饰材料的施工工艺。这种骨架层、基础层、饰面层的分级逻辑是构造工艺的根本，也可以根据具体情况进行简化，如将骨架层和基础层合并，或将基础层和饰面层合并，也可大胆运用新材料来满足快捷高效施工的需求。

板材的墙面造型

用于墙面造型制作的成品板材有很多，如木芯板、生态板、纤维板、刨花板等，但主要以木芯板为基础，表面覆盖薄木饰面板，如果还需要承重力，就要增加木龙骨来增强结构的支撑力。

14.1 墙体构造制作

砌筑隔墙比较厚重，适用于需要防潮与承重的部位，应用更多的则是非砌筑隔墙，主要包括石膏板隔墙与玻璃隔墙，此外，还可根据不同设计审美的要求，在墙面上制作各种装饰造型，如装饰背景墙造型、木质墙面造型、软包墙面造型等。

14.1.1 石膏板隔墙

1）定义

石膏板隔墙可用于不同功能空间的分隔，而砖砌隔墙较厚重、成本高、工期长，除了特殊需要外，现在已经很少被采用了。大面积纸面石膏板隔墙采用轻钢龙骨作基层骨架，小面积弧形隔墙可以采用木龙骨与胶合板饰面。

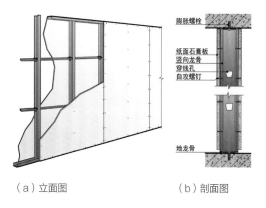

（a）立面图　　　　（b）剖面图

纸面石膏板隔墙构造示意图

上图：轻钢龙骨石膏板隔墙是室内墙体构造的标配，它自重轻、施工快捷、工艺成本低。其中轻钢龙骨之间的空隙能起到隔声作用，也可以根据需要填充不同材质的隔声棉，效果会更佳。隔墙内部可安装水电管线。石膏板的抗压性比砖砌隔墙弱，所以可根据需要换水泥板，或覆盖双层石膏板。

纸面石膏板隔墙构造三维图

2）施工方法

（1）清理基层地面、顶面与周边墙面，分别放线定位，根据设计造型在顶面、地面、墙面钻孔，放置预埋件。

（2）沿着地面、顶面与周边墙面制作边框墙筋，并调整到位。

（3）分别安装竖向龙骨与横向龙骨，并调整到位。

（4）将石膏板竖向钉接在龙骨上，对钉头做防锈处理，封闭板材之间的接缝，并进行全面检查。

3）施工要点

（1）隔墙的位置放线应按设计要求，沿地、墙、顶弹出隔墙的中心线及宽度线，宽度线应与隔墙厚度一致，位置应准确无误。

（2）安装轻钢龙骨时，应按弹线位置固定沿地、沿顶龙骨及边框龙骨，龙骨的边线应与弹线重合。

（3）轻钢龙骨的端部要安装牢固，龙骨与基层的固定点间距应小于600 mm，安装沿地、沿顶轻钢龙骨时，应保证隔墙与墙体连接牢固。

轻钢龙骨 　　　　　　　　　 轻钢龙骨边框

左图：安装的竖向龙骨应保持绝对垂直，可采用铅垂线、水平仪反复定位校正。

右图：边框龙骨用膨胀螺栓安装在顶面、墙面、地面上，竖向龙骨与顶面龙骨之间应用螺丝固定。

（4）安装竖向龙骨时应随时校正垂直，潮湿房间及钢丝网抹灰墙的龙骨间距应小于400 mm。

（5）安装支撑龙骨时，应先将支撑卡口件安装在竖向龙骨的开口方向，卡口件距开口的距离以400～600 mm为宜，距龙骨两端的距离以20～25 mm为宜。

（6）高度大于3 m的隔墙安装1道贯通龙骨，3～5 m高的隔墙安装2道贯通龙骨。

（7）安装饰面板前，应对龙骨进行防火处理，饰面板接缝处不在龙骨上时，应加设龙骨固定饰面板。

（8）在安装饰面板前应检查骨架的牢固程度，以及墙内设备管线、填充材料是否符合设计要求。

（9）安装木龙骨时，木龙骨的横截面面积及纵向、横向间距应符合设计要求，在门窗或特殊节点处安装附加龙骨时也应符合设计要求。

轻钢龙骨基础 　　　　　　　　　 安装石膏板

左图：轻钢龙骨墙体造型转角处应采用规格较大的龙骨，或采用型钢作支撑。

右图：横向贯通龙骨主要用于保持竖向龙骨平行，也可用作穿线管，待纵横方向龙骨安装完成后即可安装石膏板。

（10）木龙骨安装时，骨架的横、竖龙骨规格以50 mm×70 mm为宜，采用开口方结构，并抹白乳胶，加钉固定，若有隔声要求，可以在龙骨之间填充各种隔声材料。

木龙骨隔墙 　　　　　　　　　 衣柜背后的木龙骨

左图：木龙骨之间应采用不同规格的木质板材与龙骨交替支撑，甚至可用板材作局部覆面支撑。

右图：衣柜背后增设的木龙骨主要用于制作隔声层，以增强卧室的隔声效果。

左图：木龙骨厚度一般为40～60 mm，其间可以填充隔声棉，增强隔墙的隔声效果。

填充隔声材料

（11）安装纸面石膏板时宜竖向安装，长边接缝处应安装在竖向龙骨上，龙骨两侧的石膏板及龙骨一侧的双层板的接缝应错开安装，不能在同一根龙骨上接缝。

左图：木龙骨上的石膏板可以采用气排钉固定，并保留2~3 mm的缩胀缝。

木龙骨上安装石膏板

（12）安装石膏板时应从板材的中部向板材的四周固定，钉头略埋入板内，但不得损坏纸面，钉头应进行防锈处理，石膏板与周围墙或柱应留有宽度为3 mm的槽口，以便进行防开裂处理。

用家具背面石膏板封闭隔墙　　在轻钢龙骨上安装石膏板　　石膏板隔墙制作完毕　　涂刷防锈漆

左图：家具背面也可以直接钉接石膏板，具有平整、防裂的作用。
左中图：在轻钢龙骨上安装石膏板时，自攻螺钉的间距应当保持一致，竖向排列应错落有致。
右中图：石膏板可以与木质板材混搭，但是大面积施工时应以石膏板为主。
右图：石膏板隔墙制作完毕后，应及时在全部钉头部位涂刷防锈漆。

（13）轻钢龙骨应用自攻螺钉固定，木龙骨应用普通螺钉固定，沿石膏板周边的钉接间距应小于200 mm，钉与钉的间距应小于300 mm，螺钉与板边距离应为10~15 mm。

（14）安装胶合板饰面前应对板材的背面进行防火处理。胶合板与轻钢龙骨的固定应采用自攻螺钉，与木龙骨的固定应采用气排钉或马口钉，钉距应以80~100 mm为宜。

（15）隔墙的阳角处应做护角，护角材料可以是木质线条、PVC线条或金属线条，木质线条的固定点间距应小于200 mm，PVC线条与金属线条可以采用硅酮玻璃胶或强力万能胶粘贴。

小 贴 士

木龙骨石膏板隔墙开裂的原因

木龙骨石膏板隔墙开裂主要是由于木龙骨的含水率不均衡，完工后易变形，使石膏板受到挤压导致开裂。另外，石膏板之间接缝过大、封条不严实也会造成开裂。石膏板不宜在墙面上与木质板材发生衔接，因为两者的物理性质不同，易发生开裂。墙面刮灰所用的腻子质量不好，也会导致石膏板因受潮不均而开裂。建筑自身的混凝土墙体结构质量不好的话，就可能会时常发生物理性质变化，如膨胀或收缩，这些都会造成木龙骨石膏板隔墙开裂。

14.1.2 玻璃隔墙

1）定义

玻璃隔墙用于分隔对隐私性要求不太高的空间，如厨房与餐厅之间的分隔、书房与走道之间的分隔、主卧与卫生间之间的分隔以及卫生间内淋浴区与非淋浴区之间的分隔等。

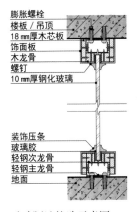

膨胀螺栓
楼板／吊顶
18 mm厚木芯板
饰面板
木龙骨
螺钉
10 mm厚钢化玻璃

装饰压条
玻璃胶
轻钢次龙骨
轻钢主龙骨
地面

左图：玻璃隔墙施工要分清轻钢主次龙骨，粘贴装饰压条的玻璃胶也要选择大品牌的，玻璃胶的用量要依据施工要求来确定。

玻璃隔墙构造示意图

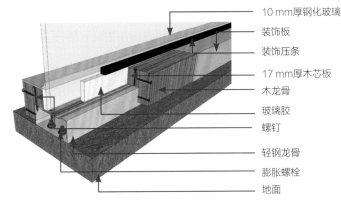

10 mm厚钢化玻璃
装饰板
装饰压条
17 mm厚木芯板
木龙骨
玻璃胶
螺钉
轻钢龙骨
膨胀螺栓
地面

玻璃隔墙构造三维图

2）施工方法

（1）清理基层地面、顶面与周边墙面，分别放线定位，根据设计造型在顶面、地面、墙面上钻孔，放置预埋件。

（2）沿着地面、顶面与周边墙面制作边框墙筋，并调整边框墙筋的尺寸、位置、形状。

（3）在边框墙筋上安装基架，并调整位置，在安装基架上测定出玻璃的安装位置线及靠位线条。

（4）将玻璃安装到位，钉接压条，并进行全面检查固定。

3）施工要点

（1）基层地面、顶面与周边墙面放线应清晰、准确，隔墙基层应平整牢固，框架安装应符合设计与产品组合的要求。

放线定位　　　　　　　制作边框龙骨

左图：顶面放线后可以直接设置预埋件，位置应当准确。

右图：地面放线后可以钉接木龙骨，并以此作为地面龙骨的基础。

（2）安装玻璃前应对骨架、边框的牢固程度进行检查，若不牢固则应进行加固，玻璃分隔墙的边缘不能与硬质材料直接接触，玻璃边缘与槽底空隙应大于5 mm。

（3）玻璃可以嵌入墙体，但要保证地面与顶部的槽口深度。当玻璃厚度为6 mm时，槽口深度为8 mm；当玻璃厚度为8～12 mm时，槽口深度为10 mm。

（4）玻璃隔墙必须全部使用钢化玻璃或夹层玻璃等安全玻璃，钢化玻璃的厚度应大于6 mm，夹层玻璃的厚度应大于8 mm，无框玻璃隔墙，应使用厚度大于10 mm的钢化玻璃。

（5）固定玻璃的方法一般有以下三种：可以在玻璃上钻孔，用镀铬螺钉或铜螺钉将玻璃固定在木骨架与衬板上；也可以用硬木、塑料、金属等材料的压条压住玻璃；如果玻璃厚度不大，也可以用玻璃胶将玻璃粘在衬板上固定。

（6）玻璃与槽口的前后空隙距离要控制好，当玻璃厚为5~6 mm时，空隙为2.5 mm，当玻璃厚8~12 mm时，空隙为3 mm，这些缝隙应用弹性密封胶或橡胶条填嵌，压条应与边框紧贴，不能存在弯折、凸鼓。

石材边框 　　　　　　　　无边框

左图：基础龙骨外部可用的饰面材料有很多，如用于卫生间中潮湿部位的石材等。

右图：在淋浴间，玻璃隔墙也可以不制作边框，而是直接将钢化玻璃与地砖黏结在一起。

（7）玻璃插入凹槽固定后，要采用木质条形板材或石膏板将槽口边缘封闭，有防水与防风要求的玻璃隔墙应在槽口边缘加注中性透明玻璃胶，如中性透明硅酮玻璃胶等。

右图：钢化玻璃插入缝隙后，应先用条形板材夹合，再安装装饰边条。

玻璃安装的局部

（8）如果对玻璃隔墙的边框没有特殊要求，且玻璃隔墙的长边长度在2 m以内，则可以订购成品铝合金框架固定玻璃，将铝合金框架直接镶嵌至预制的石膏板隔墙中即可。

（9）采用石膏板或木芯板制作框架以支撑铝合金边框是一种常见的施工方式。

左图：玻璃安装完毕后，应在两块玻璃之间的缝隙中加注中性透明硅酮玻璃胶。

玻璃隔墙制作完毕

14.1.3　装饰背景墙造型

1）定义

装饰背景墙造型是现代装饰中突出亮点的核心构造，它适用的范围很广，如门厅背景墙、客厅背景墙、餐厅背景墙、走道背景墙、床头背景墙等。背景墙造型的制作工艺要求精湛，配置的材料丰富，施工难度较大。

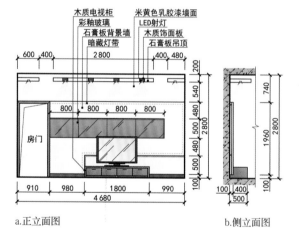

装饰背景墙构造示意图

上图：背景墙的造型大多采用不同厚度的木芯板、胶合板，通过叠加不同厚度的造型来表现丰富的层次。背景墙造型厚度小于60 mm时可以采用15 mm厚的木芯板叠加制作，其内部构造为实心的；背景墙造型厚度大于60 mm时可以采用木龙骨制作基层，再覆盖木芯板或石膏板，其内部构造为实心的。

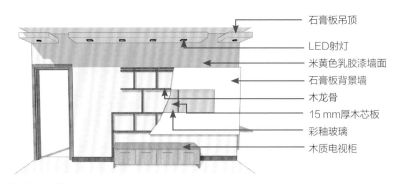

石膏板吊顶
LED射灯
米黄色乳胶漆墙面
石膏板背景墙
木龙骨
15 mm厚木芯板
彩釉玻璃
木质电视柜

装饰背景墙构造三维图

2）施工方法

（1）清理基层墙面、顶面，分别放线定位，根据设计造型在墙面、顶面钻孔，放置预埋件。

（2）根据设计要求沿着墙面、顶面制作木龙骨，做防火处理，并调整龙骨尺寸、位置、形状。

（3）在木龙骨上钉接各种罩面板，同时安装其他装饰材料、灯具与构造。

（4）全面检查固定，封闭各种接缝，对钉头做防锈处理。

3）施工要点

（1）装饰背景墙的制作材料很多，要根据设计要求认真选择，先安装廉价且坚固的型材，再安装昂贵且易破损的型材。

（2）装饰背景墙精致，造型丰富，但不能承载重物，如壁挂电视、音响、空调、电视柜等设备应安装在基层墙面上。如果背景墙造型过厚，则必须焊接型钢作为延伸再安装过重的设备。

（3）若想在背景墙上安装壁挂液晶电视，墙面就要保留合适的位置用于安装预埋挂件及足够的插座，可以暗埋1根 ϕ50～ ϕ70 mm的PVC管，所有电线都通过该管穿到下方电视柜中，如电视线、电话线、网线等。

（4）在装饰背景墙中条状造型运用得最多，可采用成品木质条形板材制作，块状造型可采用木芯板或纤维板制作，弧形构造可用曲线锯切割后，再用0号砂纸仔细打磨切割面来制作。

电视背景墙的线管布置　　基础框架

左图：在墙体中埋设PVC管并将各种带插头的电线穿入其中，让其不在背景墙外部裸露。

右图：背景墙基础框架多采用木龙骨、木芯板等材料制作，各种造型都能塑造。

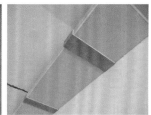

电源暗盒局部构造　　吊顶构造

左图：安装在背景墙上的电源暗盒应当位于电视机背后，这样能被电视机遮挡。

右图：吊顶构造可以做适当装饰造型，与背景墙形成呼应。

（5）背景墙的局部造型应当精致、细腻，转角应保持90°，细节造型应在木工操作台上制作完毕后，再固定至背景墙上。

（6）若需在背景墙上制作悬挑电视柜或具有承重要求的搁板，那么应考虑制作型钢骨架，基层墙体厚度应大于170 mm。

（7）制作悬挑电视柜时要在基层墙体上用膨胀螺栓固定4～6号方钢，悬挑凸出尺寸应小于600 mm，这类悬挑构造的承载重量为100 kg以下，基本能满足常规承载要求。

（8）装饰背景墙造型的整体厚度不宜超过200 mm，能控制在150 mm以内最佳，如果其背后需要安装暗藏灯管或灯带，则应保留的空隙厚度为80 mm。

（9）装饰背景墙在施工时，应将地砖的铺设厚度、踢脚线的高度考虑进去，地砖的铺设厚度一般为40 mm，踢脚线的高度为100～120 mm，如果没有设计踢脚线，则墙面的木质装饰板、纸面石膏板应该在地砖施工后再安装，以防受潮。

背景墙基础构造　　　　　踢脚线与涂料施工完毕

左图：背景墙表面大多采用纸面石膏板封闭，平整度较高，内凹部位可以安装玻璃。

右图：踢脚线与涂料施工后能反映出装饰背景墙的基本装饰效果。

（10）装饰玻璃可以镶嵌在装饰背景墙构造中，但是玻璃不具有承重能力，因此面积不宜过大。

（11）如果将装饰玻璃安装在背景墙表面，那么可以采用不锈钢广告钉固定，背景墙基层不能采用板材空心构造，否则玻璃安装后容易脱落。也可以使用有机玻璃板替代常规玻璃，这样可以减轻背景墙负重，或搭配壁纸点缀装饰。

 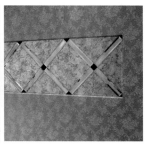

壁纸的铺装　　　　　　　背景墙制作完毕

左图：壁纸铺装完毕，点亮灯光后，电视背景墙能呈现出基本的装饰效果。

右图：安装完定制生产的装饰玻璃后，周边要用玻璃胶封闭。

14.1.4　木质墙面造型

1）定义

木质墙面造型是指在墙体表面铺装木质板材，对原有砖砌墙体或混凝土墙体进行装饰。木质材料的质地具有亲和力，色彩纹理丰富，具有隔声、保温效果，其中的夹层还能填充隔声材料或布置管线。

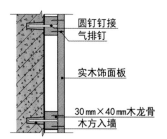

木质墙面构造示意图

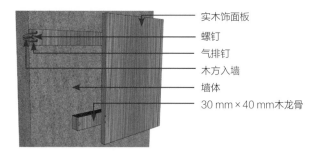

木质墙面构造三维图

2）施工方法

（1）清理基层墙面、顶面，分别放线定位，根据设计造型在墙面、顶面钻孔，放置预埋件。

（2）根据设计要求沿着墙面、顶面制作木龙骨，做防火处理，并调整木龙骨的尺寸、位置、形状。

（3）在木龙骨上钉接各种罩面板，同时安装其他装饰材料、灯具与构造。

（4）全面检查固定，封闭各种接缝，对钉头做防锈处理。

3）施工要点

（1）木质墙面造型的施工要点虽与装饰背景墙的基本一致，但是其运用的材料相对单一，因此对施工的精度要求更高。

（2）在易潮湿的部位，如与卫生间共用的隔墙或建筑外墙，应预先在墙面上涂刷防水涂料，或覆盖一层PVC防潮垫。

（3）木质墙面的基层应选用木龙骨来制作骨架，整面墙的施工应选用50 mm×70 mm烘干杉木龙骨，局部墙面的施工可选用30 mm×40 mm烘干杉木龙骨。

（4）将木龙骨制作成开口方构造框架，开口方部位抹白乳胶，用钉子钉接固定，纵向、横向龙骨间距为300～400 mm，弧形龙骨的制作方法与弧形胶合板吊顶龙骨的一致。

板材与墙体的缝隙　　　　板材与龙骨支撑构造

左图：对于不平整的墙面，可以用不同规格的木质板材制作墙面基础，并找平构造的基层部位。

右图：木芯板与各种板材的边角料都可以用于制作木质墙面造型的基础，它们更便于形体塑造。

（5）用木龙骨制作的基层厚度应与木龙骨的边长相当，若需要加大骨架厚度可以钉接双层木龙骨，或用木芯板辅助支撑木龙骨，但是基层骨架的厚度不宜超过150 mm。

（6）基层木龙骨制作完毕后应涂刷防火涂料，根据设计要求，还可以在木龙骨井格之间填充隔声材料，隔声材料的厚度不宜超过基层木龙骨厚度。

（7）木龙骨制作完毕后，可以在木龙骨表面钉接各种木质面板，如实木扣板、木芯板、胶合板、纤维板等，木质面板的厚度应大于5 mm。

（8）对于厚度小于5 mm的薄木贴面板、免漆板、防火板、铝塑板等，应预先钉接木芯板，再在木芯板上钉接或粘贴各种板材。

（9）一般用气排钉或马口钉钉接各种木质面板，其固定间距为50～100 mm。

（10）如果木质墙面不安装其他重物，那么可以直接采用钢钉将木龙骨固定在墙面上，固定点不宜在开口方部位，其间距应为400～600 mm。

（11）如果木质墙面需要安装大型灯具、设备等重物，则应根据实际情况选用更大规格的木龙骨，并采用膨胀螺钉或膨胀螺栓来固定木龙骨。

左图：木龙骨是最重要的支撑构件，其局部可以用气排钢钉固定在墙面上。

固定木龙骨

（12）任何木质板材都具有缩胀性，使用时应考虑在表面每隔600～800 mm预留一条缩胀缝隙，缝隙宽度为3 mm左右，需填补中性玻璃胶，所以在设计木质墙面造型时应考虑缩胀缝的位置与数量。

外部饰面板　　　　　　　饰面板安装

左图：外部饰面板板材可选择的品种有很多，大多为竖向纹理。

右图：饰面板安装后边缘要做封边修饰，注意接缝处需处理整齐。

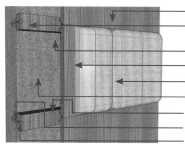

15 mm厚木芯板
30 mm×40 mm木龙骨
马口钉
海绵
布艺面料
墙体
气排钉
木方入墙
圆钉

软包墙面构造三维图

墙体构造制作的关键

墙体构造施工时放线定位一定要保证精准，由于墙体尺寸存在误差，大多不是标准的矩形，因此要充分考虑板材覆盖后的完整性。局部细节应制作精细，各种细节的误差应小于2 mm，制作完成后应进行必要地打磨或刨切，为后续的涂饰施工做好准备，还要及时把墙面预留的电路管线从覆盖材料中抽出，以免后期安装时遗漏。

14.1.5　软包墙面造型

1）定义

软包墙面造型一般用于对隔声要求较高的卧室、书房、活动室与视听间，以海绵、隔声棉等弹性材料为基层，外表覆盖装饰面料，将其预先制作成体块后再统一安装至墙面上，这是一种高档的墙面装修方法。

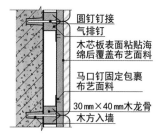

圆钉钉接
气排钉
木芯板表面粘贴海绵后覆盖布艺面料
马口钉固定包裹布艺面料
30 mm×40 mm木龙骨
木方入墙

软包墙面构造示意图

2）施工方法

（1）清理基层墙面，放线定位，根据设计造型在墙面钻孔，放置预埋件。

（2）根据实际施工环境对墙面做防潮处理，把制作的木龙骨安装到墙面上，做防火处理，并调整木龙骨的尺寸、位置、形状。

（3）制作软包单元，填充弹性隔声材料。

（4）将软包单元固定在墙面木龙骨上，封闭各种接缝，全面检查。

3）施工要点

（1）软包墙面造型的基层木龙骨的制作工艺与上述木质墙面造型的一致，木龙骨基层空间也可以根据需要填充隔声材料。

（2）软包墙面所用的填充材料，如纺织面料、木龙骨、木基层板等均应进行防火、防潮处理，木龙骨采用开口方工艺预制，可整体或分片安装，与墙体紧密连接。

（3）安装软包单元应紧贴木龙骨钉接，采用气排钉从单元板块侧面钉至木龙骨上，接缝应严密，花纹应吻合，无波纹起伏、翘边、褶皱等现象，表面需清洁。

（4）软包单元要求包裹严密、无缝隙，不能过度拉扯面料，以免发生纹理变形或破裂的现象。

左图：软包模块应单独制作，大多是在木芯板表面粘贴高密度海绵，再覆盖布艺面料。

软包模块

（5）软包面料与压线条、踢脚线、开关插座暗盒等交接处应严密、顺直、无毛边，电器盒盖等开洞处的套割尺寸应准确。

（6）软包单元的填充材料制作尺寸应准确，棱角应方正，与木基层板黏结要紧密，织物面料裁剪时应经纬顺直。

（7）软包单元体块的边长不宜大于600 mm，基层可采用9 mm厚胶合板或15 mm厚的木芯板制作，在板材上粘贴海绵或隔声棉等填充材料后，再用布艺或皮革面料包裹，然后再在板块背面用马口钉固定。

墙面装饰构造

软包制作完毕

左图：可以先在墙面上制作基础框架与装饰边框，形成有框软包装饰造型，最后再将软包模块直接安装上去。

右图：软包墙面安装完毕后要仔细调整缝隙，避免出现错缝、重合等现象，表面应平整一致。

14.2 吊顶构造制作

吊顶构造的种类较多，可以通过不同材料来塑造不同形式的吊顶，常见的家装吊顶主要为石膏板吊顶、胶合板吊顶、金属扣板吊顶与塑料扣板吊顶。

左图：吊顶构造的施工大多以木质材料为主，并用金属骨架、石膏板等材料辅助制作，构造复杂，工期较长。

吊顶构造

14.2.1 石膏板吊顶制作

1）定义

在客厅及餐厅顶面制作的吊顶面积较大，一般采用纸面石膏板制作，因此也称为石膏板吊顶，一般由吊杆、骨架、面层三部分组成。

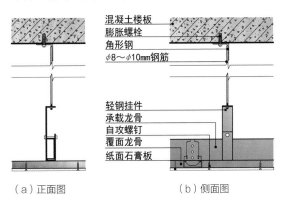

（a）正面图　　　　　　　（b）侧面图

石膏板吊顶构造示意图

上图：吊杆承受吊顶面层与龙骨架的荷载，并将重量传递给屋顶的承重结构，吊杆大多由钢筋制作；骨架承受吊顶面层的荷载，并将荷载通过吊杆传给屋顶承重结构；面层具有装饰室内空间、降低噪声、界面保洁等功能。

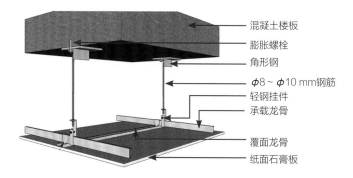

石膏板吊顶构造三维图

2）施工方法

（1）在顶面放线定位，根据设计造型在顶面、墙面钻孔，安装预埋件。

（2）安装吊杆于预埋件上，并在地面或操作台上制作龙骨架。

（3）将龙骨架挂接在吊杆上，调整平整度，对龙骨架做防火、防虫处理。

（4）在龙骨架上钉接纸面石膏板，并对钉头做防锈处理，进行全面检查。

3）施工要点

（1）顶面与墙面上都应放线定位，分别弹出标高线、造型位置线、吊挂点布局线与灯具安装位置线。

（2）石膏板吊顶可用轻钢龙骨，轻钢龙骨抗弯曲性能好，一般可选用U50系列轻钢龙骨，即龙骨的边宽为50 mm，它能满足大多数客厅、餐厅吊顶的强度要求，如果吊顶跨度超过6 m，则可以选用U75系列轻钢龙骨。

（3）在墙的两端固定压线条，用水泥钉将两者固定牢固，依据设计标高，沿墙面四周弹线，作为顶棚安装的标准线，其水平允许偏差为±5 mm。

（4）当石膏板吊顶跨度超过4m时，中间部位应适当凸起，形成特别缓和的拱顶造型，这是利用轻钢龙骨的韧性制作的轻微弧形，但中央最高点与周边最低点的高差不应超过20 mm。

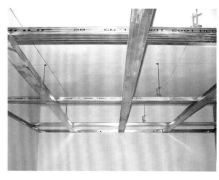

龙骨定位

调节龙骨

左图：制作吊顶龙骨前应精确放线定位，确定纵横方向龙骨与吊杆的确切位置。

右图：吊杆局部可以根据需要进行调节，以保证龙骨底面的平整度。

（5）木质龙骨架顶部吊点的固定有两种方法：一种是用水泥射钉直接将角钢或扁铁固定在顶部作吊点；另一种是在顶部钻孔，用膨胀螺栓或膨胀螺钉固定预制件作吊点，吊点间距应反复检查，以保证吊点的牢固、安全。

（6）在制作藻井吊顶时，应从下至上固定吊顶转角的压条，阴角、阳角都要用压条连接。注意预留出照明线的出口。

（7）吊顶面积过大时可以在中间铺设龙骨，当藻井式吊顶的高差大于300 mm时，应采用梯层分级处理的方式。

（8）龙骨结构必须坚固，大龙骨间距应小于500 mm，龙骨固定必须牢固，龙骨骨架在顶面、墙面都必须有固定部件，木龙骨底面应刨光刮平，截面厚度应一致，并做防火处理。

（9）平面与直线形吊顶一般采用自攻螺钉将石膏板固定在轻钢龙骨上，在制作弧形吊顶造型时要使用木龙骨。

（10）木龙骨应没有劈裂、腐蚀、死节等质量缺陷，截面长为30～40 mm，宽为40～50 mm，含水率应小于10%。

预留接缝位置　　　　　直线形吊顶构造　　　　木龙骨基础　　　　石膏板的弧形造型

左图：石膏板覆面后的接缝应保留3～5 mm，以防材料缩胀变形。

左中图：直线形吊顶构造的制作相对简单，但是要仔细校正水平度与垂直度，底面板材应遮挡住侧面板材的边缘。

右中图：弧形吊顶的龙骨应采用具有一定弯曲能力的木龙骨与木芯板制作。

右图：石膏板制作弧形造型的能力有限，弯曲幅度不宜过大，应适当保留缩胀缝隙。

（11）纸面石膏板可用作平面的吊顶面板，也可以配合胶合板用作弧形造型的面板，或用作吊顶造型的转角或侧面。

（12）面板安装前应对安装完的龙骨与面板板材进行检查，板面应平整、无凹凸、无断裂，边角整齐。

石膏板圆形造型　　　　石膏板与胶合板搭配

左图：圆形吊顶可以全部采用石膏板制作，侧面板材应弯压定型后再安装。

右图：石膏板与木质板材可以混合搭配，但是接缝处应当紧密。

（13）安装饰面板时应与墙面完全吻合，有装饰角线时应保留缝隙，同时还要预留出灯口位置。

（14）制作吊顶构造时，应预留顶面灯具的开口，并将电线拉出来做好标记，方便后续安装施工。

（15）在固定螺钉与射钉的部位涂刷防锈漆，以免影响吊顶的装饰效果。

填补防锈漆　　　　　　　　吊顶制作完毕

左图：填补防锈漆时应完全覆盖固定石膏板的自攻螺钉或气排钉。

右图：石膏板吊顶制作完成后要检查其表面是否平整、无裂缝。

14.2.2　胶合板吊顶制作

1）定义

胶合板吊顶是指采用多层胶合板、木芯板等木质板材制作的吊顶，适用于面积较小且造型复杂的顶面造型，如弧形吊顶造型、自由曲线吊顶造型等。

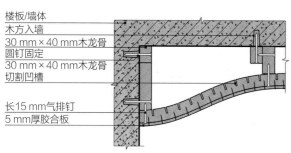

楼板/墙体
木方入墙
30 mm×40 mm木龙骨
圆钉固定
30 mm×40 mm木龙骨
切割凹槽
长15 mm气排钉
5 mm厚胶合板

胶合板构造示意图

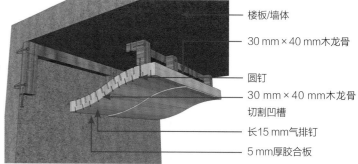

楼板/墙体
30 mm×40 mm木龙骨
圆钉
30 mm×40 mm木龙骨
切割凹槽
长15 mm气排钉
5 mm厚胶合板

胶合板构造三维图

上图：弧形吊顶造型是通过对板材进行不完全切割，让直线形板材弯曲成弧形制作而成的，要选用精确的切割锯片和操作台，切割深度不得超过板材厚度的50%，具体还要根据弧度的大小来确定。在施工中，可以预先采用边角材料试验，再正式制作。

2）施工方法

（1）在顶面放线定位，根据设计造型在顶面、墙面钻孔，安装预埋件。

（2）安装吊杆于预埋件上，并在地面或操作台上制作龙骨架。

（3）将龙骨架挂接在吊杆上，调整平整度，对龙骨架做防火、防虫处理。

（4）在龙骨架上钉接胶合板与木芯板，并对钉头做防锈处理，进行全面检查。

3）施工要点

（1）胶合板吊顶与上述石膏板吊顶的施工要点基本一致，但胶合板吊顶的施工要求要比石膏板吊顶的更加严格。

（2）胶合板吊顶大多采用木龙骨，制作起伏较大的弧形构造应选用两级龙骨，即主龙骨或称为承载龙骨，与次龙骨或称为覆面龙骨。

（3）木龙骨自身的弯曲程度是有限的，要制作成弧形造型，就要对龙骨进行加工，常见的加工方式是在龙骨的同一边上切割出凹槽，其深度不超过边长的50%，间距为50～150 mm不等，经过切割后的龙骨即可作更大幅度的弯曲。

（4）胶合板吊顶的主龙骨一般选用规格为50 mm×70 mm的烘干杉木龙骨，次龙骨一般选用规格为30 mm×40 mm的烘干杉木龙骨，烘干杉木具有较好的韧性。在龙骨之间还可以穿插使用木芯板，能辅助固定龙骨构造。

木龙骨弯曲部位的处理　　　　控制单根木龙骨的弧度

左图：弯曲弧度较大的部位可以采用木芯板制作底板，并在侧面钉接3 mm厚胶合板。

右图：单根木龙骨的弧度不宜过大，以免其弧线显得不流畅。

（5）木龙骨被加工成弧形后还需进一步加工成框架。将纵、横两个方向的木龙骨组合在一起，形成龙骨网格，纵向龙骨与横向龙骨之间的衔接应采取开口方的形式。

（6）木龙骨再次被加工时要在纵向龙骨与横向龙骨交接的部位各裁切掉一块木料，深度为龙骨边长的50%，纵向龙骨与横向龙骨相互咬合后即可形成稳固的构造，咬合部位不用钉子固定，可抹白乳胶强化黏结。

（7）木龙骨开口方的间距一般为300～400 mm，特别复杂的部位可缩短至200 mm。

（8）木龙骨制作成吊顶框架后应及时涂刷防火涂料，也可以预先对木龙骨涂刷防火涂料，或直接购买成品防火龙骨。

木龙骨与木芯板构造　　　　涂刷防火涂料

左图：使用曲线锯能将木芯板切割出弧形，侧面钉接胶合板后，要采用木龙骨支撑。

右图：直线形龙骨是弧形构造的重要支撑部件，最终会被封闭在饰面板内，注意涂刷防火涂料。

（9）钉接胶合板时常用气排钉固定，其间距为50 mm左右。弧形幅度较大的部位，应用马口钉固定，或以每两枚气排钉为1组的形式进行固定，或每间隔150～200 mm加固1枚自攻螺钉。钉接完成后应尽快在钉头处涂刷防锈漆。

（10）由于木质构造具有较强的缩胀性，因此要用刨子或锉子等工具将吊顶造型的转角部位加工平整，并粘贴防裂带，及时涂刷涂料。

胶合板覆面　　　　吊顶制作完毕

左图：弧度不大的吊顶造型可以选用厚度为9 mm以上的胶合板，这样的装饰效果更好。

右图：胶合板吊顶制作完成后应注意收边造型，以提高吊顶的精确度。

14.2.3 金属扣板吊顶制作

1）定义

金属扣板吊顶是指采用铝合金或不锈钢制作的扣板吊顶。铝合金扣板与不锈钢扣板都属于成品材料，由厂家预制加工成成品型材，包括板材与各种配件，在施工中可直接安装，施工便捷。金属扣板吊顶一般被用于厨房、卫生间，具有良好的防潮、隔声效果。

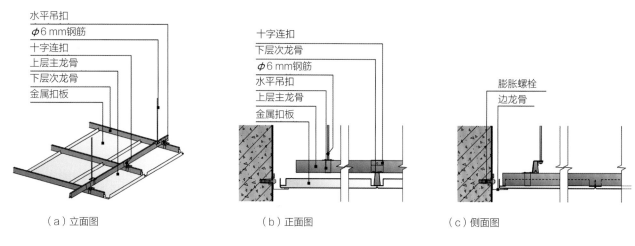

（a）立面图　　　　　　（b）正面图　　　　　　（c）侧面图

铝合金扣板吊顶构造示意图

上图：铝合金扣板完全采用成品件制作，铝合金扣板可根据需要裁切，安装时插入龙骨凹槽缝隙即可，与墙面衔接处采用边龙骨收口，以遮挡缝隙，并用玻璃胶粘贴固定。

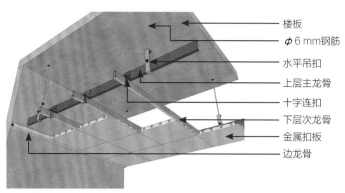

铝合金扣板吊顶构造三维图

2）施工方法

（1）根据设计造型在顶面、墙面放线定位，确定边龙骨的安装位置。

（2）安装吊杆于预埋件上，并调整吊杆高度。

（3）将金属主龙骨与次龙骨安装在吊杆上，并调整至水平。

（4）揭去金属扣板表层薄膜，扣接在金属龙骨上，调整至水平后进行全面检查。

3）施工要点

（1）根据吊顶的设计标高在四周墙面上放线定位，弹线应清晰，位置应准确，允许水平偏差为5 mm，吊顶下表面距离室内顶面应保留200 mm以上的距离，方便灯具的散热与水电管道的布设。

（2）确定各龙骨的位置线，为了保证吊顶饰面的完整性与安装的可靠性，需要根据金属扣板的规格来确定，当然，也可以根据吊顶的面积尺寸来确定吊顶骨架的结构尺寸。

（3）主龙骨中间部分应起拱，龙骨起拱高度不小于房间面跨度的5%，以保证吊顶龙骨不受重力影响而下坠。

（4）吊杆距主龙骨端部应小于300 mm，否则应增设吊杆，以免龙骨下坠，次龙骨应紧贴主龙骨安装。

（5）沿标高线固定边龙骨，边龙骨主要用于吊顶边缘部位的封口，边龙骨规格为25 mm×25 mm，其色泽应与金属扣板相同，边龙骨大多用硅酮玻璃胶粘贴在墙上。

龙骨与挂件　　　　　吊顶制作完毕　　　　　背面涂玻璃胶　　　　　上墙粘贴

左图：可先将龙骨的各种配件分类，再根据需要进行选用。

左中图：金属扣板吊顶制作完成后应注意收边造型，以提高吊顶的精确度。

右中图：在角铝靠近墙面的一侧均匀抹中性硅酮玻璃胶。

右图：用宽胶带将角铝粘贴在墙砖上，以保证中性硅酮玻璃胶能完全贴合墙砖。

（6）吊杆应垂直并有足够的承载力，当吊杆需接长时，必须搭接牢固，焊缝应均匀饱满，并需进行防锈处理。

（7）龙骨安装完成后要全面校正主、次龙骨的位置及水平度。连接件应错位安装，安装好的吊顶骨架应牢固可靠。

（8）安装金属扣板时，应把次龙骨调直，金属扣板组合要完整，四围留边要对称均匀。

（9）要将安排布置好的龙骨架位置线画在标高线的上端，吊顶平面的水平误差应小于5 mm，边角扣板应当根据尺寸进行裁切。

   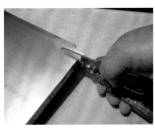

主龙骨的安装　　　　　次龙骨的安装　　　　　测量尺寸　　　　　基础处理

左图：顶面钻孔后可以安装预埋件与吊杆，并挂接主龙骨。

左中图：在主龙骨下继续安装次龙骨，随时调整吊杆的伸缩高度使龙骨保持平整。

右中图：精确测量边角部位尺寸，以三角尺为依据，裁切吊顶扣板。

右图：采用专用钳子将边角板材的转折部位剪短，以避免板材发生变形或褶皱。

（10）安装每块扣板前应先揭去其表层覆膜。安装金属扣板时应从边缘逐渐向中央推进，并随时调整次龙骨的间距。

（11）安装至中央部位时应将灯具、设备开口预留出来，对特殊规格的灯具、设备应根据具体尺寸扩大或缩小开口。

（12）安装完毕后逐个检查接缝的平整度，仔细调整局部缝隙，避免出现明显错缝。

揭膜　　　　　　　　　　扣板试安装

左图：安装扣板前应先揭去板材表面的覆膜，否则安装后就不容易揭下了。

右图：先预装几块扣板，依次反复调整边角部位的龙骨间距与龙骨的平整度。

铝合金扣板的吊顶安装　　　　铝合金扣板的吊顶制作完毕

左图：整体安装时应从周边向中央铺装，并随时注意调整龙骨的平整度。

右图：安装扣板吊顶时要预留顶面灯具、设备的开口位置，并将电线穿引至此。

小贴士

吊顶起伏不平的原因

（1）在吊顶施工前，未在墙面四周准确弹出水平线，或未按弹出的水平线施工；吊顶中央部位的吊杆未往上调整，不仅未向上起拱，还可能因中央吊杆承受不了吊顶的重量而下坠。

（2）吊杆间距大或龙骨悬挑距离过大使龙骨受力后产生了明显的曲度而引起吊顶起伏不平；基层制作完毕后，未仔细调整吊杆，局部吊杆未受力或受力不匀，导致木质龙骨变形；轻钢龙骨弯曲未调整，导致吊顶起伏不平。

（3）接缝部位刮灰较厚造成接缝突出，也会导致吊顶起伏不平。当然，表面石膏板或胶合板受潮后变形也会导致吊顶起伏不平。

14.2.4 塑料扣板吊顶制作

1）定义

塑料扣板吊顶是指采用聚氯乙烯（PVC）材料制作的吊顶，塑料扣板一般为条形，板材之间有凹槽，安装时可以相互咬合，接缝紧密整齐。

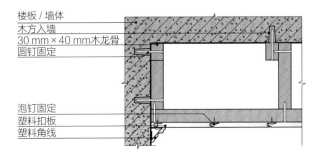

塑料扣板吊顶构造示意图

上图：塑料扣板规格多样，基础龙骨必须用木龙骨现场制作。要根据板材的规格设定龙骨间距，如厚度为12 mm的板材，龙骨间距可设为400 mm。将木龙骨安装于墙面、顶面，方便快捷，能提高整个吊顶的施工效率。

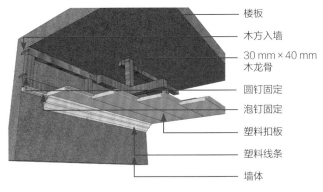

塑料扣板吊顶构造三维图

2）施工方法

（1）在顶面放线定位，根据设计造型在顶面、墙面钻孔，并放置预埋件。

（2）安装木龙骨吊杆于预埋件上，并调整吊杆高度。

（3）制作木龙骨框架，将其钉接安装在吊杆上，并调整至水平。

（4）用帽钉将塑料扣板固定在木龙骨上，逐块插接固定，安装装饰角线，并全面检查。

3）施工要点

（1）塑料扣板吊顶的基层龙骨安装与上述金属扣板的基本一致，但是它对木龙骨的平直度有更高要求，误差应小于5 mm，使用木龙骨是为了后期方便使用帽钉固定扣板。

（2）木龙骨规格为30 mm×40 mm的烘干杉木龙骨，两种龙骨之间用钉子钉接，并加涂白乳胶辅助固定。

（3）木龙骨框架中的井格间距为300~400mm，一般是对吊顶空间进行等分。木龙骨框架中的纵向、横向龙骨采用开口方构造连接，与上述金属板吊顶构造一致，但是不能做弯曲造型。

（4）边龙骨一般安装在基础墙面上，紧贴墙砖安装扣板角线，并将角线固定在边龙骨上。

左图：木龙骨构造的间距应合理控制，一般不超过600 mm，否则扣板被固定后难以达到平整的效果。

木龙骨构造

左图：边龙骨应固定在基础墙面上，角线应固定在外层龙骨上。

边龙骨与角线安装

（5）塑料扣板大多为长条形产品，长度规格为3m或6m，安装时应充分考虑吊顶空间长度与宽度之间的关系，裁切时要尽量减少浪费，并且不宜在长度上进行拼接，以免形成接缝。

（6）裁切塑料扣板应用手工钢锯，不能用切割机，以免发生劈裂。

（7）安装扣板时，应从房间内侧向外侧安装，或从无排水管的部位向有排水管的部位安装，方便日后拆除检修。

（8）帽钉固定间距为200 mm左右，板材插接应紧密但不拥挤，以免日后产生缩胀而导致起拱。

（9）在塑料扣板吊顶上安装浴霸或其他照明灯具与设备时，应预先在灯具与设备周边制作木龙骨或木芯板框架，并预留必要的安装空间。

（10）配套装饰角线应使用帽钉固定在龙骨边框上，并与周边墙面保持紧密接触。铺装完毕后要仔细检查边角缝隙，调整扣板的平整度。

 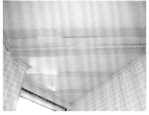

预留设备开孔　　　　　　扣板铺装完毕

左图：为设备预留开孔时应严格按照设备尺寸裁切龙骨与板材，并预留电线。

右图：不规则的吊顶空间应根据结构特征裁切板材，封闭侧面垂直空间，并安装装饰线条。

4）注意事项

（1）塑料扣板的固定材料是帽钉，帽钉一般安装在木龙骨的底面上，不宜在同一个部位钉入多个帽钉，因为塑料扣板安装后，应能随时拆卸下来以便对吊顶内部进行检修。

（2）帽钉只是起临时固定的作用，安装帽钉时用大拇指将其按入木龙骨即可，不能用铁锤等工具钉接，以免破坏塑料扣板。

小 贴 士

塑料扣板

目前比较流行的塑料扣板是加厚的PVC材料，又称为塑钢扣板，其安装方式与传统的塑料扣板相同。无论采用哪种材料制作吊顶，最基本的施工要求都是表面应光洁平整、无裂缝，当房间跨度超过4 m时，一定要在吊顶中央部位起拱，但中央与周边的高差不应超过20 mm。要注意吊顶材料与周边墙面的接缝，除了纸面石膏板吊顶外，其他材料的吊顶均应设置装饰角线进行修饰。

塑料扣板吊顶的应用

上图：塑料扣板吊顶一般用于厨房、卫生间，也可以用于储藏间、更衣间，具有良好的防潮、隔声效果。

14.3 家具构造制作

家具是构造施工的主体，为了最大化地利用室内空间，家具往往要根据现场测量的尺寸定制，下面就以衣柜为例介绍家具的制作方法。

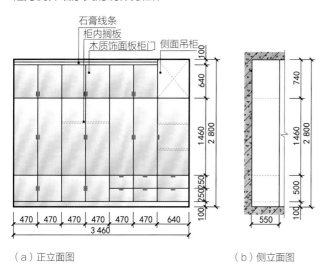

（a）正立面图　　　　　　　　　　（b）侧立面图

衣柜构造示意图

上图：木质板材组合起来的家具造型简单，板材由螺钉、气排钉固定，柜门通过铰链连接柜体。在施工中要根据图纸尺寸合理分配板材，对于长度为2 440 mm的板材裁切后应分开制作。

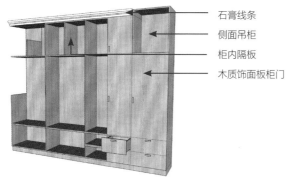

衣柜构造三维图

14.3.1 家具柜体制作

1）定义

柜体是木质家具的基础框架，常见的木质柜件包括鞋柜、电视柜、装饰酒柜、书柜、衣柜、储藏柜与各类木质搁板。木质柜件的制作在木结构工程中占据相当大的比重，现场制作的柜体与房型结构紧密连接，最好选用厚实的板材。

2）施工方法

（1）清理制作大衣柜的墙面、地面、顶面基层，并放线定位。

（2）根据设计造型在墙面、顶面上钻孔，放置预埋件。

左图：放线后应当在线的内侧边缘钉接木龙骨，用来固定柜体顶部。

放线定位

（3）对板材涂刷封闭底漆，并根据设计要求制作柜体框架，调整柜体框架的尺寸、位置、形状。

（4）将柜体框架安装到位，钉接饰面板与木线条收边，对钉头做防锈处理，将接缝封闭平整。

3）施工要点

（1）用于制作衣柜的指接板、木芯板、胶合板必须为高档环保材料，无裂痕、虫蛀，且用料合理。

（2）制作框架前，板材表面的内面必须涂刷封闭底漆，靠墙的一面须涂刷防潮漆。柜体深度应小于700 mm，单件衣柜的宽度应小于1 600 mm。

裁切板材前的测量 裁切板材

左图：裁切板材时应精确测量，过宽的衣柜应分段制作后再拼接，板材的连接处必须牢固。

右图：切割免漆板时应精确测量，切割速度要均匀，以确保板材边缘无开叉。

（3）衣柜中各种板材的钉接均可用气排钉，气排钉应每两枚为一组，每组间距为50 mm，以竖向板材通直为主，横向板材不宜打断竖向板材，横向、竖向板材衔接的端头可采用螺钉加强固定。

圆钉固定 螺钉固定

左图：靠墙体的一侧用圆钉固定，钉头面向墙壁。

右图：居中或靠外的一侧用螺钉固定，并用电钻紧固螺钉。

（4）隔墙衣柜的背面应用木芯板或指接板封闭，可在顶面、墙面与地面预先钻孔，以便用膨胀螺钉固定，钻孔间距为600～800 mm。

（5）靠墙衣柜的背面可用9 mm厚的胶合板封闭，无需在墙面上预先钻孔，待安装时用钢钉固定至墙面即可，钢钉固定间距为600～800 mm。

（6）对组装好的衣柜边角进行刨切，并仔细检查背后的平整度。

刨切修边 检查柜体背面

左图：柜体组装完成后，仔细检查边缘的平整度与光滑度，可用刨子加工。

右图：柜体背面用9 mm厚的胶合板封闭，周边用气排钉固定。

（7）竖向隔板之间的水平间距不应超过900 mm，横向搁板之间的垂直间距不应超过1 500 mm，用于承载重物的横向搁板下方一定要增加竖向隔板，增加的竖向隔板的水平间距可缩小至450 mm。

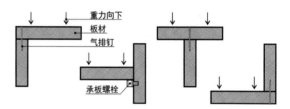
衣柜板材构造示意图

上图：板材之间的承接关系逻辑为上部板材所承载的重量要完全且平稳地传递到下部板材上。

（8）衣柜的外部饰面板可选用薄木贴面板，用白乳胶将其粘贴至基层木芯板或指接板表面，四周用气排钉固定即可。

（9）还可以使用带饰面的免漆木芯板制作衣柜，或粘贴免漆饰面板，其价格虽高但是外表无须再使用气排钉固定，比较美观，且省去了油漆涂饰，但要注意保持边角锐利完整，不能存在破损，否则不方便修补。

柜体构造局部　　　　　　　柜体制作完毕

左图：应将柜体高处的横梁包裹，在两个方向的柜体交接部位增设竖向隔板，既能增强结构的稳固性又能用于安装柜门。

右图：柜体制作完毕后应当仔细检查各项构造的水平度与垂直度，另外，还应做柜体的稳固性测试。

（10）安装饰面板后，应及时用各种配套装饰边条封边，薄木贴面板可用颜色相近的实木线条封边，免漆木芯板与免漆饰面板可粘贴PVC线条。

（11）木质装饰线条收边时应与周边构造平行一致，连接应紧密均匀，木质装饰线条应由干燥木材制作，无裂痕、无缺口、无毛边、头尾平直均匀，其尺寸、规格、型号也要统一，其长短要根据装饰件的要求合理挑选，特殊木质花边线条在安装前应按设计要求选型加工。

14.3.2　家具柜门制作

1）定义

柜体制作完成后，应竖立起来固定到墙面上，固定时应重新测量隔板之间的间距，通过固定柜体来调整柜体框架的平直度。下面介绍制作平开柜门的施工方法。

2）施工方法

（1）仔细测量柜体框架上的间距，在柜体上做好每块门板的标记。

（2）采用优质木芯板制作柜门，根据测量尺寸在板材上放线定位，使用切割机对板材进行裁切，然后用刨子做精细加工。

测量柜门尺寸　　　　　　　画线裁切

左图：仔细测量柜门的尺寸，多测量几次取得平均数后再裁切板材。

右图：采用三角尺找准板材的垂直度，画线后再裁切。

（3）在门板外表面使用白乳胶粘贴并钉接外部木质饰面板，压平并晾干。

（4）在门板背面钻孔开槽，安装铰链，将门板安装至柜体上并进行调试，安装柜门装饰边条，并进行整体调整。

3）施工要点

（1）衣柜、书柜等常见柜体的平开门门板应采用优质E0级17 mm厚木芯板制作，长边小于500 mm的门板可以选用优质15 mm厚的木芯板制作，但是在同一柜体上，柜门厚度应当相同。

（2）有特殊设计要求的家具可选用纤维板、刨花板制作，但是长边应小于500 mm，以防止变形，平开门门板宽度一般小于450 mm，高度应小于1 500 mm，有特殊要求的部分柜门的宽度也不应超过600 mm，高度不应超过1 700 mm。

（3）柜门裁切后应在板材上钻出圆孔，以便安装铰链。

柜门裁切完毕　　　　　　铰链钻孔

左图：将柜门板材全部裁切后放置在一起，并检查截断面的平整度。

右图：使用电钻在柜门板材上开设圆孔，用来安装铰链。

（4）在门板边缘安装装饰边条，目前常用免钉胶粘贴PVC装饰边条，制作效率较高，外观也较平整。

抹免钉胶　　　　　　　粘贴边条

左图：在PVC装饰线条上抹免钉胶，抹时应尽量均匀、适量，以免粘贴后漏出。

右图：抹免钉胶后，将与板材配套的PVC装饰线条粘贴至板材侧面。

（5）如果没有特殊设计要求，门板应安装在柜体框架的外面，这样方便定位，不宜将门板镶嵌至柜体中，以免因发生轻微变形而导致开关困难。

（6）用于外部饰面的薄木饰面板表面不能有缺陷，在完整的饰面上不能看到与纹理垂直的接口，平行方向的接缝也要拼密，其他的偏差范围也应严格控制在相关标准规定的范围之内。

（7）薄木饰面板应先采用白乳胶粘贴至柜门板材上，并在上方压制重物，待5～7天后检查其平整度，确定平整后再用气排钉沿边缘固定，周边气排钉的间距为100～150 mm，中央气排钉的间距为

300～400 mm，免漆板用强力万能胶粘贴，无须用气排钉固定。

（8）在柜门上安装铰链后应及时将其固定至柜体上，仔细调整柜门的平直度与缝隙，确认无误后再拆卸下来安装装饰边条，具体要求与柜体边条的安装要求一致。

（9）成品柜门之间的缝隙应保留3 mm左右。若有防尘要求，可以在门板内侧钉接封板。

预装铰链　　　　　　　固定螺丝

左图：将铰链安装至柜门门板上，预装时螺丝不宜紧固。

右图：将柜门安装至柜体上，仔细调整门板铰链上的螺丝，使柜门达到最佳平直状态。

（10）在施工过程中要注意不能使用指接板制作柜门，否则发生变形的概率会很大，柜门安装到位后应将缝隙调整均匀，板面调整平直。

调整柜门缝隙　　　　　　柜门制作完毕

左图：将柜门之间的缝隙调整均匀且保持一致，间距应控制在3 mm左右。

右图：柜门安装到位后整体调试其平整度与缝隙大小，尝试开合动作，确保开关自如。

（11）如果需要在门板中开设孔洞、镶嵌玻璃或制作各种设计造型，应尽量减小造型的面积，孔洞的边缘距离门板边缘至少应保留50 mm，否则容易造成门板变形。

（12）如果需要将门板制作成窗花造型，可以把预先定制的成品木质窗花隔板直接安装在柜体上。

小贴士

门板变形的原因

优质木芯板的价格虽然较高，但是平整度较好，适用于整块柜门的制作，无须将板材裁切成条状钉接成框架再覆盖薄木饰面板，这种传统工艺容易导致门板变形。

14.3.3 家具抽屉制作

1）定义

抽屉是家具柜体不可缺少的构件，它能更加方便地对物品进行分类，适合收纳小件物品，是衣柜的重要组成部分。但是抽屉构造比较烦琐，制作数量以够用为佳，过多则会增加施工费用。

2）施工方法

（1）仔细测量柜体框架上的间距尺寸，在柜体上做好每件抽屉的标记。

（2）采用优质木芯板制作抽屉框架，采用胶合板制作抽屉底板，根据测量尺寸在板材上放线定位，用切割机对板材进行裁切，再用刨子做精细加工。

测量板材　　　　　　　切割板材

左图：仔细测量柜体的框架尺寸，在板材上进行精确测量，并放线定位。

右图：用切割机裁切抽屉板材，始终保持切割机平稳。

（3）将板材组装成抽屉，并安装滑轨。

左图：用气排钉将抽屉组装起来，气排钉只能用于抽屉靠墙面或柜体内侧的部位。

用气排钉固定

（4）将抽屉安装至柜体中并进行调试，然后安装柜门装饰边条，整体调整。

滑轨的安装　　　　　　抽屉底面

左图：为初步固定的抽屉安装滑轨，并将其固定至柜体中。

右图：抽屉底面采用9 mm厚的胶合板，并用马口钉固定。

3）施工要点

（1）衣柜、书柜等常见柜体的抽屉应采用优质E0级17 mm厚的木芯板制作，长边小于500 mm的抽屉可以选用优质15 mm厚的木芯板制作，抽屉底板可采用9 mm厚的胶合板制作。

（2）在同一柜体上，抽屉与柜门的厚度应当相同，有特殊设计要求的家具可选用纤维板、刨花板进行制作，但是长边应小于500 mm，以防变形。

（3）衣柜中的抽屉宽度一般小于600 mm，高度小于250 mm，有特殊要求的部分柜门的宽度也不应超过900 mm，高度不应超过350 mm。

（4）规格大的抽屉虽然能收纳更多东西，但是滑轨的承受能力有限，规格较大的抽屉容易开启困难或损坏。

（5）如果没有特殊设计要求，抽屉面板应安装在柜体框架的外面，这样方便定位，不宜将抽屉镶嵌至柜体中，以免因发生轻微变形而导致开关困难。

（6）抽屉的内部框架可以采用15 mm厚的指接板制作，可节省内部的储存空间，抽屉深度应比柜体深度小50 mm左右，因此滑轨长度也应与抽屉实际深度相当，以便能开关自如。

（7）抽屉面板的施工要求与柜体门板一致，虽然抽屉面板的尺寸规格不大，不容易发生变形，但是仍要采用与柜门相同的板材制作。

（8）薄木饰面板与免漆板的纹理应与柜门的保持一致。最后，要仔细打磨抽屉边缘并安装边条，并调整抽屉缝隙。

校正缝隙

上图：从侧面检查抽屉在闭合状态下的平直度，若不平直应及时调整。

打磨边缘　　　　　　粘贴边条　　　　　　局部气排钉固定　　　　抽屉制作完毕

左图：用砂纸打磨抽屉边缘，特别要将板材的衔接处打磨平整。

左中图：用免钉胶粘贴边条。

右中图：抽屉门板应从内部安装螺钉固定，抽屉门板外部可用2枚气排钉作辅助固定。

右图：抽屉制作完毕后应整体检查缝隙与表面平直度，使其与门板保持一致。

14.3.4　玻璃和五金件安装

1）定义

在柜体上安装玻璃与五金件能提升家具的品质，很多耐用配件的材质都是钢化玻璃或金属，这些配件与木质构造搭配更具有美感。玻璃主要用于书柜、装饰柜柜门或搁板。五金件主要是指门板与抽屉的拉手、立柱脚、边框等装饰配件。

2）施工方法

（1）仔细测量家具柜体上的安装尺寸，并在柜体上放线定位，为安装玻璃与五金件做好标记。

（2）根据测量尺寸订购并加工玻璃，根据设计要求与测量尺寸选购五金件。

（3）在家具柜体上安装玻璃的承载支点，将加工好的玻璃安放到位，根据实际使用要求对玻璃进行强化固定，或加装装饰边条，统一检查并调整。

测量尺寸　　　　　　　　安装支撑配件

左图：用卷尺仔细测量玻璃的安装空间，并反复核实尺寸。

右图：在柜体顶部安装支撑配件，能有效支撑玻璃垂直放置。

（4）根据定位标记，使用电钻在家具木质构造上钻孔，逐一安装拉手、立柱脚、边框等装饰配件，统一检查并调整。

3）施工要点

（1）在同一家具柜体中，应先安装玻璃，后安装五金件。这是因为部分玻璃搁板需要安装在柜体内，而有些五金件需要安装在玻璃柜门上。

（2）如果要在柜体上安装普通玻璃，那么可以先在玻璃上钻孔，再用镀铬螺钉将玻璃固定在木骨架与

衬板上，或先用硬木、塑料、金属等材料的压条压住玻璃，再用钉子固定。

（3）对于面积较小的玻璃，可以直接用玻璃胶将其粘在构件上。

（4）安装边框之前应精确测量长度，转角部位应旋切45°碰角，光洁的金属边框可以用中性硅酮玻璃胶粘贴，塑料边框可以用强力万能胶粘贴。

（5）用于家具的无框柜门与隔板的玻璃应采用钢化玻璃，厚度不应小于6 mm，长边应小于1 200 mm，有特殊要求的部分柜门或隔板的长边不应超过1 500 mm。

（6）对于有金属边框或木质边框支撑的玻璃可以采用普通玻璃，厚度不应小于5 mm。

（7）玻璃安装后应与周边构造保留一定的空隙，空隙不应小于2 mm，以保证木质家具有一定的缩胀空间，以免因木质部分缩胀挤压玻璃而导致破裂。

安装玻璃　　　　　　　　预留缝隙

左图：安装玻璃时应用吸盘将玻璃提起，这样安装会更平稳。

右图：玻璃底部要垫上胶合板或纤维板碎块，并保留一定的缝隙。

加注玻璃胶　　　　　　　玻璃安装完毕

左图：在边框缝隙处注入中性透明玻璃胶，将玻璃固定至边框上。

右图：安装完毕后需擦净玻璃表面的污迹，并仔细校正玻璃的垂直度与水平度。

（8）钢化玻璃只能预先测量尺寸进行定制加工，包括裁切、磨边、钻孔都由厂商或经销商完成，一旦加工成型就不能再进行破坏性变更了。

（9）安装拉手、立柱脚等装饰配件前，应用铅笔在安装部位做好标记，并保持整体水平与垂直。

（10）拉手的螺丝安装点距离门板边缘不应小于30 mm，立柱脚的螺丝安装点距离构造边缘不应小于50 mm。

放线钻孔　　　　　固定螺丝

左图：在安装基层表面放线定位，并用电钻钻孔。

右图：穿透孔洞将螺丝与拉手连接起来，并一次性紧固到位。

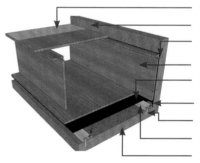

地台基础构造示意图

上图：地台首先要考虑能承载重量，所以竖向构造板材的间距不应大于600 mm。另外要注意防潮，防止墙面、地面构造中的潮气浸入板材或龙骨中导致其变形。

地台基础构造三维图

14.4　基础木质构造制作

除了吊顶、墙体、家具外，构造施工包含的门类还有很多，不少构造融合了其他技术，需要多工种全面配合，所用材料的品种多种多样，有些甚至不是传统意义上的木质材料。

14.4.1　地台基础制作

1）定义

地台是指在房间中制作的具有一定高度的平台，能拓展起居空间。地台的高度可以根据设计要求来确定，一般为100～600 mm。

地台制作材料

上图：地台主要采用防腐木、木龙骨、木芯板、指接板等木质材料制作。

地台储存空间

左图：地台主要采用防腐木、木龙骨、木芯板、指接板等木质材料制作。

右图：具有承载重量要求的地台还需要用型钢焊接，或用砖砌构造。

2）施工方法

（1）清理制作地台房间的地面与墙面，并进行必要地防潮处理，根据设计要求在地面与墙面上放线定位。

（2）采用防腐木或木龙骨制作地台框架，用膨胀螺丝将框架固定在地面与墙面上。

（3）用木芯板、指接板等木质板材制作地台的围合构造，并在外部安装各种饰面构件。

地台基础构造　　　　　　地台饰面与边角

左图：较低的地台可以直接在木龙骨基础上铺装实木板或木芯板。

右图：地台表面可以铺设复合木地板，边角采用阳角线条封闭。

（4）制作地台的台阶、栏板、扶手、柜体、门板等配件构造，安装必要的五金件与玻璃，并进行全面调整。

3）施工要点

（1）室内地台一般用于书房、卧室和儿童房。面积较小的房间地面可以全部做成地台，高度一般为100～200 mm。因为要在地台上布置日常家具，所以对地台的强度要求较高。

（2）面积较大的房间地面可以局部做成地台，高度一般为200～600 mm，适用于房间中的更衣区、储藏区、睡眠区等功能单一的区域，对地台的强度要求稍低。

（3）木质构造地台始终具有一定的弹性，经常走动、踩压会造成震动或发生变形。如果地台高度超过500 mm，且对牢固度有特殊要求，那么需用轻质砖在地面砌筑基础作为地台的主体立柱，或用型钢焊接基础框架。

（4）如果地台仅作为睡眠区域，那么可选用50 mm×70 mm的烘干杉木龙骨，采用开口方工艺制作框架，龙骨架间距为300～400 mm，表面与周边的围合体可以选用17 mm厚的木芯板或指接板。

（5）如果地台上有行走要求，或长期放置固定家具，那么可选用边长大于100 mm的防腐木，如樟子松、菠萝格等，采用开口方工艺制作框架，龙骨架间距为300～400 mm，表面与周边可以采用50 mm×70 mm的烘干杉木龙骨作辅助支撑，围合体可以选用17 mm厚的木芯板或指接板。

（6）日式地台的中央可以制作升降桌，桌子底部支撑应固定在楼板地面或基层木龙骨上。

储藏式地台构架　　　　　日式地台构架　　　　　日式地台升降桌　　　　日式地台制作完毕

左图：储藏式地台可以采用木芯板或指接板制作，竖向隔板的间距不应超过900 mm。

左中图：日式地台中央可以预留空间，安装方桌，方便入座。

右中图：升降桌底部支撑应固定在地面或木龙骨基础上。

右图：升降桌周边可以制作盖板，其下部为储藏柜。

（7）地台所在房间的墙面、地面应进行必要的防水、防潮处理，最简单的方式是在墙面、地面上涂刷地坪漆，这样能有效防止楼板、墙面中潮气浸入木质构架。

（8）地台框架所用的材料与结构应根据承重要求来选择，过于轻质的材料不能承载重量，过于粗重、复杂的材料又会造成浪费。

（9）如果在住宅建筑底层或地下室制作地台，那么除了在基层涂刷地坪漆外，还应在地台内部放置活性炭包与石灰包，并在地台侧面开设通风口。

（10）高度超过250 mm的地台应设置台阶，台阶高度应等分，每阶高度为120～200 mm，台阶构造的材料应当与地台主体材料一致，以免因缩胀性不同而导致接缝开裂。

（11）地台上表面铺设17 mm厚的木芯板或指接板后可以继续安装饰面材料，地台边角应用木质或金属饰边条装饰，不能将板材接缝裸露在外。

免漆板地台表面　　　　　地台开设柜门

左图：免漆板制作的地台表面非常光洁，靠窗布置时可以把它当作床。

右图：在地台上表面开设柜门能获得最大的储藏空间，盖板可向上开启。

14.4.2　门窗套制作

1）定义

门窗套主要用于保护和装饰门框和窗框，门窗套还适用于门厅、走道等狭窄空间的墙角。

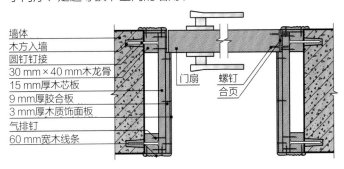

墙体
木方入墙
圆钉钉接
30 mm×40 mm木龙骨
15 mm厚木芯板
9 mm厚胶合板
3 mm厚木质饰面板
气排钉
60 mm宽木线条
门扇　螺钉　合页

门套构造示意图

上图：门套构造周边应与洞口的墙体保持一定的间距，这样可以防潮，同时还能调节门洞尺寸差，对于尺寸不规范的门洞可以通过修整板材和龙骨的尺寸来保证门的顺利安装。

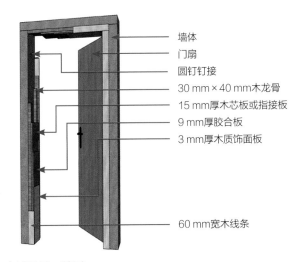

墙体
门扇
圆钉钉接
30 mm×40 mm木龙骨
15 mm厚木芯板或指接板
9 mm厚胶合板
3 mm厚木质饰面板

60 mm宽木线条

门套构造三维图

2）施工方法

（1）清理门窗洞口基层，改造门窗框内壁，修补整形，放线定位，根据设计造型在门窗洞口钻孔并安装预埋件。

（2）根据实际施工环境对门窗洞口做防潮处理，制作木龙骨或木芯板骨架安装到洞口内侧，并做防火处理，调整基层的尺寸、位置、形状。

（3）在基层构架上钉接木芯板、胶合板或薄木饰面板，将基层骨架封闭平整。

（4）钉接相应木线条收边，对钉头做防锈处理，并进行全面检查。

3）施工要点

（1）基层骨架应平整牢固，表面须刨平，所安装的基层骨架应保持方正，除预留出一定的板面厚度外，基层骨架与预埋件的间隙应用胶合板填充，并连接牢固。

（2）门窗洞口应方正垂直，预埋件应符合设计要求，并做防腐、防潮处理，如涂刷防水涂料或地坪漆。

（3）基层骨架可用膨胀螺钉或钢钉固定至门窗框墙体上，钉距一般为600～800 mm。

（4）安装门窗洞口龙骨架时，一般先上端后两侧，洞口上部龙骨架应与紧固件连接牢固。

门窗框基础　　　　　制作木质构造基础

左图：仔细检查门窗框的基层，用铁锤敲击边角观察基层质量。

右图：木质构造基础可以预先制作，注意要控制好门框宽度，以符合设计与施工要求。

左图：内角接缝应当紧密，木质基础构造应尽量平整。

右图：门套底部应当与地面保留一定的距离，既方便铺装地面材料，又能防潮。

木质构造的内角接缝　　　门套底部保留距离

左图：如果门框过宽，应当用木芯板垫平，使门框宽度与门扇相匹配。

右图：门洞顶部的空间可以用水泥砂浆封闭找平。

板材垫平　　　　　　　门套顶部的封闭

（5）根据洞口尺寸确定门窗中心线与位置线，用木龙骨或木芯板制成基层骨架，并做防火处理，横撑位置必须与预埋件位置重合。

（6）外墙窗台台面可以选用天然石材或人造石材铺装，底部采用素水泥浆粘贴，周边采用中性硅酮玻璃胶封闭缝隙。

（7）门窗套的饰面板颜色、花纹应协调，板面应略大于格栅龙骨架，大面应净光，小面应刮直，木纹根部应向下，当在长度方向上需要对接时，花纹应通顺，接头位置应避开视线平视范围，接头应留在横撑上。

（8）门窗套的装饰线条的品种、颜色应与侧面板材的品种、颜色保持一致，装饰线条碰角的接头为45°，装饰线条与门窗套侧面板材的结合应紧密、平整，装饰线条盖住抹灰墙面的宽度应大于10 mm。

左图：门内框的厚度为10 mm左右，采用胶合板制作，主要用于控制门扇的关闭终点。

右图：施工过程中木质线条的转角处应切割为45°。

门内框构造　　　　　门窗套制作完成

（9）装饰线条与薄木饰面板均用气排钉固定，钉距一般为100～150 mm。免漆板用强力万能胶粘贴，免漆板装饰线条与墙面的接缝应用中性硅酮玻璃胶粘贴和封闭。

14.4.3 窗帘盒制作

1）定义

窗帘盒是遮挡窗帘滑轨与内部设备的装饰构造，主要可分为暗装和明装两种，它们都可以采用木芯板与纸面石膏板制作。

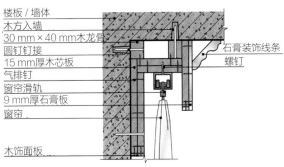

楼板 / 墙体
木方入墙
30 mm×40 mm木龙骨
圆钉钉接
15 mm厚木芯板
气排钉
窗帘滑轨
9 mm厚石膏板
窗帘
木饰面板

石膏装饰线条
螺钉

楼板
木方入墙
圆钉钉接
30 mm×40 mm木龙骨
石膏装饰线条
9 mm厚石膏板
窗帘滑轨
15 mm厚木芯板
窗帘
气排钉
墙体

窗帘盒构造示意图

窗帘盒构造三维图

上图：用木芯板叠加出窗帘盒的造型，并用石膏线条封闭部分外部装饰石膏板。滑轨在窗帘盒内部，窗帘盒的内凹结构能遮挡窗帘边缘的光，实现了完美的遮光效果。

2）施工方法

（1）清理墙面、顶面基层，放线定位，根据设计造型在墙面、顶面上钻孔，安装预埋件。

（2）根据设计要求制作木龙骨或木芯板窗帘盒，并做防火处理，安装到位后调整窗帘盒的尺寸、位置、形状。

（3）在窗帘盒上钉接饰面板与木线条收边，对钉头做防锈处理，将接缝封闭平整。

（4）安装并固定窗帘滑轨，全面检查调整。

窗帘盒外部用石膏板封闭

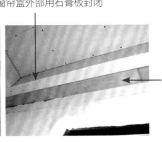

内部用木芯板封闭，这种安装方式依旧能安装滑轨

左图：用木龙骨制作的窗帘盒基础能提升整体构造的强度。

木龙骨基础制作

石膏板封闭

3）施工要点

（1）常用窗帘盒的自身高度为100 mm左右，单杆宽度为100 mm左右，双杆宽度为150 mm左右，长度最短应超过窗口300 mm，即两端各超出窗口150 mm，最长可以与有窗口的墙体长度一致。

（2）制作窗帘盒可使用木芯板、指接板、胶合板等木质材料，如果要与石膏板吊顶结合在一起，则可以使用木龙骨或木芯板来制作龙骨架，并在外部钉接纸面石膏板。

（3）如果窗帘盒外部需安装薄木饰面板、免漆板，那么应采用与窗框套同材质的板材，安装在窗帘盒的外侧面与底面。

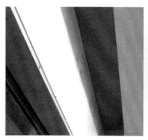 

窗帘滑轨的凹槽　　　　　窗帘盒制作完成

左图：窗帘滑轨凹槽外部应与周边吊顶形成一个完整的整体。

右图：窗帘盒制作完成后可以在其外部继续安装装饰线条。

（4）窗帘滑轨、吊杆等构造不应安装在窗帘盒上，而应安装在墙面或顶面上。如果有特殊要求，窗帘盒的基层龙骨架应预先用膨胀螺钉安装在墙面或顶面上，以保证安装强度。

14.4.4　顶角线制作

1）定义

顶角线是指房间墙面或家具柜体与顶面夹角处的装饰线条。由于部分墙面所用的装饰材料与顶面不同，为了遮挡因缩胀性而形成的缝隙，应制作顶角线修饰。

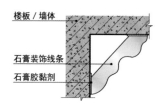 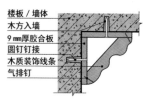

石膏顶角线构造示意图　　　木质顶角线构造示意图

左图：石膏顶角线与建筑构造之间用石膏胶黏剂粘贴，粘贴快捷，效果好。

右图：木质顶角线与胶合板钉接，可获得更大的附着力。

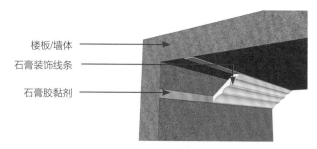

石膏顶角线构造三维图

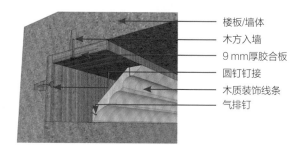

木质顶角线构造三维图

2）施工方法

（1）清理墙面、顶面基层，进行必要的找平处理，并放线定位。

（2）根据房间尺寸裁切石膏线条或木质线条，首末两端应作45°裁切。

（3）调和石膏粉黏合剂，将石膏线条粘贴至顶角部位，木质线条应在基层预先钉接木质板条，再将气排钉钉接至板条上。

裁切石膏线条　　　　　　粘贴拼接

左图：裁切石膏线条时要注意保持边角完整，使其具有较明显的挺括感，若有少许残缺，可在安装时用石膏粉修补。

右图：粘贴石膏线条时应处理好接缝，缝隙过渡应平和自然，并用石膏粉修补缝隙。

（4）修补边缘与接缝，全面检查调整。

3）施工要点

（1）顶角线基层应做相应找平处理，墙面与顶面转角应保持90°。

（2）如果墙面旁有木质家具构造，则应对转角缝隙进行修补，可先用石膏粉或成品腻子调和成膏状，再用小平铲将缝隙修补平整。

（3）如果墙面为壁纸，则应先粘贴壁纸后再制作顶角线，壁纸粘贴到距离顶面50 mm左右即可。

（4）尽量保持顶角石膏线条完整，不要随意裁切拼接，同一边长上不能出现2条以上的接缝，接缝的花纹应过渡自然，不能有断接或错接，石膏线条粘贴后应按压牢固。

（5）木质顶角线安装基层应预先钉接15 mm厚的木芯板或指接板条，也可以采用9 mm厚的胶合板，板条宽度与木质顶角线的边长应一致。

（6）用气排钉将板条钉入墙面，钉距一般为300 mm左右。用气排钉将顶角线钉接在板条上，对于较厚实的木质顶角线或实心顶角线，也可以直接用气排钉将其钉入墙面。

（7）无论是石膏顶角线还是木质顶角线，都应及时用同色成品腻子修补边角缝隙，不能待涂饰施工时再修补，以免受潮变形。

石膏顶角线制作完成　　　　木质顶角线制作完成

左图：将石膏线条粘贴至顶角后，应仔细修补裂缝后再涂刷乳胶漆。

右图：木质顶角线制作完毕后用砂纸打磨光滑，涂刷聚酯清漆3遍，可呈现出清新光亮的效果。

木质线条　　　　　　　　调和石膏粉

左图：具有一定造型的木质线条在切割时要预先用铅笔画线，确定位置后再用机械切割。

右图：在调和石膏粉胶黏剂时掺入10%的901建筑胶，将调和好的胶黏剂静置20min后再抹至石膏线条的背面。

14.5 其他板材构造制作

其他板材是指除木质人造板、石膏板、铝合金扣板等常规板材之外的非常用板材。在室内设计施工中主要包括软木墙板、各类塑料板、不锈钢板、铝塑复合板、水泥板等。这些板材性能各异，适用于具有不同特色的构造中。

14.5.1 软木墙板饰面制作

1）定义

软木墙板可分为纯软木墙板、复合软木墙板、静音软木墙板三类，适用于墙面铺装，具体尺寸可根据空间面积进行定制。一般规格为900 mm×300 mm×10 mm等，价格为200~300元／m²，纯软木墙板的价格较高，为300~500元／m²。优质软木墙板板面光滑，且无鼓凸颗粒，抗弯强度也较好。

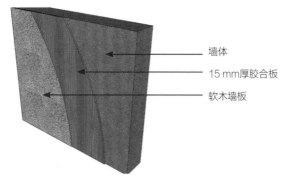

软木墙板构造三维图

墙体
15 mm厚胶合板
软木墙板

上图：纯软木墙板厚度为5~15 mm不等，花色纹理原始，无固定花纹，采用纯软木制成，手感舒适且环保。

2）施工方法

（1）选择合适的软木墙板，对多种软木墙板进行功能分析，根据室内空间设计需求进行选择。

（2）展开软木墙板，在施工现场放置3天以上，以便与现场的空气湿度保持一致，让板材内应力完全释放。

（3）在基础平整的墙面先钉接木质人造板作为基层板，再在基层板上采用免钉胶与气排钉混合固定软木墙板，并预留缩胀缝。

软木墙板的样式　　　　　　软木墙板弯曲

左图：在阳光充足处察看软木墙板表面的色泽是否一致，软木颗粒是否均匀，优质品表面无凹凸、划痕等缺陷。

右图：取软木墙板样品，适当弯曲，检测其是否会因弯曲而产生裂痕，轻易产生裂痕的为劣质品。

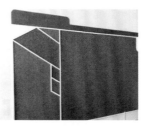

软木墙板的饰面安装

左图：在基层板上直接粘贴即可，边缘可以设计外框环绕，以保护墙板边缘不受磨损。

3）施工要点

（1）墙面平整度是软木墙板饰面质量的关键，墙面平整度高差应当小于5 mm，不平整的砌筑墙面可以用1:2水泥砂浆找平，轻钢龙骨板材的隔墙可以通过石膏粉找平，或用制作木质龙骨基础的方法调节平整。

（2）基层板可用胶合板或欧松板，这两种板材的厚度规格较多，可根据需要选用，大多选用9 mm厚的板材，对于平整度差的墙面基础，可以选用15 mm厚的木芯板。

（3）软木墙板可采用免钉胶粘贴，同时用1 mm厚的双面泡沫胶临时辅助粘贴，有企口的软木墙板可在企口处增加F20气排钉辅助固定。

（4）软木墙板铺装时要预留缩胀缝，间距最大不应超过1 200 mm，缝隙宽度为3 mm，可用美缝剂或各种装饰压条嵌入装饰。

14.5.2 塑料板材镶嵌制作

1）定义

镶嵌构造是指将厚度适宜的塑料板材镶嵌在金属、木质、塑料框架中，从而形成围合结构，适用于透光灯箱、推拉门窗等构造。

2）施工方法

加工、组装框架材料→裁切、加工塑料板材→在塑料板材表面钻孔或安装连接件→预装塑料板材→安装固定边条或螺丝→调整修补，可使用胶水加固。

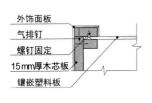

（a）无框镶嵌　　　　（b）有框镶嵌

塑料板材镶嵌构造示意图

上图：塑料板材质地较软，需要使用木质、金属材料夹合后固定，也可以用螺钉穿透塑料板材固定。

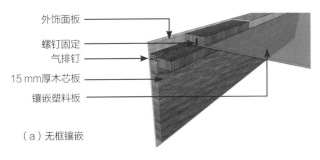

（a）无框镶嵌

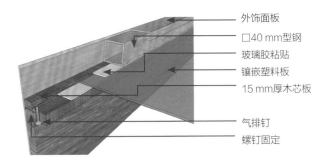

（b）有框镶嵌

塑料板材镶嵌构造三维图

3）施工要点

（1）塑料板材镶嵌的边框材料各异，没有明确要求，但边框强度应大于镶嵌板材的强度。

（2）塑料板材的厚度为3~15 mm不等，过薄或过厚的话应采取其他加强措施。塑料板材镶嵌至边框中时，周边与边框的接触面宽度不应小于5 mm，不能有明显松动，如果用螺丝固定，则其间距不应大于400 mm。

制作框架　　　　　　安装反光板与灯具

左图：采用木龙骨制作基础框架，搭配木芯板支撑框架。

右图：在框架表面覆盖反光铝板并安装发光灯具，制作边框骨架。

左图：覆盖塑料板并安装周边的金属装饰边框。

安装塑料板并固定边条

14.5.3　薄不锈钢板饰面制作

1）施工方法

放线定位→在周边基层构造上安装膨胀螺栓→制作基层骨架→将骨架安装至膨胀螺栓上→制作薄不锈钢板造型→粘贴薄不锈钢板与基层木芯板→边角缝隙填补玻璃胶→全面整理。

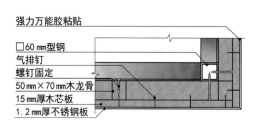

强力万能胶粘贴
□60 mm型钢
气排钉
螺钉固定
50 mm×70 mm木龙骨
15 mm厚木芯板
1.2 mm厚不锈钢板

薄不锈钢板饰面构造示意图

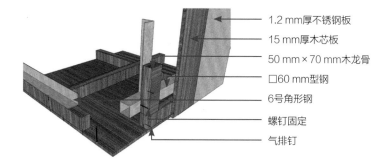

1.2 mm厚不锈钢板
15 mm厚木芯板
50 mm×70 mm木龙骨
□60 mm型钢
6号角形钢
螺钉固定
气排钉

薄不锈钢板饰面构造三维图

上图：虽然不锈钢板硬度较高，但是它过于单薄，需要有全面的支撑基础，木芯板就是不锈钢板的良好粘贴基础。木芯板需要木龙骨支撑，要与钢结构基础保持过渡，以免出现缩胀过大的问题。间距在2400 mm以内的要预留伸缩缝。

2）施工要点

（1）薄不锈钢板饰面构造采用厚0.8~1.2 mm的不锈钢板，该厚度钢板方便弯折，基层木芯板的厚度应为17 mm，不宜采用单层指接板。

（2）不锈钢板拼接的缝隙应呈45°倾斜，厚度大于2 mm的不锈钢板可在其背后焊接挂件，直接钩挂在基层金属龙骨架上，挂接点之间的距离不应大于400 mm。简单构造可以直接用聚氨酯结构胶粘贴至基础构架表面，如平整干净的墙板、木质人造板表面等。

不锈钢板的加工机床　　　加工成型的不锈钢板　　　安装完成的不锈钢板

左图：不锈钢的弯折、切割、钻孔原本是三种不同的工艺，需要用三套机床先后加工，但现在可以运用数控加工机床进行一次性加工，简单、快捷、高效。

中图：经过加工后的不锈钢板，各处的弯折角度统一，弧度与平整度统一，能形成良好的外观效果。

右图：常见的不锈钢门套装饰，可预先使用不锈钢板加工机床将钢板加工成型，再采用聚氨酯结构胶将其粘贴至木质人造板基础造型表面。

14.5.4　铝塑复合板饰面制作

1）施工方法

放线定位→制作龙骨→制作木芯板基层→将木芯板钉接至龙骨上→裁切铝塑复合板→粘贴铝塑复合板与基层木芯板→边角缝隙填补玻璃胶→全面整理。

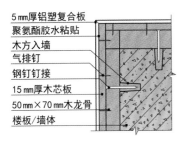

5 mm厚铝塑复合板
聚氨酯胶水粘贴
木方入墙
气排钉
钢钉钉接
15 mm厚木芯板
50 mm×70 mm木龙骨
楼板/墙体

铝塑复合板饰面构造示意图

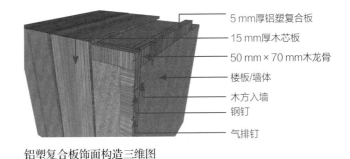

5 mm厚铝塑复合板
15 mm厚木芯板
50 mm×70 mm木龙骨
楼板/墙体
木方入墙
钢钉
气排钉

铝塑复合板饰面构造三维图

上图：铝塑板的缩胀性与不锈钢板相当，因此要完全粘贴在基层木芯板上，再通过木龙骨连接在建筑界面上，间距在2 400 mm以内时要预留伸缩缝。

2）施工要点

（1）铝塑复合板饰面构造的基层应采用木芯板制作，铝塑复合板弯折时不宜裁切断开，应在弯折内侧切断表层铝板，并将芯层切出90°凹角，这样弯折后外表无任何缝隙。

（2）铝塑复合板的裁切、弯压应使用专用工具，不能直接手工弯压,以免发生变形，并应用聚氨酯结构胶粘贴或填补缝隙，不能用其他替代产品。

（3）在建筑外墙上安装铝塑复合板时，可以先在铝塑复合板背后开孔，再用连接件将其挂接在金属龙骨上，挂接点之间的距离不应大于400 m。

制作基层板

双面泡沫胶辅助粘贴

预留伸缩缝

左图：用木芯板制作基层骨架，体积较大时应在内部增加木龙骨。

中图：用聚氨酯结构胶粘贴铝塑板，同时用双面泡沫胶辅助临时固定。

右图：室内装饰构造上的铝塑板较薄，伸缩缝间距应为600～900 mm，缝隙宽为3 mm。

14.5.5　水泥板饰面制作

1）施工方法

清理基层界面→放线定位→根据设计造型钻孔，放置预埋件→裁切水泥板，钻孔→使用螺钉固定水泥板→调配水泥砂浆修补孔洞与缝隙→全面检查。

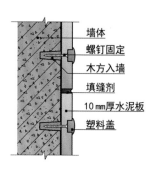

水泥板饰面构造示意图

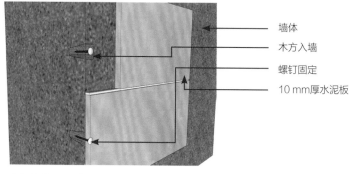

水泥板饰面构造三维图

上图：在水泥板上预先钻孔，用螺钉将其钉到建筑界面上，或用瓷砖胶铺装水泥板，注意间距在800 mm以上时要预留伸缩缝。

2）施工要点

（1）水泥板饰面制作施工方便，钉子的吊挂能力好，可用手锯直接加工，施工过程中可不制作基层板，直接将水泥板固定在龙骨或墙面上。

（2）小块板材造型可使用强力万能胶粘贴，大块板材除了用螺钉安装外，还可先用1 mm的钻头钻孔，然后用射钉枪固定，填补平整后，喷1～2遍的水性亚光漆，待干即可。

（3）因为板材与基层材料的缩胀性不同，在安装时要保留适当缝隙，缝隙间距不应大于800 mm，缝隙宽度为3～4 mm。

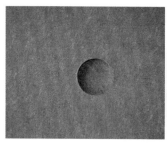

钻孔

混色安装

加装盖帽

左图：在水泥板上统一钻孔，深度为5 mm左右，φ15～φ25 mm，具体尺寸也可以根据设计要求和盖帽的规格来确定。

中图：根据设计要求将水泥板预先涂装乳胶漆，然后再进行安装，可形成混色效果。

右图：安装完毕后可在圆孔处安装盖帽进行装饰，以形成点阵排列效果。

第15章

涂饰施工

核心概念： 腻子、找平、覆盖、结膜、滚涂。

章节导读： 涂饰施工的关键在于基层处理,即用腻子、水泥砂浆等对界面进行找平,以提高装饰构造表面的平整度。提高平整度除了需要材料细腻,还要施工员有精湛的技术,同时可利用工具、工艺来提升涂饰效果。喷涂工艺适用于各种界面,虽然浪费材料,但是其表面平整度与均匀度好。滚涂工艺适用于面积较小的界面,能保证平整度并节省材料,刷涂最省材料,仅适用于局部修补,不适合大面积施工,否则会增加人工成本。

卧室的涂饰效果

涂饰施工的材料包括乳胶漆、壁纸、溶剂型涂料等,形式丰富,它们能让设计造型变得丰富多彩。涂饰工艺比较复杂,不同的界面有不同的处理方式,但都要求基层界面的平整度达到一定的水平。

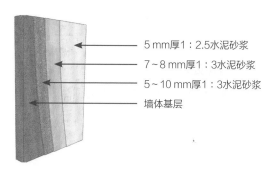

水泥砂浆抹灰构造三维图

图中标注：
- 5 mm厚1：2.5水泥砂浆
- 7~8 mm厚1：3水泥砂浆
- 5~10 mm厚1：3水泥砂浆
- 墙体基层

15.1 基础界面的处理

在涂饰面层涂料之前，应当对涂饰界面基层进行处理，主要目的在于进一步平整装饰材料与构造的表面，为涂饰乳胶漆、喷涂真石漆、铺装壁纸及墙面彩绘等施工打好基础。

涂饰施工

上图：涂饰施工的关键在于基层处理，相邻部位只有衔接紧密且不相互覆盖才能表现出精致的效果。

15.1.1 墙面、顶面抹灰

1）定义

墙面、顶面抹灰是指对粗糙水泥墙面、外露砖墙墙面、混凝土楼板等界面用不同配合比的水泥砂浆进行找平施工。下面以常规砌筑墙体为例，介绍抹灰施工的方法。

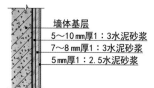

图中标注：
- 墙体基层
- 5~10 mm厚1：3水泥砂浆
- 7~8 mm厚1：3水泥砂浆
- 5 mm厚1：2.5水泥砂浆

左图：水泥砂浆抹灰构造施工需要分层次使用不同配合比的水泥砂浆，施工时要控制好凝结层的厚度。

水泥砂浆抹灰构造示意图

2）施工方法

（1）检查毛坯墙面的完整性，记下凸出与凹陷明显的部位。对墙面四角吊竖线、横线找水平，弹出基准线、墙裙线与踢脚线，制作标筋线。

（2）对墙面洒水，调配1：2水泥砂浆，对墙面、顶面的阴阳角找方正，做门窗洞口护角。

左图：调配水泥砂浆时应严格控制水泥与砂的配合比，并在加水之前充分拌合均匀。

调配水泥砂浆

（3）用1：2水泥砂浆作基层抹灰，厚度宜为5~7 mm，待干后用1：1水泥砂浆作找平层抹灰，厚度宜为5~7mm。

（4）采用素水泥浆找平面层，养护7天。

3）施工要点

（1）抹灰用的水泥宜为强度等级为32.5级的普通硅酸盐水泥，不同品种、不同强度等级的水泥不能混用，抹灰施工宜选用中砂，用前要经过网筛，不能含有泥土、石子等杂物。

（2）用石灰砂浆抹灰，所用石灰膏的熟化期应大于15天，罩面用磨细生石灰粉的熟化期应大于3天，水泥砂浆拌好后，应在初凝前用完，凡是凝结的砂浆不能继续使用。

（3）基层处理必须合格，砖砌体应清除表面附着物、尘土，抹灰前要洒水润湿，混凝土砌体的表面应做凿毛处理，或在表面洒水润湿后涂刷掺入胶黏剂的1：1水泥砂浆，一般掺入10％的901建筑胶即可。

（4）在不同墙体材料交接处的表面抹灰时，应采取防开裂的措施，如贴防裂胶带或铺细金属网等。

（5）洞口阳角应用1：2水泥砂浆做暗护角，其高度应小于2 m，每侧宽度应大于50 mm。

（6）大面积抹灰前应设置标筋线，制作好标筋找规矩与找阴阳角方正是保证抹灰质量的重要环节。

（7）用石灰砂浆抹灰时，应等前一层达到80％干燥后再抹下一层，底层抹灰的强度不得低于面层抹灰的强度。

（8）各抹灰层之间黏结应牢固，用水泥砂浆或混合砂浆抹灰时应待前一层抹灰层凝结后，才能抹第二层。

（9）对于已经做好抹灰的墙、顶面，应根据实际情况检查现有抹灰层的质量，只要平整度好，一般无须全部抹灰，只需局部抹灰即可。

（10）对于已经刮涂了白石灰或腻子的墙面不能用水泥砂浆抹灰，可以用石膏粉或腻子粉找平。

抹灰界面挂网　　　　　　　　　　转角抹灰

左图：如果墙面需要增加保温层，则应在保温层表面挂贴防裂网后再抹灰。

右图：边角部位的抹灰应确保平整度，可以埋设塑料或金属护角，要注意抹平水泥砂浆。

表面找平　　　　　　　　　　　　新旧墙体抹灰的过渡

左图：抹灰后应用金属模板对抹灰界面做整体刮平。

右图：新旧墙体抹灰的过渡应自然，并保持一定的穿插，使抹灰的吸附力更强。

（11）水泥砂浆抹灰层厚度应小于15 mm，顶面抹灰层厚度应小于10 mm。若需增加抹灰层的厚度，则应在第一遍抹灰完全干燥后，在墙顶面钉接钢丝网，再做第二遍抹灰施工，第一遍抹灰应用1：2水泥砂浆，第二遍可用1：1水泥砂浆，墙面抹灰层总厚度不宜超过25 mm。

（12）水泥砂浆抹灰层应在抹灰24h后进行养护。

墙面抹灰完毕　　　　抹灰界面的湿水养护

左图：抹灰完毕后应检查表面的平整度，待完全干燥后才能进一步施工。

右图：在待干过程中应时常洒水润湿，让抹灰层内外同时且缓慢地变干燥。

（13）抹灰层在凝固前，应防止震动、撞击和水分急剧蒸发,抹灰面的温度应高于5 ℃。

左图：气温较高且没有及时润湿会导致抹灰层开裂，这将影响抹灰层的构造强度。

抹灰界面开裂

15.1.2　自流平水泥施工

1）定义

自流平水泥是一种成品为粉状的混合水泥，在施工现场加水搅拌后倒在地面上，用刮刀展开，即可获得高度平整的基面。在它上面可以直接铺装复合木地板、地毯、地胶等较薄的装饰材料，可获得特别平整的地面。

2）施工方法

（1）检查地面的完整性，用1：2水泥砂浆填补凹陷部位，在墙面底部放线定位，确定自流平水泥的浇灌高度。

（2）进一步清理地面，保持地面干燥、整洁，无灰尘、油污，涂刷与产品配套的表面处理剂两遍。

（3）根据自流平水泥产品包装上的使用说明配置自流平水泥浆料，并搅拌均匀，静置5min后倒在地面上。

（4）使用配套的靶子等工具，将自流平水泥展平，并赶出气泡，养护24h。

自流平水泥

上图：自流平水泥施工快捷、简便，硬化速度快，4～5h后可上人行走，24h后可进行面层施工，适用于对平整度要求较高的地面。

地面找平

上图：施工前应对地面进行找平处理，用水泥砂浆填补凹陷，尽量保证表面平整。

浆料自由流动　　　　　赶刮平整

左图：将调配好的自流平水泥浆料分散倒在地面上，让其自由流动。

右图：使用刮板对不平整的部位进行刮涂，在其干燥之前将表面赶刮平整。

3）施工要点

（1）基础水泥地面要清洁、干燥、平整，水泥砂浆与地面间不能有空壳，水泥砂浆表面不能有砂粒。可根据实际情况使用打磨机对基础地面进行打磨，打磨后扫掉灰尘，并用吸尘器吸干净。

（2）自流平地面边缘应设置围挡构造以保证边缘平整。将自流平水泥浆料倒入容器中，并严格按照包装说明加水，用电动搅拌器把自流平水泥浆料搅拌均匀。

（3）自流平水泥浆料搅拌2min，停0.5min，再继续搅拌1min，不能有块状或干粉出现，搅拌好的自流平水泥须呈流体状。

（4）搅拌好的自流平水泥尽量在半个h之内使用，将自流平水泥倒在地面上，用带齿的靶子把自流平水泥拨开，待其自然流平后用带齿的滚子在上面纵横滚动，放出其中的气体，防止起泡，要特别注意自流平水泥搭接处的平整度。

（5）涂刷表面处理剂时，应按产品包装说明对处理剂进行稀释，使用不脱毛的羊毛滚筒按先横后竖的顺序把地面处理剂均匀地涂在地面上，且不留间隙。

（6）涂好后要根据不同产品性能，等待一定的时间后再进行自流平水泥施工。水泥表面处理剂能增大自流平水泥与地面的黏结力，以防自流平水泥脱壳或开裂。

（7）如果对地面平整度要求特别高，或准备铺装地毯或地胶，待自流平水泥完全干燥后可用打磨机打磨，打磨后用吸尘器把灰尘吸干净。

（8）可以根据需要在自流平水泥地面上涂刷环氧地坪漆，它能有效保护自流平水泥地面不受磨损。

设置围挡

上图：在施工区域边缘设置围挡构造，保持边界垂直平整，以便与其他地面铺装材料对接。

自流平水泥施工完毕　　　涂刷环氧地坪漆

左图：自流平水泥施工完毕后应晾干养护，期间禁止在其上踩压、行走。

右图：自流平水泥施工后可根据需要涂刷环氧地坪漆，它能有效保护自流平水泥地面不受磨损。

（9）找平基层的平整度很重要，这主要依靠制作标筋线与放线定位来完成，不能盲目对施工界面进行抹灰，否则难以达到平整的效果。

（10）小面积墙面、构造的找平也可以用铝合金模板，模板的长度应超过2 m，并随时用水平尺校正。

15.2　溶剂涂料施工

溶剂涂料是最传统的涂饰材料，涂刷后能快速挥发干燥，并形成良好的结膜，能有效保护装饰构造。施工前要根据溶剂涂料的品种与涂饰施工的方法，配齐施工工具与辅料。

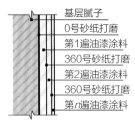

常规溶剂涂料涂装构造示意图

上图：每涂刷一次溶剂涂料待其干燥后，需使用不同规格的砂纸打磨表面。

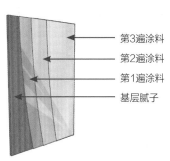

常规溶剂涂料涂装构造三维图

15.2.1　清漆施工

1）定义

清漆主要用于木质构造、家具表面的涂饰，它能起到封闭木质纤维、保护木质表面及装饰的作用。

涂刷清漆

右图：现代室内装饰使用的清漆大多为调和漆，需要在施工中勾兑稀释剂，以保证在挥发过程中保持合适的浓度，保证涂饰均匀。

2）施工方法

（1）清理涂饰基层表面，清除多余木质纤维，使用0号砂纸打磨木质构造表面与转角。

（2）根据设计要求与木质构造的纹理色彩，给成品腻子粉调色，修补钉头凹陷部位，待腻子干后用240号砂纸打磨平整。

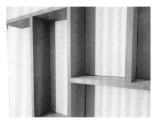 

基层处理　　　　　　　　用腻子修补

左图：木质构造制作完毕后用砂纸打磨转角部位，去除木质纤维毛刺。

右图：将同色成品腻子填补至气排钉端头部位，并将木质构造表面刮平整。

（3）整体涂刷第1遍清漆，待干后复补腻子，用360号砂纸打磨平整，然后整体涂刷第2遍清漆，用600号砂纸打磨平整。

（4）在使用率高的木质构造表面涂刷第3遍清漆，待干后打蜡、擦亮、养护。

涂刷清漆　　　　　　　　清漆涂刷完毕

左图：用砂纸打磨后涂刷清漆，施工时应当顺着纹理涂刷。

右图：清漆涂刷完毕后要注意养护，一定要等完全干燥后再涂饰周边的乳胶漆。

3）施工要点

（1）打磨基层是清漆施工的重要工序，涂刷前应先将木质构造表面的灰尘、油污等杂质清除干净。

（2）施工时应及时清理周围环境，防止尘土飞扬。任何油漆都有一定的毒性，对呼吸道有较强的刺激作用，施工时要注意通风，并戴上专用防尘口罩。

（3）上润油粉时要用棉丝蘸着油粉抹在木器表面，并用手来回揉擦，将油粉擦入到木质纤维的缝隙中。

（4）为了防止木质材料在加工过程中受到污染，可以在木质材料进场后立即擦涂润油粉，或涂刷第1遍清漆。

（5）修补凹陷部位的腻子应经过仔细调色，要根据木质纹理的颜色来调配，不宜直接选用成品彩色腻子。

（6）涂刷清漆时，手握油刷要轻松自然，手指轻轻用力，以移动时不松动、不掉刷为准。

（7）涂刷时蘸的次数要多，每次蘸油量要少，力求勤刷、顺刷，依照先上后下、先难后易、先左后右、先里后外的顺序操作。

（8）聚酯清漆的特性是结膜度较高，涂饰时应严格控制稀释剂等配套产品的掺加配合比，严格按照包装上的使用说明来执行，以刷涂为主，每遍涂刷都要力求平整。

（9）水性清漆结膜度较低，但是施工后不容易氧化变黄，以用软质羊毛刷刷涂为主，也可采用喷涂方式。

15.2.2 混漆施工

1）定义

混漆主要用于涂刷未粘贴饰面板的木质构造表面，或根据设计要求需将木纹完全遮盖的木质构造表面。在装修中最常用的混漆是聚酯混漆与醇酸混漆，涂刷后表面平整，干燥速度快，施工工艺具有代表性。

混漆施工

左图：混漆的遮盖性很强，但也需要在施工中不断勾兑稀释剂，以便在挥发过程中保持合适的浓度，保证涂饰均匀。

2）施工方法

（1）清理涂饰基层表面，清除多余木质纤维，用0号砂纸打磨木质构造表面与转角，在节疤处涂刷虫胶漆。

（2）对涂刷构造的基层表面做第1遍满刮腻子，修补钉头凹陷部位，待干后用240号砂纸打磨平整。

（3）涂刷干性油后，满刮第2遍腻子，用240号砂纸打磨平整。

满刮腻子　　　　　　　调配腻子颜色

左图：用成品腻子将涂饰界面满刮平整，腻子应遮盖基层材料的色彩。

右图：可以在腻子中添加颜料来调色，使腻子的颜色与混漆的颜色相近。

用砂纸打磨

左图：待腻子干燥后用砂纸将构造表面打磨平整。

（4）涂刷第1遍混漆，待干后复补腻子，用360号砂纸打磨平整，然后涂刷第2遍混漆，用360号砂纸打磨平整。

（5）在使用率高的木质构造表面涂刷第3遍混漆，待干后打蜡、擦亮、养护。

3）施工要点

（1）在做基层处理时，除清理基层的杂物外，还应对局部凹陷部位做腻子嵌补，砂纸应顺着木纹打磨，基层处理是保证涂饰施工质量的关键。

（2）施工时应及时清理周围环境，防止尘土飞扬，任何油漆都有一定的毒性，对呼吸道有较强的刺激作用，施工时要注意通风，并戴上专用防尘口罩。

（3）在涂刷面层前，应用虫胶漆对有较大色差与木质节疤处进行封底。

（4）为了防止木质板材在施工中受到污染，可以在板材基层预先涂刷干性油或清油，涂刷干性油时，所有部位应均匀刷遍。

（5）底油干透后，满刮第1遍腻子，待干后用砂纸打磨，然后修补高强度腻子，腻子以挑丝不倒为准，涂刷面层油漆时应先用细砂纸打磨面层。

（6）涂刷混漆时，大多用尼龙板刷，混漆充分调和搅拌后，静置5min左右再涂刷，具体操作方法与清漆的施工方法一致。

混漆搅拌　　　　　　　　　　　　用普通毛刷涂刷　　　　　　　　　　用小号毛刷涂刷

左图：将混漆倒入调和桶内均匀搅拌，搅拌时可适当添加稀释剂。

中图：用毛刷将混漆涂刷至构造表面，涂刷时保持统一方向涂刷。

右图：局部构造用小号毛刷涂刷，并顺着结构方向涂刷。

（7）聚酯混漆的特性是结膜度较高，涂饰时应严格控制稀释剂等配套产品的掺加配合比，严格按照包装上的使用说明来执行，以刷涂为主，每遍涂刷都要力求平整。

（8）醇酸混漆的结膜较厚，但是施工后容易氧化变黄，应以刷涂为主，且不宜用白色或浅色产品。

15.2.3　硝基漆施工

1）定义

硝基漆的装饰效果特别平整、细腻，具有一定的遮盖能力，可用于涂饰木质构造、家具的表面。其基层处理与清漆和混漆一致，只是它的工序更多，需要经过多次打磨与修补腻子。

2）施工方法

（1）用500号砂纸顺着木纹方向打磨，去除毛刺、划痕等污迹，打磨后要彻底清除粉尘。

左图：将涂饰构造周边用报纸盖住，以免油漆沾到它们上面。

遮盖边缘

修补腻子　　　　　　　用砂纸打磨

左图：在构造基层上修补成品腻子，将气排钉的端头与凹陷部位修补平整。

右图：用砂纸打磨构造表面，保证基础界面的绝对平整。

（2）涂刷封闭底漆，待干燥8h后，再用1 000号砂纸轻磨，并清除粉尘。

（3）擦涂水性擦色液，擦涂时应先按转圈方式擦涂，擦涂均匀后再顺着木纹方向擦涂，以使擦色液被吸收干净，待干后将硝基底漆轻轻搅拌均匀，加入适量稀释剂，静置10 min再涂刷。

（2）涂刷硝基漆时，应用细软的羊毛板刷施工，顺着木纹方向涂刷，注意涂刷要均匀，间隔4～8h再重复刷1遍，待底漆干透后，用1 000号～1 500号砂纸仔细打磨，底漆需要涂刷3～4遍。

（3）底漆施工完毕后涂饰面漆，最好采取无气喷涂工艺，喷涂时每次都要将硝基漆搅拌均匀，加入适量稀释剂，喷涂要均匀，间隔4～8h再重复喷1遍。

（4）每次喷涂干燥后都要用1 000号～1 500号砂纸仔细打磨，面漆需要涂刷4～5遍，对台面、柜门等重点部位，累积涂饰施工要达到10遍。

左图：调配时将稀释剂与硝基漆适当混合，搅拌均匀后添加至喷枪的储料罐中。

调配硝基漆

喷涂　　　　　　　　大面积喷涂

左图：喷涂时应快速、均匀，并保持喷涂间距。

右图：大面积喷涂也应统一方向，避免涂花、涂乱。

（4）每涂刷一遍都要等待干后进行打磨，然后才能继续涂刷下一遍，一般要涂刷4～10遍，最后进行打蜡、擦亮、养护。

3）施工要点

（1）基层处理与清漆和混漆一致，但硝基漆对平整度的要求更高，喷涂构造周边应做适当遮挡。

（5）硝基漆可以调色施工，调色颜料应采用同一厂商的配套产品，或在厂商指定的专卖店调色。

（6）裂纹硝基漆大多以刷涂为主，最后1遍裂纹漆应涂刷均匀，否则裂纹会大小不均可以预先在不醒目的部位作试验性操作，待熟练后再进行大面积施工。

（7）硝基漆施工周期长，需要长时间待干，工艺复杂，成本高，一般仅做局部涂饰。若采用粗糙、简化的工艺，其效果可能还不如传统油漆。

喷涂后放干

柜门涂漆后待干

砂纸打磨

左图：喷涂后的构件应将外部饰面朝上摆放待干。

中图：家具柜门应放置在柜体的相应安装位置待干，并做方向标识与编号。

右图：每次喷涂待完全干燥后都应用砂纸打磨，使其呈现出细腻平滑的效果。

15.3 水性涂料施工

水性涂料施工面积较大，主要涂刷在墙面、顶面等大面积界面上，要求涂装平整、无缝，水性涂料具有遮盖性，能完全改变原始构造的色彩。

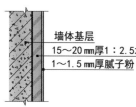

墙体基层
15～20 mm厚1：2.5水泥砂浆
1～1.5 mm厚腻子粉

左图：水性涂料涂饰之前需要使用1：2.5水泥砂浆对施工界面进行处理，并满刮腻子，待腻子完全干固后才可涂刷水性涂料。

水性涂料涂饰基层构造示意图

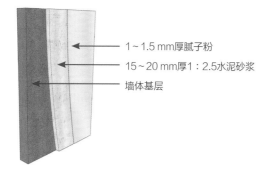

1～1.5 mm厚腻子粉
15～20 mm厚1：2.5水泥砂浆
墙体基层

水性涂料涂饰基层构造三维图

15.3.1 乳胶漆施工

1）定义

乳胶漆在装饰装修中的涂饰面积最大、用量最大，乳胶漆施工是整个涂饰工程的重点。

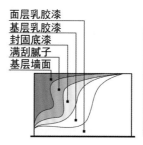

面层乳胶漆
基层乳胶漆
封固底漆
满刮腻子
基层墙面

乳胶漆施工构造示意图

乳胶漆应用效果

左图：涂刷乳胶漆前将基层处理干净，底漆、基层乳胶漆、面层乳胶漆都应抹均匀，不宜太厚，也不宜太薄。

右图：乳胶漆主要涂刷于室内墙面、顶面与装饰构造的表面，还可以根据设计要求作调色应用，变化效果丰富。

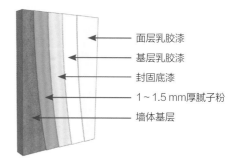

面层乳胶漆
基层乳胶漆
封固底漆
1～1.5 mm厚腻子粉
墙体基层

乳胶漆施工构造三维图

2）施工方法

（1）清理涂饰基层表面，对墙面、顶面不平整的部位填补石膏粉，使用封边条粘贴墙角与接缝，用240号砂纸将界面打磨平整。

粘贴封边条　　　　　　石膏板吊顶封边

左图：墙面阴角与开裂处都应预先用白乳胶粘贴封边条。

右图：石膏板构造的接缝应先用石膏粉填补，再粘贴封边条。

（2）对涂刷基层表面进行第1遍满刮腻子，修补细微凹陷部位，待干后用360号砂纸打磨平整，再满刮第2遍腻子，干后仍用360号砂纸打磨平整。

（3）根据界面特性选择封固底漆进行涂刷，复补腻子磨平，整体涂刷第1遍乳胶漆，待干后复补腻子，用360号砂纸打磨平整。

（4）整体涂刷第2遍乳胶漆，待干后用360号砂纸打磨平整，并进行养护。

3）施工要点

（1）将基层处理好是保证施工质量的关键环节，采用石膏粉加水调和成较黏稠的石膏灰浆，抹至墙面、顶面线槽的封闭部位，将用水泥砂浆修补的线槽修补平整。

左图：封边后应用石膏粉再次修补并将其打磨平整。

石膏粉修补

（2）石膏粉修补完成后，应在石膏板接缝处粘贴防裂胶带，遮盖缝隙。

（3）对于木质材料与墙体的接缝应粘贴防裂纤维网，必要时可根据实际情况对整面墙挂贴防裂纤维网，这样能有效防止墙体开裂。

（4）对墙面、顶面满刮腻子是必备的基层处理工序，现在大多用成品腻子加水调和成较黏稠的腻子灰浆，刮涂在墙面、顶面上，对于已经涂饰过乳胶漆的墙面，应用360号砂纸打磨后再刮涂。

腻子调和　　　　　　满刮腻子

左图：腻子粉调和应均匀细腻，无结块或粉团，调和后可用铲刀与刮刀将其取出。

右图：满刮腻子时应用刮刀施工，并保持界面的平整度和细腻度。

增加护角　　　　　　打磨

左图：阳角部位应先粘贴护角边条，再刮涂腻子将其封闭。

右图：待腻子完全干燥后，使用砂纸打磨，打磨时应使用灯光照射，以检查表面的平整度。

（5）腻子应与乳胶漆的性能配套，最好使用成品腻子，腻子应坚实牢固，不能粉化、起皮、裂纹。

（6）卫生间等潮湿空间要使用耐水腻子，腻子要充分搅匀，黏度太大可适当加水，黏度小可加增稠剂，施工温度应高于10℃，室内不能有大量灰尘，最好避开雨天施工。

（7）对于已经刮涂过腻子的墙、顶面，可以根据实际平整度再刮涂1遍腻子；对于水泥砂浆抹灰墙面，要达到平整效果，最少应满刮两遍腻子，直至达到平整度要求。

（8）施工时保证墙体完全干透是最基本的条件，基层处理后一般应放置10天以上，再采用360号砂纸打磨平整。

用腻子修补

左图：局部不平整的部位应再次修补腻子。

（9）若需对乳胶漆进行调色，应预先准确计算各种颜色乳胶漆的用量，对加入的色彩颜料应搅拌均匀，自主调色可以采用广告水粉颜料，但这只适用于局部墙面的涂饰，如果用量较大则应到厂商指定的乳胶漆专卖店进行调配。

颜料稀释　　　　　　　　搅拌乳胶漆

左图：最简单的调色方式是用水粉画颜料加水搅拌均匀，使其完全溶解。

右图：将颜料倒入乳胶漆容器后使用搅拌机搅拌均匀。

（10）乳胶漆涂刷应采用刷涂、滚涂与喷涂相结合的施工方法，涂刷时应连续、迅速，一次刷完。

（11）涂刷乳胶漆时应均匀，不能有漏刷、流附等现象，涂刷1遍、打磨1遍，一般应至少操作两遍。

（12）对于非常潮湿或非常干燥的界面应涂刷封固底漆，涂刷第2遍乳胶漆之前，应根据现场环境与乳胶漆的质量将乳胶漆加水稀释，第2遍乳胶漆涂饰完成后不再进行打磨，需要注意的是中档乳胶漆的用量一般为12~18 L／m²。

试涂　　　　　　　　滚涂乳胶漆

左图：将调配好的彩色乳胶漆试涂在墙面低处，观察色彩效果，并及时校正调色。

右图：用滚筒滚涂墙面乳胶漆时墙顶面边缘应保留空白，避免乳胶漆沾染至顶面上。

刷涂边角　　　　乳胶漆涂饰完成　　　揭开边条

左图：边角部位要用板刷刷涂，严格控制刷涂面积，避免沾染至其他部位。

中图：乳胶漆施工完成后应封闭门窗，让其自然缓慢干燥。

右图：待乳胶漆完全干燥后再揭开边缘的封边条，揭开时应缓慢匀速。

15.3.2 真石漆施工

1）定义

真石漆从前一直用于建筑外墙装饰，现在也开始用于各种背景墙的局部涂饰，真石漆涂饰采用喷涂工艺，需要配置空气压缩机、喷枪和各种口径的喷嘴。

2）施工方法

（1）清理涂饰基层表面，具体施工方法与上述乳胶漆涂饰的一致。

（2）满刮腻子后对墙面进行毛面处理，待腻子干燥至50%时用刮板在墙面压出凸凹面。

（3）根据界面特性选择封固底漆进行涂刷，复补腻子，整体喷涂第1遍真石漆。

（4）待干后再喷涂第2遍真石漆，待干后用360号砂纸打磨平整，并喷涂两遍清漆罩光，养护7天。

3）施工要点

（1）墙面基层处理与乳胶漆施工时的一致，最后1遍腻子涂刮完成后，要对涂刮界面进行毛面化处理，以增加真石漆喷涂的吸附力度，可选用成品凸凹刮板，或将刮板在未完全干燥的腻子表面平整按压后立即拔开，这样能形成较明显的凸凹面。

（2）打开真石漆包装后，应充分搅拌均匀，搅拌时间不应少于5min，搅拌后立即将涂料装入喷枪的喷漆储料罐中进行喷涂，以免因延时而出现沉淀。

（3）真石漆施工前应涂刷封固底漆，干燥12h后才能进行真石漆施工，封固底漆应采用真石漆的配套产品，如果没有配套产品，也可以采用乳胶漆的封固底漆进行替代。

（4）喷涂真石漆要选用真石漆喷枪，空气压力一般应控制在392～686 kPa，施工温度在10 ℃以上，喷涂厚度为2～3 mm。如果喷涂2～3遍，则需间隔2h以上，完全干燥24h后方可打磨。

滚涂封闭底漆　　　　　　喷涂真石漆

左图：在涂刮界面基层预先满刮腻子，涂饰封闭底漆，保持墙面基层干燥且具有一定的粗糙度。

右图：将真石漆调和后装入喷漆储料罐，对墙面进行喷涂，与墙面保持500 mm间距。

（5）由于真石漆质地较厚重，喷涂后可能会产生挂流现象，所以可以预先在墙面上设置横向伸缩缝，伸缩缝深度与宽度均为5～10 mm，伸缩缝间距应小于800 mm。伸缩缝不仅能防止真石漆挂流，还能防止施工后的墙面发生开裂。

（6）一般采用400号～600号砂纸打磨，轻轻抹平真石漆表面凸起的砂粒即可，注意用力不可太猛，否则会破坏漆膜，引起底部松动，严重时甚至会造成附着力不佳，导致真石漆脱落。

（7）真石漆不适用于顶面喷涂，容易引起挂流或脱落。喷涂清漆可选用聚酯清漆或水性清漆，一般喷涂两遍，间隔2h，完全干燥则需要7天左右。

打磨　　　　　　　　　　刷涂面漆

左图：待真石漆完全干燥后，用砂纸将其表面打磨平整。

右图：真石漆打磨后涂刷面漆，是为了将表面的粗糙颗粒封闭住，不让其脱落。

涂料施工的细节

涂料施工对界面的平整度要求较高，基层处理应非常平整，涂刮腻子应均匀、细腻，经过打磨后才能进行正式施工。涂料的干燥速度与气候相关，不宜在特别潮湿或特别干燥的季节施工，施工完成后应将门窗封闭养护，以防水分蒸发过快而出现干裂，也不能碰撞涂饰界面。

15.3.3 硅藻涂料施工

1）定义

硅藻涂料是一种新型墙面装饰材料，涂饰后的墙面具有一定的弹性，其肌理与色彩效果丰富，能吸附装修中产生的异味，是绿色环保材料。

2）施工方法

（1）清理涂饰基层表面，具体施工方法与乳胶漆一致。

（2）满刮腻子后对墙面进行毛面处理，待腻子干燥至50%时用刮板在墙面压出凸凹面。

 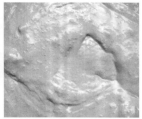

调和硅藻涂料　　　　　静置

左图：硅藻涂料与水的配合比应严格根据产品的说明书来配置，搅拌应均匀。

右图：搅拌后的硅藻涂料应均匀、黏稠，无粉团与结块，且特别黏手。

（3）根据界面特性选择封固底漆进行涂刷，复补腻子，加水搅拌调和硅藻涂料。

（4）将硅藻涂料抹至墙面，用滚筒与刮板刮平，养护7天。

3）施工要点

（1）墙面基层处理与乳胶漆一致，最后1遍腻子涂刮完成后，要对涂刮界面进行毛面化处理，以增加硅藻涂料的吸附力度。可选用成品凸凹刮板，或将刮板在未完全干燥的腻子表面平整按压后立即拔开，这样也能形成较明显的凸凹面。

（2）硅藻涂料施工前应涂刷封固底漆，干燥12h后才能进行硅藻涂料施工，封固底漆应采用硅藻涂料的配套产品，如果没有配套产品，也可以采用乳胶漆的封固底漆进行替代。

（3）打开硅藻涂料包装后，应加水充分搅拌均匀，加水量应根据产品包装说明一次性加足，搅拌时间不应少于10min，搅拌后立即抹，以免因延时而变干燥。

（4）由于硅藻涂料质地轻盈，为了防止墙面基层开裂与阳角破损，最好在涂刮腻子前在墙面满挂防裂纤维网，必要时可以在墙面阳角部位预埋护角边条。

（5）抹硅藻涂料时应用厂商提供的配套滚筒与刮板，第1遍滚涂的厚度一般为5 mm，待完全干燥后滚涂第2遍，第2遍的厚度应小于5 mm。

修饰护角　　　　　　　　满刮墙面

左图：在界面阳角部位应预先粘贴护角边条，再用硅藻泥封闭表面。

右图：满墙刮涂硅藻涂料，待略干后用成型刮板对墙面进行图案肌理的塑造。

（6）根据需要使用刮板在墙面刮出不同的肌理效果，为避免局部脱落，刮涂完毕后应及时修补残缺或厚薄不均的部位。

（7）硅藻涂料不适用于顶面喷涂，容易引起挂流或脱落。施工后无须涂饰罩面漆，完全干燥需要7天左右，在干燥过程中应喷水润湿，使基层与表面同步干燥。

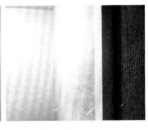

湿水养护　　　　　　　　硅藻涂料涂饰完成

左图：硅藻涂料待干过程中应使用喷壶将清水喷洒在墙面上，使其保持润湿，以保证内外同时干燥。

右图：硅藻涂料施工完成待干后应仔细检查边角部位，并作修饰、清洁。

15.3.4　彩绘墙面施工

1）定义

彩绘墙面是近年来比较流行的装修手法，它是在乳胶漆涂饰的基础上用丙烯颜料在墙面上做彩色绘画，能表现独特的审美倾向，也能表现装修的个性化。一般的装饰墙面制作由专业的经销商承包，价格较高，但是它的操作方法并不难，也可以自主操作。

2）施工方法

（1）对绘制墙面做基层处理，并进行乳胶漆涂饰施工，为彩绘打好基础。

（2）先在计算机上选择并编排好彩绘图案，打印出样稿，再根据样稿选配颜色和绘制工具。

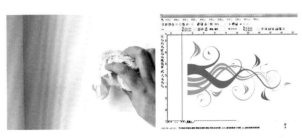

清理墙面　　　　　　　　计算机制图

左图：将乳胶漆涂饰好且完全干燥的墙面清理干净后，用抹布擦除墙上的灰尘。

右图：在计算机制图软件中设计、绘制出需要的图样，或在网上下载成品图样。

（3）根据打印样稿，使用铅笔或粉笔在墙面上做等配合比定位，绘制轮廓，标记涂饰色彩的区域。

左图：对照图样在界面上绘制基本轮廓，用铅笔绘制即可，下笔要轻。

勾勒轮廓

（4）参考打印样稿，使用大、中、小号的毛笔或排笔，将经过调配的丙烯颜料仔细绘制到墙面上，修整养护。

3）施工要点

（1）彩绘墙面的绘制基础层面一般为乳胶漆界面，乳胶漆的施工方法可参考本书第19.3.1节相关内容。

（2）彩绘墙面的图案和色彩要服从整体设计风

格，中式风格的图案色彩一般以黑色、红色、金色为主，图案主要来源于中国的传统纹样。

现代简约风格的彩绘墙面　　　欧式古典风格的彩绘墙面

左图：现代简约风格的彩绘墙面大多是经过处理的艳丽色彩和抽象图案，图案比较写实，颇具时代特色。

右图：欧式古典风格的彩绘比较中性、低调，图案主要来源于古典欧式装饰符号，并以此来配合欧式家具、墙角线的表现。

　　（3）一般不对整个房间进行彩绘制作，而是选择一面主题墙进行绘制，这样会给人带来更大的视觉冲击，效果会更突出、印象会更深刻。

特殊空间绘制　　　　　　点睛绘制

左图：针对特殊空间又有不同的绘制方式，例如，阳光房可以在局部绘制以太阳、花鸟为主题的图案，或在楼梯间绘制一棵大树等。

右图：点睛类绘制是在开关插座、空调管等局部画上精致的花朵、自然的树叶等，这种绘制方法往往能带来意想不到的效果。

　　（4）彩绘墙面的制作方法虽然简单，但是对制作者的绘画功底有一定的要求，也需要配置齐全各种材料。绘制时，下笔不能时轻时重，也不能将颜料调配得太稠，要控制好勾线的力度，保持力量的均匀，还要时刻补充稀释剂，以保证线条润滑。

调和颜料　　　　　　　　墙面绘制

左图：用笔刷在调色盘上调和丙烯颜料，调好颜色。

右图：用不同规格的笔刷在界面上绘制色块，力求平整均匀。

　　（5）换色时要将笔刷清洗干净，以免渗色污染墙面。即使画错了线条，也不要急于擦拭，待颜料干了用砂纸打磨后，再用墙面原始色乳胶漆遮盖。因此，在乳胶漆涂饰施工完毕后，最好要保留一部分原始色乳胶漆备用。

　　（6）如果绘制界面为木质材料，则应在绘制完成、待颜料完全干燥后再涂饰两遍聚酯清漆或水性清漆，乳胶漆界面无须再增加面层施工。

左图：绘制完成后应当封闭门窗静置待干，以防水分蒸发过快而干裂。

彩绘墙面制作完成

15.4 壁纸施工

壁纸是高档墙面装饰材料。壁纸铺装要平整、无缝，对施工员的技术水平要求较高，需要他们有一定的施工经验。

15.4.1 常规壁纸施工

1）定义

常规壁纸是指传统的纸质壁纸、塑料壁纸以及纤维壁纸等，常规壁纸的基层一般为纸浆，与壁纸胶接触后粘贴效果较好，壁纸铺装的粘贴工艺复杂，成本高。

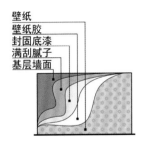

左图：壁纸铺装基础应涂刷基膜，这是提高壁纸吸附力的关键，以滚涂两遍为佳。

常规壁纸铺装构造示意图

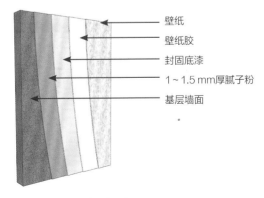

常规壁纸铺装构造三维图

2）施工方法

（1）清理涂饰基层表面，对墙面、顶面不平整的部位填补石膏粉腻子，并用240号砂纸将界面打磨平整。

（2）对涂刷基层表面做第1遍满刮腻子，修补细微凹陷部位，待干后用360号砂纸打磨平整，满刮第2遍腻子，待干后仍用360号砂纸打磨平整，然后对壁纸粘贴界面涂刷封固底漆，复补腻子磨平。

（3）在墙面上放线定位，展开壁纸检查花纹、对缝、裁切，设计粘贴方案，为壁纸、墙面涂刷专用壁纸胶，上墙对齐粘贴，对花、拼缝要严密、细心。

（4）赶压壁纸中可能出现的气泡，擦净多余壁纸胶，修整养护7天。

3）施工要点

（1）基层处理时，必须清理干净、平整、光滑，防潮涂料应涂刷均匀，不宜太厚，墙面基层含水率应小于8%，墙面平整度要用2 m长的水平尺检查，高低差应小于2 mm。

（2）混凝土与抹灰基层的墙面应清扫干净，将表面裂缝、凹陷不平处用腻子找平后再满刮腻子，并打磨平整。

（3）根据需要确定刮腻子的遍数，木质基层应刨平，无毛刺，无外露钉头，接缝、钉头处要用腻子补平后再满刮腻子，并打磨平整。

（4）石膏板基层的板材接缝用嵌缝腻子处理，并用防裂带贴牢，再在表面刮涂腻子，封固底漆要用与壁纸胶配套的产品，涂刷1遍即可，但不能有遗漏。对于潮湿环境的基层，为了防止壁纸受潮脱落，还可以涂刷1层防潮涂料。

（5）涂胶时最好采用壁纸涂胶器，壁纸胶被加热后会涂得更均匀。

滚涂封固底漆　　　　　调配壁纸胶　　　　　倒入涂胶器　　　　　壁纸涂胶

左图：封固底漆应选用壁纸的配套产品，用滚筒滚涂至铺装界面上，待其完全干燥。

左中图：壁纸胶的品种较多，调配时加水即可，要根据包装说明来配置配合比。

右中图：将调配好的壁纸胶静置10min后均匀倒入涂胶器。

右图：将壁纸匀速推拉，壁纸胶即会均匀涂至壁纸背面。

（6）涂胶后的壁纸应放置3～5min之后再粘贴至墙面上，粘贴时应从上向下施工，先赶压中央，再把周边压平。

（7）接缝处应无任何缝隙，建议戴手套施工，以免壁纸受到污染，要注意保留开关面板、灯具的开口位置，并用裁纸刀仔细切割出墙面设备开口。

（8）粘贴壁纸前要弹出垂直线与水平线，拼缝时应先对图案、后拼缝，使上下图案吻合，要保证壁纸、壁布横平竖直、图案正确，不能在阳角处拼缝，壁纸要包裹阳角50 mm以上。

上墙对花　　　　　　　赶压平整　　　　　　　裁切边缘　　　　　　　裁切边角

左图：将壁纸上墙铺装，要特别注意对花的位置，应无接缝、无错位。

左中图：用刮板将对齐后的壁纸刮平，速度要快，若有未对齐的地方，则要及时移动。

右中图：将端头多余的壁纸裁切掉，美工刀应时刻保持锐利。

右图：边角部位先用刮板刮平对齐，再用美工刀顺着构造表面裁切。

（9）塑料壁纸遇水后会膨胀，因此要用水将壁纸润湿，使塑料壁纸充分膨胀；纤维基材的壁纸遇水无伸缩，所以无须润湿，复合纸壁纸与纺织纤维壁纸也不宜润湿。

（10）裱贴玻璃纤维壁纸与无纺壁纸时，背面不能刷胶黏剂。因为该类型壁纸有细小孔隙，壁纸胶会渗透至表面而出现胶痕，影响美观。

（11）全布艺面料壁纸应用白乳胶铺装，无须润湿。

（12）粘贴壁纸后，要及时赶压出壁纸下面的气泡和周边的壁纸胶，并及时把挤出的胶擦干净，修整养护7天。

赶压气泡　　　　　　　清理表面　　　　　　　裁切电源面板的位置　　　　壁纸铺装完成

左图：将壁纸下面的气泡赶压出来，并时刻保证对花整齐。

左中图：用抹布将壁纸接缝处的多余壁纸胶擦干净，并将壁纸压平。

右中图：待壁纸干燥后再裁切电源面板或其他开口部位，裁切时应用刮板刮平。

右图：壁纸铺装完成后应封闭门窗养护，以免快速干燥导致壁纸脱落或起泡。

15.4.2　液体壁纸施工

1）定义

　　液体壁纸其实是一种可以变化颜色、图案、肌理的涂料，装饰效果独特，施工方法自由，工艺没有常规壁纸那么严格，可自主施工。

液体壁纸　　　　　　　　　　打开包装

左图：液体壁纸造价高，施工难度较大，但浓度高，涂料具有独特的特色，易清洗，且不易刮坏。

右图：打开包装，察看液体壁纸材料的色彩与数量。

2）施工方法

　　（1）清理涂饰基层表面，对墙面、顶面不平整的部位填补石膏粉腻子与成品，具体处理方法和要求与上述常规壁纸施工中的一致。

　　（2）采用刷涂或滚涂工艺，将基层液体壁纸涂料涂饰到墙面上，施工方法与乳胶漆涂饰的一致，待干后进行局部修补。

调和均匀　　　　　　　喷涂底层

左图：根据包装上的使用说明进行调配，搅拌应均匀，调和后应静置10min。

右图：喷涂方法与真石漆一致，应尽量保持均匀。

（3）采用厂商提供的滚压模具，注入不同颜色的液体壁纸涂料，在墙面上滚涂，或用印花模板将不同颜色的液体壁纸涂料按先后顺序刮涂至墙面上。

用模具刮涂　　　　　　　　　滚筒压花

左图：采用模具将液体壁纸涂料刮涂至界面上，赶压要有力，以保证颜料能完全渗透至模板背后，要注意对花整齐且无错缝。

右图：采用滚筒压花施工最简单，但是在施工过程中要格外注意对花，滚筒滚动时应匀速缓慢，以免因速度过快而出现褶皱。

（4）用尼龙笔刷对滚花或印花涂料进行局部修补，待干后养护7天。

液体壁纸施工完成

上图：液体壁纸施工完成后不能按压，养护方式与乳胶漆的一致。

3）施工要点

（1）液体壁纸的基层施工方法和要点与常规壁纸的一致，仍要注重墙面的平整度与清洁度。

（2）选购液体壁纸产品时，应对照厂商提供的参考图册选购配套工具，高档品牌的产品会附送施工图册与工具。任何液体壁纸产品在选购时都应确定最终的施工效果。

（3）第1遍涂装施工应采用滚涂的方式，将基层彩色涂料均匀、平整地涂刷至界面上，待完全干燥后，才能进行第2遍涂饰。

（4）大多数液体壁纸产品的第2遍涂装材料与第1遍的相同，只是颜色不同，施工时应定位放线，标出涂装位置，可以用铅笔做放线标记，施工完成后再用橡皮擦除。

（5）滚花施工是指采用专用滚花筒将涂料滚印到界面上，滚印时应从下向上、从左向右施工，对齐接缝，每段滚印的高度不应超过1 m。

（6）对于以局部装饰为主的液体壁纸，可以采取压印刮涂的方式施工，将配套模具固定在界面上，用刮板将第2遍涂装材料刮入模具纹理中，用于刮涂的材料黏稠度应较高，一般不会有流挂现象。

滚筒　　　　　　　　　　模板

左图：滚筒的图案品种有很多，价格较低，可以选购2～3种搭配着使用。

右图：模板的图案有很多，价格较高，可以定制生产。

（7）液体壁纸的施工方式多样，无论是滚涂，还是刮涂，施工完毕后若有残缺，可用尼龙笔刷做局部修饰，养护7天。

第 16 章

安装施工

核心概念：高度、密封、平整、精细化、收尾。

章节导读：安装工程注重精细度，所有材料与构造都呈现在最终的效果中，要在安装过程中不断细化边角，对各种细节作精细化处理。安装完毕后要进行检验并调试，对不完整的细节要及时整改。使用过程中，也需要随时对室内构造进行修补，以达到长期完美的设计效果。

安装完毕

卧室是室内设计安装施工的汇集之地，主要包括灯具、家具、地板等的安装，完成安装即可投入正式使用。

16.1 洁具安装

洁具安装是水路施工的重要部分，需要仔细操作，杜绝渗水、漏水现象的发生。常用洁具一般包括洗面盆、水槽、蹲便器、坐便器、浴缸、淋浴房、水阀门等，它们的形态、功能各异，安装方法也不相同，但都需要在安装前找准给水与排水的位置，并连接密实。

16.1.1 洗面盆的安装

1）定义

洗面盆是卫生间的标准配置，样式较多，常见的洗面盆主要有台式、立柱式与成品柜式3种，安装方法类似，且比较简单。

2）施工方法

（1）检查给水、排水口位置与通畅情况，打开洗面盆包装，检查配件是否齐全，精确测量给水、排水口与洗面盆的尺寸数据。

（2）根据现场环境与设计要求预装洗面盆，进一步检查、调整管道位置，标记安装位置基线，确定安装基点。

安装台柜 　　　　　　　　固定台柜

左图：成品柜式洗面盆是当今卫生间的主流产品，需要预先安装底部台柜。

右图：预先在墙面钻孔后，埋设膨胀塑料卡栓，并将螺钉固定在塑料卡栓上。

（3）从下向上逐个安装洗面盆的配件，将洗面盆固定到位，并安装排水管道。

（4）安装给水阀门，连接软管，紧固排水口，进行供水测试，清理施工现场。

3）施工要点

（1）确定洗面盆高度时，应结合使用者的身高来确定，洗面盆上表面的高度一般为750～900 mm。

（2）立柱式与成品柜式洗面盆高度不足时，可以在底部砌筑台阶垫高。

（3）洗面盆与墙面的接触部位应用中性硅酮玻璃胶嵌缝，安装时不能损坏洗面盆的表面镀层。

（4）洗面盆上表面应保持水平，可采用水平尺测量校正，无论是哪种洗面盆，都应用膨胀螺栓固定主体台盆，膨胀螺栓不应少于2个，悬挑成品柜式洗面盆的膨胀螺栓不应少于4个。

（5）安装洗面盆时，构件应平整、无损坏。洗面盆与排水管的连接应牢固密实，且便于拆卸，连接处不能敞口。

（6）从洗面盆台面上方300 mm至地面的所有墙面应预先制作防水层，若没有制作防水层，则应在墙面瓷砖缝隙处填补防水勾缝剂。

组装水阀 　　　　　　　　连接软管

左图：检查洗面盆后，将水阀门安装在开孔处，并将给水软管连接至水阀门上。

右图：给水软管的另一端连接至墙面给水管端头，也可以根据需要增设三角阀。

连接软管　　　　　　安装面盆

左图：连接软管时不宜将软管过度扭曲，应以自然垂落后再固定为佳。

右图：将洗面盆平稳放置在柜体上，靠墙的边缝应填补中性硅酮玻璃胶。

（7）对于现场制作台面的洗面盆应预先砌筑支撑构造，或用型钢焊接支撑构件，然后用膨胀螺栓将其固定在周边墙体上，型钢大多为边长为60 mm的方钢与60 mm的角钢，焊接构架的上表面铺设18 mm厚的天然石材。

（8）配件的安装顺序应从下向上，先安装排水配件，再安装水阀门，最后安装配套的梳妆镜与储物柜。

安装梳妆镜与壁柜　　　洗面盆安装完毕

左图：安装梳妆镜、壁柜等构造时应注意横平竖直，若有电路，则应预留出接头。

右图：洗面盆安装完毕后应摆正水阀门，并对水阀门进行固定。

16.1.2　水槽的安装

1）定义

水槽是厨房装修的重要构造，主要可用于洗碗筷、果蔬，大多为不锈钢材质，排水配件较多，安装较复杂。

2）施工方法

（1）检查给水、排水口位置与通畅情况，打开水槽包装，检查配件是否齐全，精确测量给水、排水口与水槽的尺寸数据。

左图：仔细检查水槽产品的配件，因为任何配件的缺少都会导致无法安装。

检查水槽配件

（2）根据现场环境与设计要求预装水槽，进一步检查、调整管道位置，标记安装位置基线，确定安装基点。

（3）从下向上逐个安装水槽配件，将水槽固定到位，并安装排水管道。

（4）安装给水阀门，连接软管，紧固排水口，进行供水测试，清理施工现场。

3）施工要点

（1）因为水槽都安装在橱柜台面上，所以橱柜台面应预先根据水槽尺寸开设孔洞，大小应合适，水槽处的石材台面下方应有板材作为支撑，以免水槽盛满水后塌陷。

加工橱柜台面　　　　　嵌入水槽

左图：对橱柜台面进行加工，根据水槽尺寸开设孔洞，并将边角修磨平整。

右图：将水槽主体嵌入橱柜台面孔洞，摆放端正，以不松动且周边无缝隙为佳。

（2）安装水槽时，构件应平整、无损坏，水槽排水管的连接方式应根据产品来确定，仔细阅读安装说明书后再安装，预装时不宜将各个部位紧固，以方便拆卸，待全部安装完成后再紧固严实，连接处不能敞口。

左图：将排水管件进行预组装，要注意组装的逻辑性与合理性。

预装排水管

（3）水槽底部下水口平面必须装有橡胶垫圈，并在接触面处抹少量中性硅酮玻璃胶。

（4）水槽底部排水管必须高出橱柜底板100 mm，以方便排水管的连接与封口，下水管必须采用硬质PVC管连接，严禁用软管连接，且要安装相应的存水弯。

连接排水管　　　　　　正确安装排水管

左图：将水槽排水孔下的管道连接起来，一般为盆口下部直接通向排水管。

右图：要正确安装排水管接头部位的橡皮垫圈，施工时务必要分清它的安装方向。

（5）从水槽台面上方300 mm至地面的所有墙面应预先制作防水层，若没有制作防水层，则应在墙面瓷砖缝隙处填补防水勾缝剂。

（6）水槽与水阀门的连接处必须安装橡胶垫圈，以防水槽上的水渗入下方，水阀门必须紧固。

（7）水槽与台面的接触部位应用中性硅酮玻璃胶嵌缝，安装时不能损坏水槽的表面镀层。

（8）所有配件的安装顺序应从下向上，先安装排水配件，再安装水阀门，最后安装洗洁剂罐、篮架等配套设施。

沿开孔边缘注胶　　　　　软管的连接

左图：排水构件安装完毕后，用中性硅酮玻璃胶填充台面与水槽的缝隙。

右图：固定水槽后再连接给水软管，软管与水阀门应连接紧密。

水槽下部给水、排水构造　　水槽安装完成

左图：水槽下部的给水排水构造应尽量简单，以免安装过于复杂而漏水。

右图：水槽的上部构造应固定牢固，无任何松动，表面应保持光洁整齐。

16.1.3　水箱的安装

1）定义

水箱是蹲便器的重要组成部分，也是一种较简易的洁具，价格相对较低，使用方便、卫生，适用于公共卫生间。在地面回填时，蹲便器与回填用的水泥砂浆应一并铺装在地面上，其安装简单，但是在铺装地砖时应注意预留水箱的给水管。

左图：蹲便器的安装应与地面回填施工同时进行，安装后应涂刷防水涂料。

蹲便器的安装

2）施工方法

（1）检查给水、排水口位置与通畅情况，打开水箱包装，检查配件是否齐全，精确测量给水、排水口与水箱的尺寸数据。

（2）根据现场环境与设计要求预装水箱，进一步检查、调整管道位置，标记安装位置基线，确定安装基点。

（3）用水平尺校正水箱的安装位置，并进行精确放线定位，确定排水口与排水管道对齐。

在墙面上钻孔　　　　安装水箱

左图：预先放线定位，在墙面上钻孔，可以将钻孔位置选定在砖缝上。

右图：水箱的安装应保持平稳，可采用水平仪校正，或紧贴墙面对齐砖缝安装。

（4）安装给水管道与水箱配件时，用膨胀螺栓将水箱固定至墙面上，安装给水阀门，连接给水软管，紧固排水口，进行供水测试，清理施工现场。

3）施工要点

（1）水箱的构造比较简单，无须安装三角阀，但是给水软管应选用优质产品。

（2）蹲便器的安装位置要与水箱保持一致，水箱的安装高度以水箱底部距地面的距离为准，不应小于500 mm，以保证水流下时具有一定的压力。

（3）蹲便器后方的排水管应选用与水箱配套的产品，不宜用其他管替代，排水管的安装应与水箱对正。

（4）水箱配件应预先组装，察看安装状态与效果，蹲便器给水管安装后应连接墙面水箱，水平部分埋入回填层内，垂直部分独立于墙面，管道边缘与墙面的间距为50 mm。

组装配件　　　　　　连接软管

左图：在水箱中安装阀门配件，安装应紧密、无松动迹象。

右图：常规水箱只有1根给水管，将其连接至给水管端口处拧紧，也可以根据需要增设三角阀。

左图：水箱安装完毕后要进行冲水测试，不应渗水、不漏水、无余留。

水箱安装完成

（5）水箱应用膨胀螺栓安装至墙面上，膨胀螺栓不应少于2个，水箱安装应用水平尺校正，水箱给水阀距地面的高度为150~200 mm。

（6）安装水箱必须保持进水立杆、溢流管垂直，不能歪斜，安装开关与浮球时，上下动作必须无阻、灵活。

（7）连接进水口的金属软管时，不能用力过大，以通水时不漏为宜，以免留下爆裂漏水的隐患。

16.1.4　坐便器的安装

1）定义

坐便器是较高档的卫生间洁具，价格相对较高，使用舒适，它的安装可在地面瓷砖铺装完毕后进行。

2）施工方法

（1）检查给水、排水口位置与通畅情况，打开坐便器包装，检查配件是否齐全，精确测量给水、排水口与坐便器的尺寸数据。

（2）根据现场环境与设计要求预装坐便器，进一步检查、调整管道位置，标记安装位置基线，确定安装基点。

左图：使用切割机修整排水管端口，保留端口高度约10 mm。

修整排水管口

（3）将中性硅酮玻璃胶注入坐便器底部与周边，将坐便器固定到位，确定排水口对准排水管道。

（4）安装给水管道与水箱配件，安装给水阀门，连接软管，紧固排水口，进行供水测试，清理施工现场。

3）施工要点

（1）坐便器安装时应预先确定位置，选购坐便器时要注意排水口距离墙面的尺寸，一般有300 mm与400 mm两种规格，应根据这个规格来布置卫生间的排水管。

（2）在大多数非下沉式卫生间内，预留的排水管与墙面之间的距离为300 mm，应根据这个尺寸来选购坐便器。

（3）坐便器底座与地面瓷砖之间应注入中性硅酮玻璃胶，将坐便器与地面黏结牢固。

抹玻璃胶　　　　　　　　加上垫圈

左图：用玻璃胶将坐便器底部不符合安装尺寸的排水孔封闭。

右图：在排水孔的对接部位加上橡胶封套，让坐便器的压力自然垂落，使其固定。

（4）坐便器底部排水口应用成品橡胶密封圈做防水封口处理，坐便器底座禁止使用水泥砂浆安装，以防因水泥砂浆的膨胀而造成底座开裂。

（5）大多数坐便器水箱都是自带的，独立水箱应用膨胀螺栓安装至墙面上，膨胀螺栓不应少于2个，水箱安装应用水平尺校正，水箱给水阀距地面的高度为150~200 mm。

（6）安装水箱时必须使进水立杆、溢流管保持垂直，不能歪斜，安装开关与浮球时，上下动作必须无阻、灵活，最后安装盖板。

安装水箱配件

安装盖板

左图：正确安装排水构件，将其固定在水箱中，不松动、不歪斜。

右图：安装坐便器盖板，卡入时要注意力度，以免用力过猛而导致变形断裂。

（7）坐便器周边应预留地漏排水管，满足随时排水的需要，以免积水长期浸泡坐便器底部的玻璃胶而导致开裂或脱落。

用玻璃胶封闭

左图：将坐便器摆放平整后，使用玻璃胶将底部边缘封闭，力求一次成型。

（8）连接进水口的金属软管时，不能用力过大，以通水时不漏为宜，以免留下爆裂漏水的隐患。

（9）带微电脑芯片的坐便器应在周边墙面预留电源插座，电源插座旁应设控制开关，插座高度应在600 mm以上，距离各种给水、排水管的距离应大于300 mm，电源插座应带有防水盖板，安装完毕后必须用塑料薄膜封好，以免表面被损坏。

16.1.5 浴缸的安装

1）定义

浴缸形体较大，适用于面积较大的卫生间，价格也相对较高，使用舒适。安装浴缸前应预先在周边的墙面上制作防水层。

2）施工方法

（1）检查给水、排水口位置与通畅情况，打开浴缸包装，检查配件是否齐全，精确测量给水、排水口与浴缸的尺寸数据。

（2）根据现场环境与设计要求预装浴缸，进一步检查、调整管道位置，标记安装位置基线，确定安装基点。

（3）安装给水管道和给水阀门，连接软管，确定排水口对齐排水管道，紧固排水口。

连接排水管

连接给水管

左图：在浴缸底部安装排水管构造，经过试水后再放平固定。

右图：给水管的安装方式与蹲便器水箱给水管的安装方式一致，应拧紧但不宜用力过度。

（4）将中性硅酮玻璃胶注入浴缸周边缝隙，使浴缸固定到位，然后进行供水测试，清理施工现场。

左图：花洒与其他配件应在最后安装，应尽量简洁，以符合使用者的生活习惯为主。

浴缸安装完毕

3）施工要点

（1）浴缸安装时应预先确定位置，选购浴缸时应仔细测量浴缸尺寸，看是否与卫生间空间相符，应根据浴缸规格来布置卫生间的排水管。

（2）浴缸周边墙面应预先制作防水层，防水层应从地面开始，向上的高度应超过浴缸上表面300 mm。

（3）安装浴缸时，检查安装位置底部及周边是否制作了防水，检查侧面溢流口外侧排水管的垫片与螺帽的密封情况，确保密封无泄漏，还要检查排水拉杆动作是否灵活。

（4）铸铁、亚克力材质浴缸的排水管必须采用硬质PVC管或金属管道，插入排水孔的深度要大于50 mm，经放水试验无渗漏后再进行正面封闭，并在对应下水管的部位留出检修孔。

（5）嵌入式浴缸周边的墙砖应待浴缸安装好以后再进行铺装，使周边瓷砖立于浴缸边缘上方，以防水沿墙面渗入浴缸底部。

（6）墙砖与浴缸周边应留出1～2 mm的嵌缝间隙，以免热胀冷缩使墙砖与浴缸瓷面发生爆裂。

（7）浴缸安装的整体水平度必须小于2 mm，浴缸水阀门的安装必须保持平整，开启时水流必须超出浴缸边缘溢流口处的金属盖。

（8）安装带按摩功能的浴缸时，周边应预留电源插座，电源插座旁应设控制开关，电源插座与各种给水、排水管的距离应大于300 mm，电源插座应带有防水盖板，安装完毕后必须用塑料薄膜封好，以免表面被损坏。

16.1.6　淋浴房的安装

1）定义

淋浴房适用于绝大多数卫生间，安装简单方便，不占面积，但是淋浴房的构造繁简不一，具体施工应按照产品说明书操作。

2）施工方法

（1）检查给水、排水口位置与通畅情况，打开淋浴房包装，检查配件是否齐全，精确测量给水、排水口与淋浴房的尺寸数据。

（2）根据现场环境与设计要求预装淋浴房，标记安装位置基线，确定安装基点，安装围合框架。

安装淋浴房边框　　　　　固定淋浴房边框

左图：淋浴房地面边框多采用石材或铝合金制作，并在周边用玻璃胶封闭。

右图：淋浴房墙面边框安装时应预先放线定位，先用电锤钻孔，再用螺钉固定即可。

（3）安装给水管道与淋浴配件，安装给水阀门，确定排水口对齐排水管道，紧固排水口。

（4）安装围合底盘、围合界面、顶棚等配件，将中性硅酮玻璃胶注入周边缝隙，使各配件固定到位，进行供水测试，清理施工现场。

3）施工要点

（1）淋浴房安装时应预先确定位置，选购淋浴房时应仔细测量淋浴房尺寸，看是否与卫生间空间相符，应根据淋浴房规格来布置卫生间的排水管。

（2）无论淋浴房周边是否有围合屏障，都应在墙面制作防水层，防水层从地面开始，高度应超过1 800 mm，墙面防水层的宽度应超出淋浴房侧边300 mm。

（3）安装淋浴房时，检查安装位置底部及周边是否制作了防水。

（4）亚克力底盘淋浴房的排水管必须采用硬质PVC管或金属管道，插入排水孔的深度要大于

50 mm，经放水试验无渗漏后再进行正面封闭，并在对应下水管部位留出检修孔。

（5）淋浴房周边的围合屏障多为钢化玻璃，应在钢化玻璃与金属连接件之间安装橡胶垫并加注玻璃胶，以防钢化玻璃因受到挤压或热胀冷缩而破碎。

（6）淋浴房安装的整体水平度必须小于2 mm，淋浴房推拉门必须保持平整。

（7）用水平尺校正围合屏障的垂直度，围合屏障与周边墙面的固定应采用膨胀螺钉，每个屏障构件的固定膨胀螺钉不应少于4个。

（8）安装带按摩功能的淋浴房时，周边应预留电源插座，电源插座旁应设控制开关，电源插座与各种给水、排水管的距离应大于300 mm，电源插座应带有防水盖板，安装完毕后必须用塑料薄膜封好，以免表面被损坏。

封闭玻璃胶　　　　　　　　淋浴房的安装

左图：玻璃、边框之间用玻璃胶封闭平整，完全干燥后才能沾水。

右图：活动推拉门最后再安装，吊装的滑轨在上方，安装后推拉门使用时应顺畅轻松。

16.1.7　淋浴水阀的安装

1）定义

淋浴水阀适用于绝大多数卫生间，安装简单方便。

2）施工方法

（1）检查给水口位置与通畅情况，打开水阀包装，检查配件是否齐全。

（2）将水阀安装至墙面上的给水管端口，并安装给水软管。

（3）根据需要，在给水管终端安装三角阀，将给水软管连接至三角阀，或直接连接至水管终端。

（4）将各配件固定到位，进行供水测试，清理施工现场。

检查配件　　　　　　　　　安装阀门

左图：打开包装，仔细检查淋浴水阀的配件与数量，并将其主要构件预装好。

右图：将水阀与给水管对接，给水管的规格应与水阀匹配。

固定给水管　　　　　　　　水阀安装完毕

左图：紧固接头螺丝，将其他配件从下向上逐步安装。

右图：水阀安装完毕后应进行调试，各部位之间的连接应紧密，不漏水、渗水。

3）施工要点

（1）常规水阀是指冷、热水混合阀，又称为混水阀，水路施工时应预留给冷、热水管道终端，按左热右冷的方式连接混合阀。

（2）水阀门与洁具之间应用橡胶垫圈密封。将给水软管拧入水阀下端接口，一般用手拧紧即可，如果安装空间过于狭小，可以用水管扳手加固，但是不能用力过大，以免接头处的橡胶圈破裂。

（3）如果用水端口较多，为了方便维修，则应在给水管终端安装三角阀。如果建筑面积较小，只有1个卫生间，且入户水管已安装有总水阀，那么也可以不必在此安装三角阀。

（4）安装三角阀时，应将安装三角阀的出水口向上，不宜固定过紧，紧固至90%即可，给管道之间的衔接预留一定的缩胀余地，防止软管因扭曲变形而破裂。

（5）安装不能破坏原有的防水层与新涂刷的防水层，防水层已经被破坏或没有防水层的，一定要重新做防水层，并通过24h积水渗漏试验进行检验。

小 贴 士

淋浴房安装的密封性

淋浴房主要是为了保温与防水，这两点都要求淋浴房具有良好的密封性。其中保温要求淋浴房拥有底盘与顶盖，安装时应将泡沫垫圈塞入底盘与顶盖的边缝，将其与周边玻璃之间的连接部位密封完整。防水则要求淋浴房的构件精确无误差，玻璃推拉门之间的塑料边条应调试紧密。安装给水、排水管时，应预先组装，进行试水，确认无渗漏后再安装到位，周边应用玻璃胶密封。

16.2 设备安装

家庭常用电器设备主要包括热水器、地暖、空调等，虽然这些设备大多由产品经销商负责安装，但是了解相关施工工艺后可进行有效监督，以保证施工质量。

16.2.1 热水器的安装

1）定义

家用热水器主要包括燃气热水器、电热水器与太阳能热水器，其中燃气热水器涉及水、电、气3种能源，施工较复杂。

2）施工方法

（1）根据使用要求选择合适的安装位置，在墙面上定位、钻孔并安装预埋件。

布置穿管　　　　　　　　埋入燃气管

左图：在铺装墙砖之前应预先埋设PVC管，管道位置与燃气总阀对应。

右图：将不锈钢波纹管穿入PVC管，端头预留长度约为500 mm。

（2）将热水器主机安装到墙面上，并连接好排烟管。

（3）使用配套软管连接水管、燃气管并进行紧固。

（4）通气、通电、通水检测，调试完毕。

3）施工要点

（1）安装燃气热水器的房间高度应大于2.4 m，直接排气式热水器严禁安装在浴室或卫生间内，烟道式（强制式）与平衡式热水器可以安装在卫生间内，但安装烟道式热水器的卫生间的容积不应小于热水器每小时额定耗气量的3.5倍。

（2）热水器应安装在操作、检修方便又不易被碰撞的部位，热水器前方的空间宽度应大于800 mm，侧边离墙的距离应大于100 mm。

（3）热水器应安装在坚固耐火的墙面上，当安装在非耐火墙面上时，应在热水器的背面衬垫隔热耐火材料，其厚度应大于10 mm，每边超出热水器外壳的距离应大于100 mm。

（4）热水器的供气管道宜采用金属管连接，热水器的上部不能有明装电线、电器设备，热水器的侧边与其他电器设备的水平净距应大于300 mm，或采取其他隔热措施。

（5）热水器与木质门、窗等可燃物的间距应大于200 mm，或采取其他阻燃措施。热水器安装时，观火孔应距离地面1.5 m左右。

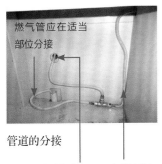

燃气管应在适当
部位分接

管道的分接

一路供给热水器　一路供给燃气
灶具

燃气管的墙面开孔

上图：铺装墙砖后，应
对正管道位置开孔，不
能歪斜或错位。

给水管安装

上图：安装不锈钢波纹管时
应将管材均匀弯折，保持基
准垂直与水平，应在下端安
装三角阀，以便随时检修。

燃气管安装

上图：燃气管安装时，应将报
警器信号线插入热水器端口，
以便在有事故发生时热水器可
以及时报警。

（6）烟道式热水器应装在有烟道的房间，上部及下部风口的设置要求同直接排气式热水器。

（7）平衡式热水器的进风口、排风口应完全露在墙外，热水器的管道穿过墙壁时，进气口、排气口的外壁与墙的间隙用非燃材料填塞。

（8）热水器的管道连接方法和要点与上述洁具一致，周边应预留电源插座，电源插座旁应设控制开关，电源插座与各种给水排水管的距离应大于300 mm，电源插座应带有防水盖板，安装完毕后必须用塑料薄膜封好，以免表面被损坏。

安装报警器与烟囱

烟囱连接户外

左图：报警器与烟囱的安装都必不可少，烟囱应从吊顶扣板上方连接。

右图：烟囱连接至户外时应注意安装的位置，上方应有屋檐遮挡雨水。

（9）电热水器与太阳能热水器的安装方法较简单，在施工中应预留管道与电源插座。

（10）安装电热水器时主要考虑承重问题，电热水器应安装在厚度大于180 mm的砌筑隔墙上。

（11）太阳能热水器大多安装在屋顶，连接屋顶与卫生间之间的管道应小于6 m，并做好隔热、保温措施。

16.2.2 中央空调的安装

1）定义

空调是现代装修中必不可少的电器设备，大多为分体式，即主机挂在室外、分机挂在室内，安装难度并不大。

2）施工方法

（1）根据设计图纸确定空调室外主机与室内分机的安装位置，放线定位，安装预埋件，将主机、分机安装到指定位置，并包裹好。

（2）依次安装冷媒管、冷凝水管、信号线，并保护好冷媒管接头。

布置管道

左图：确定主机、分机位置后再安装管道，包括冷媒管、冷凝水管和电源线。

确定分机安装的位置

左图：分机的安装位置应根据装修设计要求来评估，一般安装在室内中央或门窗的上方。

（3）先给管道充入氮气进行压力测试，再给室外主机充填冷媒，测试中央空调系统。

（4）测量出风口与回风口的尺寸、位置，放线定位，安装预埋件，安装出风口与回风口，连接管线，运行设备测试。

（5）根据装修设计制作吊顶构造。

中央空调分机的出风口应朝侧面

回风口应朝下面

分机风口的安装

制作木龙骨吊顶

制作轻钢龙骨顶

左图：木龙骨应将空调分机罩住，但是不能与空调连接，也不能将吊顶挂在空调设备上。

右图：制作轻钢龙骨时应将空调的安装位置预留出来，不能遮挡空调的回风口与出风口。

室内分机安装完毕

左图：空调安装完毕后才能封闭吊顶，并根据需要预留检修孔。

3）施工要点

（1）安装中央空调应在装修准备阶段就进行规划设计，事先确定主机与分机的安装位置，预先布置强电线，一般在水电施工进场后即可联系厂家上门安装。

（2）各种管道应选用优质品牌的产品，冷媒铜管外部应包裹保温材料，保温层与铜管之间应无间隙，且不滑动。

（3）室外主机应放置在地面上，如果放置在楼顶或挂置在墙面上，则应考虑建筑构造的承重能力。

左图：室外挂机应采用加强支架，不能直接摆放在室外空调搁板上，防止自重过大而发生塌落。

室外挂机的安装

左图：更大的室外主机由于自重较大，安装时建议放置在户外地面上，并对地面做找平与防潮处理。

大型室外主机的安装

（4）室外主机风扇的出风口周边应保持通风，出风方向500 mm和出风侧面150 mm应无遮挡物，所有接地处应安装减震垫。

（5）室内分机离房顶距离不应小于10 mm，以免空调运行时与顶面产生共振。室内分机与冷凝水管安装应保证大于1%的坡度，接冷凝水的一侧略低，避免冷凝水无法排出去。冷凝水管接出室外后应连接至地漏排水管上。

（6）冷媒铜管的安装是中央空调安装的重要环节，只能在铜管与分歧管的连接处焊接，不能在铜管与铜管之间焊接。

（7）在焊接过程中必须在铜管内冲入氮气，这样铜管内部没有空气，可以防止产生炭积而使压缩机发生故障。焊接完成后应用高压氮气清洁管内残渣。

（8）管道连接后应往铜管内充入一定压力的氮气进行压力测试，时间为24h，使用R410A冷媒需保持管内压力为40 MPa，使用R22冷媒需要保持管内压力为20 MPa。

（9）由于氮气是惰性气体，膨胀系数小，几乎不存在由于热胀冷缩而产生的压力变化，因此如果测试过程中压力表数值下降，则应该检查冷媒管焊接是否有问题。

（10）压力表在常规24h保压后不做拆除，直至主机通电测试前才能拆除。

（11）室外主机安装完毕后，应在充填冷媒前将管内的空气抽出，以保持管内干燥无水，否则空气和水会与冷媒混合产生冰晶，损坏设备，抽气时间一般不少于2h。

（12）抽成真空后可以开启冷媒阀，释放出外机内自带的冷媒，开机测试并检测压力，适当进行补充，直至调试完成，以达到理想工作状态。

（13）安装出风口与回风口时应注意风口尺寸要契合，不能错位，出风口也不宜装在灯带附近。

（14）嵌入式或凹入吊顶内部的出风口，需注意检查吊顶是否有裂缝，否则，可能出现出来的风未到达使用区域，就已经回到空调内机里的情况，从而影响使用效果，一般应保证出风口与回风口之间的间距大于1.2 m。

16.2.3 地暖的安装

1）定义

地暖是近年来比较流行的家用取暖设备，主要有水暖与电暖两种。目前家用地暖基本为水暖，散热均匀，不伤地面铺装材料，热气透过地面铺装材料向上散发至整个房间，适用于北方寒冷地区。地暖设备安装复杂，成本较高，应严谨施工。

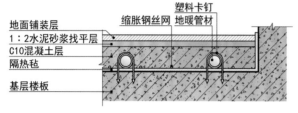

地暖安装构造示意图

上图：地暖安装的关键是要把隔热毡铺装平整，以便让地暖管材中的热量能完全散发到室内空间中。另外，为了保护地暖管道，需要在地暖管材上覆盖C10混凝土层。

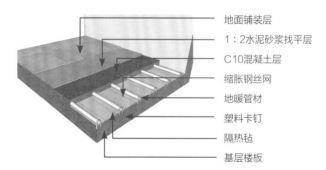

地暖安装构造三维图

2）施工方法

（1）根据设计图纸确定锅炉安装位置，放线定位，安装预埋件，将锅炉安装到指定位置。

（2）清理地面基层，在地面铺装隔热毡，展开管道与配件。

 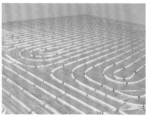

铺装隔热毡　　　　　　　　给暖水管的安装

左图：隔热毡应铺装平整，接缝处应粘贴紧密，不应存在缝隙，周边应向墙面拓展开约50 mm。

右图：给暖水管安装时应布置均匀，各管道之间的间距应保持一致。

（3）在地面上铺装循环水管道，将管道连接至锅炉，安装分水阀门。

（4）通气、通电、通水检测，调试完毕。

3）施工要点

（1）地暖施工前应经过细致、全面的设计，一般面积较大的空间使用地暖更加合适，面积小于60 m²的空间不建议使用地暖，以免造成浪费。

（2）锅炉应安装在地面上，并用膨胀螺栓固定支架，膨胀螺栓数量不应少于4个，其他安装要求与上述热水器的相当。

（3）布置地面管道之前应对地面进行找平处理，地面应铺装隔热毡，管道间距一般为250～300 mm，采取循环布置的方式，要覆盖房间里的全部地面。

给暖水管的局部

左图：给水软管布置应整齐，并用管卡固定在地面上。

（4）地暖系统需要在墙体、柱、过门等与地面垂直交接处敷设伸缩缝，伸缩缝宽度不应小于10 mm；当地面的面积超过30 m²或边长超过6 m时，也应设置伸缩缝，伸缩缝宽度不应小于8 mm。

（5）如果铺设带龙骨的木地板，则无须填充混凝土；但如果铺装地砖，则必须对管道填充混凝土，同时应注意保护伸缩缝不被破坏。

（6）填充层是能保护塑料管及使地面温度均匀的构造层，一般为豆石混凝土，石子粒径不应大于10 mm，1∶3水泥砂浆，混凝土强度等级不应低于C15，填充层厚度以完全覆盖管道为准，平整度应小于3 mm。

回填混凝土

回填豆石

左图：安装地暖时加入金属缩胀网能有效防止混凝土开裂，混凝土铺装时应注意保护管道。

右图：豆石铺填更适用于带龙骨的木地板铺设，豆石能有效传导热量。

（7）加热管内水压不应低于0.6 MPa，地暖加热管安装完毕且水压试验合格后要在48h内完成混凝土填充层施工。在混凝土填充层施工中，严禁使用机械振捣设备，且施工人员应穿软底鞋，用平头铁锹。

（8）地暖管道接通后应进行试运行，应严格控制初次加热的水温，升温过程一定要平缓，确保建筑构件对温度上升有一个逐步的适应过程。

（9）地暖初始加热时，调试热水升温应平缓，供水温度应控制在比当时环境温度高10 ℃左右，且不高于32 ℃，并应连续运行48h，以后每隔24h水温可升高3 ℃，直到达到设计供水温度。

（10）在合适的供水温度下对每组分水器、集水器连接的加热管逐路进行调试，直至达到设计要求。施工完毕后对地面进行回填找平，并做好标识，以免后期装修将其破坏。

安装好的分水器

安装好的锅炉

地暖安装完成

左图：分水器应安装在厨房、卫生间或较开阔的部位，方便检修，但不能距离锅炉太远。

中图：锅炉的安装方法与热水器相当，只是应在附近连接分水器。

右图：混凝土回填后应使用水泥砂浆找平，并以红色字体做醒目标识。

（11）进入后期装修施工时，不得剔、凿、割、钻和钉填充层，不得向填充层内楔入任何物件。

（12）面层的施工必须在填充层达到要求强度后才能进行，在面层与内外墙、柱等的交接处，应留8 mm宽伸缩缝，并用踢脚线遮挡。

（13）木地板铺设时，应留大于14 mm的伸缩缝，对于卫生间，应在填充层上部再制作1遍防水。

16.3 成品家具安装

装修中的成品家具主要包括橱柜与衣柜，它们既有储藏功能，又有装饰功能，是装修后期的重点安装对象。

16.3.1 衣柜的安装

1）定义

成品衣柜外观整洁美观，一般由厂商进行专业设计，其储藏空间分布科学合理，是现代装修的首选。它与现场定制衣柜最大的不同是施工快捷，1～2天即可安装完成。

2）施工方法

（1）精确测量房间尺寸，并设计图纸，确定方案后在工厂对材料进行加工，将成品型材运输至施工现场。

（2）根据现场环境与设计要求，预装衣柜，标记好安装位置基线，确定安装基点，用电锤钻孔，并放置预埋件。

（3）从下至上逐个拼装衣柜板材，安装牢固五金配件与配套设备。

（4）测试、调整成品衣柜，清理施工现场。

3）施工要点

（1）订购成品衣柜应请人预先上门测量、设计图纸，从开始加工板材至安装需15～20天，应控制好施工进度。

（2）如果房间地面不平整，即地角线与顶角线不平行，则应预先对地面进行找平处理。

（3）成品衣柜不能当作房间隔墙，如果需要隔墙，应预先用轻钢龙骨与石膏板制作，待隔墙制作完成后再进行测量。

（4）安装时不能在成品衣柜背后钉接龙骨与石膏板作为隔墙封闭，以免缩胀性不一而导致背面板材开裂、变形。

（5）在墙面、顶面钻孔时应控制深度，孔洞深度不应超过砌筑墙体厚度的50%，用膨胀螺钉将衣柜固定至墙、顶面上，每个衣柜单元不应少于4个膨胀螺钉。

（6）柜体之间的连接均用金属螺钉，应先经过放线定位后，再用电钻钻孔，将螺钉预埋在孔中。

在板材上钻孔　　　　放线定位

左图：将成品衣柜运输至施工现场后，打开产品外包装，在需要固定的部位钻孔，安装螺丝。

右图：先将柜体竖立起来后，再在侧面放线定位、钻孔、安装横向搁板。

（7）衣柜板材拼装后，在主要节点应用螺钉加固，竖向隔板之间的间距应小于900 mm，横向活动搁板应校正水平度。

（8）安装平开柜门时应反复校正、调整门板之间的缝隙，安装抽屉时应仔细调整抽屉与门板之间的缝隙，各种缝隙的间距不应超过3 mm，且要均匀一致。

组装柜体

组装抽屉

左图：体积较大的柜体应分开组装，然后再并齐摆放。

右图：柜体框架组装好后，根据实际尺寸组装抽屉，必要时应对抽屉板材进行裁切。

（9）对于推拉门应预先测量安装完毕后衣柜的尺寸，回厂加工，再运输至施工现场进行安装，这样它的尺寸会更精准。

加工柜门

推拉门的开合试验

左图：柜体安装完毕后，仔细测量柜门尺寸后，再回厂加工柜门。

右图：推拉门安装完毕后应仔细调试，开关移动应顺畅、无较大阻力。

小 贴 士

现场制作家具与订购成品家具的区别

现场制作的家具可以选用顶级环保免漆板，对施工员的技术水平有较高要求，整体价格相对较低；而订购成品家具的板材一般不太好，但是工艺水平较高，整体价格相对较高。

16.3.2　橱柜的安装

1）定义

现代装修大多采用成品橱柜，其色彩、风格多样，表面光洁平整。

2）施工方法

（1）检查水路、电路接头位置与通畅情况，检查橱柜配件是否齐全，清理施工现场。

核对清单　　　　　　　柜门放置

左图：橱柜进场后应仔细核对清单，根据清单内容查验橱柜配件是否齐全。

右图：成品橱柜中各种地柜一般已组装成箱体，安装起来比较方便。

右图：橱柜门板应竖向摆放，避免弯压或破坏表面装饰层。

橱柜进场

（2）根据现场环境与设计要求，预装橱柜，进一步检查、调整管道位置，标记安装位置基线，确定安装基点，用电锤钻孔，并放置预埋件，对需要裁切的部位进行裁切。

放线定位　　　　　　　切割

左图：对于紧贴烟道或落水管部位的橱柜应在放线定位后，再做裁切。

右图：橱柜裁切时应用曲线切割机，以方便控制板材裁切的规格。

（3）从上至下逐个安装吊柜、地柜、台面、五金配件与配套设备，并将电器、洁具固定到位。

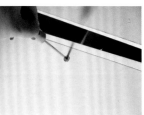

安装螺栓　　　　　　　固定螺丝

左图：在板材边缘钻孔，将螺栓插入其中，并调整到合适的高度。

右图：将螺丝固定在板材上，拧紧后检查板材组装的垂直度。

封闭管道　　　　　　　在墙面上钻孔

左图：管道穿过的部位应用板材围合起来，并将管道封闭起来。

右图：安装吊柜之前，应在墙面钻孔，应仔细测量钻孔位置。

（4）测试、调整橱柜，清理施工现场。

3）施工要点

（1）安装吊柜时，为了保证膨胀螺栓的水平度，需要在墙面上根据设计要求画出水平线，可以根据使用者的身高情况，调整地柜与吊柜之间的距离。

（2）安装吊柜时同样需要用连接件连接柜体，以保证柜体连接紧密，吊柜安装完毕后，必须调整吊柜的水平度，因为它直接影响到橱柜的美观。

柜体上墙　　　　　　　　安装液压撑杆

左图：将吊柜安装至墙面上时应采用专用连接件。

右图：安装吊柜时要分别安装柜门铰链与液压撑杆，上开门板应安装至少1个液压撑杆。

左图：如果将燃气表放置于橱柜中，则应预先保留足够的空间，以保证燃气表的正常使用与检修。

燃气表嵌入

（3）安装地柜前，施工员应对地面进行清扫，以便准确测量地面的水平度。

（4）安装时如果橱柜与地面不能达到水平，那么橱柜柜门的缝隙就无法做到均匀一致，施工员应用水平尺对地面、墙面进行测量以了解地面的水平情况，并调整橱柜至水平。

安装柱脚　　　　　　　　预留配水管位置

左图：将柱脚安装至地柜底部，柱脚应距离外边缘50 mm以上。

右图：安装地柜后，应当在水槽底部铺装防潮垫，并将配水管位置预留出来。

（5）地柜如果是L形或U形，则需要先找出基准点。L形地柜应从直角处向两侧延伸，如果从两侧向中间摆放，则有可能出现缝隙。U形地柜则是先将中间的一字形柜体摆放整齐，然后从两个直角处向两侧摆放，以免出现缝隙。

（6）地柜摆放完毕后，需要对地柜进行找平，可通过地柜的调节腿调节地柜的水平度。

（7）地柜之间的连接是地柜安装的重点，柜体之间至少需要4个连接件固定，以保证柜体之间的紧密度。

地柜的安装　　　　　　　地柜拉篮的安装

左图：地柜安装完毕后应仔细检查其平整度，不应存在歪斜与错位。

右图：地柜中的拉篮安装较简单，底部应增设搁板或托盘，以防餐具中有水滴落。

（8）橱柜的台板大多数为人造石，台板是由几块型材黏结而成的，黏结时间、用胶量以及打磨程度都会影响台板的美观。

（9）一般在夏季黏结台板需要0.5h，在冬季需要1~1.5h，应使用云石胶黏结，为了保证台板接缝的美观性，还应用打磨机对黏结部位进行打磨抛光。

搁置台板　　　　　　　　预留灶具和水槽的位置

左图：台板大多为人造石，方便切割，进场的尺寸应比实际尺寸略大，所以需要进行裁切。

右图：灶具与水槽的位置应预先留出，可根据选购的灶具与水槽的尺寸进行裁切。

转角部位的处理　　　　　管道穿过部位的处理

左图：转角部位应黏结竖向围合石材，以防水渗到柜体背面。

右图：在管道穿过的部位应裁切开口，尽量缩小缝隙，并在缝隙中填入同色云石胶。

（10）在橱柜中安装嵌入式电器，需要现场开电源孔，电源孔不能开得过小，以免日后维修时不方便拆卸，且不允许包装电表、气表。

（11）安装抽油烟机时为了保证使用与吸烟效果，抽油烟机与灶台的距离一般为750~800 mm。

（12）安装抽油烟机时应与灶具左右对齐，高低可以根据实际情况进行调整，安装灶具最重要的是连接气源，一定要确保接气口不漏气。

打磨接缝　　　　　　　　抽油烟机的安装

左图：云石胶黏结台板后，应用砂纸将缝隙打磨平整。

右图：安装灶具后再安装抽油烟机，抽油烟机可以预先选购。

（13）安装橱柜的最后步骤是进行柜门调整，保证柜门缝隙均匀且横平竖直，地柜进深一般为550 mm，吊柜进深一般为300 mm，使用者也可以根据实际情况进行调整。

（14）调整完柜门后，揭开表膜，并清理施工现场。

台板尺寸的控制　　　　　揭开橱柜的表膜

左图：台板应超出柜门约10 mm，以防水滴流到柜门上。

右图：安装完成后将橱柜表膜揭开，并仔细检查柜门的缝隙。

16.4　门窗安装

门窗的安装主要包括封闭阳台窗、成品房门、衣柜推拉门3种，安装产品大多为预制加工商品，需要精确且反复测量各种尺寸。

16.4.1　封闭阳台窗的安装

1）定义

现在的商品房大多会附送相当面积的阳台，用铝合金、塑钢型材封闭阳台能起到防尘和保护安全的作用。

2）施工方法

（1）精确测量阳台尺寸，清理安装基层，根据测量尺寸定制彩色铝合金型材，将型材运输至安装现场并进行必要的裁切加工。

裁切加工

上图：成品铝合金型材都在工厂加工，加工完成运到施工现场后还需要根据具体尺寸进行少量裁切。

（2）组装基本框架，用电锤钻孔，用膨胀螺钉将型材框架固定至阳台横梁、墙体、楼板内框上。

安装框架　　　　　　垂线校正

左图：在阳台窗框架的安装过程中应随时校正水平度与垂直度，以免歪斜。

右图：初步安装后应用铅垂线检查并校正框架的垂直度。

（3）安装内部配件，精确测量内框尺寸，根据测量尺寸定制钢化玻璃，将其镶嵌至型材内框中，并安装固定边条。

（4）在各种缝隙处注入密封材料，安装各种五金配件，调试完成。

3）施工要点

（1）阳台内框尺寸应精确测量，对于弧形阳台应分段测量、分段定制，彩色铝合金型材的主框架壁厚应大于2 mm，型材壁厚应大于1.4 mm。

（2）用电锤在阳台内框钻孔时，应注意孔洞与边缘之间应保持60 mm以上的距离，以免破坏阳台混凝土楼板与框架边缘。

（3）凿取的孔洞间距应为600~800 mm，并保证每组窗框在上、下边各有2个固定点，主体框架的安装应用螺钉固定，并保持构造的平整度与垂直度。

左图：纵向、横向框架之间也应用螺钉进行固定，主体框架安装完毕后还需安装外饰边框，以用来承载玻璃。

右图：对于经过校正的框架，应用螺钉进行固定，将铝合金框架固定至现有金属栏杆与墙体上。

固定框架　　　　　　　　紧固螺钉

（4）门窗安装必须牢固，且要横平竖直。门窗应开关灵活，关闭严密，无倒翘。阳台推拉门窗扇必须有防脱落设计。

（5）门窗安装应配件齐全，安装牢固，位置准确。门窗表面应洁净，基本无划痕、碰伤。

（6）钢化玻璃厚度应大于5 mm，无框窗扇玻璃的厚度应大于8 mm，钢化玻璃应从内部镶嵌，并用螺丝和配套铝合金边条固定，内外缝隙均应用聚氨酯密封胶进行封闭。

左图：阳台窗框架安装完毕后应仔细检查、校正，以保证框架横平竖直。

右图：安装玻璃后应用黑色硅酮密封胶封闭玻璃边缘与墙砖边缘缝隙。

安装完成　　　　　　　　填充玻璃胶

（7）型材框架与墙体之间的缝隙应用聚苯乙烯发泡胶进行填嵌，填嵌应饱满，填充缝隙的宽度应小于80 mm，晾干后用裁纸刀裁切掉凸出部分，缝隙可根据需要做进一步装饰，如满刮腻子后涂饰乳胶漆等，但须保证外门外窗无雨水渗漏。

左图：在阳台窗周边缝隙中填充泡沫，注入泡沫应有一定的深度，并让其自动膨胀。

右图：待泡沫充分膨胀并干燥后，用裁纸刀将其裁切至平整。

填充泡沫　　　　　　　　裁切修边

16.4.2 成品房门的安装

1）定义

成品房门的安装取代了传统装修施工中的门扇与门套要预先制作的房门安装形式，是目前比较流行的装修方式。

2）施工方法

（1）在基础与构造施工中，要按照安装设计要求预留门洞，产品订购前应再次确认门洞的尺寸。

（2）将成品房门运至施工现场后，打开包装，仔细检查各种配件，并将门预装至门洞。

打开包装　　　　　　　初步安装　　　　　　　定位校正　　　　　　　调整门扇

左图：打开成品房门包装，仔细检查门扇与配件，重点察看其边角质量，不能有任何磨损。

左中图：将门框直接套在门洞中，如果宽度不合适，则应对门洞进行修整，或是拓宽门洞，或是采用板材缩小门洞。

右中图：在固定门框的同时，应当采用水平仪校正门框的垂直度。

右图：水平仪校正完毕后，要仔细调整门扇，以保证边缝均衡一致。

（3）如果门洞较大，那么可以采用15 mm厚的木芯板制作门框基层，表面用强力万能胶粘贴饰面板，并用气排钉安装装饰线条。

（4）将门扇通过合页连接至门框上，并进行调试，填充缝隙，然后安装门锁、拉手、门吸等五金配件。

左图：门扇预安装时应采用泡沫填充剂将边缘填充密封，填充应紧密。

右图：待泡沫充分膨胀时，采用钢钉将门框周边固定至门洞的墙壁上。

填充泡沫　　　　　　　发泡膨胀

3）施工要点

（1）大多数商品房预留的房间门洞宽度为880~900 mm，厨房、卫生间门洞宽度为750~800 mm，门洞高度为2 000~2050 mm，门洞厚度为80~300 mm，这些尺寸能满足各种成品房门的安装。

（2）如果门洞尺寸过小，那么应先用切割机裁切门洞然后再凿宽；如果尺寸过大，则应考虑砌筑或用木芯板制作门框基础。

（3）安装成品房门要求产品表面平整、牢固，板材不能开胶分层，不能有局部鼓泡、凹陷、硬棱、压痕、磕碰等缺陷。

（4）施工时要注意门扇边缘应平整、牢固，拐角处应自然相接，接缝应严密，不能有折断、开裂等缺陷。

（5）实木成品房门与零部件的表面经打磨抛光后，不能有波纹或由于砂光造成的局部褪色。

（6）安装门锁时开孔位置要准确，不能破坏门板表面，安装合页时要两边开槽，安装要端正无松动，门吸安装要牢固。

（7）安装的门套必须垂直；门不能有变形，不应自动关闭；门锁安装应无损伤，门锁应活动自如；门上镶嵌的玻璃应无松动现象。

（8）成品房门安装完毕后再揭开表膜，成品房门应当在乳胶漆或壁纸施工之前安装，这样缝隙会更均匀。

（9）成品门、门套验收时，要求所有配件颜色一致，无钉外露、损坏、破皮，45°斜角接缝要严密。

揭开表膜　　　　　　　　安装完成

左图：揭开成品房门的表膜，将表面擦拭干净，金属连接件部位需增添固态润滑油。

右图：成品房门的安装应在墙面乳胶漆施工之前，在乳胶漆施工时应将门框边缘进行贴纸防护。

16.4.3　衣柜推拉门的安装

1）定义

推拉门又称为滑轨门或移动门，它凭借光洁的金属框架、平整的门板与精致的五金配件赢得了现代装修业主的青睐。推拉门一般安装在厨房、卫生间或卧室衣柜上，这里主要介绍衣柜推拉门的安装方法。

2）施工方法

（1）检查推拉门及其配件，检查柜体、门洞的施工条件，测量、复核柜体和门洞的尺寸，根据施工需要进行必要修整。

调试好门锁　　　　　　　紧固螺丝

左图：仔细调试门锁，应保证门锁紧密，开启和关闭自如。

右图：紧固成品房门上的各个螺丝，再次调整水平度与垂直度，以保证门缝均匀一致。

检查配件　　　　　　　　清理柜体框架

左图：打开配件的外包装，仔细检查配件数量与质量，配件应坚固耐用。

右图：清理柜体框架，对于不平整的部位应增添较薄的板材以找平。

（2）在柜体、门洞顶部制作滑轨槽，并安装滑轨。

（3）将推拉门组装成型，挂置滑轨上。

（4）在底部安装脚轮，测试、调整、清理施工现场。

固定滑轨　　　　　　　　安装门扇

左图：在柜体顶部安装滑轨，安装时要保证绝对的水平度。

右图：在门扇上端安装滑轮，然后将其嵌入滑轨中，使门扇吊挂在滑轨上。

左图：整体检查衣柜门的平整度与推拉滑轨的灵活性。

安装完成

3）施工要点

（1）在柜体构造制作完毕后再测量推拉门的尺寸，注意柜体上下、左右边框应为规整的矩形。

（2）施工时要注意踢脚线与顶角线的安装，确定推拉门的安装位置后先不要安装踢脚线；顶角线可以安装在柜体上方的封板上，如果推拉门直接到顶则不用安装顶角线。

（3）由于推拉门的顶轨是用螺钉固定的，因此要事先做好用于固定顶轨的底板。

（4）如果房间有大面积吊顶，则需要在吊顶里预埋一块木芯板，以便固定顶轨。如果房间过高，为了美观可以制作一道吊梁，在安装顶轨的位置要预埋实木或木芯板，宽度应大于90 mm，通常推拉门的高度应小于2.4 m。

（5）如果需要在楼板、横梁上安装顶轨，则应提前预埋膨胀螺栓。

（6）无论使用什么材料，地面装修都要保证水平，门洞的四壁也要保证水平与垂直，否则门在安装完成后会出现歪斜的现象，门自身可调节的误差应小于10 mm。

（7）衣柜推拉门安装部位不应有其他物件，由于推拉门要与墙壁或柜体的两侧接触，因此，在接触的位置不应有其他的物件，以免阻挡它的关闭。

右图：衣柜推拉门安装时滑轨区域应该清洁干净，并要进行多次开合试验。

开合试验

（8）衣柜柜体内抽屉的位置要避开推拉门的相交处，另外，墙上的电源开关与插座若阻挡了推拉门的关闭则应改动它们的位置。

（9）在柜体制作时要预留推拉门滑轨的位置，双轨推拉门要预留85 mm，单轨要预留50 mm，折扇门要预留80 mm。

左图：打开灯具外包装，仔细查看配件是否齐全，必要时可进行临时通电检测。

打开灯具外包装

16.5　电路安装

灯具的样式有很多，虽然安装方法基本一致，但是操作细节完全不同，要特别注意客厅、餐厅大型吊灯的组装工艺，最好选购带有组装说明书的中高档产品。

左图：安装灯具时要注意调整好膨胀螺栓和螺钉与墙体的关系，安装需牢固。

螺钉与膨胀螺栓安装构造示意图

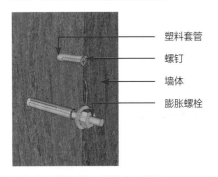

螺钉与膨胀螺栓安装构造三维图

16.5.1　顶灯的安装

1）定义

顶灯即安装在空间顶面的灯具，一般包括吸顶灯、装饰吊灯等，随着灯具造型的变化与发展，如今已经很难区分吸顶灯与装饰吊灯的差异了。安装时一般都是在地面或工作台上先将灯具分部件组装好，再安装到顶面上。

2）施工方法

（1）处理电源线接口，将布置好的电线终端按需求剪切平整，打开灯具的外包装查看配件是否齐全，并检验灯具工作是否正常。

（2）根据设计要求，在安装顶面上放线定位，确定安装基点，用电锤钻孔，并放置预埋件。

（3）将灯具在地面或工作台上分部件组装好，从上向下依次安装灯具，同时安装电线，并接通电源进行测试、调整。

（4）将灯具上的固定件紧固到位，安装外部装饰配件，清理施工现场。

3）施工要点

（1）顶灯安装前应熟悉灯具产品配件，选购带有安装说明书的正规产品，检查灯具的型号、规格、数量等是否符合设计和规范要求。

（2）顶面放线时定位应准确，大多数顶灯安装在顶面正中央，可以采取连接对角线的方式确定顶面的正中心位置，并用铅笔做标记，以免污染顶面上已经完工的涂饰界面。

（3）安装电气照明装置时一般采用预埋接线盒、吊钩、螺钉、膨胀螺栓或膨胀螺钉等固定方法，严禁使用木楔固定，每个顶灯固定用的螺栓不应少于3个。

灯具的测量定位　　　　　电线移位

左图：测量顶面尺寸，再次确定灯具的安装位置。

右图：根据安装位置调整电线，对长度不足的电线进行延长，用电工胶带缠绕接线部位。

钻孔　　　　　　　　　连接电路

左图：根据定位在顶面钻孔，并在孔中放置塑料钉卡。

右图：将电线插入灯具的接线端子中，插接应紧密无松动。

（4）顶灯在易燃结构、装饰吊顶或木质家具上安装时，灯具周围应采取防火隔热措施，并尽量选用冷光源的灯具。

（5）灯具安装后，高度小于2.4 m的灯具金属外壳均应接地，以保证使用安全；高度小于1.8 m的灯具，其配套开关手柄不应有裸露的金属部分。

（6）在卫生间、厨房装矮脚灯头时，宜采用瓷螺口矮脚灯头，螺口灯头的火线（开关线）应接在中心触点端子上，零线应接在螺纹端子上。

固定灯具　　　　　　　接线

左图：将灯具基座固定至顶面，螺钉固定应紧密。

右图：检查电线的接触点，理清电线，将多余的电线缠绕整齐。

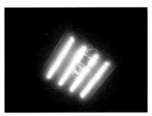
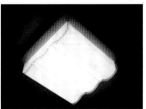

通电检测　　　　　　　顶灯安装完成

左图：进行通电检测，观察灯具中的发光体是否全亮，反复多次开关测试灯具，观察其亮度变化。

右图：确认安装开关正常后将灯罩安装至基座上，将灯罩放置端正。

（7）当灯具重量大于3 kg时，应在顶面楼板上钻孔，并预埋膨胀螺栓进行固定安装。

（8）吊顶或墙板内的暗线必须有阻燃套管保护，在装饰吊顶上安装各类灯具时，应按灯具安装说明书的要求进行安装。

16.5.2　壁灯的安装

1）定义

壁灯是指安装在空间墙面或构造侧面的灯具，主要包括壁灯、镜前灯、台灯等，安装时一般都是先在地面或工作台上将灯具分部件组装好，再安装到墙面或构造侧面上。

2）施工方法

（1）处理电源线接口，将布置好的电线终端按需求剪切平整，打开灯具外包装查看配件是否齐全，并检验灯具是否工作正常。

（2）根据设计要求，在安装墙面或构造侧面上放线定位，确定安装基点，用电锤钻孔，并放置预埋件。

左图：壁灯一般较轻，安装较简单，但是钻孔应到位，不能随意减少孔洞。

钻孔

（3）将灯具在地面或工作台上分部件组装好，从上向下依次安装灯具，同时安装电线，并接通电源进行测试、调整。

固定　　　　　　　修剪电线端头

左图：螺丝固定时不宜过紧，以免造成壁灯基座变形，导致壁灯的基座从侧面也能被看到，影响美观。

右图：将电线端头修剪整齐，长度一致，并将铜芯裸露出来。

左图：将电线插入灯具基座上的端头，进行通电检测，观察其亮度变化。

通电检测

（4）将灯具上的固定件紧固到位，安装外部装饰配件，清理施工现场。

固定电线　　　　　　安装灯罩

左图：安装时要将多余的电线整齐地盘绕起来，并在接头处缠绕电工胶布。

右图：将灯罩安装至基座上，调整其背后间隙与平整度。

左图：壁灯安装完毕后擦去周边灰尘，保持灯具外观整洁。

壁灯安装完成

3）施工要点

（1）壁灯安装方法和要求与顶灯的一致，定位放线比较简单，但是要确定好安装高度与水平度，可用水平尺校正安装支架或预埋件。

（2）壁灯安装的预埋件一般为膨胀螺钉，每个壁灯固定用的膨胀螺钉不应少于2个。

（3）壁灯在易燃结构、木质家具上安装时，灯具周围应采取防火隔热措施，尽量选用冷光源的灯具，墙板与家具内的暗线必须有阻燃套管保护。

（4）当灯具重量大于3 kg时，需要采用预埋膨胀螺栓的方式进行固定，且不能直接安装在石膏板或胶合板隔墙上，应在墙体中制作固定支架与基层板材，这些都应与隔墙中的龙骨连接在一起。

（5）在砌筑墙体上安装这类大型灯具时，膨胀螺栓的安装深度不应超过墙体厚度的60%。

（6）不少吸顶灯的造型简洁，也可以安装在墙壁上，但是不能减少固定螺钉或螺栓的数量。

（7）固定壁灯的膨胀螺钉或膨胀螺栓的孔洞要避开墙体中的线管，两者之间的距离应大于20 mm。

（8）壁灯安装完成后，不能在灯具上挂置任何物件，也不能将壁灯当作其他装饰构造的支撑点。

16.5.3 灯带的安装

1）定义

灯带是指安装在装饰吊顶或隔墙内侧的灯具，一般为LED软管灯带或T4型荧光灯管，通过吊顶或隔墙的转折构造来反射光线以营造柔和的灯光氛围。

软管灯带

左图：软管灯带一般用细铁丝绑在装饰构造内侧，布局应均匀无弯曲。

2）施工方法

（1）处理电源线接口，将布置好的电源线终端按需求剪切平整，打开灯具的外包装并查看配件是否齐全，将灯具固定在构造内部。

（2）将灯具在地面或工作台上分部件组装好，从上向下依次安装灯具，同时安装电线，并接通电源进行测试、调整。

（3）将灯具上的固定件紧固到位，安装外部装饰配件，清理施工现场。

安装好整流器　　　　　　通电检测

左图：灯带端头应配置整流器，与电线连接时周边应宽松。

右图：在安装前或安装过程中应至少通电检测1次，以免安装后出现问题。

3）施工要点

（1）灯带安装方法和要求与顶灯、壁灯的一致，对于灯具长度，应预先测量安装构造后，按测量尺寸进行选购。

（2）组装灯带时应安装配套的整流器，每一根独立开关控制的灯带都应配置1个整流器。

（3）LED软管灯带在连接好电线后，可以直接放置在吊顶凹槽内，从地面向上观望，应看不到灯具形态，灯具发光的效果应均匀，不因过度弯曲而忽明忽暗。

（4）墙面灯槽内应安装固定卡口件，卡口件固定的间距为500 mm左右。

（5）T4型荧光灯管都带有基座与整流器，连接好电线后，应将基座正立在灯具凹槽内，每件T4型荧光灯管的基座应至少固定2个卡口件。

（6）安装T4型荧光灯管时应首尾紧密对接，排列整齐，从地面向上观望，应看不到灯具形态，灯具发光的效果应均匀。

（7）灯带安装完成后，应保持灯槽通风，不能在灯槽内填塞任何物件，要经常清扫灯槽内的灰尘。

调整灯带位置　　　　　　　调整灯光效果

左图：在通电状态下仔细调整灯带的位置，以达到发光均衡的效果。

右图：灯带安装完毕后，仔细检测灯光效果，并进行及时调整以达到发光均衡的效果。

小 贴 士

注意连接逻辑

电线连接至灯具时要注意连接逻辑，应仔细检查连接是否正确，若不正确应及时改正，以免发生事故而造成不必要的损失。灯具与开关插座面板安装完成后，应按空气开关连接的回路逐一通电进行开关测试，确认无误后才算合格。

16.5.4　开关插座面板的安装

1）定义

在安装施工中，开关插座面板应待墙面涂饰结束且灯具安装完毕后再安装，是电路施工的最后部分。

2）施工方法

（1）处理电源线接口，将布置好的电线终端按需求剪切平整，打开开关插座面板的外包装，查看配件是否齐全。

（2）将接线暗盒内部清理干净，并将暗盒周边的腻子与水泥砂浆残渣仔细铲除。

（3）将电线按设计要求与使用功能连接至开关插座面板背面的接线端口，连接后仔细检查安装顺序与连接逻辑，并确认无误。

清理暗盒　　　　　　　　　修剪多余的电线

左图：将暗盒中的水泥砂浆与腻子粉清除干净，将对应的开关插座面板放置在暗盒的正下方。

右图：将过长的电线剪短，以免电线盘绕后挤占暗盒内的空间。

露出铜芯　　　　　　　　　制作短线接头

左图：将电线端头的铜芯剥出来，并保持电线长度一致。

右图：将剩余电线端头制作成短线，用于连接开关插座面板上的端子。

（4）将多余电线弯折后放入接线暗盒中，扣上开关插座面板，并采用螺钉固定，清理面板表面，通电检测。

3）施工要点

（1）购置的开关插座面板应与接线暗盒型号一致。

（2）仔细清理接线暗盒内部与周边的腻子与水泥砂浆残渣，可采用毛刷与小平铲进行清除，注意不能破坏接线暗盒与电线。

（3）连接电线时，应先将电线拉出，裁剪多余部分，剩余长度为100 mm左右即可，用剥线钳将电线端头绝缘层剥离，注意不能损伤电线，将电线铜芯插入开关插座面板背后的接线端子，并用螺丝刀紧固。

（4）多股铜芯线接入端子时，应拧成麻花状，以增加电线与端子的接触面积。

（5）如果电线长度不足，则应当用相同颜色与规格的电线进行衔接，衔接电线的长度应大于100 mm，电线之间的接头应缠绕成麻花状，并用绝缘胶布缠绕4～5圈固定。

（6）电线接入端子时，应仔细核对接入放线，并按照面板背后接线端子上的标识接入零线、火线、地线。

（7）1条电源回路所连接的插座不应超过3个，凡是预留地线的部位都应接入，不能空余。

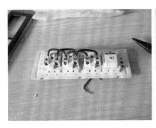 

插座面板的连接　　　　　　开关面板暂时置入暗盒

左图：插座面板背后的端子应连接整齐，相邻插座之间须是并联关系。

右图：将初步连接好的开关插座面板放入暗盒中，待壁纸铺装完毕后再固定。

左图：在壁纸铺装较厚的情况下，将开关插座面板连接至电线上，以确保面板能完全遮挡壁纸开口。

电线的连接

（8）在大功率电器与不设电源开关的电器的接入插座旁应增设开关，这样既节能又安全。

（9）大功率电器是指空调、家庭影院、热水器等，不设电源开关的电器除路由器、防盗器以外，还包括大部分的冰箱、机顶盒、微波炉、感应灯等。

（10）安装开关插座面板时应使用配套螺钉，如果墙面铺装的是瓷砖或其他较厚的装饰材料，则应重新购置更长的螺钉，而不是撬动接线暗盒。

（11）固定螺钉时应牢固，不能松动，要注意开关插座面板的水平度，不能歪斜。

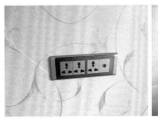 

安装好的面板　　　　　　用螺钉固定面板

左图：先用配套螺钉固定开关插座基层板，再将外部装饰面板安装至基层板上。

右图：在墙砖上安装开关插座面板使应使用加长螺钉，并注意校正基层板的水平度。

左图：一般待正式入住后再揭开金属插座面板的表膜，以防其磨损。

揭开开关面板的表膜

16.6 地面铺设

装饰装修中的地面铺设材料较多，铺设方法各异，因此需要注意的问题也不尽相同。

16.6.1 实木地板的铺设

1）定义

实木地板质地厚实，具有一定的弹性和保温效果，是中高档地面铺设材料，一般先用木龙骨、木芯板制作基础后再铺设，工艺要求严格。下列方法也适合竹地板的铺设。

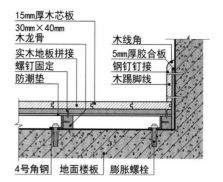

实木地板铺设构造示意图

上图：标准实木地板需要安装用木芯板制作的基层木龙骨，木龙骨的功能是调平原始地面的高差，并铺设防潮垫。木芯板能化解来自地板的不均衡压力，保证实木地板不变形。

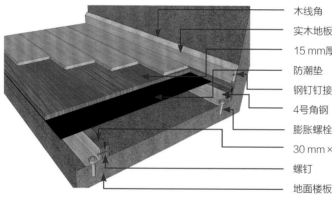

实木地板铺设构造三维图

2）施工方法

（1）清理房间地面，根据设计要求放线定位、钻孔、安装预埋件，并固定木龙骨。

放线定位

放置预埋件

左图：用电锤在地面上钻孔，并将木楔钉入孔洞中。

右图：将预铺设地面清扫干净，进行放线定位，线的交点即为龙骨预埋件位置。

放线定位　　　　　　　　　　　　放置预埋件　　　　　　　　　　　安装木龙骨

左图：用电锤在地面上钻孔，并将木楔钉入孔洞中。

中图：将预铺设地面清扫干净，进行放线定位，线的交点即为龙骨预埋件位置。

右图：用木钉或膨胀螺栓将木龙骨安装至预埋木楔上，可在木龙骨底部增垫胶合板来调平龙骨。

（2）对木龙骨及地面做防潮、防腐处理，铺设防潮垫，将木芯板钉接在木龙骨上，并在木芯板上放线定位。

铺撒活性炭　　　　　　　　　　　铺设防潮垫　　　　　　　　　　　钉接木芯板

左图：在卫生间入口处可铺撒活性炭或其他防潮剂，以此来防止基层龙骨受潮。

中图：在铺设表面整体铺设防潮垫，尽量选用复合产品，因为这种产品具有良好的防潮效果。

右图：在防潮垫上钉接木芯板，可以全铺也可以局部铺设，但是局部铺设的面积不应小于全部面积的40%。

（3）从内到外铺设木地板，用地板专用钉固定，并安装踢脚线与装饰边条。

（4）调整修补，打蜡养护。

3）施工要点

（1）铺设实木地板对地面的水平度要求不高，可以通过调整木龙骨来找平，所以地面管线不必埋在找平层内，而可以露在地面上，与木龙骨相互穿插。部分中、低档实木地板铺设时无需安装木龙骨，但是其基层含水率应小于15%。

（2）所有木地板运到施工现场后，应拆除外包装在室内存放5天以上，使木地板的温度、湿度与室内的温度、湿度一致。

（3）木地板安装前应进行挑选，剔除有明显质量缺陷的不合格品。可将颜色、花纹一致的预铺在同一房间内，有轻微缺陷但不影响使用的可以铺设在床、柜等家具下面，但同一房间的板厚必须一致。

（4）铺设实木地板应避免在大雨、阴雨等气候条件下施工，施工时最好能够保持室内温度、湿度的稳定。

（5）中高档实木地板应先安装地龙骨，再铺设木芯板。龙骨应使用松木、杉木等不易变形的树种，以烘干龙骨为佳。木龙骨、踢脚线背面均应进行防腐处理。

（6）安装龙骨时，要用预埋件固定木龙骨，预埋件为膨胀螺钉与铅丝，预埋件间距应小于800 mm。

（7）实木地板应依据设计的排列方向进行铺设，地板竖向缝隙应垂直于房间的主要采光窗，这样能减弱接缝的视觉效果。

（8）实铺实木地板时最好有木芯板作为基层板。高档实木地板可以直接铺设在防潮性较好的房间的防潮垫上。

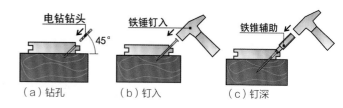

（a）钻孔　　　（b）钉入　　　（c）钉深

地板钉施工构造示意图

上图：并不是所有实木地板的铺设都会用到地板钉，主要针对铺设面积达到50m²以上的单体空间，每铺设10~20块地板，应钉接其中一块，这样能起到支撑固定的作用。

地板的试铺　　　　　　实木地板铺装完成

左图：在正式施工前应将地板全部铺开，让地板充分适应室内环境。

右图：实木地板铺设时应用地板钉固定，周边应钉接踢脚线。

（9）每个房间应找出一个基准边统一放线，周边缝隙应保留8 mm左右，企口拼接时应严密无缝。

（10）当安装空间的长度大于8 m、宽度大于5 m时，要设伸缩缝，并安装专用卡条，在不同地材交接处需要装收口条。拼装时不要直接锤击表面与企口，应套用安装垫块后再锤击。

（11）地板铺设完成后，应在家具与地面接缝处粘贴边缘装饰条，在墙体边缘钉接踢脚线，踢脚线背面应加注硅酮玻璃胶。

边角的封闭   门槛条的安装

左图：构造周边应用成品边条遮盖缝隙。

右图：地板与其他铺设材料之间的缝隙应安装成品门槛条。

（12）实木地板铺设施工全部结束后，应放置养护7天，期间不能随意踩压或搬入家具等重物，要进行上蜡处理。同一房间的木地板应一次铺设完成，因此，要备足辅料，并做好成品保护。

16.6.2 复合地板的铺设

1）定义

复合地板具有强度高、耐磨性好、易清理的特点。铺设时无须安装龙骨，铺设工艺也比较简单。

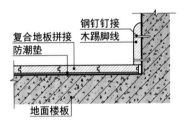

左图：复合地板与实木地板的铺设一样，安装时也要铺设防潮垫。

复合地板安装构造示意图

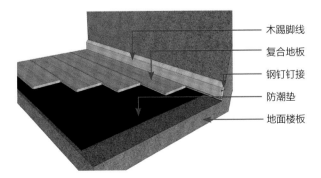

复合地板安装构造三维图

2）施工方法

（1）仔细测量地面的铺设面积，清理地面基层砂浆、垃圾与杂物，必要时应对地面进行找平处理。

清理地面   测量尺寸

左图：安装复合地板前应将地面清扫干净，对于特别不平整的地面应预先用自流平水泥进行找平施工。

右图：安装前要仔细测量房间地面各方向的尺寸，以精确计算地板的用量。

（2）将复合地板搬运至施工现场，打开外包装放置5天，使地板与室内环境相适应。

左图：根据实际计算出地板用量，将地板搬运至房间内。

复合地板的进场

（3）铺设地面防潮垫并压平，放线定位，从内向外铺设地板。

（4）安装踢脚线与封边装饰条，清理现场，养护7天。

3）施工要点

（1）铺设地面应平整，边角部位应保持直角，如果地面不平整，应采用1∶2水泥砂浆或自流平水泥找平。

（2）铺设之前必须确保地面各种管线已经预先填埋在地面找平层中。

（3）复合地板搬运至施工现场后，应分散放置，可适度打开门窗，但要注意防雨。

（4）铺设防潮垫时应平整，接缝应交错50 mm并压实，对地面湿度较大的房间，可以铺设2层防潮垫。

放线定位　　　　　　　　对半切割

左图：根据房间面积与形态，在部分地板中央放线定位。

右图：采用切割机将板材对半裁切，用于房间首端错位的铺设。

左图：在地面上铺设防潮垫，铺设应整齐，不宜有漏缝。

铺设防潮垫

（5）复合地板应依据设计的排列方向进行铺设，地板竖向缝隙应垂直于房间的主要采光窗，这样能减弱接缝的视觉效果。

封闭边角　　　　　　　　复合地板的铺设

左图：复合地板铺设时应从无家具放置的墙角向有家具放置的墙角铺设，应尽量将整块的板材露在外面，以形成良好的视觉效果。

右图：复合地板铺设时应呈阶梯状慢慢推进，施工过程中要注意保持地板的咬合力度与均衡性。

（6）每个房间应找出一个基准边统一放线，周边缝隙应保留8 mm左右，企口拼接时应严密无缝。

（7）当安装空间的长度大于8 m，宽度大于5 m时，要设伸缩缝，并安装专用卡条，不同地材交接处需要装收口条。拼装时不要直接锤击表面与企口，应套用安装垫块后再锤击。

侧面紧固　　　　　　　　末端紧固

左图：用安装垫块传递锤子对地板的紧固压力，使地板拼接得整齐紧密。

右图：末端地板应用传击件固定，因为锤子的敲击压力能间接传递到地板上。

家具边角留缝　　　　　　墙角缝隙的固定

左图：家具周边的缝隙应均匀一致，缝隙宽度为5～8 mm，不能紧贴家具，以免因缩胀而损坏地板或家具。

右图：墙角周边也应保持8～10 mm的缝隙，以免因缩胀而损坏地板或家具。

（8）地板铺设完成后，应在家具与地面接缝处粘贴边缘装饰条，在墙体边缘钉接踢脚线，踢脚线背面应加注硅酮玻璃胶。

左图：复合地板铺设完成后应采用各种配套边条粘贴缝隙处，以遮盖缝隙。

复合地板铺设完成

（9）全部施工结束后，应放置养护7天，其间不能随意踩压或搬入家具等重物。

16.6.3　地毯的铺装

1）定义

地毯有块材地毯与卷材地毯两种。块材地毯铺设简单，将其放置在合适的位置压平即可；而卷材地毯一般采用卡条固定的铺设方法，适用于书房、视听室和卧室等。

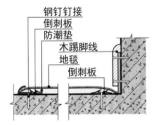

卷材地毯铺装构造示意图

上图：地毯铺装前要保证铺装地面平整无凹凸，边角部位应保证直角。如果地面不平整，应采用1∶2水泥砂浆或自流平水泥进行找平。还要测量铺装空间的尺寸，以检查墙角是否规整，并根据测量尺寸在地毯背面弹线、裁切，以免浪费。地毯边缘应采用倒刺板固定，倒刺板距踢脚线约为10 mm，接缝处应用胶带在地毯背面将两块地毯粘贴在一起，粘贴前应将接缝处的绒毛修齐，并反复揉搓，直至表面看不出接缝痕迹为止。

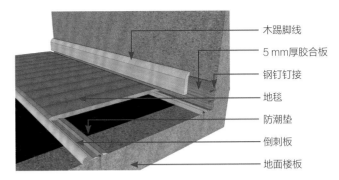

卷材地毯铺装构造三维图

2）施工方法

（1）清理地面，在待铺设地面上放线定位，根据测量出的尺寸裁切地毯。

（2）将裁切后的地毯按顺序铺设在地面上，从室内开窗处向房门处铺设。楼梯地毯应从高处向低处铺设。

（3）依次对齐拼接缝，用卡条、倒次板等配件进行固定。

（4）修整地毯边缘，安装踢脚线，并清扫养护。

干净的水泥面层　　　　　　准备地毯

左图：水泥面层表面应坚硬、平整、光洁、干燥，无凹坑、麻面、裂缝，并清除表面油污、钉头与其他突出物。

右图：地毯、衬垫、胶黏剂等进场后应检查核对数量、品种、规格、颜色、图案等是否正确，并按品种、规格分别存放于干燥处。

左图：大面积地毯施工前应先放出施工大样，并做样板，经质检部门鉴定合格后方可按样板要求进行施工。

地毯样板

3）施工要点

（1）基础整理：在地毯铺设之前，室内装饰必须已经完成，重型设备均已就位并已调试运转，且已达到合格标准。

（2）准备工作：

①弹线、套方、分格、定位：弹线工作可确定地毯铺设的大致区域；画线是精雕细琢的程序，除确保测量仪器、设备、工具的精确度以外，施工人员的责任心、工作态度也同样重要。

②地毯的剪裁：地毯应在宽阔处根据实际尺寸进行裁割，要在地毯背面弹线、编号。地毯的经线方向应与房间长向一致，且每边长度应超出实际尺寸20 mm左右，宽度方向则要以地毯边缘线的尺寸进行计算。

画线定位　　　　　　　　剪裁地毯

左图：画线定位的测量精度要到1 mm以内，选用钢尺时应考虑尺长检定及修改。点位线放完后，应进行三人校对，校对合格后再喷线。

右图：裁割地毯时应沿地毯经纱裁割。大面积地毯应用裁边机裁割，小面积地毯则用手握裁刀或手推裁刀裁割。

③铺弹性垫层：为了保护地毯，延长其使用寿命，其下面需加设一层海绵胶垫、橡塑胶垫或珍珠棉胶垫。方块地毯的下面不需要加任何垫子，直接用胶水粘在地面上即可。垫层应按照倒刺板的净距离下料，避免铺设后垫层起褶皱、覆盖或远离倒刺板。

④钉倒刺板：地毯倒刺板又称为倒刺钉板条或"钉条"，即钉有钉子的木板条，通常的规格为长1200 mm、宽24 mm，厚6 mm。

 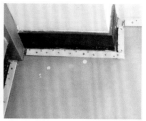

地毯下方铺设弹性垫层　　铺设弹性垫层并钉倒刺板

左图：弹性垫层能够延长地毯的使用寿命，注意其拼缝应与地毯拼缝错开至少150 mm。

右图：倒刺板沿着墙角周边安装，能有效增强地毯铺装的紧密性。

（3）地毯铺装：

①地毯拼缝：拼接方法有两种，一种是用针线将两块或两块以上的地毯连接起来，另一种是用胶纸黏结地毯，施工时先用熨斗将胶热熔，然后将地毯压在刚熔好的胶纸上，用力按压至与地毯黏结在一起为止。

缝接地毯　　　　　　　　粘贴地毯

左图：使用针线拼接地毯前要判断好地毯的编织方向，以免接缝两边的绒毛排列方向不一致。

右图：粘贴地毯时，应先在地毯拼缝位置的地面上弹一条直线，再根据定位线将胶带铺好，最后按压胶纸进行粘贴。另外，要注意将接缝的绒毛修齐。

②找平：找平时，先将地毯的一条长边固定在倒刺板上，并将毛边塞到踢脚线下，用地毯撑拉伸地毯；拉伸时，先压住地毯撑，再用膝盖撞击地毯撑，从一边一步步推向另一边，如此反复操作将四边的地毯固定在四周的倒刺板上，并将多余的地毯裁割掉。

③固定、收边：倒刺板是用来固定地毯的，当地毯挂在倒刺板上时，轻轻敲击一下，倒刺便会钩住地毯，这样地毯便不会松动，注意地毯全部张平拉直后，应先将多余的地毯边裁去，再用扁铲将地毯边缘塞入踢脚线与倒刺板之间。

④清理施工场地：地毯粘贴完毕且胶黏剂完全固化后，将施工场地清理干净，同时检查施工场地端口的接口处，对接口不牢或不平整的区域及时修补。

地毯找平　　　　　　　　　　敲击地毯　　　　　　　　　　清洁地毯

左图：用张紧器或地毯撑将地毯在纵横方向逐段推移伸展，使之拉紧、平整，以保证地毯在使用过程中遇到一定的推力时不隆起。

中图：在门口或与其他地面的分界处，弹出线后先用螺钉固定铝压条，再将地毯塞入铝压条口内，敲击弹起的压片，使之压紧地毯。

右图：在铺装的过程中难免会有弄脏地毯的现象，可以利用稀释后的清洁剂，对地毯表面进行擦拭，并烘干该区域。

⑤铺装验收：地毯铺装要求表面平整、洁净，无松弛、起鼓、褶皱、翘边等现象；接缝应牢固、严密，无离缝，无明显接茬，无倒绒，颜色、光泽一致，无错花、错格现象；门口及其他收口处应顺直而严实，踢脚线下的塞边应严密、封口应平整。

⑥工期：如果是带衬垫的地毯铺装，在基层处理完好的情况下，两人一天能铺完一个房间；如果不带垫衬，工期能缩短至大约一半，也可通过增加施工员的数量来解决工期问题。

16.6.4　成品楼梯的安装

1）定义

成品楼梯主要用于连接建筑的上下层空间，品种较多。按材料可以分为钢木楼梯、实木楼梯等，按结构可以分为单梁楼梯、颈缩楼梯、旋转楼梯等，不同的楼梯安装方法也不尽相同。下面就介绍最常见的钢木颈缩楼梯的安装方法，这种楼梯可曲可直，占地面积小，价格低廉。

2）施工方法

（1）精确测量楼梯安装空间的尺寸，清扫、修补安装基层。

（2）根据测量尺寸设计图纸，在工厂进行加工生产，同时在施工现场放线定位，设置预埋件。

（3）将楼梯材料、构件运输至施工现场，进行预装，确认无误后紧固各连接构件。

金属龙骨的安装　　　　踏板与配件进场

左图：金属龙骨一般是通过膨胀螺栓或焊接的方式固定在混凝土构造上。

右图：踏板与配件应在装修的最后进场，以保护成品构造。

（4）安装扶手、踏板、五金装饰配件等，全面调试，清理现场。

3）施工要点

（1）成品楼梯施工前应进行细致现场勘察，并对周边横梁、立柱、墙体、楼板等建筑构造进行分析，评估其承载能力，楼梯的预埋件不能安装在龙骨隔墙或厚度小于150 mm的砌筑隔墙上。

（2）对于没有楼梯洞口的楼板，应在征得物业管理部门同意的情况下，察看建筑的原始设计图后再决定是否开设洞口。

（3）开设楼梯洞口时应剪断楼板中的钢筋，并在洞口周边制作环绕钢筋，用同规格混凝土浇筑修补，养护20天以上。

（4）确定楼梯的上挂和底座位置，用膨胀螺栓固定预埋件，膨胀螺栓长度应大于120 mm。将10 mm厚的钢板或相关规格的型钢固定至楼梯洞口、地面或墙体部位，每个构件或单元应至少用2个膨胀螺栓固定，预埋件固定后应及时涂刷防锈漆。

（5）将缩颈龙骨的各部件摆放在地上，根据设计图纸，将楼梯龙骨逐节套好，用螺钉固定直至不来回摆动。

（6）将套好的缩颈骨架抬放到预埋件的安装位置，进行预装固定，并逐步将骨架的水平度与垂直度调整到最佳位置，然后全面紧固。

（7）安装楼梯踏步板时应确定安装位置，并从上往下逐步安装，有踏步小支撑构造的还要调节小支撑的高度，要先固定好踏步板再固定小支撑构造。

（8）安装楼梯围栏时要预先确定围栏立柱的位置，将立柱固定于立柱底座上，先将各种配件连接，将拉丝和扶手安装并调整到最合适的位置，然后再紧固围栏上的所有螺钉。

安装墙角支撑构造　　　　安装栏板、扶手

左图：楼梯转角部位应在墙角安装固定支点，并将踏步板安装在支撑构造上。

右图：要等栏板与扶手安装完毕后再揭开保护层，以防划伤表面。

（9）成品楼梯安装前后时间跨度较长，预埋件与基础龙骨的安装应在水电施工之前，以供施工员上下楼梯完成其施工。

（10）踏板安装可与构造施工同步，但是要做好饰面的保护工作，因为各种材料都需要搬运至楼上。扶手与其他五金配件可以待全部装修完成后再安装，安装完毕后应注意调整、检查平整度。

踏步板的安装　　　　旋转楼梯安装后检验

左图：踏步板应安装平整,可用水平尺校正，龙骨底部应紧密无间。

右图：旋转楼梯安装后应注意校正中轴的垂直度，不能有任何歪斜。

第 17 章

维修保养

核心概念： 隐蔽、衔接、更换、修补、清除。

章节导读： 维修保养贯穿整个室内设计与工艺环节。装饰构造的维修方法多样，主要包括更换和局部拆除。在更换材料构造时，由于操作空间限制应尽量使用小型工具。局部拆除则要求工艺精湛，不破坏周边构造。维修完成经过测试无误后方能使用。

室内空间设计施工完成

室内空间设计与施工完成后，会进入到维修保养阶段，主要是对各界面、设备的维修与保养。产生破损的主要原因是材料之间存在一定的缩胀性，通过维修让材料之间的衔接达到均衡、稳定。如石材粘贴的墙面、连接的线路等是最容易出现问题的部位，大多都要经过一次维修来强化材料与构造之间的衔接力。

17.1 水电维修

水管电线都隐藏在顶面、墙面、地面中，发生损坏的概率虽不大，但一旦出现问题就得及时解决。

17.1.1 给水软管与水阀门的更换

1）定义

给水软管是用于连接硬质给水管终端与用水设备的管道，一般分为钢丝橡胶软管与不锈钢软管两种。其使用频率过高或过低都会造成不同程度的损坏：经常使用会导致构件松动，不经常使用又会导致内部橡胶老化，它们都会导致出现漏水现象。

更换给水软管　　　　　　给水软管

左图：更换给水软管与水阀门比较简单，关键是购买优质且型号相同的新产品，更换时应厘清操作顺序。

右图：给水软管连接的用水设备大多为水阀门，水阀门主要包括普通水阀、混水阀、三角阀3种。

2）施工方法

（1）关闭入户给水管的总阀门，将水管中的余水排尽，徒手或用扳手将坏的给水软管或水阀门向逆时针方向旋扭下来。

（2）根据它的尺寸购买新的产品，将给水软管与水阀门预装至洁具上。

（3）调整位置后，徒手或用扳手将给水软管与水阀门向顺时针方向拧紧并扶正，用绑扎带将过长的软管固定。

 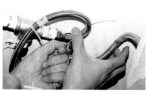

拆除软管　　　　　　盘绕软管

左图：拆除给水软管时应控制好力度，不能用力过猛，以免使其他用水配件松动。

右图：将新的给水软管安装后，用绑扎带将给水软管固定成型，以免有水流过时摆动。

3）施工要点

（1）当地供水水压若长期不稳定，也会造成软管破裂，所以可考虑使用不锈钢波纹管，它的成本虽高，但是更加坚固耐用。

（2）拆卸时，应先拆卸给水软管与水阀门之间的连接，再拆卸给水软管与给水管终端之间的连接。如果只更换水阀门，则不必拆卸给水软管与给水管终端之间的连接。

（3）重新连接给水软管时，应先分析管道与配件的安装顺序，再将给水软管与水阀门连接，用手拧紧即可，除非安装空间狭窄，一般不用扳手进行加固。

左图：三角阀的更换与安装要符合水流逻辑，安装前应将各种配件摆放在地上，确认无误后再更换。

三角阀配件

（4）连接给水软管与给水管终端时，可以用扳手紧固，但要防止软管在旋转紧固时发生变形，紧固程度达到90%即可，不可用力过猛。

（5）注意观察给水软管与水阀门的端口螺纹部位是否有橡皮垫圈，如果有橡皮垫圈则无须缠绕生料带进行密封，否则可能会造成密封接触点错位，导致渗水。

（6）如果产品接头与原有管道、洁具不配套，应及时更换，或缠绕生料带后再紧固。

左图：在管件的螺纹部位应缠绕生料带约25圈，缠绕时应尽量绷紧。

缠绕生料带

17.1.2 开关插座面板的更换

1）定义

在日常生活中，某些部位的开关插座面板的使用率极高，如卫生间、厨房等，所以也极易出现故障，如出现火花、有电磁声响等，这时应及时更换。

2）施工方法

（1）更换用电设备或插头，仔细检查开关插座面板，确认已经损坏的部位，关闭该线路上的空气开关，并用试电笔确认其无电。

（2）用平口螺丝刀将面板拆卸下来，用十字口螺丝刀将基层板拆卸下来，松开电线插口。

（3）使用平口螺丝刀将坏的开关插座模块用力撬出，并注意不要损坏基层板上的卡槽，再将新模块安装上去。

（4）将零线、火线分别固定到新模块的插孔内，将电线还原至暗盒内，安装还原即可。

3）施工要点

（1）更换开关插座面板时要注意安全，不能带电操作，一定要将入户电箱中的空气开关关闭。

左图：更换开关插座面板之前应关闭相关的空气开关。

关闭空气开关

（2）正式拆卸之前，应反复确认是否是开关插座面板发生了损坏，可以尝试更换用电设备，或用试电笔检测等方法来确认。

（3）拆除开关插座面板时应特别小心，不能划伤面板，以免面板开裂、破损。拆除开关插座模块时应找准方向，因为不同品牌产品的拆除、安装方向可能会有不同。另外，不能用力过猛，以免损坏基层板。

拆卸盖板　　　　　　　拆卸螺丝

左图：用平口螺丝刀将开关面板打开，注意不宜用力过猛，以免破坏面盖。

右图：拆卸螺钉时换用十字口螺丝刀，用力应均匀，左右两侧可同时拆卸。

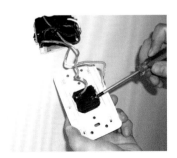

左图：采用小号十字口螺丝刀将接线端子松开，抽出电线。

拆卸接线端子

（4）重新连接电线时，应熟记原来电线的连接状况，确定连接方向，按端口标识插入电线，如果记不住原来电线的连接状况，可以先用手机拍下原来电线的连接状况，再对照图片进行安装。

更换开关插座模块　　　　　固定螺钉

左图：用平口螺丝刀将开关插座模块撬开，并从后向前拆卸。

右图：更换新的开关插座模块后，按原步骤安装，并固定左右两端的螺钉。

（5）安装面板之前，可先打开空气开关进行通电检测，若无任何问题再安装面板。

17.1.3　电线的维修

在装修工程中，电线大多埋藏在墙体或吊顶内，加上有空气开关的保护，一般情况下是不会断裂、烧毁的。如果发生故障则大多是因为开关插座面板的磨损。经过多次检测，如果断定是埋藏在墙体内的线路发生了故障，那么可以分为两种情况分别进行维修。

1）更换电线

更换电线是指将埋藏在墙体中的坏损的电线抽出，换成新的电线。经过反复检查确认是电线发生了故障或损坏，并且通过其他方法无法解决时才能选用更换电线的维修办法。

（1）同时拆除开关插座面板内的线头和该线的另一端接头，可从面板这头将电线用力向外拉，如果能拉动则说明该线管内的空间比较宽裕。

左图：将开关插座面板拆卸后，应仔细确认坏损的电线。

分析电线

（2）将电线的另一端绑上新电线，从这端用力向外拉，可以将整条坏损的电线抽出，同时能将绑定的新电线置入线管内，这样就完成了电线的整体更换。

绑扎电线　　　　　　　　　拉扯电线

左图：新旧电线绑扎时应缠绕紧密，但是不宜绑扎得过粗，否则不易抽出。

右图：如果整个电路都采用PVC管埋设，则可将电线抽出。如果在转折处改用了软质电工布套则无法抽出。

（3）更换电线的这种方法适用于穿接硬质PVC管的单股电线，所以在装修时最好预埋金属穿线管，但如果中途转折过多同样很难将电线拉出来。

2）并联电线

并联电线是指将损坏的线路并联到正常的线路上，让一个开关控制两个灯具或电器，或让一条线路分出两个插座，维修方法与上述更换开关插座面板的基本一致。

需要注意的是并联电线不能超负荷连接，以免再次损坏。普通的截面为1.5 mm²的电线一般只能负荷小于1 500 W的电器，截面为2.5 mm²的电线则只能负荷小于2 500 W的电器。并且，空调线路应单独分列，而不能与其他电器共用。

拆下面板　　　　　　　　　分析电线　　　　　　　　　并联电线

左图：将插座面板仔细拆下，松开螺丝后不应用力往外拉扯。

中图：检测并分析电线的坏损情况，确认坏损电线后将其拆卸下来。

右图：将相邻插座的电线并联过来，并将坏损电线剪断，埋入暗盒内。

17.2 瓷砖和防水的维修

由于墙砖、地砖没有弹性，且厨房、卫生间、阳台是家务劳动比较集中的空间，所以容易对这些部位的墙砖地砖造成磨损，防水层也可能因受建筑材料的缩胀影响而开裂，导致漏水。发生这些问题的概率虽不高，但也不容忽视。

17.2.1 瓷砖凹坑的修补

如果单片墙砖、地砖中存在凹坑，则可以不用更换，只需作比较简单的修补即可。先买一小包云石胶，云石胶一般只有白色、黑色、米黄色等为数不多的几种颜色，如果和瓷砖颜色相差较大的话可以用水粉颜料进行调色。调色时颜色要逐渐加深，因为一旦颜色过深就无法再调浅。调完色可直接填补凹坑，待云石胶干燥后再用360号砂纸轻微打磨即可。

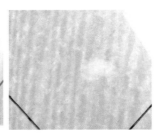

察看凹坑　　　　　　在凹坑处抹云石胶　　　　打磨平整

左图：仔细察看凹坑，只要它没有穿透至水泥砂浆层，且无裂纹，就可以修补。

中图：将破损部位清理干净，将与瓷砖同色的云石胶抹在凹陷部位，待完全干燥后用平铲将云石胶铲平。

右图：采用砂纸将瓷砖表面打磨平整，有一定的色差也属于在合理范围内。

17.2.2 瓷砖的更换

1）定义

当墙面、地面瓷砖发生开裂、脱落或大面积破损时，就应整体更换，更换时需要准备瓷砖切割机，并配置水泥砂浆。

2）施工方法

（1）察看瓷砖的破损部位，根据破损数量、规格、色彩购置新瓷砖，将原有瓷砖凿除，清理要铺装的基层。

（2）配置素水泥浆晾干，对待铺装部位洒水，放线定位，普通瓷砖与抛光砖须在水中浸泡2h后取出晾干，将瓷砖预先铺设一遍并依次标号。

（3）瓷砖背面素水泥浆抹平整，依次将瓷砖铺装到墙面上，瓷砖间缝隙的大小应根据瓷砖特点来确定。

（4）用专用填缝剂填补缝隙，用干净抹布将瓷砖表面的水泥擦拭干净，养护待干。

2）施工要点

（1）预制混凝土楼板的2层以上建筑最好不要大面积拆除现有的地砖，以免因震动而破坏楼板结构，可以根据需要更换破损的地砖。

右图：切割瓷砖时采用切割机在坏损瓷砖边缘的10~20 mm处切割，而不应在瓷砖的缝隙处切割。

切割瓷砖

（2）如果是很久之前装修的则很难再买到同种颜色、纹理的瓷砖了，这时可以选购黑色、褐色瓷砖或色彩丰富的锦砖进行填补。

（3）切割瓷砖时，应在边缘缝隙靠内10~20 mm处切割，以免破坏周边完好的瓷砖，切割出凹槽后用凿子仔细拆除中央瓷砖，最后用平口螺丝刀拆除边缘10~20 mm的瓷砖边条。

（4）面层瓷砖拆除后应继续拆除原有的铺设水泥，其厚度一般为10~15 mm，凿除水泥时不应破坏基层防水层，如果不得不破坏，则应重新制作防水层。

（5）铺装完成后，应用水平尺仔细校正瓷砖的平整度，新铺装的瓷砖不应凸出或凹陷于周边瓷砖。

划切缝隙　　　　　凿除水泥层

左图：先用裁纸刀将瓷砖缝隙刮空，再用平口螺丝刀将边条撬出。

右图：用锤子与平口螺丝刀将基层水泥砂浆凿除干净。

左图：用铁锤与凿子把基层凿毛并将基层清理干净。

凿毛基层

铺装瓷砖　　　　　瓷砖修补完毕

左图：用水泥砂浆或瓷砖胶重新铺装瓷砖，施工时注意新旧瓷砖表面的平整度。

右图：用填缝剂修补瓷砖缝隙，修补后要将瓷砖表面擦拭干净。

17.2.3　饰面防水的维修

1）定义

厨房、卫生间、阳台地面一般都铺装有瓷砖，如果基层防水层没有做到位，或楼板发生裂纹，都会导致楼下漏水。若是大面积漏水，则需重做防水层。若只是局部漏水则无须拆除瓷砖，只在瓷砖表面的缝隙处修补即可。

2）施工方法

（1）到楼下仔细查看漏水部位，分析漏水原因，找到确切的漏水部位。

（2）用小平铲将地面与周边墙面瓷砖接缝处的污垢刮除干净，清理瓷砖基层。

查看漏水部位　　　　　清除砖缝

左图：仔细查看楼下漏水渗水的部位，检查出缝隙漏水、渗水的原因后再进行修补。

右图：用平铲将瓷砖缝隙的污垢刮除干净，再用抹布将其表面擦拭干净。

（3）待填缝材料完全干燥后，对瓷砖铺装的墙面、地面喷涂或刷涂专用防水溶剂，养护24h即可使用。

调配防水剂　　　　　　涂刷

左图：防水剂可以在网上购买，加清水按配合比调配好，静置10min后再涂刷。

右图：用毛刷将经过调配的防水剂刷到瓷砖缝隙中，待表面完全干燥后再刷1遍。

（4）用专用填缝剂填补地面与墙面缝隙，待干后擦除表面尘土，还可用中性硅酮玻璃胶继续填补地面与墙面之间的转角，填补后要用手指抹均匀。

用玻璃胶修补边角　　　抹平整

左图：待瓷砖表面完全干燥后，用中性硅酮玻璃胶封闭墙角缝隙。

右图：注入玻璃胶后用手指将其一次性抹匀，玻璃胶表面应平整光滑。

3）施工要点

（1）为了一次性修补到位，应对可疑渗漏部位及周边做全面修补，即以渗漏点为中心，周边2 m²左右的地面与墙面都应做修补。

（2）刮除瓷砖缝隙应彻底，不应有遗留，可用板刷扫除残渣。专用填缝剂大多为粉末材料，需要加水调和，调和要均匀，可稍显黏稠。

（3）填补时应用小平铲将填缝材料用力刮入瓷砖缝隙，待干24h后才能继续修补。

（4）填补玻璃胶之前应把胶带粘贴在瓷砖缝隙边缘，以防玻璃胶污染瓷砖表面，用手指按压玻璃胶将其均匀抹入缝隙，晾干12h。

（5）专用防水剂品牌较多，防水效果较好，选购后可根据产品说明书来施工，一般需加水勾兑后使用，涂刷2～3遍，晾干24h。

（6）待上述修补全部完成后，用瓷砖填缝剂加水调和成灰膏状腻子，用平铲刮入瓷砖缝隙，干后防水效果更佳。

（7）如果修补无效，可以在地面重新铺装大块高密度防水地砖作为垫水石，基层应预先涂刷防水涂料。

左图：待玻璃胶完全干燥后，采用瓷砖填缝剂加水搅拌调配成膏状材料，用平铲刮入瓷砖缝隙，晾干。

右图：对于不能确定位置的漏水地面，可以在局部原瓷砖表面重新涂刷防水涂料，再采用瓷砖胶铺装1块垫水石。

填缝晾干　　　　　　铺装垫水石

（8）修补完成后应进行积水测试24h，确认无漏水后，间隔1个月再涂刷防水溶剂2遍，强化施工效果。

小 贴 士

基础维修注意事项

凿除原有地砖时应采用电锤，但是不能破坏周边地砖与楼板结构。凿除深度不应小于60 mm，这样重新制作防水层后还能铺装瓷砖。除了地面瓷砖外，墙面底层瓷砖也应凿除后重新铺装，墙面凿除高度应达到0.3 m，淋浴区的凿除高度应达到1.8 m。

瓷砖与防水维修施工时应仔细观察，找出渗漏的确切部位，不能仅凭外表观察就武断地得出结论。必要时，可以重新请施工员进行操作，中大型装饰公司对于防水施工有质保期，大多为1～2年。

17.3 家具和墙面的维修

在日常生活中，家具与墙面最容易受到污染与破坏，定期维修家具和墙面是生活的必要组成部分。

17.3.1 乳胶漆墙面的翻新

1）定义

乳胶漆墙面上的普通污迹可以用橡皮擦除或用360号砂纸打磨清除，但是不要轻易蘸水擦。

彩色乳胶漆墙面　　　　　　乳胶漆墙面有污渍

左图：高档乳胶漆虽然耐擦洗，但它的承受力也是有限的，对彩色乳胶漆墙面的擦洗力度过大会露出白底，且很难再调配出原有的颜色。

右图：如果乳胶漆墙面受潮，其表面就会起皮、脱落，或出现霉斑，只能进行翻新维修。

2）施工方法

（1）察看乳胶漆墙面受损的情况，用铅笔在墙面上画出翻新区域，在地面铺上旧报纸，以免粉尘脱落污染地面。

（2）用小平铲将墙面受损部位的乳胶漆铲除，深度直至见到水泥砂浆抹灰层为止，然后用板刷清扫墙面基层。

墙面破损部位　　　　　　铲除基层

左图：查看墙面破损部位，上面一般为渗水后的霉菌，比较难清除，只能重新制作基层。

右图：翻新前要用小平铲将表面乳胶漆与基层腻子都铲除干净。

（3）将成品腻子加水调和至黏稠状，并根据原有墙面颜色进行调色，均匀搅拌后放置10min。

左图：将成品腻子倒入桶中，按包装说明的配合比加水搅拌均匀，并掺入水粉颜料。

调配腻子

（4）用刮刀将成品腻子刮涂至墙面，刮涂1～2遍即可，需完全覆盖铲除厚度，使表面平整，待完全干燥后用360号砂纸打磨平整。

刮涂腻子　　　　　　用砂纸打磨

左图：将调和好的彩色腻子静置10min，用刮刀将其均匀地刮涂在墙面上。

右图：待腻子完全干燥后，用砂纸将其表面打磨平整。

3）施工要点

（1）铲除受损墙面应彻底，直至见到基层水泥砂浆为止，部分墙体经过了长期浸泡，也应将水泥砂浆铲除，重新调配1：2水泥砂浆并找平。

（2）找平面积小于0.5 m²的，可用素水泥浆调配，操作更方便，找平后应养护7天，待完全干燥后才能刮涂腻子。

（3）修补彩色墙面时，成品腻子加水后应及时加入颜料进行调色。修补白墙则可以加入白色颜料，添加颜料的方法是将广告画颜料先在干净的容器中稀释，再逐渐倒入成品腻子中搅拌均匀。

（4）调配好的成品腻子应先在受损区边缘刮涂一块，厚度不超过1 mm，待干后察看其颜色差异，再继续调色校正。

（5）刮涂腻子时应注意厚度，一般不超过3 mm，表面应与周边原有墙面齐平，待24h完全干燥后，再用砂纸打磨平整。

（6）由于这种维修方法无须涂饰乳胶漆，维修成本很低，因此要特别注意表面的平整度，不应有明显凹凸，对存在一定色差的彩色墙面，可以通过粘贴装饰墙贴来改善。

装饰墙贴

上图：当墙面存在轻微色差时，可以贴上彩色墙贴来装饰。

17.3.2 木质家具的修补

1）定义

木质家具的磨损率最高，长期需要保养，尤其是昂贵的实木家具，具有很高的修补价值。下面就介绍一种家具凹坑的修补方法。

2）施工方法

（1）使用铲刀清除家具缺角和凹坑周边的毛刺、节疤和污垢。

察看破损　　　　　　　用砂纸打磨

左图：仔细察看家具的破损部位，破损面积小于8 cm²且无裂痕的均可自主修补。

右图：用砂纸将破损部位的边角打磨平整，并清除破损部位的污垢。

（2）制作一些细腻的锯末，掺入502胶水或白乳胶，将其抹到破损部位，抹应尽量平整，待完全干燥后用刀片刮除多余的部分。

制作锯末　　　　　　　用胶水黏结

左图：用细齿钢锯在浅色木料上锯切，以获得细腻的锯末。

右图：将锯末搭配502胶水抹在家具的破损部位，使其黏结牢固。

（3）先用360号砂纸打磨平整，并擦拭干净，再将美术颜料与腻子粉调和，使腻子的颜色与家具原有颜色一致，仔细刮满要修补部位，待干后再次打磨。

（4）涂饰清漆，稍加修饰调整即可。

3）施工要点

（1）用细齿钢锯切割木料，以制造大量细腻的锯末，木料以干净的浅色树种为宜，不能选用被腐蚀的木料。

（2）刮除多余的凝固锯末时，不宜过度追求平滑，可以保留一些凸出的锯末，因为平滑、光洁的表面可以通过砂纸打磨出来。

削切平整　　　　　　　　用砂纸打磨

左图：待胶水完全干燥后，用小刀将凸出的木屑刮平。

右图：用砂纸将修补部位打磨光滑，必要时应反复增加锯末与502胶水进行修补。

（3）调配颜色时，应由浅至深逐渐增加颜色，仔细比较颜色差异，尽量与原有家具的颜色一致。

（4）将调配好的颜料试涂在家具不醒目的部位，待干燥后察看其颜色差异，若有明显差异，则应继续调色校正。

涂饰颜料　　　　　　　　修补完毕

左图：用水粉或丙烯颜料调配近似颜色，抹至修补部位。

右图：待颜料完全干燥后再次打磨，可以根据需要涂刷清漆。

（5）清漆的涂饰面积可以拓展至整个家具结构，而不只局限于修补部位，这样能达到良好、统一的效果，高档家具最好能定期打蜡。

（6）维修操作的关键在于调色，广告画颜料可溶于各种水性涂料，即加水即可调和的涂料，油性涂料应采用矿物质色浆，调色应由浅至深，逐步比对，能有90%近似就算达标。

17.3.3　五金件的更换

家具上的五金件一般包括铰链、合页、拉手、滑轨、锁具等，固定五金件的螺钉松动会造成家具构件移位，门板、抽屉闭合不严。除了用螺丝刀紧固外，必要时还需将五金件拆下来，用木楔或牙签填充螺钉孔，以强化螺钉的钉接力度。

检查松动的部位　　　　　　插入牙签

左图：仔细检查五金件的松动部位，找出松动的原因。

右图：将五金件拆除后，在原有螺钉孔中塞入牙签，并敲击钉入。

重新固定五金件　　　　　调节前后伸缩幅度

左图：重新固定五金件，将整体构造安装还原。

右图：最内侧的螺钉可用来调节柜门的前后伸缩幅度，即柜门与柜体之间的间距。

调节左右伸缩幅度　　　　　　固定螺钉

左图：最外侧的螺钉用来调节柜门的左右伸缩幅度，即柜门之间的缝隙间距。

右图：预装柜门时，应只安装两枚紧固螺钉，待调试完毕后再将全部螺钉固定。

17.4　保洁

从装修开始到日常使用，都应对装修构造进行必要的保洁，这样才能延长构造的使用年限，降低生活成本。

17.4.1　界面的保洁

1）定义

装修界面是指顶面、墙面、地面，主要装修材料为乳胶漆、壁纸、地板、地砖、石材、地毯等，每种材料的保洁方法都各具特色。

2）顶角线条的保洁

（1）石膏线条的保洁：

①普通清洁可以直接用鸡毛掸子掸去灰尘。

②如果有油烟沾染，可以在鸡毛掸子末端蘸上少许去油污的洗洁剂掸除1～2遍，紧接着用蘸有少量清水的干净鸡毛掸子继续掸除1～2遍。

③油污清洁保养每间隔1个月要做1次，否则油污深重后就很难清除了。

（2）木质线条的保洁：木质线条表面一般都涂刷了透明清漆，所以可以将蘸有少量清水的干净的布卷在木棍或长杆的一端，用力擦除木线条上的污垢。

木质线条的保洁

上图：将干净的湿抹布缠绕在木杆端头，可以擦拭各种木质线条。

（3）吊顶扣板边条的保洁：

①塑料边条可用普通洗洁剂或肥皂水进行清洗。

②烤漆边条不宜使用强酸强碱性洗洁剂，使用少量中性洗衣粉蘸清水擦洗即可。

③铝合金边条可以使用钢丝球或金属刷蘸少量肥皂水刷洗。

吊顶扣板边条的保洁

上图：用钢丝球可以擦除吊顶扣板铝合金边条上的深度污痕。

3）乳胶漆的保洁

（1）墙面长时间不清洁，空气中的尘土溶解于水蒸气后渗入墙面材料内部，时间长了会使墙面颜色变得暗淡。

（2）要对墙面进行定期除尘，以保持墙面的清洁。

（3）对墙面进行吸尘清洁时，要注意换吸尘器的吸头；日常发现的特殊污迹要及时擦除；对于耐水乳胶漆墙面可先小心用水擦洗，再用干毛巾吸干即可。

（4）对于不耐水墙面可用橡皮擦等擦拭或用毛巾蘸些清洁液拧干后轻擦，但不能来回、多次、用力擦，否则会破坏乳胶漆的漆膜。

清除墙面灰尘　　　　　　擦拭墙面

左图：吸尘器能轻松清除墙面上的灰尘，但在清扫时不能碰撞墙面。

右图：也可以用干燥的抹布擦去墙面上的浮尘，但擦拭时不能按压墙面。

4）壁纸的保洁

（1）如果壁纸的污渍不是由纸与墙间的霉痕引起的，则较易清除，可先将一勺强力去污剂在半盆热水中搅匀，再用毛巾蘸取拭抹，最后用清水擦拭。

（2）一般的漂白剂不稀释也可用来擦拭壁纸，但仍需尽快用清水湿抹。

（3）纸质、布质壁纸上的污点不能用水洗，可用橡皮擦轻拭。

（4）彩色壁纸上的新油渍，可用滑石粉将其去掉。

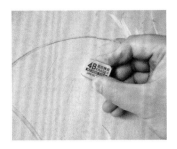

擦除壁纸上的污迹

左图：橡皮擦能轻松擦除壁纸表面的污迹或白色乳胶漆，但是不能在其上反复摩擦。

5）地板的保洁

（1）地板的保洁除了日常擦洗，还要打蜡。

（2）一般选择在晴好天气打蜡，雨天湿度过高，打蜡会产生白浊现象。室温在5℃以下时，地板蜡会变硬。

（3）打蜡前，不能使用含有化学清洁剂的抹布擦拭地板，否则会导致地板蜡附着不良。

（4）用吸尘器清除地板表面的垃圾和灰尘，用稀释后的中性清洁剂擦拭地板上的污渍，对于难以清除的污渍可用信纳水擦拭，为防止清洁剂积留在沟槽处，浸泡过清洁剂的抹布要尽量拧干。

（5）使用拧干的抹布或专用保洁布擦拭地板表面，注意特别是沟槽部分，要仔细擦拭，不要残留清洁剂。

（6）如果残留清洁剂和水分，打蜡则会导致地板表面泛白、鼓胀。

（7）打蜡时应摇晃装有地板蜡的容器，使其充分搅拌均匀。进行整体打蜡前，应在房间的角落等不醒目之处进行局部试用，确认无误后再继续打蜡。

（8）为防止地板蜡污染踢脚线和家具，要用胶带纸等对上述部位进行遮盖。可用干净的抹布充分浸蘸地板蜡，以不滴落为宜，如果条件允许，也可以向当地五金器材店租赁打蜡机进行操作，效果会更好。

清除缝隙中的污渍

给地板打蜡

左图：保洁布的除污能力很强，可以有效地清除地板缝隙中的污渍。

右图：打蜡主要针对表面有划痕的地板，应预先将地板表面清理干净再打蜡。

（9）在地板蜡干燥前不能在地板上行走，干燥过程通常需要20~60min，若有漏涂，则要及时进行补涂。

（10）如果采用两次打蜡的方式，那么第2次抹要在第1次完全干燥后再进行。每6个月左右打1次蜡可以使地板长期保持整洁美观。

6）地砖的保洁

（1）地砖的保洁比较简单，常擦洗即可，关键是要清除缝隙中的污垢——可以在尼龙刷上挤适量的牙膏，然后直接刷洗瓷砖的接缝处。

（2）用牙膏清洁时要控制好牙膏的用量，可以根据瓷砖接缝受油污污染的程度来确定，应顺着缝隙方向进行刷洗。

用牙膏擦除缝隙中的污渍

左图：牙膏中含有研磨剂，用它可以擦除地砖缝隙中的顽固污渍。

（3）为防止厨房地砖接缝处染上油污，可以用普通的蜡烛轻轻地涂抹瓷砖接缝处。

（4）用蜡烛涂抹时，先纵向地涂，这是为了让接缝处均匀地被抹上蜡，然后再横向地涂，这样可以让蜡的表面和瓷砖的表面持平，即使以后有油污沾染在上面，只要轻轻一擦就干净了。

用蜡烛涂抹缝隙

左图：将缝隙中的污渍清除干净后涂抹蜡烛，能封闭缝隙，具有一定的防污功能。

7）石材的保洁

（1）无论是大理石、花岗岩，还是水磨石、人造石，都需要定期进行除尘，一般为1次／天，也可以根据实际情况决定除尘的频率。一般可以使用湿抹布清洗石材地面，也可以使用肥皂与清水进行清洗。

用肥皂擦拭石材

左图：肥皂能轻松清除石材表面的污迹。将肥皂在石材表面用力摩擦后用清水洗净即可。

（2）定期给石材表面涂上保护膜，如用地板蜡均匀涂抹，这样清洁时用干布擦净即可。

（3）部分石材因使用时间过长，表面有泛黄现象，这时可以用布或纸巾蘸上工业用的双氧水来擦洗，如此黄斑即会慢慢褪去，然后再用干布擦净即可。

（4）石材地板每隔2～3年要重新抛光，需请专业施工员来抛光。

8）地毯的保洁

（1）地毯使用时，要每天用吸尘器清洁1次，这样就能保持地毯的干净，因为一旦出现局部霉点就难以清洗了。

左图：地毯中的灰尘应用吸尘器吸除，简单、快捷、高效。

吸除地毯上的灰尘

（2）带滚刷的吸尘器不仅能吸走地毯表面的浮尘，还能刷起较有黏附性的尘垢，并能梳理地毯。

（3）新的污渍必须及时清除，若待污渍变干或渗入地毯深部再清除，就会对地毯产生长期的损害。

17.4.2　家具的保洁

家具与设备的使用率最高，也最容易受到污染，其保洁方法要根据材料来选择。

（1）擦拭家具时，应尽量避免使用洗洁精，因为洗洁精不仅不能有效地去除堆积在家具表面的灰尘，也无法去除打光前的矽砂微粒，还会在清洁过程中损伤家具表面。

（2）不要将粗布或旧衣服当抹布，最好用毛巾、棉布、棉织品或法兰绒布等吸水性好的布料来擦拭家具。

（3）对于家具上的五金件可以选用专用清洁剂来辅助擦拭。

（4）擦拭家具表面的灰尘时不能用干抹布，因为灰尘的细微颗粒会在来回摩擦中损伤家具漆面。

擦拭家具表面　　　　　　擦拭五金件

左图：木质家具表面不能反复擦拭，以免破坏表面的油漆、损伤木质纹理。

右图：可以用家具清洁剂来擦拭家具上的五金件。

17.4.3　设备的保洁

1）灯具的保洁

灯泡的保洁比较容易，将灯泡取下，用清水冲洗后放一边，往一只手心内倒些食盐，再往盐面上倒些洗洁精，用另一只手的手指搅拌均匀，然后拿起灯泡在手心里转动，污垢便极易去除，最后用干净的抹布擦拭干净即可。灯罩的形状和材料多种多样，清洗方法也有所不同。

（1）布质灯罩的保洁：可先用小吸尘器将其表面的灰尘吸走，再将洗洁精或家具专用清洁剂倒在抹布上，边擦拭边移动抹布的位置。若灯罩内侧是纸质材料，则应避免直接使用清洁剂，以防破损。

（2）磨砂玻璃灯罩的保洁：可用适合清洗玻璃的软布蘸水后小心擦洗，或用软布蘸牙膏擦洗，不平整的地方可用软布包裹筷子或牙签进行擦洗。

（3）树脂灯罩的保洁。树脂灯罩的保洁可以用化纤掸子或专用掸子进行清洁。

（4）褶皱灯罩的保洁：可用棉签蘸水擦洗，特别脏的话也可用棉签蘸溶有中性洗涤剂的水进行擦洗。

（5）水晶串珠灯罩的保洁：如果灯罩由水晶串珠和金属制成，则可先直接用溶有中性洗涤剂的水清洗，再用清水清洗，然后将表面的水擦干，最后再自然晾干。如果水晶串珠是用线穿的，则注意不能将线弄湿，可用软布蘸中性洗涤剂擦洗。金属灯座上的污垢可用棉布蘸牙膏进行擦洗。

左图：擦拭灯管时应特别仔细，以免损坏灯管。

擦拭灯管

左图：可用牙膏擦拭灯罩，它有良好的清洁效果。

擦拭灯罩

2）抽油烟机的保洁

大多数人清洗抽油烟机时，都习惯于在拆卸之后再清洗。现介绍一种无须拆卸的清洗方法。

左图：将洗洁精掺水放入塑料瓶中，并在瓶盖上预先钻孔，可将洗洁精溶液喷射至抽油烟机的污垢部位进行冲洗。

抽油烟机的保洁

（1）取一个塑料瓶，用针在盖上戳10余个小孔，装入适量洗洁精，加满温水摇动配成均匀清洗液。

（2）启动抽油烟机，用盛满清洗液的塑料瓶朝待洗部位喷射，此时可见油污及脏水一同流入储油斗中，随满随倒。

（3）当瓶内的清洗液用完之后，继续配制，重复清洗，直至流出的水变清为止，一般清洗3遍就很干净了。如果扇叶外装有网罩，则应先将网罩取下再清洗，以加强清洗效果。

（4）用抹布擦净吸气口周围、机壳表面及灯罩等处。

3）窗帘的保洁

（1）普通布料窗帘的保洁：对于一些用普通布料做成的窗帘，可用湿布擦洗，也可放在清水里用中性洗涤剂清洗，易缩水面料应尽量干洗。

左图：窗帘洗净后应展平晾在通风阴凉处，以免暴晒褪色。

晾窗帘

（2）帆布或麻窗帘的保洁：帆布或麻窗帘不宜放到水中直接清洗，可用海绵蘸温水或肥皂溶液、氨溶液的混合液体进行擦拭，待晾干后卷起来即可。

（3）天鹅绒窗帘的保洁：先把窗帘浸泡在中性清洁液中，用手轻压、洗净后放在倾斜的架子上，使水分自动滴干即可。

（4）静电植绒布窗帘的保洁：保洁时切忌将窗帘泡在水中揉洗或刷洗，只需用棉纱布蘸上酒精或汽油轻擦就行了。

（5）卷帘或软性成品窗帘的保洁：

①卷帘或软性成品窗帘在清洗时应先将窗户关好，再在其上喷洒适量清水或擦光剂，然后用抹布擦干即可。

②窗帘的拉绳处可用柔软的鬃毛刷轻轻刷干净。如果拉绳较脏，则可以用抹布蘸些溶有洗洁精的温水进行擦拭，也可蘸少许氨溶液进行擦拭。

③用胶黏合的部位不能进水。有些较高档的成品窗帘可以防水，用水洗时就不用特别小心了。

（6）百叶窗帘的保洁：平时可用布或刷子清洁，几个月后可将窗帘取下用湿布擦拭，或者用中性洗衣粉加水擦洗即可。

（7）竹木类成品窗帘的保洁：竹木类成品窗帘使用前最好喷上脱模保洁剂或家具保护蜡，每隔1～3个月用干布擦拭或用软毛刷轻抚即可。一些确需用水清洗的木质卷帘，应用软刷加中性洗衣粉溶液刷洗，然后用流水漂洗干净，擦净后晾干，但不宜在阳光下暴晒，否则容易褪色。

左图：竹木窗帘清洁时切忌用湿布擦拭，以免留下印迹。

竹木窗帘

清除粘胶的标签

新购置的家具与电器设备上面的标签往往比较难去除，直接剥揭会留下1层胶迹，时间一长，脏东西就会粘上去。普通不干胶一般含有石油树脂、丙烯酸等化学材料，黏度较好。

（1）可以用电吹风吹或用热水浸泡不干胶部分，然后用湿布加肥皂水轻揉去除，这种方法不会对电器造成损害。

（2）还可以用小块干净布抹上点风油精进行打磨，这样能将大部分胶迹去除，剩下的用橡皮擦擦除，两样物品交替使用就能很快清除不干胶了。

左图：保洁布加水后擦拭不干胶标签，同时用电吹风加热，能快速将其清除。

清除粘胶的标签

参考文献

[1] 安素琴. 建筑装饰材料识别与选购[M].北京：中国建筑工业出版社. 2010.

[2] 康超. 室内装饰装修材料应用与选购[M].北京：机械工业出版社. 2014.

[3] 陈亮奎. 装饰材料与施工工艺[M].北京：中国劳动社会保障出版社. 2014.

[4] 张乘风. 家庭装饰装修材料选购[M].北京：中国计划出版社. 2009.

[5] 李吉章. 家装选材一本就go[M].北京：中国电力出版社. 2018.

[6] 吴燕. 家庭装饰材料选购指南[M].南京：江苏科学技术出版社. 2004.

[7] 王旭光，黄燕. 装饰材料选购技巧与禁忌[M].北京：机械工业出版社. 2008.

[8] 张清丽，李本鑫. 室内装饰材料识别与选购[M].北京：化学工业出版社. 2013.

[9] 李继业，夏丽君，等. 建筑装饰材料速查手册[M].北京：中国建筑工业出版社. 2016.

[10] 吝杰，郭青芳，等. 建筑与装饰材料[M].南京：南京大学出版社. 2016.

[11] 杨东江，杨宇. 装饰材料设计与应用[M].沈阳：辽宁美术出版社. 2015.

[12] 杜丙旭，李婵. 室内装饰设计[M].沈阳：辽宁科学技术出版社. 2016.

[13] 石珍. 建筑装饰材料图鉴大全[M].上海：上海科学技术出版社. 2012.

[14] 张琪. 装饰材料与构造[M].上海：上海人民美术出版社. 2016.

[15] 黄滢. 浓浓亚洲风——东方古韵的传承与演绎[M].南京．江苏科学技术出版社. 2014.

[16] 齐景华. 建筑装饰施工技术[M].北京：北京理工大学出版社. 2015.

[17] 杨栋. 室内装饰施工与管理[M].南京：东南大学出版社. 2005.

[18] 苗壮. 室内装饰材料与施工[M].哈尔滨：哈尔滨工业大学出版社. 2000.

[19] 饶勃. 金属饰面装饰施工手册[M].北京：中国建筑工业出版社. 2005.

[20] 业之峰装饰. 室内装饰施工工艺图解[M].沈阳：辽宁科学技术出版社. 2013.

[21] 阚俊莹. 装饰施工[M].北京：中国水利水电出版社. 2014.

[22] 杨丽君. 装饰施工读图与识图[M].北京：北京大学出版社. 2012.

[23] 陈守兰. 建筑装饰施工组织与管理[M].北京：科学出版社. 2018.

[24] 乐义，钟毅. 室内装饰施工疑难解答1000例[M].上海：上海科学技术出版社. 2003.

[25] 雷镭，陈果. 装饰施工技术[M].成都：西南交大出版社. 2016.

[26] 董舫. 装饰装修施工图识读入门[M].北京：中国建材工业出版社. 2012.

[27] 陈祖建. 室内装饰工程施工技术[M].北京：北京大学出版社. 2011.

[28] 张书鸿. 怎样看懂室内装饰施工图[M].北京：机械工业出版社. 2005.

[29] 张毅. 装饰装修工程施工禁忌[M].北京：中国建筑工业出版社. 2011.